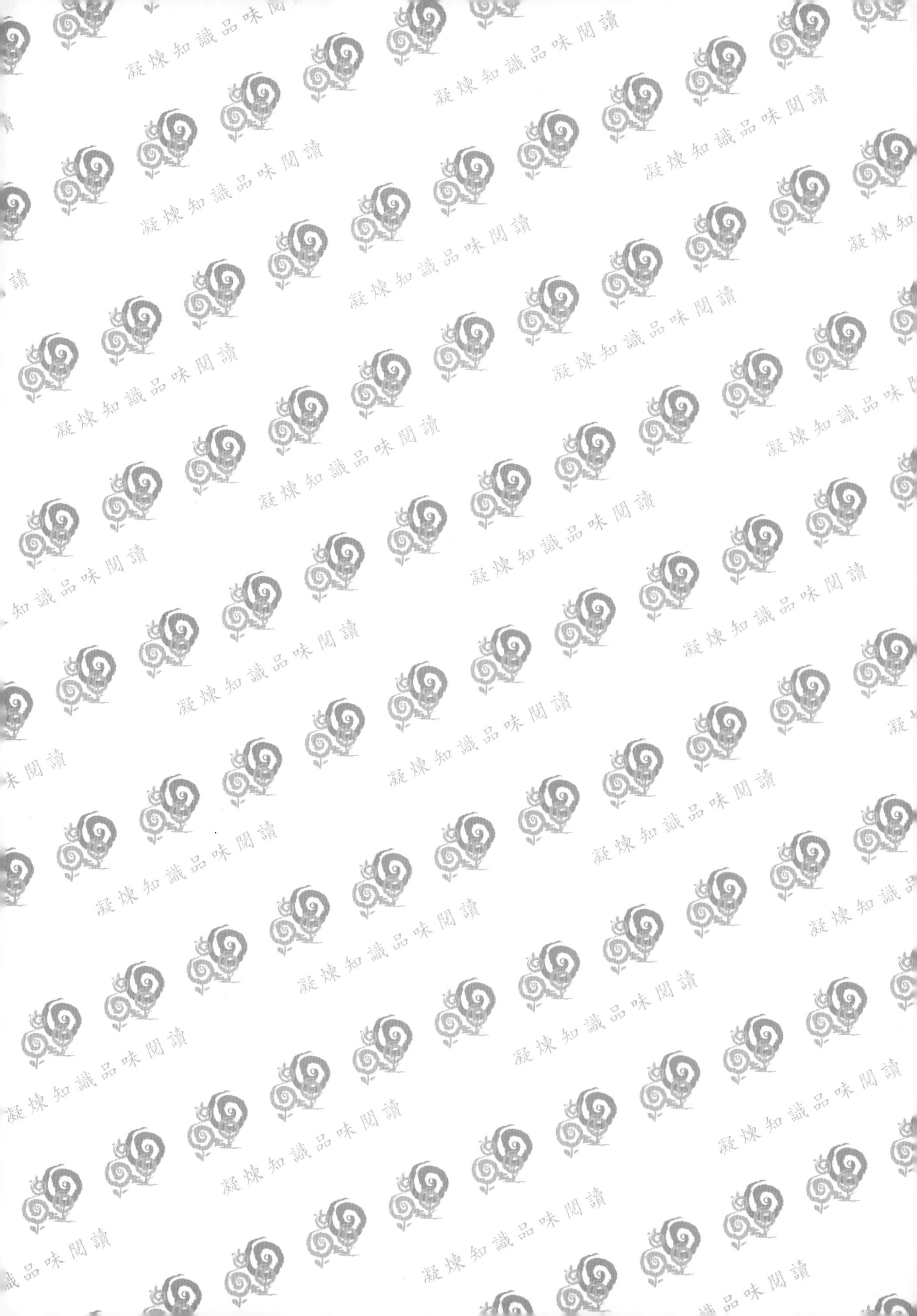
凝煉知識品味閱讀

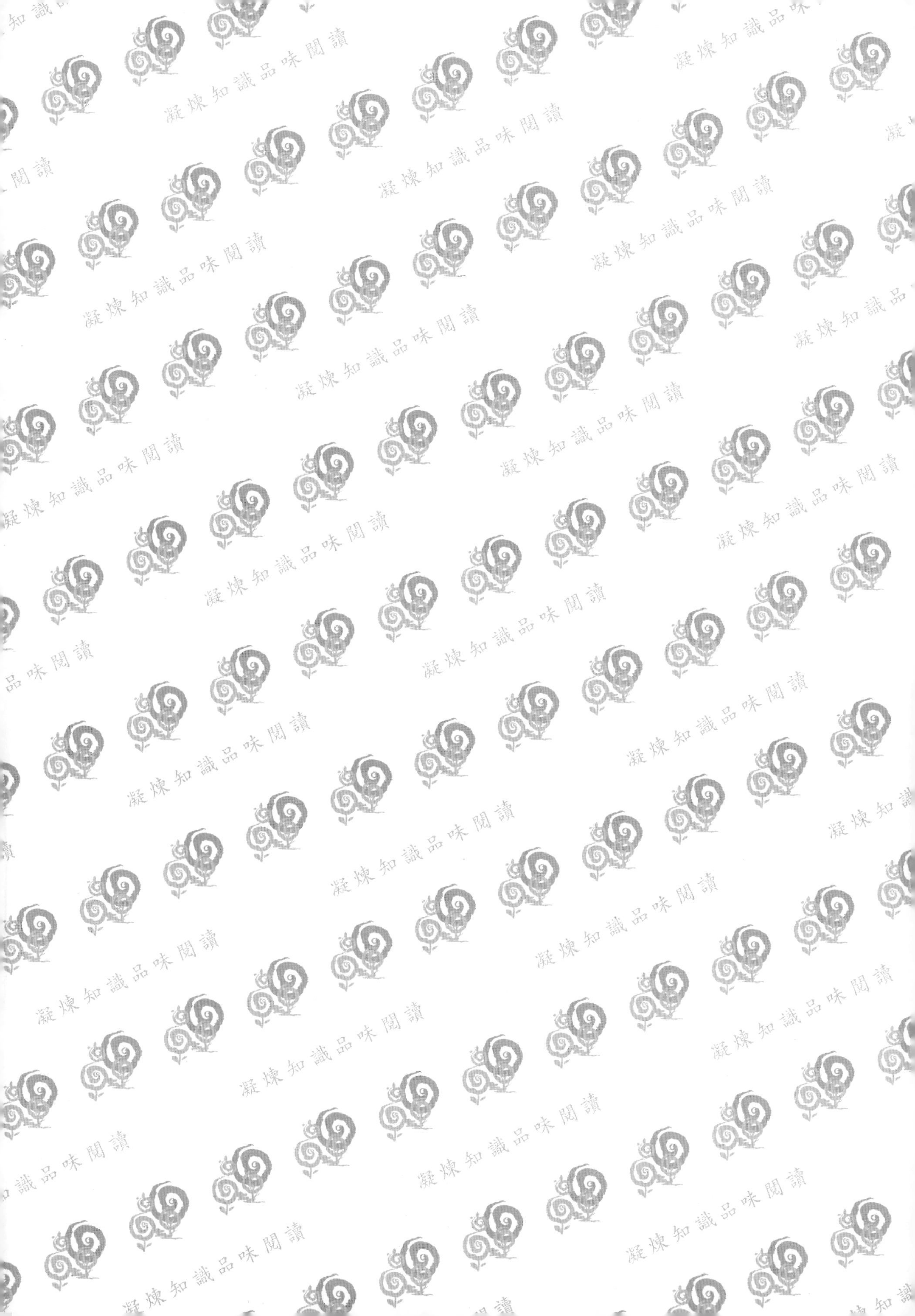

白光OLED照明

White OLED for Lighting

陳金鑫 陳錦地 吳忠幟 著

五南圖書出版公司 印行

前言

有機發光二極體（OLED），自從 1987 年美國柯達公司發表具有實用潛力的元件材料後，在平面顯示器上引起了另類的革命，其自發光、薄型、高亮度等的特性，對十多年前快要成顯示器主流的液晶顯示器（Liquid Crystal Display, LCD）帶來很大的衝擊，雖然目前的 OLED 顯示元件在整個平面顯示器的市佔有率還有限，但已經在手機上的小型面板，甚至 OLED TV 都有不錯的表現了。

OLED 在顯示元件的進展，因為高解析度 RGB 彩色畫素，TFT 背板的限制及大面積製程上的困難，所以進展較慢。但白光的 OLED 巧妙的運用在平面、薄型、高效率等特性，結合較可行（不需 TFT）的工業量產製程，倒是一項適時巧妙的運用，特別在今天大家強調「節能減碳」、長使用時間、安全性高的固態照明（Solid State Lighting），OLED 照明應會與 LED 照明一樣：一個用有機化合物的面光源；另一個用無機 III–V 族半導體的點光源，成為 21 世紀取代愛迪生發明已用了百年白熾燈的新型高效率照明元件。

我與本書第一作者陳金鑫教授，從他自 1999 年柯達公司退休，加入台灣新竹國立交通大學後，共事 10 年了。我倆的辦公室水平、垂直距離一直都在二十米之內，平日接觸甚多。陳教授早期在柯達與鄧青雲博士（Ching Tang）等在有機光導、電洞傳輸、RGB 發光材料等有重要的發明及主要的專利，以「華人發明的技術，在華人地區落實的理想」，陳教授決定將這新穎的技術帶回台灣深耕、而後也盼在香港、中國的大中華地區發揚光大，除了他個人研究的傑出表現，他更積極投入教學，其用中文撰寫的教材及心得於 2005 年出版的「有機電激發光材料與元件」一書，是一本非常普遍並受歡迎的大學高年級及研究所級的教材、參考書。陳教授現結合他長期在台灣的合作者亦是 OLED 方面的傑出研究學者：中研院化學所的陳錦地博士及台大電機系的吳忠幟教授合著的「白光 OLED 照明」，對白光 OLED 從原理、材料、元件、製程、封裝、設備，到照明市場及應用上都有權威性深入的探討及描述，這應是第一本用中文撰寫專業水準有關 OLED 照明的書籍。這本書的風格與陳教授的風格相似——深入、嚴謹，但甚有趣、幽默。我深信本書將是一本對白光 OLED 及其應用上的經典之作。

我慶幸有一位像陳金鑫教授資深的朋友在科研、教學及日常生活上分享他的經驗及智慧。他三十年的科研、教學生涯凝聚的精華，必可對人類社會的福祉有所貢獻。

謝漢萍

IEEE、OSA、SID Fellow

新竹交通大學　電機學院　院長

光電系／顯示科技研究所　教授

2009 年 8 月 20 日

序

有機電激發光二極體（OLED），這個日新月異的新穎顯示科技，幾乎一直都在不斷的進步。所以當我第一本「有機電激發光材料與元件」於 2005 年在台灣出版後，幾乎每二年就需要翻新一次，而改寫多了就覺得需要重寫，以致到 2007 年，經由五南出版社的建議，我與黃孝文博士決定將第二部翻新版訂名為「OLED 夢幻顯示器」重新問世。如今一轉眼又是二年，OLED 顯示器的產業在這幾年的經歷，可說非常坎坷，在 TFT-LCD 龐大的競爭壓力下，一直都面臨極大的挑戰。儘管索尼的 27”，三星的 31”，以及 LG 的 15” 與剛宣布的 40” OLED-TV 都已呼之欲出，但是這個大家期待已久的夢幻顯示器，卻仍「姍姍來遲，不見故人來」。

就在這風雨交加黎明將至的黑暗裡，我們卻又已看見了另一線曙光。它將為 OLED 帶來另一個希望，另一個契機，另一個極具潛力的市場，也將在可預見的未來照亮大地。這個我認為是 OLED 發光顯示技術演進的第三部曲就是「白光 OLED 照明」—— 一個下一世代的節能，減碳，可持續的，綠色固態「平面光源」。

根據 DisplaySearch 在今年 7 月份做的市場評估，OLED 顯示器整體營收將由年平均 36% 的成長率，到 2016 年可達 71 億美元。這是一個非常亮麗的消息，其中主動矩陣式（AMOLED）也將在今年首次超越被動式（PMOLED）。另外在今年 3 月份的報告中，DisplaySearch 預估 OLED 照明的市場也將在 2011 年開始快速起飛，預計在 2018 年可達 60 億美元，幾乎與 OLED 顯示器市場並駕齊驅，更頗有後來居上之勢。這個「白光 OLED 照明」的願景確實令人振奮，尤其對許多想要推展 OLED 而又苦無薄膜電晶體背版

（TFT Backplane）技術及投資或產業規模的廠商及國家，猶如打了一針強心劑，特別如美國、歐盟甚至中國都已躍躍欲試，整裝待發。當然對高科技一直保持高度熱愛的日本，韓國更是不在話下（據聞韓國三星 SDI 計畫將關閉 PMOLED 二代廠，準備全力投入白光 OLED 照明）。即使是日本 OLED 的主要推手，山形大學的域户淳二（Kido）教授，他在 2002 年主導日本國家型顯示計畫時，曾經誇過海口要在 2007 年研發出 60 吋的 OLED TV，也已改弦換轍，全力投入白光 OLED 照明的研發，並在 2008 年與三菱重工，Rohm，凸版印刷及三井物產成立了 *Lumiotec* 公司，又在 2009 年 6 月成立 *OLED Lighting* 燈具公司，專門針對 OLED 照明燈具做設計開發與銷售，並宣佈要在 2010 年初推出 15 cm × 15 cm 厚度僅 3.9 mm 的白光 OLED 照明燈具，開始「玩真的」了。

要白光 OLED 達到高的燈具效率（Luminaire Efficacy），有二個技術是不可或缺的：一個是磷光發光材料，尤其是藍光；另一個就是它的光萃取率（out-coupling）。我非常高興中央研究院化學研究所，陳錦地教授在本書第四章裡幫我撰寫磷光發光材料與白光磷光元件。另外我還請了國立台灣大學電機系吳忠幟教授幫我在第九章中專門寫 OLED 的光學與光萃取技術。他們廣泛的從化學，材料，發光機制到理論，元件及應用，都寫得非常之好，實為本書「增光」許多，也是我們讀者之福。這兩位大師從我在交大 2004 年開「有機電激發光材料與元件」課起，每年都代我為交大的學生們授一堂課，至今已逾五年，而且從未間斷，使同學們受益匪淺，令我非常感激。如今他們能一起與我寫書，也是我無比的光榮。

當然開發白光 OLED 並非只能應用在照明，它也可以用在大面積 OLED TV（如 WOLED + RGBW 彩色濾光片全彩顯示技術）及 LCD 的背光源等，但基於篇幅有限，在本書裡就無法兼顧及探討了。為求闡述白光 OLED 照明元件的完整性及各種獨特，有趣及富挑戰性的結構，並加上不同發光材料系統的組合及潛在應用，本書共分十一章：舉凡從白光 OLED 照明導論，基礎知識，市場預測，競爭優勢，技術現況及發展趨勢，到各種白光有機發光二極體，包括螢光，磷光，螢磷發光混合（hybrid）系統，及各類串聯式，穿透式，可撓曲式白光 OLED 元件，包括 OLED 的封裝及量產設備與技術，都有詳細，及時的敘述與分析。另外，由於許多對 OLED 有興趣的朋友並不是學化學的，他們對 OLED 的材料名稱，化學構造式，及有如拼字遊戲的英文縮寫，往往不知所云而敬而遠之。為了消除這個心理障礙，本書在末尾特地為讀者加了一個附件，將一般常用的 OLED 化學結構，列表並按英文字母排序以供讀者參考。在編輯方面，本書與前二本也有所不同，如我們將每一章節儘量獨立，使讀者們在選章節閱讀時不會失去連續感。又在文獻收集方面，它攬括了幾乎所有有關白光 OLED 照明，從 2005 年後的期刊及世界級的研討會論文，還有可收集到的相關專利，一直到 SID 2009 為止。

因為要做照明，白光 OLED 的亮度最少要達到 3000 cd/m^2，甚至最好是 5000 cd/m^2，如果要打入一般照明市場，除此之外它還必須要省電、穩定、耐用、有高的發光效率與演色性（CRI）及大面積、光均勻、低成本等，箇中細節在本書中都有深入淺出的描述。如要實現節能的白光 OLED 照明，就必須要有很高的量子效率，出光及照光率，尤其未來還必須要能與無機白光 LED 照明競爭。如果 OLED 面光源流明瓦數不夠高的話，未來它可能會面臨像 OLED 顯示面板目前受到 TFT-LCD 打壓的同樣窘境與命運。好在白光 LED 照明是「點」光源，而且現在才剛開始起飛，白光 OLED 用它特有的「面」光源，可調明暗，易變光色，能透明化，可撓曲性，加上其光譜最像陽光、及易製作大面積等特性，現在迎頭趕上仍「有機」會，所以可說它是前途一片燦爛，充滿光亮與希望。

回到台灣這十年來，我結識了很多對 OLED 有興趣的業界朋友，其中有不少位更變成了好朋友。在此我特別要感謝昱鐳光電的黃董事長文欽及瑞昱半導體的黃志堅副董，他們不但是我在台灣創業的夥伴，交大校友，也是我生活中不可多得的「兄弟」，不管 OLED 走到哪裡，是好是壞，十年如一日，他們一直都在默默的支持我在交大的研究工作，並資助我們的學生。如果交大 OLED 實驗室在世界上有所成就，兩位黃董真是功不可沒。

另我也要借此機會感謝我實驗室的小夥伴們：何孟寰、林冠亨、蘇尚裕、吳長晏、彭依濠、劉孟宇、高薪閔，如果沒有他們的協助，本書將永遠無法實現。同時吳忠幟老師也要在此謝謝他台大實驗室的張志豪博士及博士生：田堃正、陳重嘉和林銘祥、幫忙撰稿。

最後，我要特別感激謝院長漢萍為我寫的「前言」，使本書「增亮」了很多。回來交大轉眼已逾十年，記得當初在柯達考慮提早退休將 OLED 這個初出茅廬的顯示科技帶回台灣之時，謝院長之青睞及推薦讓我有機會任教於交大，可說是始作俑者。如今他不但是我交大顯示研究所的老闆，也是我的高爾夫球友，校園生活的夥伴，我們共同有著熱愛顯示科技的激情，並立志在有生之年多做一些有意義、有「搞頭」的事，而且在打拼的同時也不忘享受一個多采多姿的人生。

陳金鑫

交大顯示研究所

2009 年 9 月 14 日

目　錄

第一章

白光 OLED 照明導論

1.1 介紹

愛迪生在 1879 年 12 月 31 號第一次公開的展示白熾電燈泡，這個跨時代發明也點亮了人類的歷史，人們不再需要在晚上的時候點亮蠟燭，只要把開關打開，電流流過電燈泡後，發出的光，就能有足夠的照明效果。經過了百年的改變，已經有更多照明產品被推出，依照情況的不同就能有不同的燈具來搭配，營造出更明亮的世界。

市面上充斥著各種不同各式各樣的白光照明燈具，如鹵素燈，螢光燈，省電燈泡，高壓鈉氣燈……等，而近年固態照明中發光二極體（LED）的產品也加入了戰局，具有低操作電壓，高效率低成本等優勢。同樣是固態照明（Solid-State Lighting, SSL）有機發光二極體（OLED）也屬於自發光，且能有大面積的照明，適用於可撓曲軟性的電子基板，所以更可以在不同的場合滿足各種的需求，目前也在研發更高效率的產品，並且把成本再降低，希望能在將來照明燈具市場裡佔有一定的地位。

雖然現在市場有這麼多不同種類的燈泡，但是因為每個種類燈泡的發光機制不一樣，使得他們的發光效率都不竟相同；效率最高的是高壓鈉氣燈，在高壓的情形下可以到 150 lm/W，而大部分家庭或辦公室使用的螢光直型含汞燈管的發光效率大約在 60～100 lm/W，螺旋型的螢光燈俗稱省電燈泡則是有 40～50 lm/W，已取代早期只有 16 lm/W 發光效率不佳的白熾燈泡。目前市面上固態照明中白光 LED 可以到達 80 lm/W[1]，發光效率已經超過了省電燈泡，但在長時間操作下溫度會上升，發光效率也就跟著下降。而在白光有機發光二極體（WOLED）學術研究上，Karl Leo 教授的研究室已研發出 124 lm/W 之高效率 WOLED 元件[2]，隨著使用壽命的提升，OLED 也慢慢的接近市面上白光照明的水平。因為全球開始重視環境維護及綠色能源議題，所以未來對於能源的有效利用只會更加的重視，目前市面上的燈泡效率幾乎已經達到飽和，而固態照明還有機會發展出更高的發光效率產品，對於節約能源有非常好的效果。根據（圖 1.1）我們可以想像在 2020 年後，有更高效率的固態照明設備被開發出來，不但可以有效的使用我們有限的能源，也可以減少 CO_2 的排放，進一步減少地球暖化的問題。

固態照明因為有高的發光效率，所以在未來市場裡佔有非常重要的地位，根據美國能源之星（Energy Star）統計（圖 1.2(a)），一般家庭中，照明的電力花費占了 35%。美國能源局（U.S. Department of Energy）分析各辦公室的電力消耗（圖 1.2(b)），照明佔了 22% 的電力使用量，占了電力能源利用上非常大的一個比例，如果我們能好好利用高效率的 WOLED 所獨有的面光源特性照明設備，減少不必要的能源損失，對於綠色能源的推廣及環保都有很大的助力。

從圖 1.3 可以知道世界上有許多人夜間仰賴著燈具照明，越是現代化的國家對於電燈照明的使用量也越大，但如果我們能用更少的電力，產生一樣的照明效果，就能達到很好的節約能源效果，而 OLED 就具備了這種潛能，如果經過製程方法的改良，結構的創新，材料的設計與發明，導光機制，燈具改

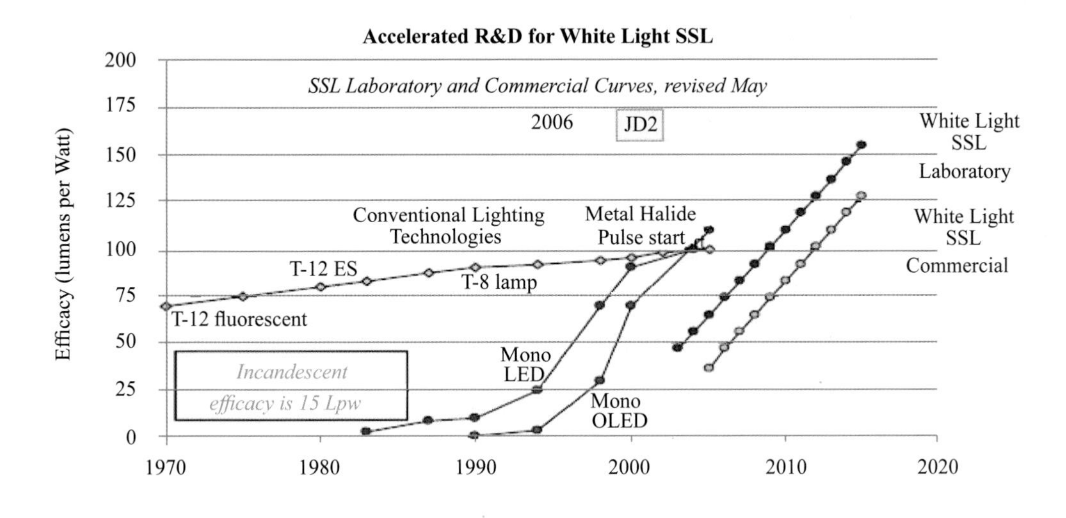

圖 1.1　各種照明燈泡發光效率及年分圖表

來源：IEA (International Energy Agency)[3]

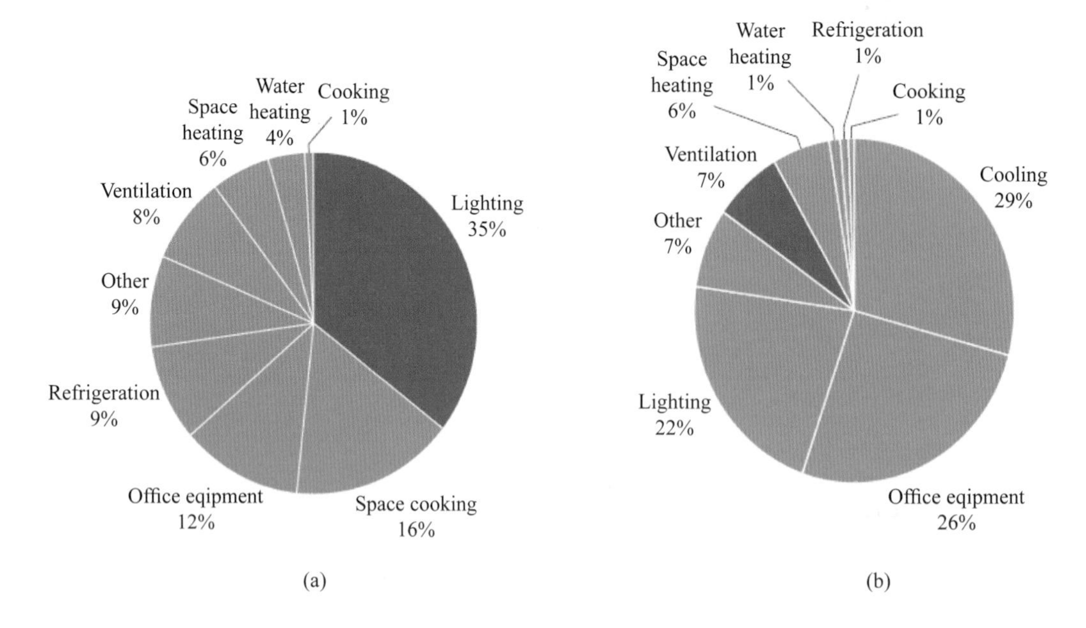

圖 1.2　(a)Energy Star 2008 分析一般家庭中的電力消耗　(b)辦公室的電力消耗

資料來源：(Building upgrade manual)

圖 1.3　夜間對地球的衛星空照圖

資料來源：(NASA web site 2001)

良……等方法，OLED 的發光效率還有機會再往上增加，把 WOLED 面光源進入照明市場的時間再往前推進。

1.2 WOLED 照明分析

目前 LED 商品已經相當的普遍，業界也有長達三年的道路實測驗證，光源壽命超過 50000 小時，因為亮度夠高，高發光效率能節省能源，較小的體積可以在運輸時節省下成本跟資源，市場的接受度也不錯，經過不同燈具的包裝（圖 1.4），產品更具有競爭性。但因為散熱及磊晶製程複雜等問題，使得溫度一旦變高 LED 的效率就會開始下滑（圖 1.5），連帶的也會影響壽命，雖然目前也有許多公司用不同的方法企圖改善散熱的問題，但當應用於大面積照明時，散熱問題就會再度被凸顯出來。

同樣的，OLED 也跟 LED 一樣都具有高發光效率的特性，也是固態照明的另外一個急待被挖掘寶藏，因此學術界對 OLED 的研究也從來沒有間斷

圖 1.4　韓國 KMW 公司推出的「人工蜻蜓」造型路燈

來源：LEDinside-LED 產業網 2009。

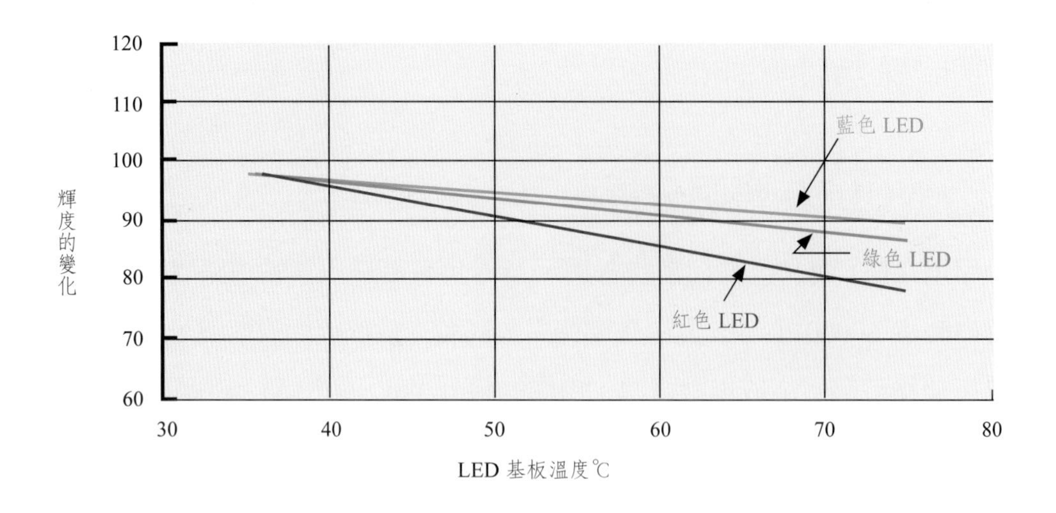

圖 1.5 LED 因為散熱不良導致元件效率下降

資料來源：照明科技網 2007。

過，早在 1994 年，日本三形大學的 Kido 教授就發表了白光有機發光二極體應用於照明上的期刊[4]，這也是最早被發表關於 WOLED 的期刊及新聞之一，並在紐約時報（New York Times）預言，他將「點 WOLED 成金」，從此開啟了 WOLED 的研究之路。2007 年 Yuto Tomita，和 Karl Leo 等人在 SID 發表[5]，用 150 mm × 150 mm 的大面積白光照明，（有效發光面積達到 120 mm × 120 mm），在 0.4 安培下，平均亮度達到 852.3 cd/m^2，電流效率為 5.3 cd/A。2008 年，Kido 教授也在 SID 邀請演講中[6]，描述到運用堆疊（stacked）或稱串聯（Tandem）的技術，把多個單位 OLED 元件堆疊在同一個基板上，組合成一種新的元件結構，使 WOLED 的發光效率（Luminance efficiency）再往上提升，並且可以讓元件在高亮度極高電流密度的操作下更為穩定，進而元件的運作壽命也可以增加，Kido 教授宣稱 WOLED 如要用在照明，其最低亮度需達 3000 cd/m^2，最好可達 5000 cd/m^2，而普通的 WOLED 元件結構在高亮度操作時壽命都不夠，所以必須應用此技術，才能達到所需要的標準。他們在 140 mm×140 mm 的玻璃鍍上有機層，陽極則是使用透明的 ITO 材料，在 5000 cd/m^2 時發光效率為 20 lm/W，更有 30000 小時的壽命。

歐洲照明大廠歐司朗（Osram）在 2008 年發表的白光 OLED 在玻璃基板上，在 1000 cd/m^2 的時候，發光效率也達到了 46 lm/W（圖 1.6），並可以點亮超過 5000 小時，CIE 座標在 (0.46, 0.42)，屬於比較偏暖的黃色白光。

美國奇異（GE）公司則是把重點放在 OLED 在軟板上的照明研發，可撓曲軟板照明是 OLED 照明的優勢之一，因為 OLED 本身就是面光源，不需要其他的燈具來改善或擴散它的光源，所以 OLED 才可以更方便的製作出搭配可撓曲式軟性照明燈具。 為了研發更便宜的製程以降低 WOLED 的成本，很多公司都在致力於印刷式的生產方式，GE 在 2008 年成功製作出全世界第一個用 Roll-to-Roll 機器生產的 OLED（圖 1.7(a)），同年也用這個技術在聖誕節時，製作出以 OLED 面板捲曲成的聖誕樹（圖 1.7(b)），此技術因為不需要複雜的製作程序，只要用類似列印的技術就能生產，更重要的是可以減少不必要的有機材料浪費，大大的降低製作成本，成為未來量產 WOLED 照明商品（圖 1.7(c)）

圖 1.6　Osram 的 WOLED 展式元件

來源：Osram 官方網站。

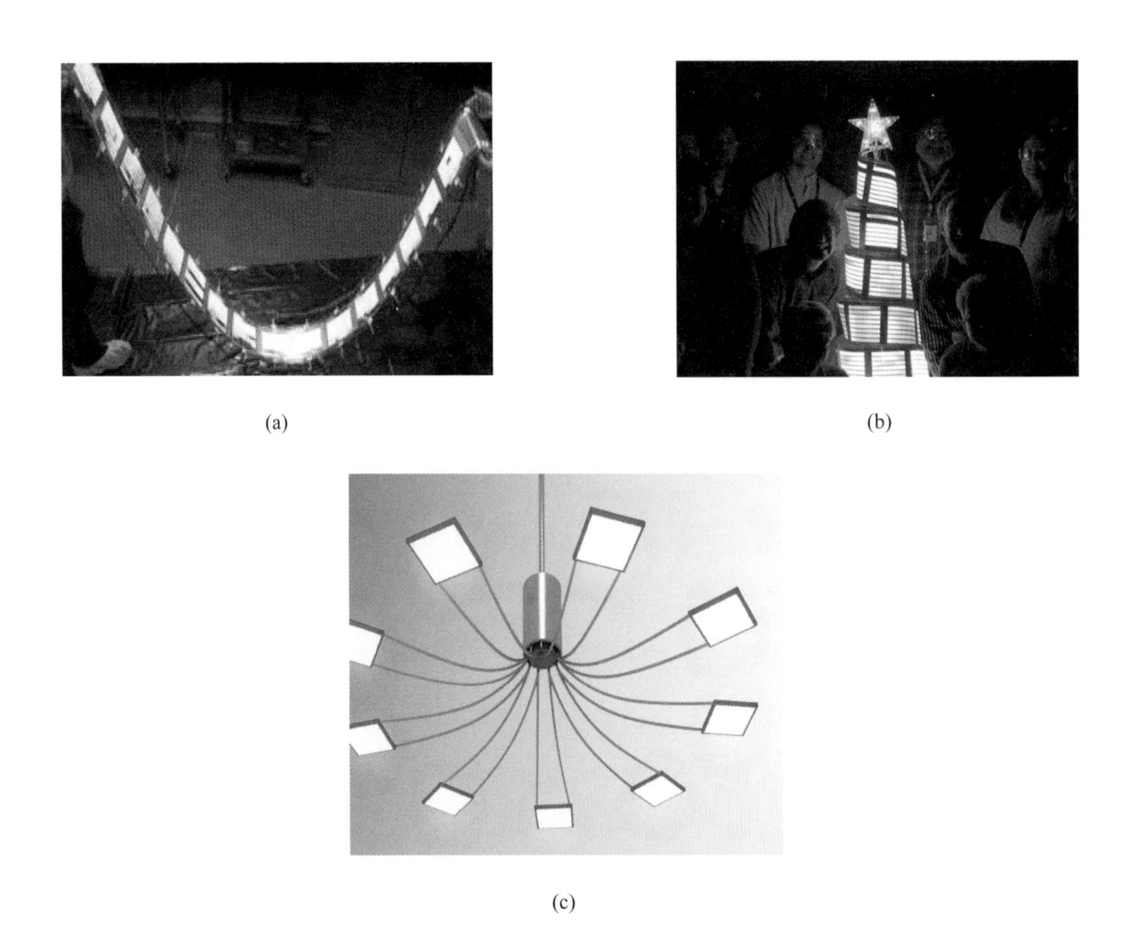

(a) (b) (c)

圖 1.7 (a)GE 公司發表世界第一個 "R2R" 製成的 WOLED (b)OLED 聖誕樹 (c)WOLED 燈具
來源：GE 官方網站。

不可或缺的生產技術，而這種生產方式也將會實現 OLED 軟性電子紙產品研發的夢想。

飛利浦（Philips）公司及 Holst Center 也在 2009 年發表 12 cm×12 cm 的大面積可撓曲式 WOLED（圖 1.8(a)）。Philips 公司也預定在 2010 年可以進入 WOLED 的市場，目前已有概念型的燈具（圖 1.8(b)），並在未來 3-5 年內發表可調顏色式的 OLED 的照明燈具，是一種新型態的照明設備，改變我們對傳統照明的形象。

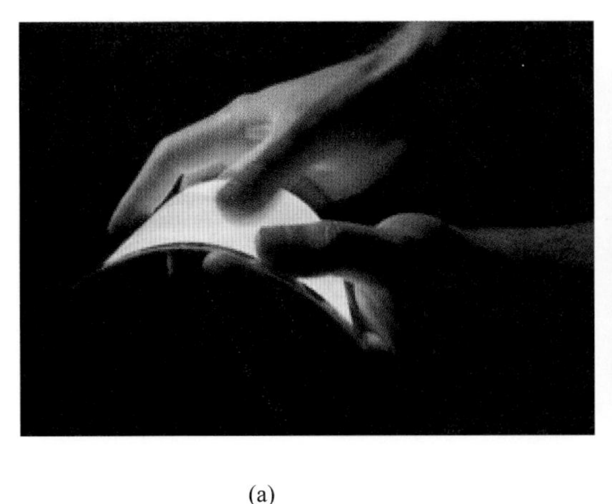

(a)

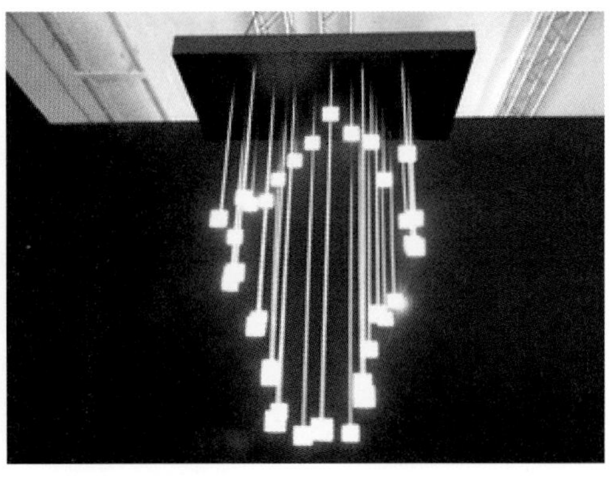

(b)

圖 1.8　(a)Philips 及 Holst Center 合力開發之大面積可撓曲 WOLED 及 (b)Philips 展示的掛燈
來源：OLED-Info 網站。

OLED 除了軟性基板的照明，也有其他的照明優勢，如大面積的面光源照明。不同於 LED 點光源的元件及螢光燈管的線光源，OLED 先天性就是面光源，不需要其他燈具的輔助，例如市面上的 LED 及螢光燈管雖然在光源效率上有較好的表現，但是這些光源始終要與燈具做結合，不能單獨使用，而一旦做成了照明燈具，LED 及螢光燈管的燈具效率（Luminaire efficacy）就會因為不同的燈具設計以及導光機制的影響而下降（圖 1.9），所以市面上所能買到的燈具實際的效率大約在 20～40 lm/W，而 WOLED 本身因為是面光源，所以不需要多餘的燈具來導光，燈具效率並不會下降，因為沒有其他光源能達到這種效果，因此提升了 WOLED 在照明市場的競爭力。

不只如此，大面積的優點還可以讓 OLED 因為能量轉換不完全的熱能容易散發出來，當 OLED 元件效率及面積夠大時就能克服散熱的問題（圖 1.10），不會出現 LED 因為溫度升高而使效率降低，影響使用壽命或出現老化等現象。因為 OLED 主要是有機材料，不像螢光燈管會有汞汙染的問題，不會造成環境的汙染。OLED 是採用低電壓操作，發光的原理主要是由電子與電洞在有機發光特性強的區域合成激發子（exciton），激發子因為本身並不穩定，所以

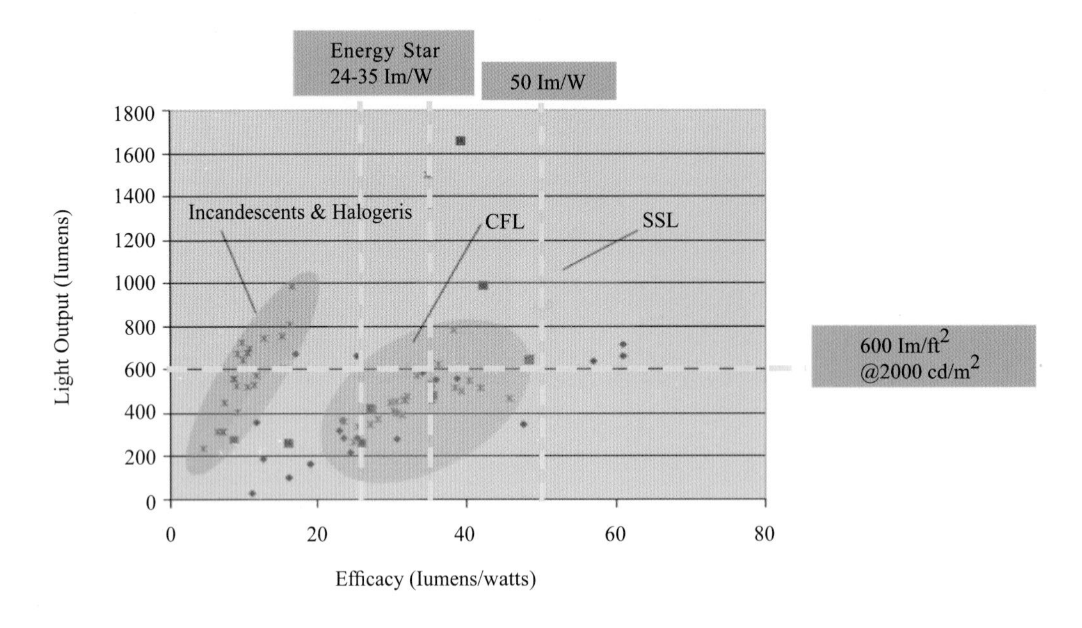

圖 1.9 LED 固態照明及螢光省電燈的燈具效率將影響照明設備在使用時的效果

資料來源：(2009 SSL Manufacturing workshop)[7]

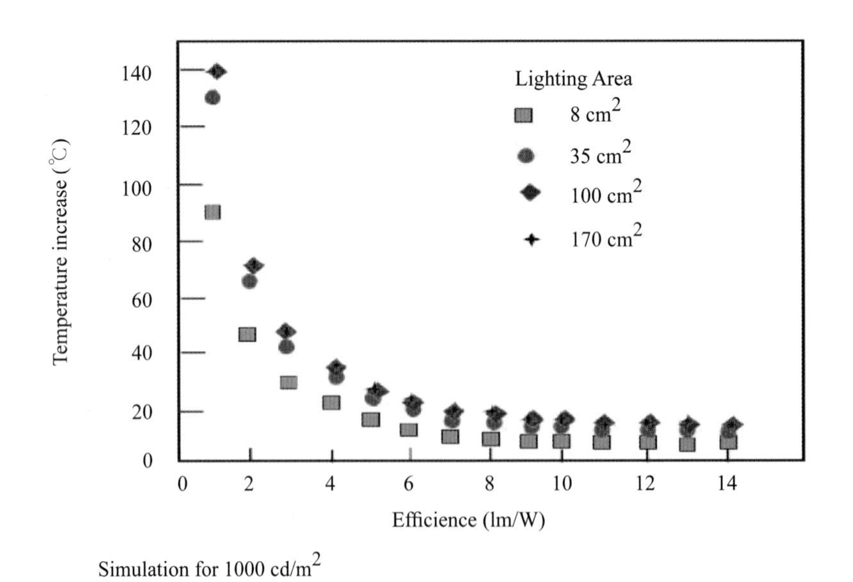

圖 1.10 當 OLED 效率夠高以後，就可以克服散熱問題

資料來源：2008 IEK 報告：OLED 製程發展趨勢。

會用光或熱的方式把能量釋放出來回到較穩定的基態，所以光的強度是由注入與通過的電子，電洞數量有關;換句話說就是由電流來驅動，也因為物理發光機制的關係，點亮 OLED 非常快只需要 1-10 μs，超過了人類眼睛的反應時間，不會像螢光燈管一樣，剛開啟時會閃爍，需要時間去點亮他，所以 WOLED 有助於智慧型照明（smart lighting）的實現，而 smart lighting 也是最有效利用能源的重要方法之一，例如在辦公室裡面人分布比較密集的地方，燈光可自動調的比較亮，而沒有人在的地方就把燈變暗或關掉，可以減少不少的資源，另一方面只把需要燈光的地方照亮，也可以減少其他地方的光害。

1.3　照明特性的單位

為了分辨出到底什麼才是我們需要的光源特性，所以就必須規定出一些標準量測的單位，方便日後做為我們比較時參考的依據。光度學（Photometry）考慮了人眼的刺激值，不只是把光當成物理學的電磁波解釋，也較適用於照明的單位。根據光度學對於光源發出的總光我們稱之為光通量（Luminous flux）單位為流明〔lm〕，當我們是呈現面光源時會以光束散發度（Luminous Emittance）M 表示，單位為是每平方公尺的流明數〔lm/m^2〕，數字越大表示越明亮。光度則是一個光源在某特定方向上發光的強度，單位是燭光〔Candela, cd〕；在單位立體角（Solid angle）下，通過一流明的光通量時，我們稱其光強度為一燭光，所以燭光是表示光源的發光強度，適用於照明時量測的單位。如同我們之前討論面光源，如果燭光除以單位面積後，則成為輝度（Luminance or Photometric Brightness）L 表示單位投射面積之光強度，單位為〔cd/m^2〕有時也稱為〔nit〕。輝度也代表著光源的亮度（Brightness），與光源的面積有關;如果在相同輝度下，面積越小者，其燭光數就要更高，代表他的光強度較強，也就是輝度與發光面積成反比，與光源之光強度成正比。當被光照到的物體，其表面上每單位面積所接受之光通量我們稱之為照度

（Illumination），單位是勒克斯〔lux〕，也就是每一平方公尺面積上有一流明之光通量通過時物體呈現的光照度，基本單位雖然和光束發散度相同，卻有不同的光學意義。因為 OLED 是由電流密度影響有機分子的放光，所以定義出電流發光效率（Luminance efficiency），單位是〔cd/A〕，為每一安培可以產生的光強度（表 1.1）。舉例而言，如果一個燈泡的功率為 100 W，發光功率效率為 10 lm/W，因此這個燈泡的光通量就是 1000 lm，其發光強度是 1000/4π = 79.6 cd，當我們距離這燈泡 30 公分，那麼我們的照度為 79.6/(0.3)^2 = 884.4 lux，由此可知我們並不能只用單一光度學單位就判斷照明燈具的好壞，還必須在有其他相同的條件下比較。

除了光度學外，在物理觀念裡面，微觀的電子與電洞結合後放光，電子與電洞可以量子化，而光也可以看成單一顆的光子，當每一個電子電洞對結合均產生一個光子時，我們可以稱元件的量子效率為百分之百，而量子效率可分為元件內部與外部，元件內就稱為內部量子效率（Internal Quantum Efficiency; IQE ），外部就是外部量子效率（External Quantum Efficiency; EQE），差別在於外部量子效率還跟出光率有關（公式 1），是我們在元件外部所能接收到的

表 1.1　光度學與放射學常用單位之比較表格

放射學（radiometry）		光度學（photometry）	
名稱	單位	名稱	單位
輻射通量 Radiant flux	[W]	光通量 Luminous flux	[lm]
輻射度 Irradiance	[W/m^2]	照度 Illuminance	[lm/m^2] or [lux]
輻射強度 Radiant intensity	[W/sr]	發光強度 Luminous intensity	[cd] or [lm/sr]
輻射率 Radiance	[W/sr·m^2]	光強度（亮度） Luminance	[cd/m^2] or [lm/sr·m^2]
輻射效率 Radiant efficiency	[W/sr·A]	發光效率 Luminance efficiency	[cd/A]
功率效率 Power efficiency	[W/W]	發光功率效率 Luminous power efficiency	[lm/W]

光子數。美國柯達田元生博士在 SID 受邀的演講中提到效力[8]（efficacy）也是影響照明的主要原因之一（公式 2），效力就是把光度學與物理學兩個觀念結合在一起，不只是單一的考慮電子與光子間的互相轉換，還有光度學中，不同波長對人眼刺激值不同，流明值也因光色的不同而有所影響，同時的考慮了這兩種不同的概念。

$$EQE = IQE \times EEF_{extraction} \quad （公式 1）$$

$$Efficacy = lm/w \times EQE \quad （公式 2）$$

除了上述單位，用於照明上還需要搭配燈具，所以就提出了燈具效率（luminaire efficiency）（公式 3），意思是裝載了燈具後，剩下的發光效率，除已原先光源在沒有燈具情況下的發光效率；高效率的發光源不一定能成為一個好的照明設備，當燈具的設計不良或方法不對時，就會影響到整個照明燈具的效率，另外對於燈具我們用一個數值來衡量燈具的效率指數（公式 4），所以在評估一個照明設備時，並不能只單一的考慮光源效率而已。

$$\text{Luminaire efficiency} = \text{Luminaire efficacy/Device efficacy} \quad （公式 3）$$

$$\text{Luminaire efficiency factor} = \frac{\text{Total lamp lumens} \times \text{Light output ratio}}{\text{Total circuit power}} \quad （公式 4）$$

由於人的眼睛對光的感受不只有光的明亮，還有光的顏色，飽和度，所以 International Commission on Illumination（CIE）組織在 1931 年訂定及發表 CIE 1931 色度圖（圖 1.11），用座標化的方式有效的規範出顏色的區塊，這是為了方便我們研究各種顏色的光源時，能有效定義出所表現的顏色。又在後來對於之前的定義做出修正，產生了 CIE 1960 色度圖和 CIE 1976 色度圖。值得注意的是白光在 CIE 座標上並不只是一個點，其實在一定的範圍內都可以被認定為

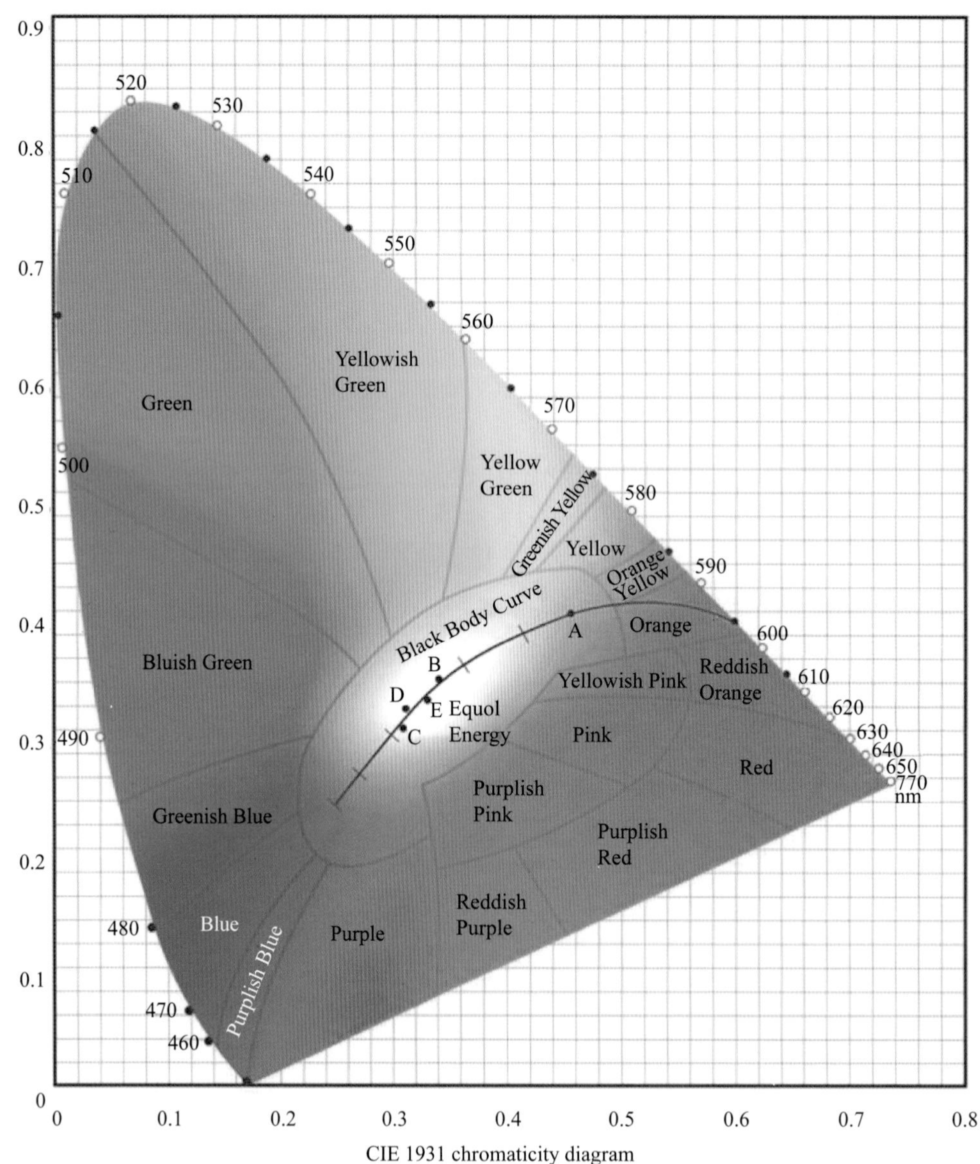

圖 1.11　CIE 1931 色座標圖

白光，對於白光照明座標 (0.33, 0.33) 是屬於純白色的白光，因為人眼對於綠光較敏感，所以當白光偏向黃綠光時會有較高的發光效率。

另外一種對於照明光色的判定方法就是色溫，色溫是根據黑體輻射所放出的光色變化，所定義出來的顏色表示方式，單位是絕對溫度 K（Kelvin），我們就用黑體輻射的溫度表示該光源的色溫，當光源的光色接近黑體輻射該溫度所放出的光色時，我們定義為該光源的色溫。因為不同光源不會恰好落在黑體輻射所放的光色，所以就定義出 Planckian Locus 區域（圖 1.12），在這區域內才能定義出色溫；當色溫在 3000K 以下時會較偏於紅黃光，屬於較暖色系的光源，而高於 6500K 時光色就會偏向藍色，給人一種較冰冷的感覺，所以人對於光色的色溫是很敏感的，也因為如此，在不同的場合就需要不同色溫的照明光源來搭配，例如居住在緯度較高的國家，人民會比較偏向使用色溫較低的燈具照明，因為低色溫屬於紅黃光，給人較溫暖的感覺，所以善加挑選燈的光色可以營造出較好的效果。在 2009 年台灣清華大學周卓輝教授發表了藉由改變操作電壓來改變 WOLED 光色[9]，並且光色都在區域內，色溫從 2300 到 8200 K，這範圍包含不同時間太陽光的色溫（圖 1.13）。

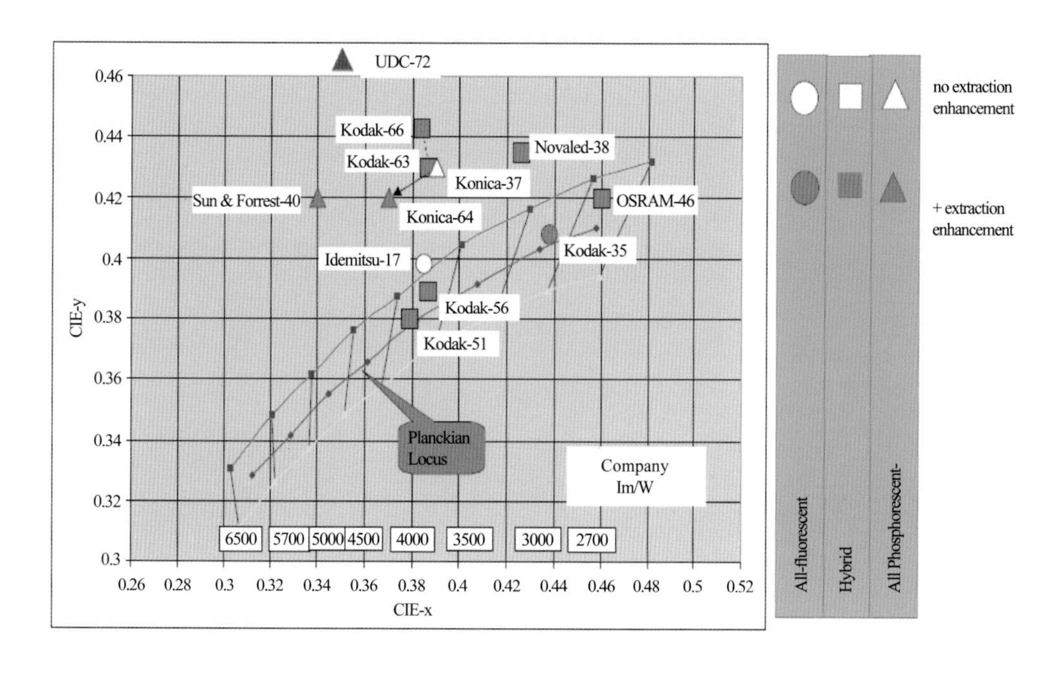

圖 1.12　不同發光材料所發出的白光 OLED 在 Planckian Locus 區域

資料來源：SID 2008

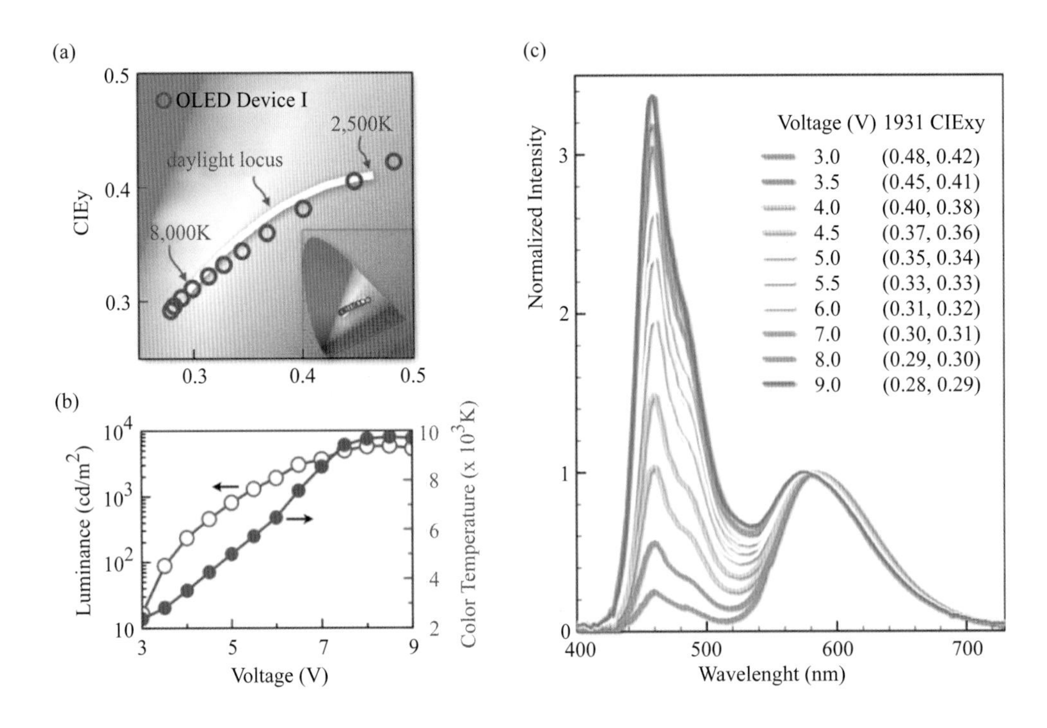

圖 1.13 改變電壓使的 WOLED 元件沿著 Planckian Locus 區域移動

演色性（Color rendering index, CRI）是指光源對於物體呈現本質顏色的表現程度所做出的定義，我們定義晝光與白熾製燈演色指數為一百，而我們製作出來的光源就必須與太陽光，白熾燈泡做比較，此系統用八種彩度中等的標準色樣檢驗，比較待測試光源與在同色溫下的基準光源下此八光色的偏離（deviation）程度，當演色性指數低於 80 就不適合一般的照明場所，但演色性並不影響光源出光的光色，所以光源演色性差並不代表是不好的光源，要依據自己所要的需求，選擇最適合的燈具，光源演色性差只是表示這光源無法呈現出物體的真實顏色。

參考文獻

1. J. T. Hsu, 工業材料雜誌, **229**, 66 (2006).

2. S. Reineke, F. Lindner1, G. Schwartz1, N. Seidler1, K. Walzer1, B. Lusem,

and K.Leo, *Nature*, **459**, 234.

3. IEA Workshop on New Energy Indicators for Buildings and Appliances: The Way Forward October 25, 2007.
4. J. Kido, K. Hongawa, K. Okuyamaa, and K. Nagai, *Appl. Phys. Lett.*, **64**, 815 (1994).
5. Y. Tomita, C. May, M. Torker, J. Amelung, M. l Eritt, F. Loffler, C. Luber, and K. Leo, *Proceedings of SID 07*, p.1030, May 20-25, 2007, Long Beach, CA., USA.
6. J. Kido, *Proceedings of SID 07*, p.931, May 20-25, 2007, Long Beach, CA., USA.
7. Y. S. Tyan, *SSL Manufacturing workshop 09*, June 24-25, 2009, Vancouver, Canada.
8. Y. S. Tyan, *Proceedings of SID 08*, p.933, May 18-23, 2008, Los Angeles, CA., USA.
9. J. H. Jou, M. H. Wu, S. M. Shen, H. C. Wang, S. Z. Chen, S. H. Chen, C. R. Lin, and Y. L. Hsieh, *Appl. Phys. Lett.*, **95**, 013307 (2009).

第二章

白光有機發光二極體照明現況與市場佈局

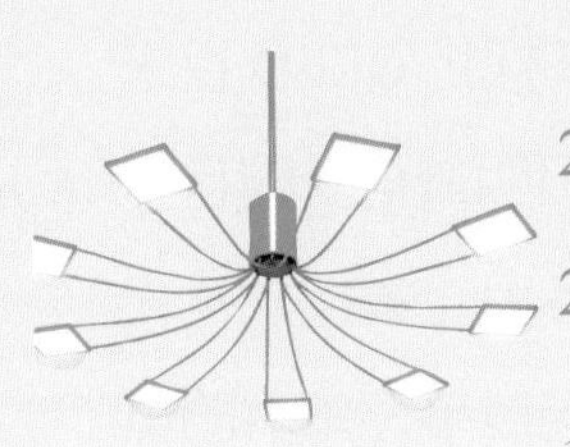

2.1 產業發展與現況

雖然白光 OLED 相較於無機 LED 發光效率較低、價格較高，但 OLED 輕、薄、可撓曲、多彩、面光源等優勢仍有其必然的市場，2008 年 10 月底香港國際燈飾展中，德國大廠歐司朗（Osram）的 Bernhard Stapp 揭櫫「固態照明市場的進步將改變世界的光芒」，他說明了未來照明中，LED 照明和 OLED 照明將更擅其場，如圖 2.1 所示，無機 LED 的特性是指向性強的點光源，主要應用在戶外照明或是高亮度需求的環境，而 OLED 照明的潛力更是不容小覷，因為 OLED 本質為溫暖柔和的面光源，且易於製作在可撓式基板上，它將從室內豪華設計的藝術照明切入，接著是功能性照明，再進入第三階段一般照明的市場，OLED 將是未來平面光源的唯一主角。2009 年 3 月 3 日於日本東京舉辦了國際照明綜合展覽會「Lighting Fair」，可以清楚地發現到 LED 照明用來取代傳統含汞的螢光燈管已經是指日可待，並且值得關注的是在這次展覽中，日本主辦單位在會場特別為 OLED 設立一處照明的專區，以展示多樣化 OLED 在未來照明的應用及潛力，其中，以透明、窗形、超薄 OLED 等照明最倍受矚目。在這場國際盛會中，可看到世界各國先進學者、研究機構及各大企業在次世代先進照明技術方面貢獻的心血與結晶，也可嗅出各公司間互相競爭、角力的氣息。在數十家廠商競爭激烈的環境下，本節將以主要較具競爭力的大廠現況與佈局作一簡介。

2.1.1 Osram

Osram 為德國知名照明大廠，除製造 OLED 外也包含生產及銷售傳統燈源和 LED。早期 Osram 也曾投入被動式矩陣 OLED 顯示器的研發，但在 2007 年 7 月宣布關閉了馬來西亞的 OLED 顯示器工廠，轉而專注於 OLED 在照明上的應用。在 2008 年四月，他們展出了全球第一台 OLED 的檯燈（如圖 2.2），並

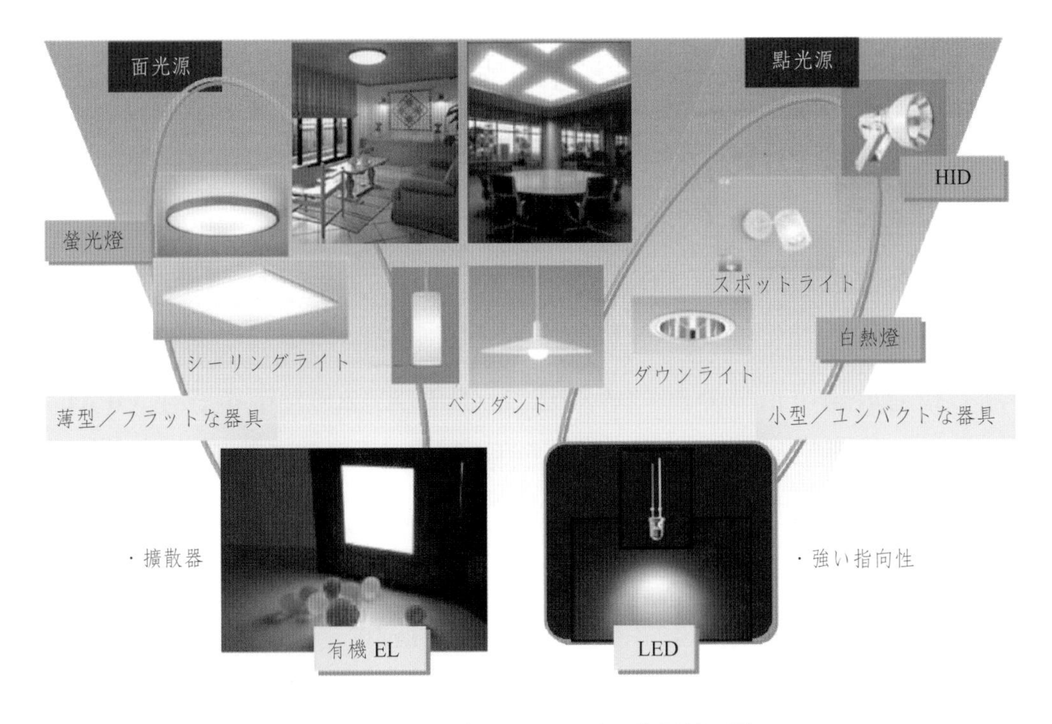

圖 2.1　OLED 與 LED 照明應用範圍的區別

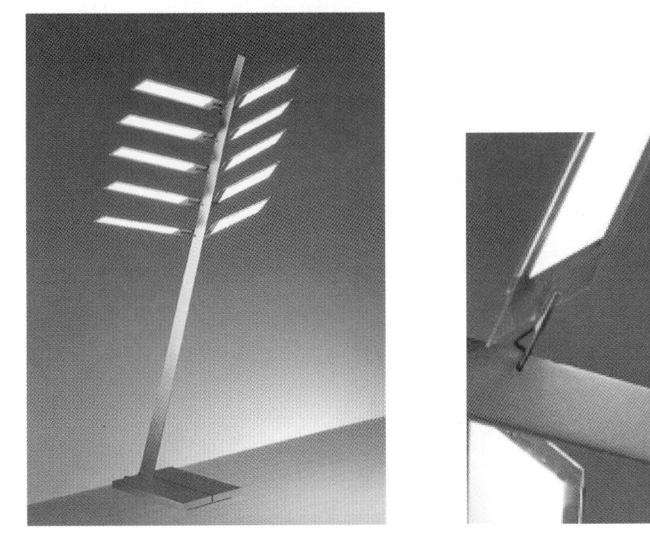

圖 2.2　Osram 所展出世界第一台 OLED 檯燈

（資料來源：Osram　http://www.osram.com）

在同年的 5 月 21 日於紐約曼哈頓亮相販售，出自德國燈光設計師 Ingo Maurer 之手，並命名為 Early Future，外型頗似 1 顆金屬樹，由 10 片 OLED 面板所組成，每一片尺寸為 132 mm × 33 mm，雖然此檯燈造價超過兩萬五千歐元，但這絕對是 OLED 照明上一個重要的里程碑。2006 年至 2008 年德國聯邦教育與研究部（BMBF）為提升德國在 OLED 產業的領導地位而贊助了 OPAL 研究專案，此專案計畫即由歐斯朗所主導並且投入 819 萬美元，致力於研發低成本高效能的白光 OLED。2007 年年底在 OPAL 計畫中歐斯朗發表了 90 平方公分的大面積穿透式白光 OLED 照明面板原型（如圖 2.3），該元件發光功率效率為 20 lm/W (@ 1000 nits)，面板穿透率為 55%，並預估未來商品化後可達到 75% [1]；2008 年並在計劃中宣佈其暖光 OLED [$CIE_{x,y}$ = (0.46, 0.42)] 效率已達到 46 lm/W、生命期超過 5,000 小時以上 (@1000 nits)。歐斯朗聲稱，這是業界首次能夠同時提升 OLED 效率與壽命的產品，過去，只要提高效率，使用壽命就會縮短[2]。歐司朗總裁兼 CEO 顧梓樂（Martin Goetzeler）表示，OLED 的照明產品將於 2011～2012 年投產。 但在哪裡設 OLED 照明產品的生產廠等尚未決定。顧梓樂指出目前

圖 2.3　歐斯朗穿透式白光照明面板原型

資料來源：[1]

歐司朗的 OLED 照明「發光效率已達 50 lm/W」他並語重心長的說：「能否與螢光燈等競爭，還要看成本能降到多少。比之單純地以替代螢光燈為目標，為其尋覓新的用途可能會更好」。

2.1.2　GE

美國 GE 公司由 19 世紀白熾燈泡發明人愛迪生（Thomas Edison）所創立。2009 年 4 月在東京舉辦的次世代照明技術展「LIGHTING JAPAN」中，GE 公司說明了以綠色能源為訴求的第三次照明革命即將展開。19 世紀 GE 公司創辦人愛迪生引發了第一次照明革命，當時期待的是能夠產生更高亮度的照明設備；而第二次照明革命也是由 GE 公司在 1938 年所發明的螢光燈管所引起，這時候人們開始追求的是高效率的照明。1962 年 GE 公司研發出第一個可見光的紅光 LED，埋下現今 21 世紀第三次照明革命的導火線。四十多年後的今天，GE 已為世界照明大廠，無論是傳統照明、LED 照明或是 OLED 照明都有完整的佈局，歷年來也積極參與各大照明研發專案，包括美國能源部所推動的固態照明（SSL）整合型專案、歐洲的 OLLA（Organic Light emitting diodes for ICT & Lighting Applications）專案計畫。在 2003 年 GE 是第一個發表了發光區為 4 平方英尺、發光功率效率為 15 lm/W (@1000nits)、色溫 4000K、CRI = 88 的白光 OLED 照明元件，2008 年 3 月更發表了世界第一個 Roll-to-Roll（R2R）製程的可撓式 OLED 照明元件（圖見第一章），並與 ECD（Energy Conversion Devices, Inc.）、NIST（National Institute of Standards and Technology）合作，宣稱在 2010 年就可以順利生產出 Roll-to-Roll 的低成本 OLED 照明元件，率先將 OLED 照明推進到撓曲式的軟性世代。

GE 公司在研發階段即考慮到未來受到傳統照明即 LED 照明低成本的競爭，所以 GE 除了開發元件材料結構外，還積極的研發製程設備以及 roll-to-roll 技術以期能夠降低製造成本提升產品的價格競爭力。

2.1.3 Philips

Philips 公司為國際照明燈源主要的供應商之一，舉凡傳統照明、螢光燈管及 LED 都可供應，對於下個世代的照明裝置：白光 OLED 照明，當然也不會缺席。1991 年，Philips 開始著手研究 PLED display，但於 2004 年宣佈將研發重點轉移至照明，於是加入 OLLA 專案並擔任主持單位，此計畫執行至 2008 年六月圓滿結束，同年 9 月在歐盟提出後續的 OLED 照明專案：「OLED100.eu」，目標期望將效率提升至 100 lm/W、壽命十萬小時、面積為 1 平方公尺、製程成本並須低於 100 歐元／平方公尺。

在 2009 年 3 月日本國際照明綜合展「Lighting Fair」中飛利浦展出了 Philips Lumiblade。Lumiblade 是飛利浦於 2008 年公開的 OLED 照明燈具的品牌名稱，展出的成品是興建於德國亞琛（Aachen）的工廠所製造。2009 年 4 月的「LITHTING JAPAN」中 Philips 也分享了他們的最新研發成果，在高效率的 warm white （暖白）OLED 色溫為 2850 K，CRI = 85，效率為 30 lm/W，而加上 light extractor （光擷取器）後可以增到 45 lm/W；而高效率的 cool white（冷白）OLED 色溫為 4650 K，CRI = 86，效率為 20 lm/W，而加上 light extractor（光擷取器）後可以到 31 lm/W。Philips 近期對於 OLED 照明技術發展藍圖如圖 2.4 所示，在會議上 Philips 宣告，短中期仍採用玻璃基板，現在元件玻璃基板的厚度為 1.8 mm，很快的會小於 1 mm，面板尺寸由 15×15 cm^2 朝向 30×30 cm^2 開發。中長期目標為將採用塑膠基板，同時開發 60×60 cm^2 大小的透明 OLED。未來 5～8 年做出在塑膠基板上可撓曲式產品，而且 Philips 認為 3～5 年後市場上將會出現穿透式的 OLED 的產品。

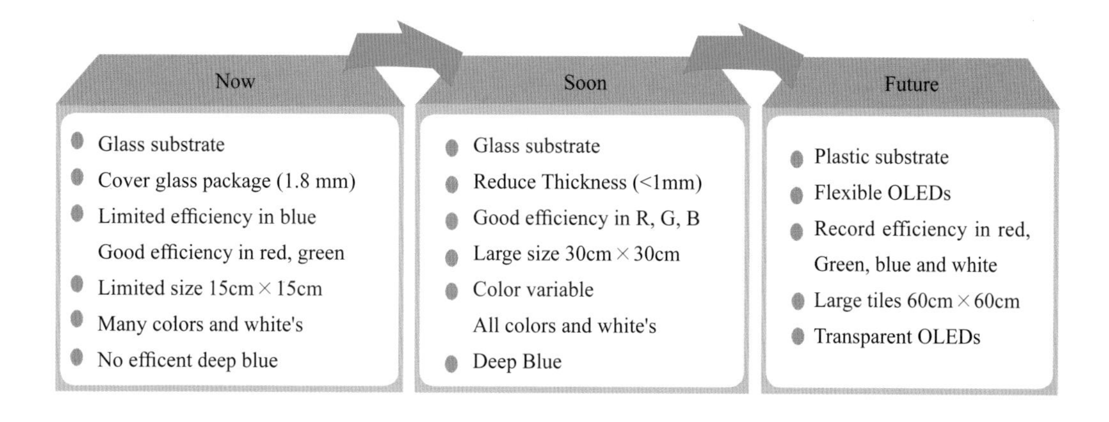

圖 2.4　Philips 近期 OLED 照明發展藍圖
（資料來源：http://www.olednet.com/focus/）

2.1.4　Lumiotec

Lumiotec 是由山形大學教授城戶淳二（Junji Kido）與三菱重工業（Mitsubishi Heavy Industries）、ROHM、凸版印刷（Toppan Printing）、三井物產（Mitsui）等公司於 2008 年 5 月聯合成立的全球第一家專做 OLED 照明公司。資本額初期為 14 億日圓，其出資比例三菱重工業佔 51%、ROHM34%、凸版印刷 9.9%、三井物產 5%、城戶淳二的技術股為 0.1%，員工人數目前為 20 人。值得一提的是 Kido 教授還在 2009 年 6 月間另外成立了一家 OLED 照明燈具公司，以系統化的市場策略推廣由 Lumiotec 生產的有機白光照明光源。

該公司主要結合三菱重工業開發的製造裝置、ROHM 的元件開發以及白光堆疊元件（Tandem OLED）技術權威城戶淳二教授的專利與研發能力。預計在 2009 年第三季開始有機 EL 照明面板樣品將可出貨，面板尺寸為 15 平方公分，厚度為 3.9 mm，發光效率每瓦 25 流明，可使整片牆面產生照明的效果，預計使用壽命可以達到一萬小時，開始量產時價格每片控制在 5000 日圓以下，在 2008 SID 會議中，Kido 教授也訂出了每平方米 10,000 日圓的目標，將來可望將價格降至與螢光燈匹比。產品銷售對象設定在照明元件與燈具製造商，預期可在事業化後的三年達到一年上千億日幣的營業額目標。同樣被視為次世代照明的 LED 光源目前雖已先行達到實用化的階段，但有機 EL 照明適用於廣面積均勻揉合的照明需求，目前預計先推廣應用在辦公室及飯店內等的照明。

最後我們將目前 OLED 照明各公司的研發成果列於表 2.1。

2.2 OLED 照明市場及未來展望

OLED 顯示器已問世多年，小尺寸面板在手機、MP4 隨身聽等消費性電子產品的應用已隨處可見，大尺寸面板則在 SONY 2007 年底量產的 11 吋 TV 後讓人對 OLED 夢幻顯示器再次燃起新希望。雖然與 OLED 照明應用相較之下才

表 2.1　全球 OLED 照明最近所公開的研發成果

公司	發表日期	元件規格
Eastman Kodak Company (Rochester, NY)	2007/06	發光效率 = 23.6 lm/W；
Konica Minolta (Tokyo, Japan)	2006/06	發光效率 = 64-70 lm/W；壽命 = 10,000 h @1,000 nits
Novaled GmbH (Dresden, Germany)	2007/11	發光效率 = 35 lm/W；壽命 = 100,000 h @1,000 nits；$CIE_{x,y}$ = (0.43,0.44)；CRI=90
Osram Opto Semiconductors GmbH (Regensburg, Germany)	2008/03	發光效率 = 46 lm/W @1,000 nits；壽命 > 5,000 h；$CIE_{x,y}$ = (0.46,0.42)；CRI = 80；尺吋：100cm^2
Royal Philips Electronics (Eindhoven, Netherlands) And Novaled GmbH (Dresden, Germany)	2006/06	發光效率 = 32 lm/W；壽命 > 20,000 h @1,000 nits；$CIE_{x,y}$ = (0.47,0.45)；CRI = 88
Lumiotec (Japan)	2008/05	發光效率 = 20 lm/W，壽命 = 6,000 h 尺吋：150mm×150mm×3.9mm @5,000 nits
GE Global Research (Niskayuna, NY)	2003/11	發光效率 = 15 lm/W @1,000 nits；色溫 = 4000K；CRI = 88；尺吋：4 平方英尺
	2008/03	軟性 OLED lighting 採用 roll to roll 製程
Universal Display Corporation (Ewing, NJ)	2007/12	發光效率 = 45 lm/W @1,000 nits；$CIE_{x,y}$ = (0.38, 0.44）；CRI = 78
	2008/06	發光效率 = 102 lm/W @1,000 nits；CRI = 70；色溫 = 3,900K

資料來源：工研院產業經濟與趨勢研究中心[3]

剛剛起步，但可利用過去顯示器產業的研發經驗以及製程設備的優勢進而快速崛起，再加上世人環保意識抬頭，人們對於燈具融合生活及藝術美感的要求，白光 OLED 照明極有可能成為下一世代的一顆新星。

在世界各大廠積極投入資源之下，預計最快在 2010 年～2012 年就會開始量產 OLED 照明的產品，由圖 2.5 可看出，未來第一款商品將可能來自 Philips，接著是 GE、日商 Lumiotec 以及 Konica Minolta 等公司。根據市場調查機構 DisplaySearch 研究指出，OLED 照明市場將在 2011 年起飛，2013 年產值可達 45 億美元，在 2013 年～2014 年規模將會超過被動式矩陣有機發光二極體顯示器（PM-OLED），2018 年規模會成長到 60 億美元。除了 DisplaySearch 外，各市調機構也一致看好 OLED 照明市場（圖 2.6），從 2012 年起將會有爆發性的成長，美國光電產業振興協會（OIDA）更預期 2020 年 OLED 照明的產值將會到達 140 億美元。

在 OLED 照明市場的應用主要可分為：車用、顯示器背光源、一般照明、醫療和工業用途、看板和廣告等五大領域。根據市調機構 Nano Markets 研究報

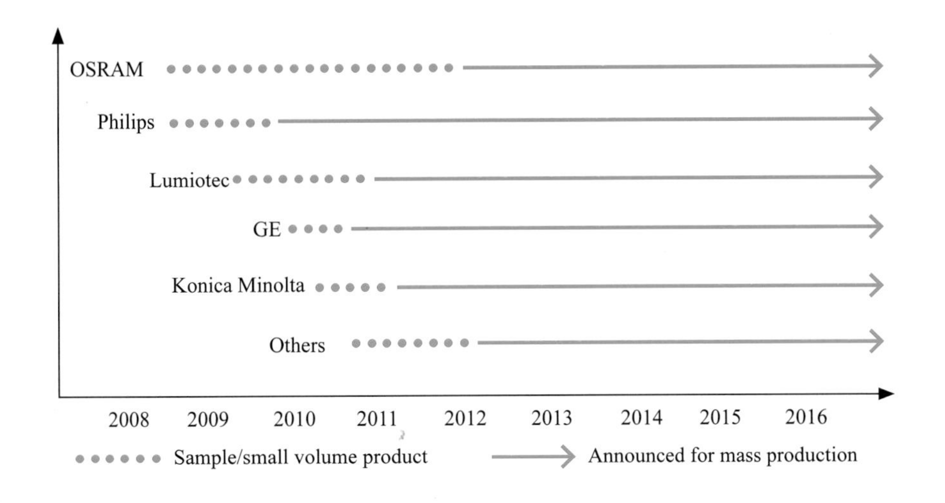

圖 2.5　各公司量產計劃藍圖

（資料來源：DisplaySearch (2008)）

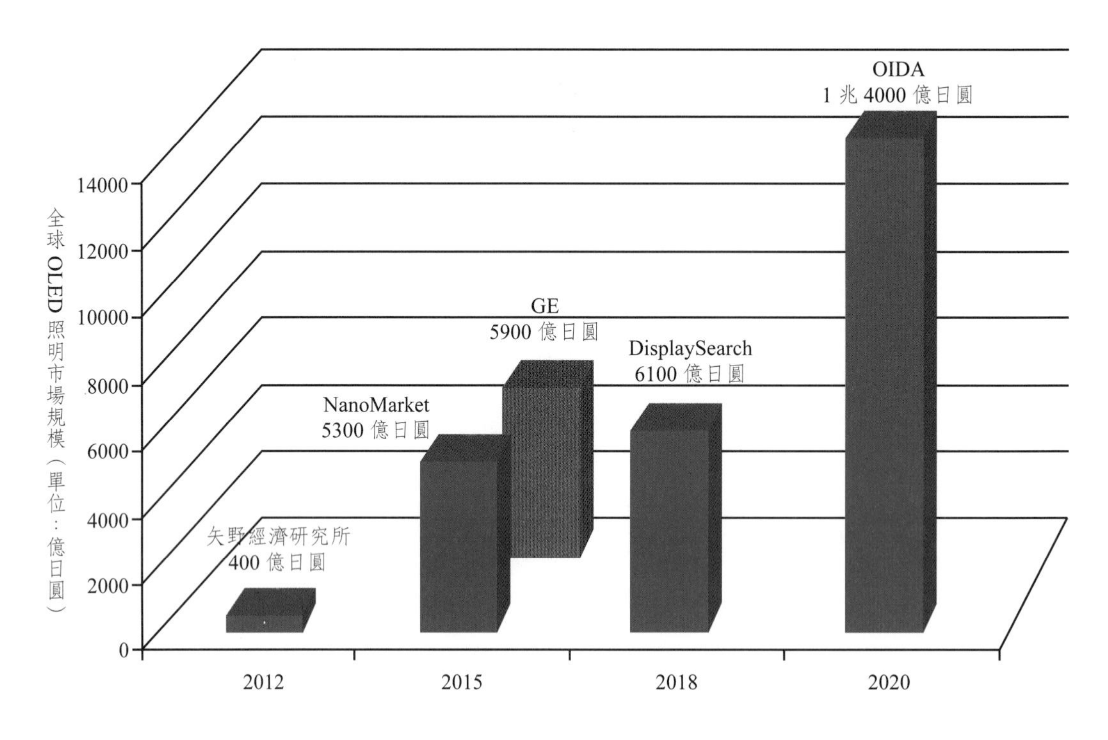

圖 2.6　各市調機構對 OLED 照明市場的預測

（資料來源：日經電子；拓墣產業研究所整理，2009/04）

告中指出[4]，OLED 照明應用在建築及特殊工業用途到 2015 年規模即可達到 19 億美元，而低價印刷製造方法以及新式適用溶液製程的小分子墨水，將協助 OLED 進軍背光市場，他們預期 OLED 背光市場將在 2015 年可達到 11 億美元規模。在製程設備上 GE 及德國 Fraunhofer Institute 都曾展示過 roll-to-roll 製程技術的成就，如此可讓 OLED 照明的成本更具競爭力並且引領固態照明至可撓曲的新世代。而且美國能源局也預期 OLED 的發光效率在 2012 年就可以達到 150 lm/W 遠勝過於螢光燈管的表現。Nano Markets 還表示，OLED 照明應用的起飛，可讓過去受到衝擊的 OLED 顯示器面板廠提供一個轉型多角化經營的契機。相對的，隨著 OLED 顯示器面板尺寸的提升，不管在量產機台亦或是製程技術上，也有助於照明應用的快速發展。但他們也提出質疑，到底何種階層的消費者才有辦法接受此種高價位的燈飾，這個問題如同顯示器的應用，目前還沒有人能夠準確的預測答案。

相對無機 LED 照明市場，OLED 起步晚了很多年，若單純只論高亮度照明而言，在價格及效率上，目前的確較缺乏競爭力。但世界各大廠近年來都積極投入研發，各國研究單位也注入大筆資金提出研究專案（如表 2.2），因為 OLED 具有許多不可被取代的獨特性，它沒有無機 LED 的散熱問題，而且具有透明，可撓等優勢，因此，明確的市場區隔並找出利基是必要的，目前廠商大多將 OLED 定位在藝術燈具或是特殊用途照明上。例如 Osram 所發表由德國燈光設計師 Ingo Maurer 所設計的時尚 OLED 的檯燈（圖 2.2），GE 利用可撓曲的特性著手研發的窗簾、壁紙，或是將透明的特性利用在天窗、落地窗等等（詳見第一章圖檔）。

OLED 歷經多年的研發及波折，在顯示器的應用上，Sony 等大廠仍固守在 OLED TV 的領域中，但也有公司退出 OLED 顯示器的市場，轉向照明市場的

表 2.2　全球各大 OLED 照明研究專案

國家	專案名稱	專案目標	經費	期間	技術研發公司／機構
歐洲	有機電激發光照明應用（OLLA）	白光 OLED，每瓦 50 流明、1 萬小時	2,000 萬歐元（約 2,730 萬美元）	2004 ~ 2008 年	Philips、OSRAM、Siemens、GE、Merck
歐洲	OLED 100.eu	白光 OLED，每瓦 100 流明、10 萬小時，一平方米面板成本低於 100 歐元	3,100 萬美元	2008 ~ 2011 年	Philips、OSRAM、Siemens、Frauhofe、IPMS、Novaled
德國	2008 年達成有機磷光照明應用（OPAL）	使 OLED 產品能以每平方較少歐元的目標成本達到最高效能的白光 OLED 裝置	819 萬美元	2006 ~ 2008 年	Philips、OSRAM
美國	固態照明（OLED 專案）	每瓦 75 ~ 150 流明、1 萬小時	5,155 萬美元	2004 ~ 2010 年	OSRAM、GE、Kodak、UDC
日本	產業綜合技術開發機構（NEDO）專案下之照明用 OLED 實用化研究	開發低成本量產製程技術照明用白光 OLED 元件技術	1,000 萬美元	2002 ~ 2009 年	Panasonic、TAZMO、山形大學
韓	知識經濟部下之 OLED 專案計畫	OLED 技術研發		2006 ~ 2013 年	Kitch、ETRI、KETI、KOPTI、LG Electronics

資料來源：拓墣產業研究所（2009）。

發展，雖然至今尚未有廠商正式推出白光 OLED 的照明產品。但可看出 OLED 在照明領域的確具有相當大的發展潛力，無庸置疑的 OLED 照明還存在許多課題仍待解決，然而，相信在世界各國先進學者的努力之下，這些課題將逐年改善，以期讓消費者能夠儘早真正體驗到新的照明裝置所帶來的優勢及便利，OLED 在次世代照明領域的發展前景將是指日可待。

參考文獻

1. LED professional (2007, December 14). *New transparent white OLED from Osram opto semiconductors achieves high level of performance*, from http://www.led-professional.com/content/view/864/61/
2. 「歐司朗將 OLED 效率推進到 46 lm/W」。電子工程專輯。2009 年 5 月 18 日，取自：http://www.eettaiwan.com/
3. 江柏風、覃禹華，「OLED 照明應用情境與市場趨勢探索」，台灣，新竹：工業技術研究院產業經濟與趨勢研究中心，民國 97 年。
4. EE Times Europe (2008, September 25). *Bright prospects seen for OLED lighting*, from http://www.eetimes.eu/industrial/

第三章

螢光（Fluorescence）白光有機發光二極體元件

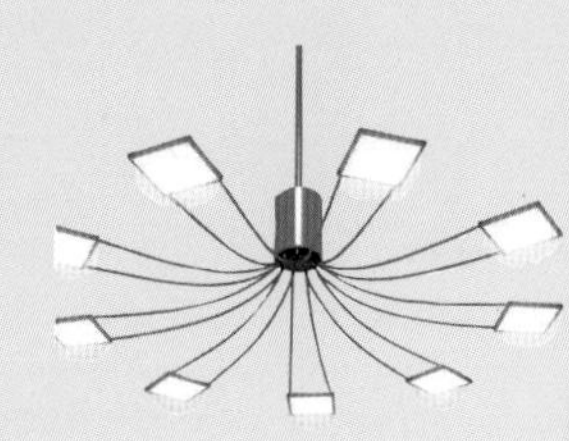

3.1　螢光系統

3.2　多層發光層（Multiple emissive layers）

3.3　多摻雜發光層（Multiple dopants emissive layer）

3.4　活化雙體（Eximer）及活化錯合物（Exciplex）

參考文獻

3.1 螢光系統

若要得到白色的電激發光，一般要將發光的顏色混合而成，例如混合兩互補色可以得到二波段型白光，或混合紅、藍、綠三原色得到三波段型白光。就OLED元件結構的設計上最常見的方式主要有兩種，分別為多摻雜發光層與多重發光層元件（如圖3.1）。所謂多摻雜發光層是指將各種顏色的摻雜物共蒸鍍於同一發光層中，利用不完全能量轉換的原理使EL呈現不同「混合」的顏色[1]。而多重發光層元件是將不同顏色的摻雜物摻混在不同發光層中，利用個別再結合放光來達到多波段的放光。另外，也可以直接使用白光材料如：活化雙體或活化錯合物當做發光層，或者是利用磷光系統較常使用的色轉換法來實現白光。

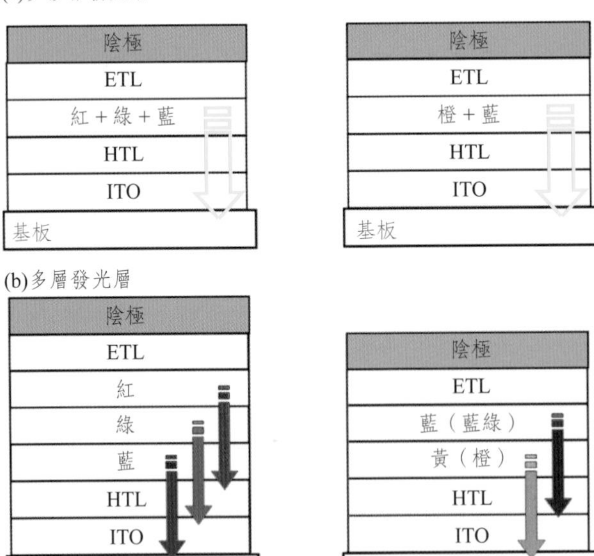

圖3.1　(a)多摻雜發光層元件示意圖　(b)多重發光層元件示意圖

當電子、電洞在有機分子再結合後，會因電子自旋對稱方式的不同，產生兩種激發態的形式。一種是非自旋對稱（anti-symmetry）的激態電子形成的單重激發態形式，它會以螢光的形式釋放出能量回到基態。而由自旋對稱（spin-symmetry）的激態電子形成的三重激發態形式，則是以磷光的形式釋放能量回到基態。本節就以三種常見的方法介紹螢光系統中白光 OLED 的元件結構。

3.2　多層發光層（Multiple emissive layers）

小分子 WOLEDs 通常由數個有機層堆疊而成，而這些有機層都各有各的功能，例如有些具電洞或電子的傳導，有些是電荷阻擋，而有些是產生激子（exciton）的再結合層。再結合的電流在任一有機層中會受到引進電洞阻擋層[2]、改變膜厚[3] 或調整摻雜物濃度而影響[4]，而藉著控制在個別有機層間的再結合電流，可調整經由紅、綠、藍光發光層的放光比例來達到適當比例的混合白光光色。以此來製備 WOLEDs，通常都是利用真空蒸鍍小分子的方式，因為想達到需求的色平衡和效率，所堆疊的各有機層的厚度及層與層間的介面是必須嚴密控制的，而這些要求也是使用溶液製程的 PLED 較不易達成的。

螢光 WOLEDs 的報導中，早期是由美國柯達利用雙發光層的元件結構，將黃光的螢光摻雜物（如 Rubrene 的衍生物）摻混至電洞傳送層（NPB）中，然後再蒸鍍高效率的天藍光發光層，發光顏色同樣是由發光層的厚度和摻混濃度決定，此結構的效率則依照其顏色而定。圖 3.2(a) 顯示這類二波段白光的光譜與 $CIE_{x,y}$ 色座標和效率之關係，黃光越強時效率越高，但顏色也越偏離 $CIE_{x,y}$ (0.33, 0.33)[5]。但二波段白光缺點就在於演色性不佳，故爾後陸續發展出三波段及四波段的白光結構使之提高演色性。就在 2006 年 SID 年會上，柯達發表了多波段白光的系統，電壓為 4.2 V 左右，元件結構為多個發光層相疊，其 EL 光譜如圖 3.2(b) 所示，明顯地可以分辨藍、綠、黃、紅的主峰在 452 nm、

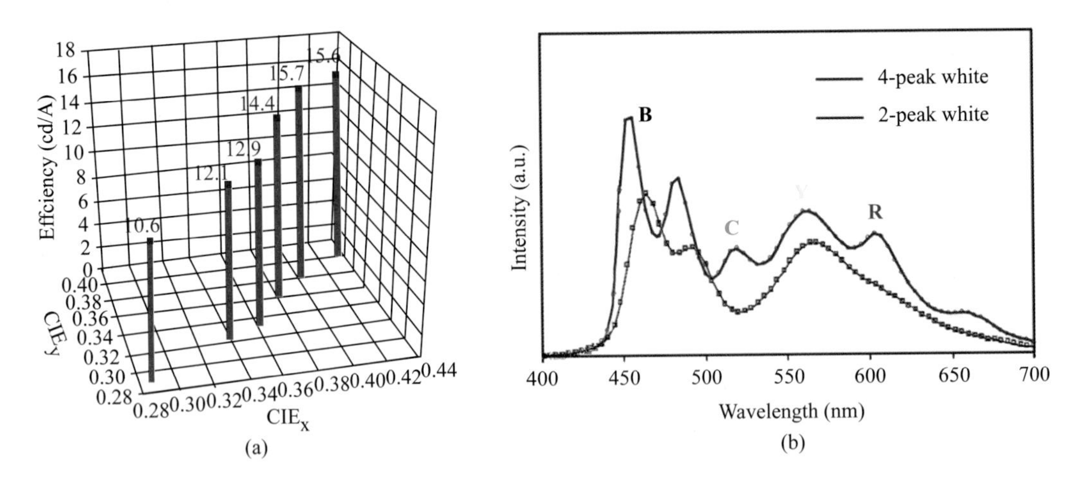

圖 3.2　(a)二波段白光 $CIE_{x,y}$ 色座標和效率之關係　(b)Kodak 二波段和多波段白光光譜

524 nm、560 nm 和 608 nm，$CIE_{x,y}$ 色座標為 (0.318, 0.348)，效率為 9.9 cd/A[6]。

而多層發光層結構的最大的缺點則是需較高的操作電壓，這是因為元件發光層是由較多層數所組成。為了降低操作電壓，除了降低元件的總厚度外，最常見的方法則是導入 *p-i-n* 系統，所謂的 *p-i-n* OLED 結構是指將 *p* 及 *n* 型的摻雜層做為元件的電洞和電子傳送層，圖 3.3 為一般常見的 *p-i-n* OLED 結構及其能階圖，中間未做電性摻雜的材料厚度一般只有 40 nm 左右，因此 *p-i-n* OLED 的操作電壓通常只有傳統元件的一半，在 1000 nits 下，電壓約在 2.5～3.5 V 之間。

以 Duan et al. 2008 年的報導為例，他們以 4, 7-diphenyl-1, 10-phenanthroline（BPhen）摻雜銫（Cs）當作 n 型摻雜的電子傳輸層並以 BPhen 作為電子傳輸層及電洞阻擋層，以 N, N, N', N'-tetrakis (4-methoxyphenyl) benzidine (MeO-TPD) 摻雜 2.7% 的 2, 3, 5, 6-tetrafluoro-7, 7, 8, 8 tetracyanoquinodimethane (F4-TCNQ) 作為 *p* 型摻雜的電洞傳輸層並以 MeO-TPD 作為電洞傳輸層及電子阻擋層[7]。在 1000 nits 之下，這個二波段白光元件操作電壓只有 2.9 伏特，10000 nits 時，操作電壓 4.7 伏特功率效率為 8.7 lm/W。但此種結構也使元件製作變得複雜且

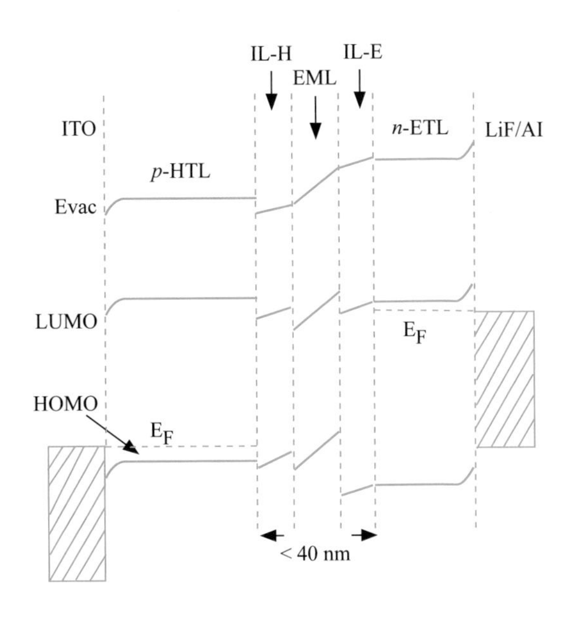

圖 3.3　*p-i-n* OLED 結構與能階示意圖

會使得元件壽命減短[8]。在 2009 年的 SID 會議上 Kodak 也發表了 *p-i-n* 結構四波段白光，利用 Kodak 本身的螢光發光系統及摻雜材料大廠 Novaled 所開發不含金屬的 *n* 型摻雜物與 *p* 型摻雜物所組成的高效率高穩定性白光結構，在 1000 nits 之下，操作電壓為 3.0 伏特，$CIE_{x,y}$ 為 (0.33, 0.36)，效率高達 15.1 cd/A，壽命更可達 27,000 小時，此種結構及 RGBY 的發光特性通常是為了應用於全彩顯示面板的背光源，並搭配 Kodak 的 RGBW 彩色濾光片所設計。

香港城市大學 C. S. Lee 等人提出將電子傳輸材料 BPhen 或是電洞傳輸材料 N, N' bis(1-naphthyl)-N, N'-diphenyl-1, 1'-biphenyl-4, 4'-diamine (NPB) 摻雜到發光層之中，藉此能夠提高發光層中載子的移動率（mobility）進而降低元件操作電壓提升功率效率[9]。他們將不同濃度的 BPhen 摻雜到藍光發光層之中，結構如下：ITO (indium tin oxide)/NPB/ 2% 2, 8-di (t-butyl)-5, 11-di [4-(t-butyl) phenyl]-6, 12-diphenylnaphthacence (TBRu): NPB/y% BPhen:3% p-bis (p-N, N-diphenyl-amino-styryl) benzene (DSA-Ph): 2-methyl-9, 10-di (2-naphthyl) anthracene (MADN)/BPhen/LiF/Al，其中 y = 0%, 2%, 4%, 6%, 8%, 10%，如圖 3.4，相較於 y = 0% 的元件，當摻雜濃度為 y = 10% 時，元件驅動電壓已大約下降了 0.8 伏特，在摻雜 8% BPhen 在發光層中的元件，功率效率也到達了 8.7 lm/W (@10 mA/cm^2)。同樣地，作者將 NPB 摻雜在發光層中也得到了優異的效果，該元件效率也可到達 7.6 lm/W。

向來以開發高效率螢光材料聞名但從來不公開其材料結構的日本出光興業公司，在 2007 年公佈的白光元件製作結果，利用新開發的藍光主發光體

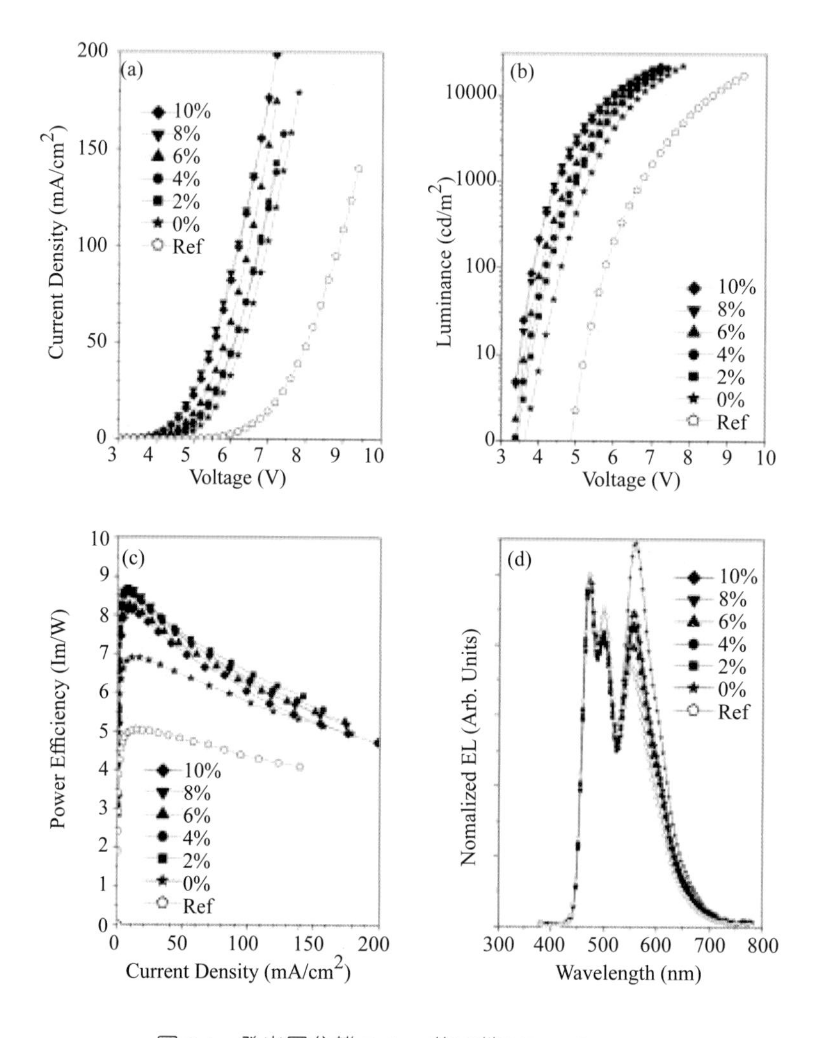

圖 3.4　發光層參雜 Bphen 的元件 EL performance

（NBH）搭配藍光摻雜物 BD-1 和綠光摻雜物 GD206，加上與三井化學合作的高效率紅光摻雜物 RD-2，得到 $CIE_{x,y}$ 色座標為 (0.33, 0.39) 的白光元件，效率可高達 16 cd/A，壽命更是比先前發表的三波段白光大幅增加，在初始亮度 1000 nits 下，壽命估計為 7 萬小時。如表一及圖 3.5 所示，當進一步導入高移動率的傳送材料，Device 2 和 3 的電壓可以進一步下降，Device 2 中改以高電子移動率（3×10^{-4} cm^2/Vs (@0.25 MV/cm)）的電子傳輸材料（ETM），發光區域往陽極方向移動，因此靠近陽極的藍光和紅光強度增強。當在 Device 3 中再導入高電洞移動率（2×10^{-3} cm^2/Vs (@0.25 MV/cm)）的電洞傳輸材料（HIM），電壓可以降到 3.67 V，與得到最高的功率效率，可是元件壽命只有 Device 1 的一半，在初始亮度 1000 nits 下，壽命估計為 3 萬小時[10]。

如果採用上發光結構後搭配彩色濾光片應用於全彩 OLED 顯示器，模擬 2.2 英吋面板 200 nits 全亮時的功率消耗約為 200 mW，出光興業認為這樣的效率已可以與 LCD 相匹敵。

然而，此種多層發光層白光 OLED 結構，使用多個發光摻雜物會因發光團的不同而有不同的老化機制，以及不同電壓之下各材料載子移動率不同使得再

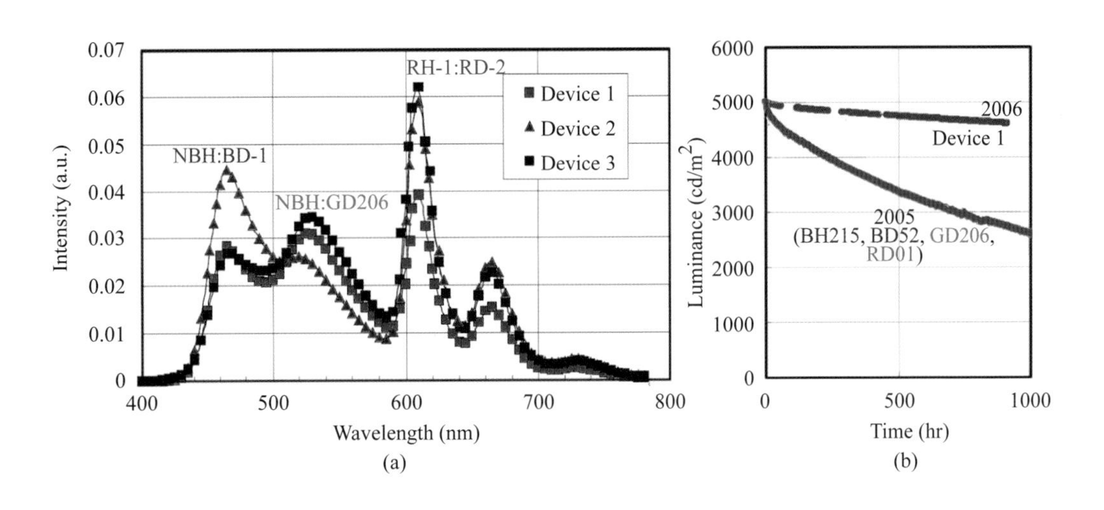

圖 3.5　(a)出光三波段白光光譜與　(b)壽命比較

表 3.1　出光三波段白光元件特性（@10 mA/cm^2）

Device a)	Voltage (V)	CIE_x	CIE_y	Current efficiency (cd/A)	Power efficiency (lm/W)	EQE b) (%)
Device 1 (Standard)	6.94	0.337	0.396	16.0	7.25	7.18
Device 2 (NET)	4.40	0.342	0.327	15.9	11.4	8.98
Device 3 (NHI/NET)	3.67	0.375	0.404	19.6	16.8	9.05

a)Device structure:
Device 1: ITO/HI/HT/W-EML (50nm)/Alq_3/LiF/Al
Device 2: ITO/HI/HT/W- EML (50nm)/NET/LiF/Al
Device 3: ITO/NHI/HT/W-EML (30nm)/NET/LiF/Al
W-EML = RH-1:RD-2/CBL/NBH:BD-1/NBH:GD206
b)Lambertian pattern

結合區位置的改變，因此在元件操作中，可能會造成不預期的光色改變，並且此種多發光層的元件相對於單層發光層 OLEDs 有較多的材料和介面，因此在製作和價格上也會相對的變得複雜和昂貴，較適合做全彩顯示面板，但用在照明卻不切實際。

3.3　多摻雜發光層（Multiple dopants emissive layer）

多摻雜發光層的螢光元件結構中，常用的方法是在高效率的藍綠光發光體中，用「少量」橘紅光的客發光體去做摻混，使得除了本身的藍綠光外，只有一小部分的能量轉移到橘紅光發光體發光，達到顏色混合的目的。但由於螢光能量轉移的效率較好，所以橘紅光的客發光體的濃度必須很小及精準的控制，因此也增加控制顏色的困難度。柯達是最早用不完全能量轉換的原理使 EL 呈不同混合的顏色[11]。只要用少量的 DCJTB（0.1%）紅光色素摻雜在藍光發光體中（ADN:2% perylene），就可使原本藍綠光顏色加入一半 DCJTB 的紅色而呈白光。$CIE_{x,y}$ 色座標可以從藍光的 (0.16, 0.16) 調整至白光的 (0.34, 0.35)，而效率也從 2.27 cd/A 增加到 4.01 cd/A。

由於低濃度摻雜在共蒸鍍系統中不容易控制，白光顏色的再現性、穩定性和均勻性常常會受影響。因此有些研究團隊利用預先混和的方法，將不同摻雜材料混合後再一起蒸鍍，如 Yang Yang 教授將 NPB 熔化後與 DPVBi、C545T、rubrene 和 DCJTB 以重量比 100：4.12：0.282：0.533：0.415 混合，亮度從 1 至 10,000 cd/m^2 時，$CIE_{x,y}$ 色座標只從 (0.31, 0.36) 改變至 (0.29, 0.33)[12]。而台灣清華大學周卓煇教授團隊則先用溶劑將不同摻雜材料混合，亦可達到同樣的目的[13]，但由於不同材料的蒸鍍溫度不同，在連續式的生產時會遇到預混和組成改變的問題。

周卓煇教授團隊在 2008 年也利用雙主發光體系統的能量轉移概念發表了高效率的螢光元件[14]。結構如圖 3.6，發光層混合了 10, 10’-bis(biphenyl-4-yl)-9, 9’-bianthracenyl (BANE) 與 di(triphenyl-amine)-1, 4-divinyl-naphthalene (DPVP) 作為主發光體。由圖 3.7 可看出 DPVP 的 PL 放射光譜相較於 BANE 的 PL 放射光譜與 4-(dicyano-methylene)-2-methyl-6-(julolidin-4-yl-vinyl)-4H-pyran (DCM2) 的吸收光譜有較大的重疊面積，而在兩個不同的主發光體中摻雜了 DCM2 之後也可發現 DPVP 的 PL 光譜有較顯著的改變（如圖 3.8），由此可推論 DPVP 相對

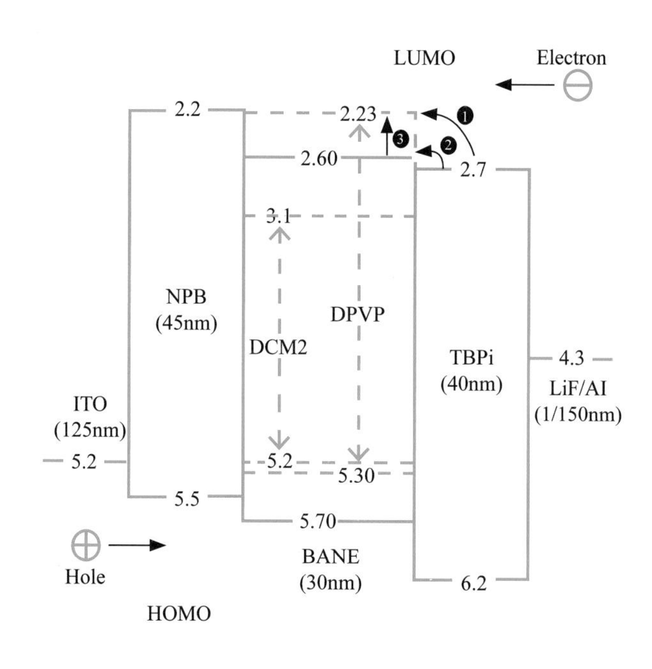

圖 3.6　雙主發光體白光結構能階圖

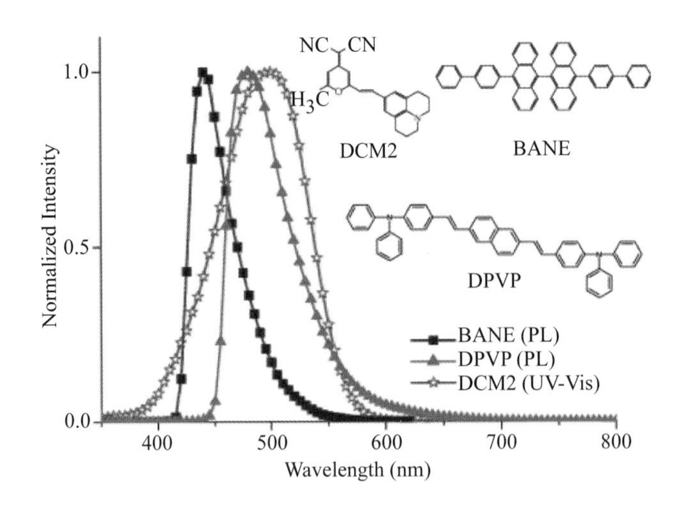

圖 3.7　主發光體放射光譜及客發光體吸收光譜

BANE 有較好的能量轉移效率至 DCM2。而另一方面 BANE 又能夠提供較好的電子阻擋功能以及較好的電子注入功能（如圖 3.6 中路徑 2-3，而非路徑 1）。在混合了兩種主發光體的結構之下，DPVP 同時扮演了 co-host 以及 emitter 的角色，如此一來元件功率效率可達 14.6 lm/W (@100 cd/m^2) 電流效率可達 19.2 cd/A (@ 300 cd/m^2)。

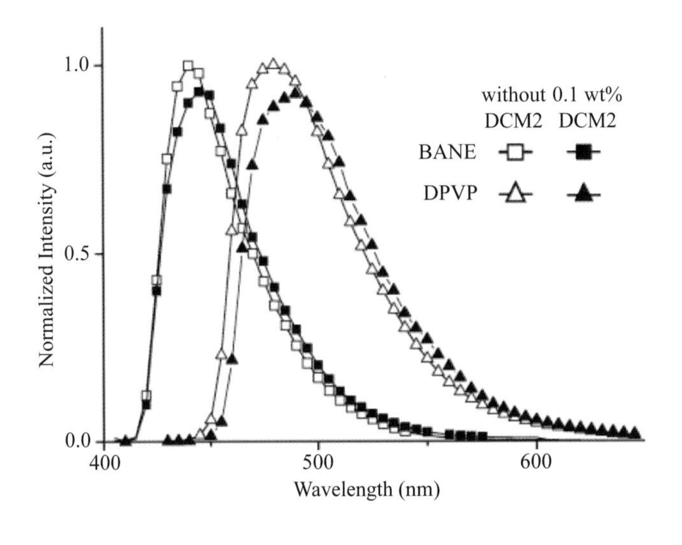

圖 3.8　不同主發光體摻雜客發光體後的 PL 光譜差異

在 2009 年 SID 會議上 Seo 等人，以台灣交通大學所開發出來的等雙極性（ambipolar）材料 2-methyl-9, 10-di(2-naphthyl)anthracene (MADN) 同時作為電子及電洞傳輸層及發光層，以單一 host 的概念做出了只有三層有機層的簡易白光結構，期望能夠有效減低製程成本[15]。該元件在 100 nits 的亮度之下，電流效率為 13.10 cd/A，外部量子效率 6.48% 而 $CIE_{x,y}$ 是 (0.33, 0.42)，唯操作電壓非常的高，在 20 mA/cm^2 時操作電壓約為 8 V。台灣交通大學 OLED 團隊林冠亨同學則提出利用新穎 *p-i-n* 結構以 MADN 作為單一 host 的低電壓高效率白光元件[16]。元件結構及能階示意圖如圖 3.9，我們利用 MADN:20% WO_3 作為 *p*-HTL，以 MADN:30% CsF 作為 *n*-ETL，有效的降低載子由電極注入至 MADN 的 HOMO 及 LUMO 能階的能障。該元件在 20 mA/cm^2 時操作電壓只有 4.5 V，效率達 6.3 lm/W，$CIE_{x,y}$ 色度座標為 (0.38, 0.40)。由於單一 host 元件內沒有任何介面，所以不會造成電荷的累積而減短元件壽命，另一方面，降低驅動電壓也是增加元件穩定性的關鍵因素之一，該元件在 1800 nits 的起始亮度、20 mA/cm^2 的操作下，半衰期為 1500 小時，且在操作 480 小時後，元件驅動電壓僅上升了 0.11 伏特，起始亮度為 500 nits 時，半衰期可達 10,800 小時。

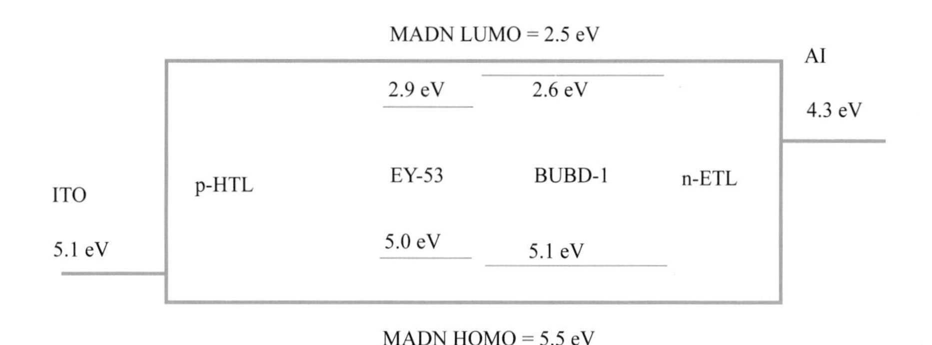

圖 3.9　單一 host *p-i-n* 白光元件能階示意圖

3.4 活化雙體（Eximer）及活化錯合物（Exciplex）

具白光放射的小分子發光材料不多，因為要肉眼能看到白光，這個螢光分子的發色團必須要有一個極寬廣的螢光光譜，它幾乎需從 450 nm 一直要延伸到 650 nm。文獻中勉強算是有較寬 EL 光譜的單分子結構是 $Zn(BTZ)_2$，它是由日本三洋電機早在 1996 所發表[17]，但還是偏綠，因為紅光部份不夠。

而單分子發白光還可藉由另一種方法，使用天藍光材料並借助在固態薄膜由分子堆疊所導致而形成的活化錯合物（exciplex）〔如（mdppy）BF 與 NPB 界面〕或活化雙體（excimer）〔如 i-Bu-FPt triplet Pt complex 和 (E)-CPEY〕來形成多波段的 EL 光譜[18]，這也是一個有希望能減少在多層式元件摻雜物的數目和結構異質性的方法。螢光活化錯合物 WOLEDs 已可做到 $CIE_{x,y}$ 色座標接近理想白光光源的 (0.33,0.33)[19]，但其外部量子效率和最大亮度卻遠低於實際應用的需求。相對於活化錯合物，活化雙體是一個處在激發態的分子的波函數和鄰近結構相同的分子重疊所組成。

活化雙體和活化錯合物都沒有固定的基態，而也因此產生了一種獨特的方式，可使能量有效率地由有主發光體傳送到發光中心，舉例來說，因為活化雙體不具有固定的基態，因此能量就無法由主發光體和高能量的摻雜物傳送給低能量活化雙體的摻雜物，複雜的分子間作用力也可以消除因為使用多個摻雜物所造成的光色均衡問題。但這些激子複合物的形成也是它們 EL 發光效率低或元件不穩定的原因之一。S. T. Lee and X. Zhang 等人在 2008 年合成了新材料 4, 4'-Di (9-(10-pyrenylanthracene)) triphenylamine (DPAA)（如圖 3.10），利用這個材料作者開發出高效率單一發光層的三層白光元件結構，結構為 ITO/NPB (50 nm)/DPAA (20 nm)/TPBI (30 nm)/LiF (0.5 nm)/Mg:Ag，其中藍光來自於 DPAA 分子本身的放光而紅光的放射即為活化二聚體的貢獻，該元件效率可達 7.0 cd /A (7.1 lm/W)，$CIE_{x,y}$ 值為 (0.29, 0.34)[20]。

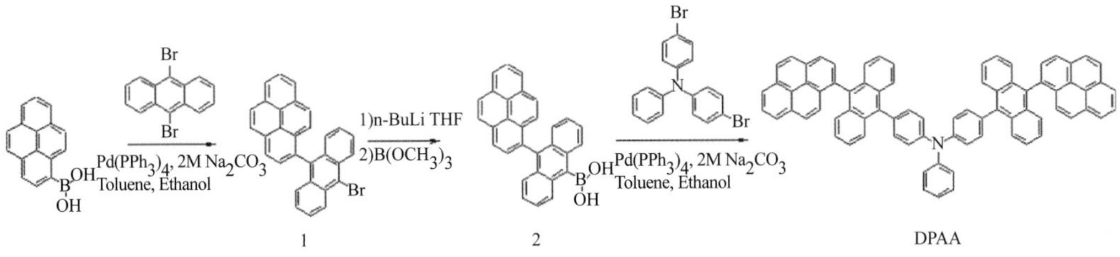

圖 3.10　DPAA 化學結構

參考文獻

1. S. A. VanSlyke, C. W. Tang, L. C. Roberts, US 4,720,432 (1988).
2. Z. G. Liu, H. Nazare, *Synth. Met.*, **111**, 47 (2000).
3. R. H. Jordan, A. Dodabalapur, M. Strukelj, T. M. Miller, *Appl. Phys. Lett.*, **68**, 1192 (1996).
4. B. W. D'Andrade, M. E. Thompson, S. R. Forrest, *Adv. Mater.*, **14**, 147 (2002).
5. T. K. Hatwar, J. P. Spindler, M. L. Ricks, R. H. Young, L. Cosimbescu, W. J. Begley, S. A. Van Slyke, *Proceedings of IMID'04*, 25-4, Aug. 23-27, 2004, Daegu, Korea.
6. T. K. Hatwar, J. P. Spindler and S. A. Van Slyke, *Proceedings of SID'06*, p.1964, June 4-9, 2006, San Francisco, CA., USA.
7. Y. Duan, M. Mazzeo, V. Maiorano, F. Mariano, D. Qin, R. Cingolani, and G. Gigli, *Appl. Phys. Lett.*, **92**, 113304 (2008).
8. B. W. D'Andrade, S. R. Forrest, A. B. Chwang, *Appl. Phys. Lett.*, **83**, 3858 (2003).
9. S. L. Lai, M. Y. Chan, M. K. Fung, C. S. Lee and S. T. Lee, *Appl. Phys. Lett.*, **90**, 203510 (2007)
10. (a)Y. Jinde, H. Tokairin, T. Arakane, M. Funahashi, H. Kuma, K. Fukuoka,

K. Ikeda, H. Yamamoto, and C. Hosokawa, *Proceedings of IMID/IDMC'06*, p.351, Aug. 22-25, 2006, Daegu, Korea. (b)H. Kuma, Y. Jinde, M. Kawamura, H. Yamamoto, T. Arakane, K. Fukuoka and C. Hosokawa, *Proceedings of SID'07*, paper No. 47.5L, May 22-25, 2007, Long Beach, California, USA.

11. S. A. VanSlyke; C. W. Tang, L. C. Roberts, US 4,720,432 (1988).
12. Y. Shao and Y. Yang, *Appl. Phys. Lett.*, **86**, 073510 (2005).
13. J.-H. Jou, Y.-S. Chiu, C.-P. Wang, R.-Y. Wang, and H.-C. Hu, *Appl. Phys. Lett.*, **88**, 193501 (2006).
14. J.-H. Jou, M.-H. Wu, C.-P. Wang, Y.-S. Chiu, P.-H. Chiang, H.-C. Hu, R.-Y. Wang, *Org. Electron.*, **8**, 735 (2007).
15. J. H. Seo, J. H. Kim, J. R. Koo, J. H. Seo, J. S. Park, Y. K. Kim, G. W. Hyung, J. H. Hwang, K. H. Lee, J. Y. Kim, S. S. Yoon, Y. H. Kim, W. Y. Kim, *Proceedings of SID'09*, p.1716, May 31 - June 5, 2009, San Antonio, TX, USA.
16. 林冠亨（2009）。具等雙極性之共主體材料於 *p-i-n* 有機發光二極體研究。國立交通大學顯示科技研究所碩士論文，臺灣，新竹市。
17. H. Yuji, S. Kenji, S. Kenichi, JP 8315983 (1996).
18. (a)Y. Wang, *Angew. Chem. Int. Ed.*, **47**, 182 (2002). (b)V. Adamovich, J. Brooks, A. Tamayo, A. M. Alexander, P. I. Djurovich, M. E. Thompson, C. Adachi, B. W. D'Andrade, S. R. Forrest, *New J. Chem.*, **26**, 1171 (2002). (c)Y. Liu, M. Nishiura, Y. Wang, and Z. Hou, *J. Am. Chem.* Soc., **128**, 5592 (2006).
19. (a)M. Berggren, G. Gustafasson, O. Inganas, M. R. Andersson, T. Hjertberg, O. Wennerstrom, *J. Appl. Phys.*, **76**, 7530 (1994). (b)J. Feng, F. Li, W. B. Gao, S. Y. Liu, Y. Liu, Y. Wang, *Appl. Phys. Lett.*, **78**, 3947 (2001).
20. S. Tao, Y. Zhou, C.-S. Lee, S.-T. Lee, D. Huang and X. Zhang *J. Mater. Chem.*, **18**, 3981 (2008).

第四章

磷光（Phosphorescence）材料與白光有機發光二極體元件

4.1 前言

以近來無機發光二極體（LED）發展的速度來看，取代發光效率甚差的（換言之浪費能源的）白熾燈泡（incandescent lamp）只是時間上的問題，未來必將成為新一代的照明光源。在有機發光二極體（OLED）的發展史中，自從電激發磷光（electronphosphorescence）的材料與技術被發現並應用在白光有機發光二極體（white organic light-emitting diode, WOLED）照明之用途上，元件內部的量子發光效率可由 25% 提升至 100%。而在元件外部量子效率（η_{ext}）也突破電激發螢光（electrofluorescence）的 5～6% 上限（這是假設元件光輸出偶合常數 light output coupling factor 或出光率介於 0.20 至 0.24 之間），有機會上探 20% 或更高。以照明業界較為通用的發光功率效率（power efficiency, η_P）而言，白熾燈泡的 η_P 大約是 10～15 lm/W （流明／瓦）．若使用的只限電激發螢光材料，WOLED 的發光功率效率通常只有個位數字的流明／瓦，很少能超過 10 lm/W 的，能達到 15 lm/W 更是絕無僅有（除非去改進元件的出光率）。而此電激螢光發光功率上限卻是遠低於當下使用日漸普及省電燈泡（compact fluorescence light）之 40～80 lm/W。唯有採用電激發磷光材料，因其在發光效率上是電激發螢光材料的三到四倍，至少在發光效率（節省電力）上，WOLED 在照明的使用上才符合達到省電的基本要求，可以超越白熾燈泡並與省電燈泡並駕齊驅。

本章章節安排上會先就有機磷光物質（三重態發光物質），物理與化學原理跟色彩上的調控作一基本的介紹。因為沒有一個物質本身發出的光色能夠是白光的，白光至少需要兩種物質各發不同光色的磷光加總而成，所以接下來的章節會介紹本章節區分色彩顏色的準則與磷光材料上的取捨。之後便會按照紅色、藍色、綠色、黃色、橘色的順序逐一介紹相關的材料與其製作 OLED 電激發光的表現，最終將以有機磷光物質製作的發白光 OLED 其電激發光的表現來結束這一章。

4.2　有機發光二極體三重態發光物質的原理

光物理對螢光與磷光的區分有明確的定義：物質從單重激發態（singlet excited state）發出的光為螢光；物質從三重激發態（triplet excited state）發出的光為磷光。在室溫（或略高於室溫）的固態狀況下（材料在 OLED 中的狀況），要想從一般有機化合物材料看到磷光的放光幾乎是不可能的。

純有機化合物，是由硼、碳、氫、氧、氮、氟、鋁、矽、磷、硫等第二、三週期 Ⅲ-Ⅶ 族元素（有些可包括第四週期 III-VI 族元素）所構成（可以是有機小分子或高分子），其最穩定基礎狀態（簡稱基態， ground state）的電子組態是單重態（singlet state, S_0），除了少數幾種例外狀況，例如有不成對電子的 O_2 分子與總電子數是奇數的 NO 分子。單重態基礎狀態是絕大部分有機化合物的共同特徵，這是因為絕大部分有機化合物是藉由共價鍵（或極性共價鍵）鍵結原子而形成，而每一共價鍵結是由一成對的電子來構成的。所以有機化合物中所有的電子都成對，基於包立不相容原理（Pauli exclusion principle）成對的兩個電子其自轉總值（total spin, s）為 0（+1/2 加 -1/2 等於 0）。因此在計算有機化合物（電子）自轉重數（spin multiplicity, $S = 2s + 1$）時，由於所有的電子都成對，亦即 s 的總值是 0（s 是由 +1/2 與 -1/2 各電子自轉係數累加構成），所以 $S = 1$，顧名思意稱之為單重態。當分子接受到激發的能量，電子會從基礎狀態躍遷到激發狀態（簡稱激態，excited state）。分子中電子躍遷（可以是向上或向下躍遷）要遵守量子力學裡的選擇定律（selection rule），其中一選擇定律便是要保持（電子）自轉守恆（spin conservation）：原在基礎狀態下的被激發的電子，激發前與激發後電子自轉方向不能改變。即激發前若電子自轉係數 s 等於 +1/2 則激發後電子自轉係數 s 還是要等於 +1/2（不可以變成 -1/2）。所以絕大部分有機化合物在接受到激發能量後，其電子組態只能從單重基態 S_0 改變成單重激態（singlet excited state, $S_{n,\,n} = 1, 2, 3, \cdots$）。三重激態（$T_{n,\,n} = 1, 2,$

3, …）受限於前述的選擇定律，一般有機化合物是無法達到的，既使設法達到三重激態 T_1（例如在 OLED 中藉由電子電洞再結合的方式有 3/4 的機率會產生三重激態），也因為基態是 S_0 的緣故，在不違反選擇定律下是無法回降到基態的。有機化合物的磷光釋放因為牽涉到 T_1 至 S_0 不同自轉重數態轉換，而這轉換是個不被允許的轉換（forbidden transition）（見圖 4.1）。

在動力學上的解釋是，有機化合物會有太長的時間停滯在三重激態 T_1 上（> 1 msec），以至於分子有足夠的時間發生振動、旋轉、碰撞，以釋放熱能的方式（即非輻射蛻變 nonradiative decay 方式）降低能量回降到基態。所以若能壓抑分子的振動、旋轉、碰撞，有機化合物就有機會看得到磷光，這可以從降低溫度上辦到。這也解釋了通常必須凍到液態氮以下的溫度（< 77 k）才有機會看到有機化合物的磷光。就 OLED 的使用而言，用降低溫度的方法達到有機化合物磷光的釋放是不切實際的，要從另一方向上著手，那就是設法讓有機

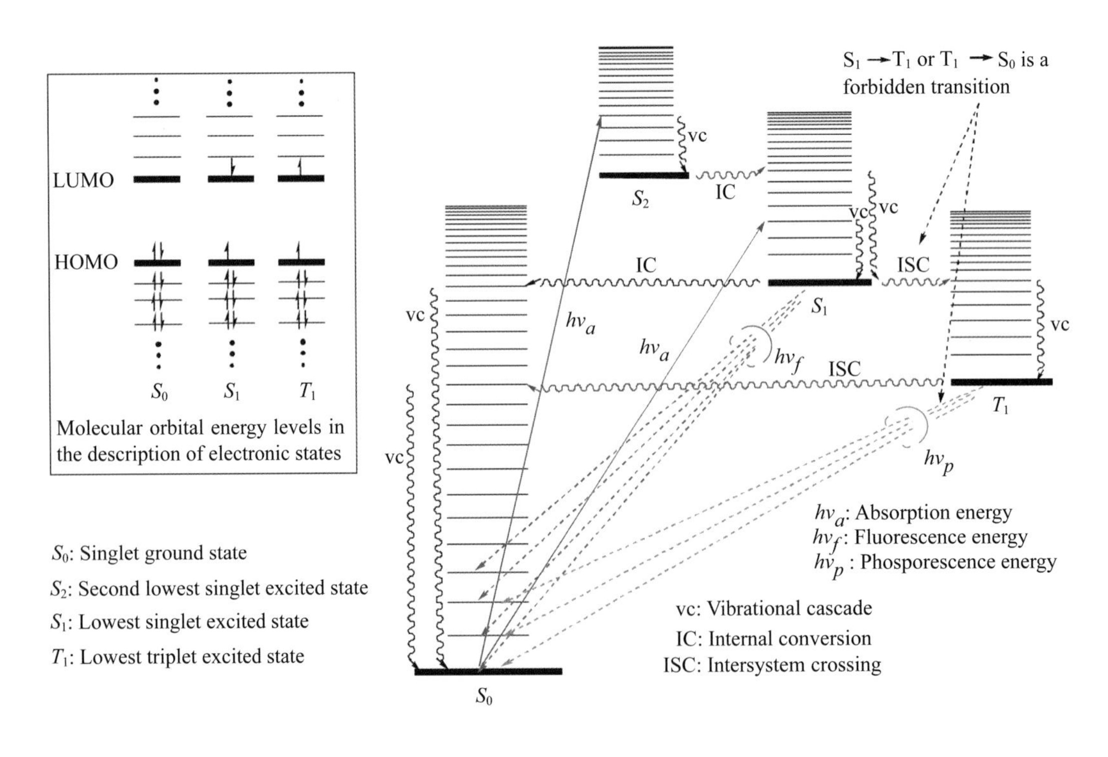

圖 4.1　發光材料單重與三重態發光狀態途徑示意圖（包括非輻射性狀態轉換）

化合物釋放磷光的速度加快，快過於分子振動、旋轉、碰撞所需的時間（約幾十到幾百個微秒 μsec）。

前述 T 與 S 間自轉重數狀態的轉移並不是完全禁止的。事實上，重數狀態間的跨越（intersystem crossing, ISC）是會發生的事實，實驗也驗證觀察的到。這裡的解釋是分子只要有夠大的自旋軌域偶合作用（spin-orbital coupling），便可部分地不遵守選擇定律的限制。自旋軌域偶合作用發生在（電子）自旋磁矩（spin magnetic moment）與軌域磁矩（orbital magnetic moment）。自旋軌域偶合作用力大小和原子核中的質子數有直接關係（與電子圍繞在原子核周圍運行所生的電磁場強度相關），自旋軌域偶合作用力大小有一定量的數字可衡量：自旋軌域偶合常數（spin-orbital coupling constant），此常數基本上隨著原子序的增大而變大（見圖 4.2），此稱之為重原子效應（heavy atom effect）。
重原子效應有助於自旋軌域偶合作用力，而自旋軌域偶合作用力是可以拉近 T 與 S 自轉重數狀態的區分；即分子 S_1 狀態鄰近便有 T_1 狀態，重數狀態間的跨越變的容易與快速，分子停滯在 T_1 時間大幅縮短，當滯留時間短到只有微秒（μsec）左右時，分子便會有機會以快過於振動、旋轉、碰撞的速度釋放磷光

Mn	Fe	Co	Ni	Cu	Zn	Ga	Ge	As	Se	Br	Kr
334	431	550	691	857	390	464	800	1202	1659	2460	3480
25	26	27	28	29	30	31	32	33	34	35	36
54.9	55.8	58.9	58.7	63.5	65.4	69.7	72.6	74.9	79.0	79.9	83.8
Tc	Ru	Rh	Pd	Ag	Cd	In	Sn	Sb	Te	I	Xe
853	1042	1259	1504	1779	1140	1183	1855	2593	3384	5069	6080
43	44	45	46	47	48	49	50	51	52	53	54
96	101.1	102.9	106.4	107.9	112.4	114.8	118.7	121.8	127.6	126.9	131.3
Re	Os	Ir	Pt	Au	Hg	Ti	Pb	Bi	Po	At	Rn
2903	3381	3909	4481	5104	4270	3410	5089	6831	8509	10608	-
75	76	77	78	79	80	81	82	83	84	85	86
186.2	190.2	192.2	195.1	197.0	200.6	204.4	207.2	209.0	(209)	(210)	(222)

圖 4.2　週期表元素原子序、原子量、與自旋軌域偶合常數[1]

回降至 S_0 狀態。

有趣的是，自旋軌域偶合常數最大的那幾個元素，Tl、Pb、Bi、Po、與 At 似乎從未有相關 OLED 材料應用的報導。除了一個 Ru 的例外，有報導的全都是自旋軌域偶合常數次大的幾個元素 Re、Os、Ir、Pt、Au 與 Hg。雖然同屬第六週期的元素，與前述自旋軌域偶合常數最大的五種元素不同的是，包括 Ru 在內，Re、Os、Ir、Pt、Au 與 Hg 這些都是過渡金屬元素，他們都是以 d 原子軌域中的電子作為價軌域電子（參與化學鍵結的電子）。從文獻報導大略統計可發現，同屬 VIIIB 族的 Os、Ir 與 Pt 是有較多磷光 OLED 材料報導的；其中尤以 Ir 相關磷光 OLED 材料有最多數量的報導。磷光 OLED 從 1998、1999 年 PtOEP[2] 與 $Ir(ppy)_3$ [*fac*-tris (2-phenylpyridine) iridium][3] 相繼成功的當作電激發磷光材料以來，之所以會有如此發展結果，跟過渡金屬配位錯合物的特殊鍵結模式與其中的金屬至配位基價荷轉移（metal to ligand charge transfer, MLCT）有很大的關係。

以較多被報導的 Re、Os、Ir、Pt 四種第六週期過渡金屬元素來說明。這四種過渡金屬原子其價軌域電子組態分別為 $5d^56s^2$、$5d^66s^2$、$5d^76s^2$、$5d^86s^2$。能量上較穩定能參與配位錯合物鍵結的金屬離子價價荷為 Re^+、Os^{+2}、Ir^{+3}、Pt^{+2}，其價軌域電子組態分別為 $5d^66s^0$、$5d^66s^0$、$5d^66s^0$、$5d^86s^0$。可以看出四種金屬離子電子組態的共同點是偶數個 d 軌域電子 6（Re^+、Os^{+2}、Ir^{+3}）或 8（Pt^{+2}）。在過渡金屬配位錯合物裡，為達到最穩定的狀態，金屬離子會尋求最大的配位基配位數，6 是最常見到配位基的數目。若此 6 個配位基每相鄰的兩個兩兩相連（共價鍵連結）形成三個雙牙配位基（bidentate ligand），例如 $Ir(ppy)_3$ 有三個雙牙配位基 2-phenylpyridine（簡稱為 ppy）配位在 Ir^{+3} 上，配位基的數目會變成 3，但 Ir^{+3} 仍維持 6 配位的（six coordinated）形式。若此 6 個配位基只有兩組相鄰的相連，則配位基的數目會變成 4（像圖 4.3 中列舉的 Ru^{+2} 與 Os^{+2} 配位錯合物）；若此 6 個配位基只有一組相鄰的相連，則配位基的數目會變成 5（像圖 4.3 中列舉的 Re^+ 配位錯合物）。

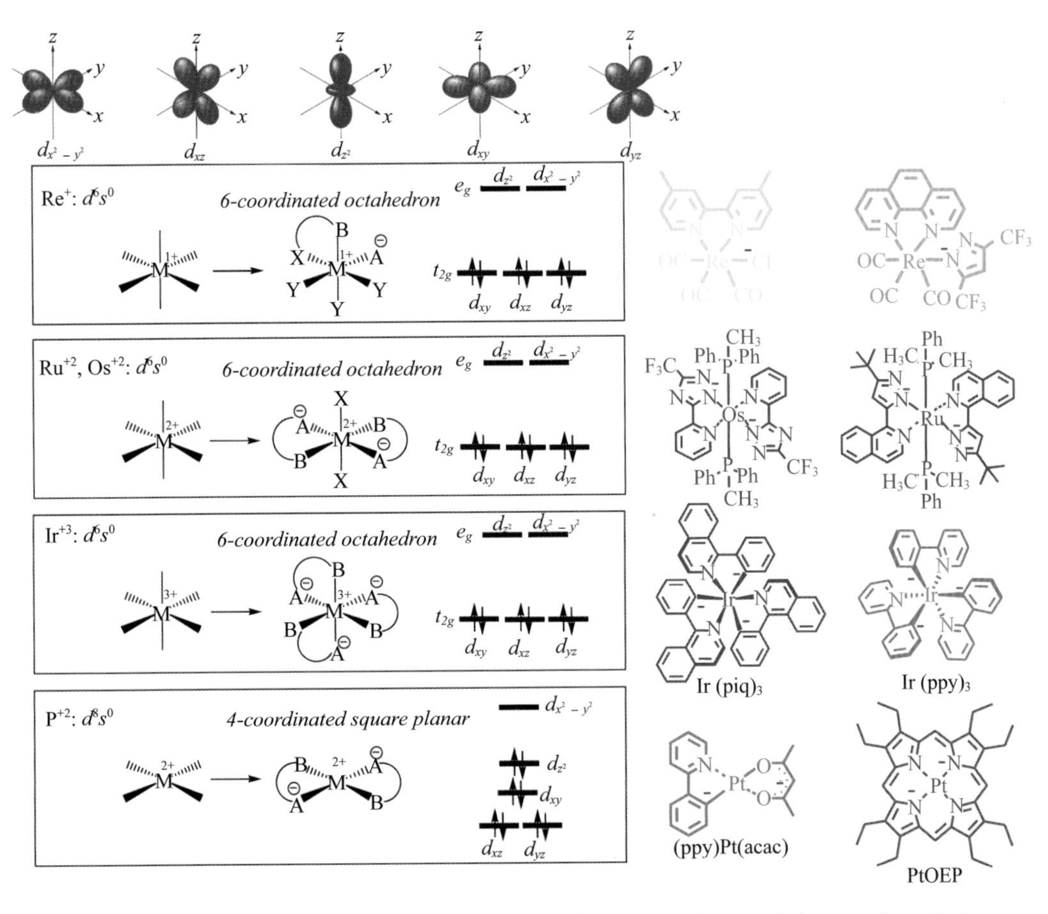

圖 4.3　重金屬（Re, Ru, Os, Ir, Pt）最穩定氧化態配位錯合物 *d* 軌域受配位場分裂與電子填充狀況

配位基配位在過渡金屬離子上的數目對材料的分子設計與合成至關重要。過渡金屬離子攜帶的是正電荷（Re 是正一價、Ru 或 Os 是正二價、Ir 是正三價、Pt 是正二價）；配位基為零價荷、負一價荷、或負二價荷。整個配位金屬錯合物分子中正負價荷要保持在相等的數目以維持在電中性（charge neutral）狀態，以利材料使用熱真空蒸鍍（thermal vacuum deposition）的方式製做成 OLED 元件。對稱性高的分子較容易設計，合成上也比較容易達成，所以像 Ir 配位錯合物，Ir 的正三價可以由三個一樣的、攜帶有負一電荷雙牙配位基來抵銷，構成電中性的發磷光 OLED 材料。Pt 的正二價也可以很方便的由兩個一樣（或不一樣）的攜帶有負一電荷雙牙配位基來抵銷，甚或用參牙配位基

（tridentate ligand）加上一個單牙配位基（monodentate ligand）。Ru 或 Os 雖然也是正二價，但和 Pt 不同的是，這兩個 VIIIB 族的過渡金屬需要的配位數是 6，在價荷中和的要求下，勢必要有第二種配位基來搭配，而且必須是攜帶不同價荷（譬如說零價荷）的配位基，往往這樣的配位基不能是常用的雙牙配位基，需要是單牙配位基，這在分子的設計與合成上有較多的限制。這是造成 Os（或 Ru）、Re、Au（正一價與正三價）發磷光 OLED 材料遠不及 Pt 或 Ir 的來得多的原因。

Au^{+3} 與 Pt^{+2} 為等電子數的（isoelectronic）金屬離子，但相關 Au^{+3} 發磷光 OLED 材料比起 Pt^{+2} 的卻少很多，這是因為 Au^{+3} 與 Pt^{+2} 雖同為喜好構成四配位平面四方形（4-coordinated square planar）過渡金屬錯合物，奇數價荷的 Au 離子要去跟配位基形成偶數四配位的錯合物，在考慮正負電荷相抵銷的限制下，能與 Au^{+3} 相配合的配位基並不多見。另外，因為扁平分子構形（平面四方形）的關係，Au^{+3} 發磷光 OLED 材料在固態都有嚴重的分子堆疊（molecular stacking）的問題。發光材料的分子堆疊在磷光 OLED 高電流密度下，三重態自我毀滅（triplet-triplet annilation）會更行嚴重。OLED 的多層薄膜結構裡，分子堆疊易造成自身活化雙體（excimer）或異層材料間活化錯合體（exciplex）的產生，和 Pt^{+2} 發磷光 OLED 材料有一樣的困擾。無論是活化雙體或活化錯合體，其發光的光色會與原材料的不同（通常是紅移），發光強度也通常變的比較弱（造成發光效率也較低）。以上提到有關 Pt^{+2} 發磷光 OLED 材料的問題，在 Ir^{+3} 發磷光 OLED 材料中因為不是扁平的分子構形而沒有那麼嚴重，而這也是造成發磷光 OLED 材料是以 Ir^{+3} 的數量最多、表現亦較佳的原因。

此外，前面提及 MLCT，牽涉到過渡金屬離子 d_{xz} 與 d_{yz}（就 6 配位八面體與 4 配位平面四方形構形的錯合物而言）軌域中的電子轉移到配位基 π^* 鍵結分子軌域上，而金屬離子具有 d^6 或 d^8 電子組態的 ，因為電子有適當的角度與方位契合轉移方向，最易於進行 MLCT。這裡所講的 MLCT 牽涉到自旋軌域偶合常數相當大的第六週期過渡金屬離子與 S 狀態放螢光的的配位基，即 MLCT

強化自旋軌域偶合作用，是打破過渡金屬錯合物自轉重數狀態 T 與 S 區隔的一大關鍵。主族元素（main group element）Tl、Pb、Bi、Po、與 At 等雖然有更大的自旋軌域偶合常數，但其價軌域電子並非在 d 原子軌域上，因此不會有 MLCT，也就無法影響鍵結上去的「有機發光結構體」（由於不是過渡金屬故不以配位基稱呼之）S 與 T 的自轉重數狀態區分。Hg^{+2} 與 Au^{+} 雖然是過渡金屬元素，但卻有填滿的 *d* 原子軌域：$5d^{10}6s^{0}$，就電子組態而言相當於主族元素的一般，無法有 MLCT。

就一般物質而言，光物理原則說明了發光量子效率（emission quantum yield, Φ）取決於輻射去活化與非輻射去活化兩種途徑的比例多寡，使用輻射去活化速率常數（rate constant for radiative deactivation, K_r^S or K_r^T）與非輻射去活化速率常數（rate constant for non-radiative deactivation, K_{nr}^S or K_{nr}^T）可以獲致發光量子效率定量的估算（圖 4.4）。

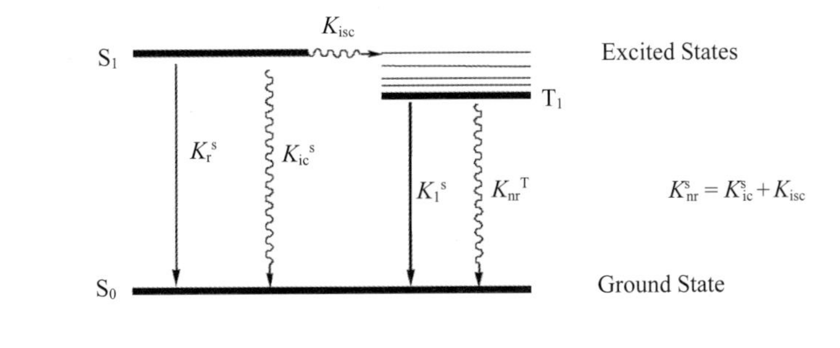

Emission qucntumyield (Φ):

● Fluorescence quantum yield (Φ_F)

$$\Phi_F = \frac{K_r^s}{K_r^s + K_{nr}^s} = K_r^s\,\tau_s$$

● Phosphorescence quantum yield (Φ_P)

$$\Phi_P = \frac{K_r^T}{K_r^T + K_{nr}^T} = K_r^T\,\tau_T$$

Emission lifetime (τ):

● Lifetime of S_1 excited state (τ_S)

$$\tau_S = \frac{1}{K_r^s + K_{nr}^s}$$

● Lifetime of T_1 excited state (τ_T)

$$\tau_T = \frac{1}{K_r^T + K_{nr}^T}$$

圖 4.4　螢光或磷光量子效率與其速率常數或發光生命期的關係

前面提到的 MLCT 讓過渡金屬錯合物磷光顯現出來，那是因為 MLCT 參與到以配位基為中心 $\pi\pi^*$ 轉移。學理上這被視作 MLCT 狀態與 $\pi\pi^*$ 狀態混合（mixing）在一起，兩個不同狀態要混合在一起跟能量是否接近有直接關係，這裡牽涉到的是磷光去活化速率常數（K_r^T）。$[Ir(ppy)_2(CN)_2]^-$、$[Ir(ppy)_2(NCS)_2]^-$、$[Ir(ppy)_2(NCO)_2]^-$三個帶有負電荷的發磷光 Ir^{+3} 錯合物[4]，藉由磷光波長、磷光量子效率、與三重態生命期（圖 4.5），可以作為有力的說明。

這三個發磷光 Ir^{+3} 錯合物具有一樣的環金屬配位基 (cyclometalated ligand)-phenylpyridine (ppy)，但分別有不同配位場強度的輔助配位基（ancillary ligand）：$CN^- > NCS^- > NCO^-$。錯合物發光源自於 ppy，ppy 因為有 Ir^{+3} 重原子效應，自旋軌域偶合作用力被加強，在室溫下便可觀察到磷光：$[Ir(ppy)_2(CN)_2]^-$ 的藍光（λ_{max} 470 nm、502 nm 側峰）、$[Ir(ppy)_2(NCS)_2]^-$ 的綠光（λ_{max}

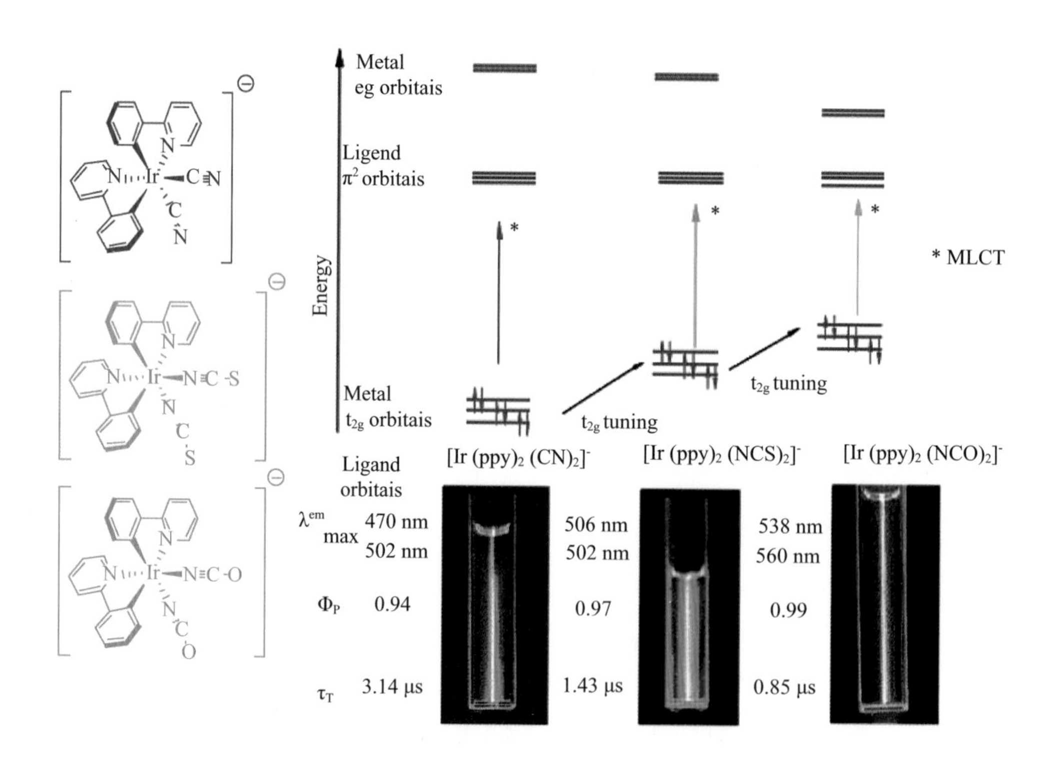

圖 4.5　輔助配位基配位場強度影響 Ir 配位錯合物各能階的關係圖[4]

506 nm、502 nm 側峰）、$[Ir(ppy)_2(NCO)_2]^-$ 的黃橘光（λ_{max} 506nm、560 nm 側峰），這都是 MLCT 狀態的輻射去活化所造成。MLCT 是由 Ir^{+3} 的 t_{2g} 三簡併能階（由 d_{xz}、d_{yz}、d_{xy} 原子軌域構成）中的電子轉移到 ppy 環金屬配位基的 π^* 分子軌域。由於輔助配位基的配位場強度（ligand field strength）不同，造成 t_{2g} 能階高底位置亦不相同，以配位場強度較弱 $[Ir(ppy)_2(NCO)_2]^-$ 的 t_{2g} 能階最高：而以場強度較強 $[Ir(ppy)_2(CN)_2]^-$ 的 t_{2g} 能階最低（圖 4.4）。所以各錯合物中 t_{2g} 至 π^* 的能隙不一樣，以至於所發的磷光光色亦不一樣。實驗量測這三個 Ir^{+3} 錯合物有長短不一的磷光生命期（即激發三重態的生命期，τ_T），其中以黃橘光 $[Ir(ppy)_2(NCO)_2]^-$ 的最短 0.85 μsec；藍光 $[Ir(ppy)_2(CN)_2]^-$ 的最長 3.14 μsec，τ_T 最長的與最短的有差到將近 4 倍。反觀量測到的磷光量子效率（Φ_P），黃橘光 $[Ir(ppy)_2(NCO)_2]^-$ 的最高 99%；藍光 $[Ir(ppy)_2(CN)_2]^-$ 的最低 94%，Φ_P 最高與最低的差別僅 1.05 倍。根據 $\Phi_P = K^T_r \times \tau_T$ 的計算，很明顯地，$[Ir(ppy)_2(NCO)_2]^-$ 的 K^T_r 要比 $[Ir(ppy)_2(CN)_2]^-$ 的 K^T_r 大上許多，這非常符合 t_{2g} 與 π^* 的能階差大小，黃橘光 $[Ir(ppy)_2(NCO)_2]^-$ 的能階差要比藍光 $[Ir(ppy)_2(CN)_2]^-$ 的能階差小。這也印證 MLCT 狀態與 $\pi\pi^*$ 狀態混合，黃橘光 $[Ir(ppy)_2(NCO)_2]^-$ 比藍光 $[Ir(ppy)_2(CN)_2]^-$ 要來的徹底要來的有效。

由上面的例證與推論可以衍生出另一重要論述，基於 MLCT 狀態與 $\pi\pi^*$ 狀態混合的要求，發光效率高的發藍光過渡金屬錯合物會比較難得到，越是深藍的越是困難。更藍的光色，無論是用環金屬配位基去調控（提高 π^* 的能階），或是用輔助配位基的配位場強度去調控（降低 t_{2g} 的能階），都會拉大 t_{2g} 與 π^* 的能隙，妨礙 MLCT 狀態與 $\pi\pi^*$ 狀態相混合，決定 Φ_P 的參數之一 K^T_r 只會變的更小。

4.3 有機發光二極體三重態發光物質光色調控原則

無論是螢光或磷光發光物質，其發光光譜的半高波寬（full width at half maximum, FWHM）所涵蓋波長範圍至多 150 nm 而已，要構成視覺上看起來是白色的光至少要涵蓋住可見光 400～700 nm 的中央約有 250 nm 範圍。這靠一種發光物質是無法符合要求的，通常需至少集合兩種（深藍加黃光、藍光加橘光、天藍加深紅光）到三種（加上綠光）才能達到視覺上為白光的目的。故所設計與合成出的發光物質光色是一重要但要能掌控的變數。

目前成功適用在有機發光二極體的三重態發光物質均為過渡金屬配位錯合物，調控這類化合物的發光顏色所遵循的原則，基本上跟調控發螢光的 Alq_3 金屬螯合物（metal chelate）是出自同一套法則。原則一是減少配位基的 π 電子數（π 共軛長度或大小）可縮短發光的波長（即藍移發光波長）；增多配位基的 π 電子數可拉長發光的波長（即紅移發光波長）。原則二是在分子結構適當位置上放置推電子基（electron donor）與拉電子基（electron acceptor），此推拉電子基亦可採用不同電負度的原子來代替。如何判斷所要的「適當位置」，則需靠先瞭解分子 HOMO 與 LUMO 之電子密度的分佈情形。我們以含 Pt 與 Ir 的發磷光過渡金屬配位錯合物 (ppy) Pt (acac)[5] 和 Ir $(ppy)_3$[6] 舉例說明之（圖 4.6、4.7）。

分子 HOMO 或 LUMO 電子密度分佈情形可以由密度泛函理論（density functional theory）量子力學理論計算來評估。譬如 Pt (ppy) (acac) 與 Ir $(ppy)_3$ 的計算結果均顯示，兩者 HOMO 電子密度大都集中在苯環（phenyl ring）與中心金屬離子 Pt^{+2} 或 Ir^{+3} 上；兩者 LUMO 電子密度主要往吡啶環（pyridyl ring）集中。在苯環上加上推電子取代基或在砒啶環上加上拉電子取代基，可分別抬高 HOMO 能階或拉低 LUMO，對縮小分子能隙（band gap energy）或紅移發光波長做出控制。反之，在苯環上加上拉電子取代基或在吡啶環上加上推電子取代基，可分別拉低 HOMO 能階或抬高 LUMO，對擴大分子能隙或藍移發光

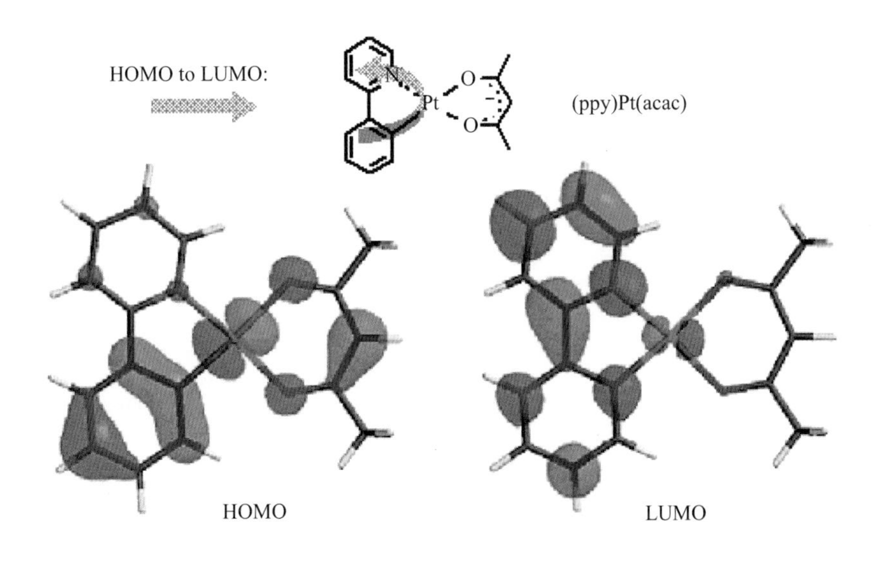

圖 4.6　理論計算 (ppy) Pt (acac) 之 HOMO 與 LUMO 電子密度分佈圖[5]

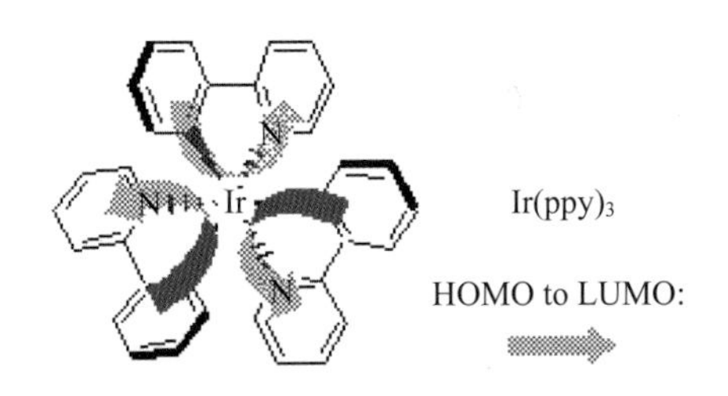

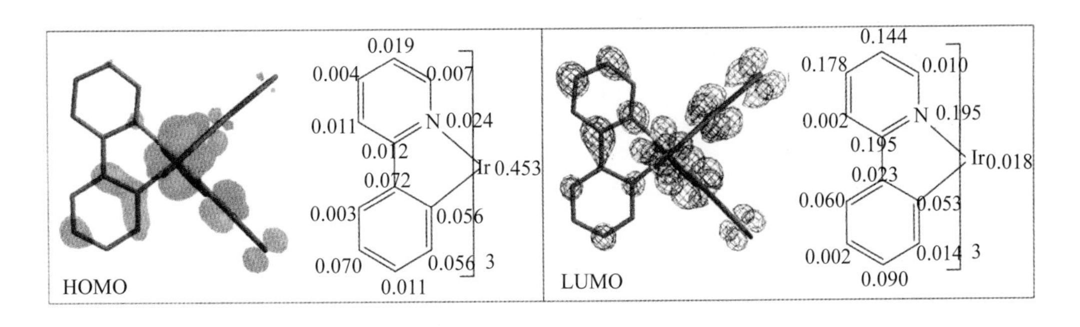

圖 4.7　理論計算 Ir $(ppy)_3$ 之 HOMO 與 LUMO 電子密度分佈圖[6]

波長做出控制（見圖 4.8）。一系列具有推拉電子取代基的 Pt (ppy) (acac) 與 Ir $(ppy)_3$ 衍生物證實發光的光色可以調控跨越整個可見光光譜（見圖 4.9、4.10）。[5, 7]

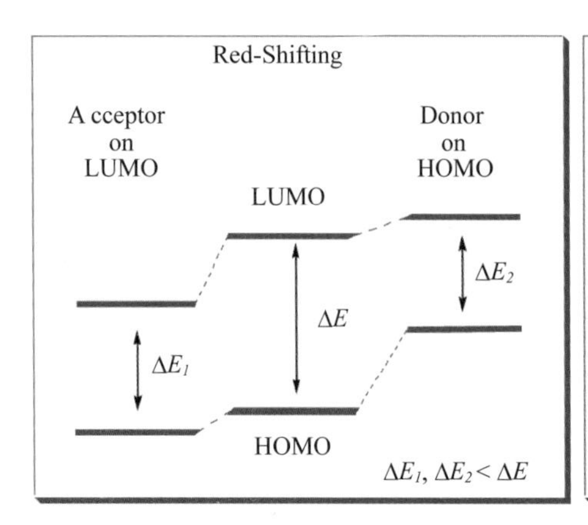

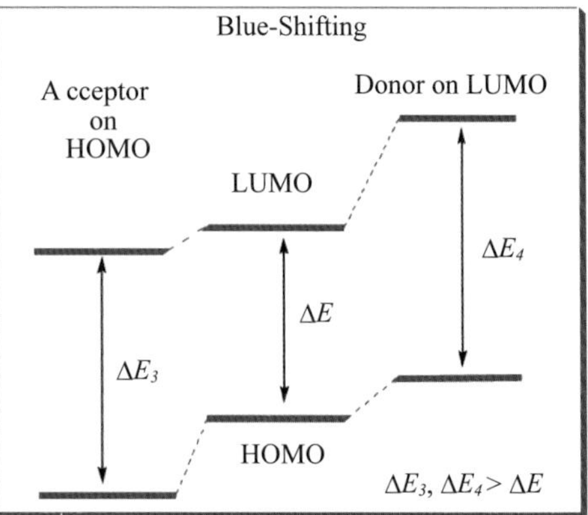

圖 4.8　推拉電子取代基影響分子能階示意圖。

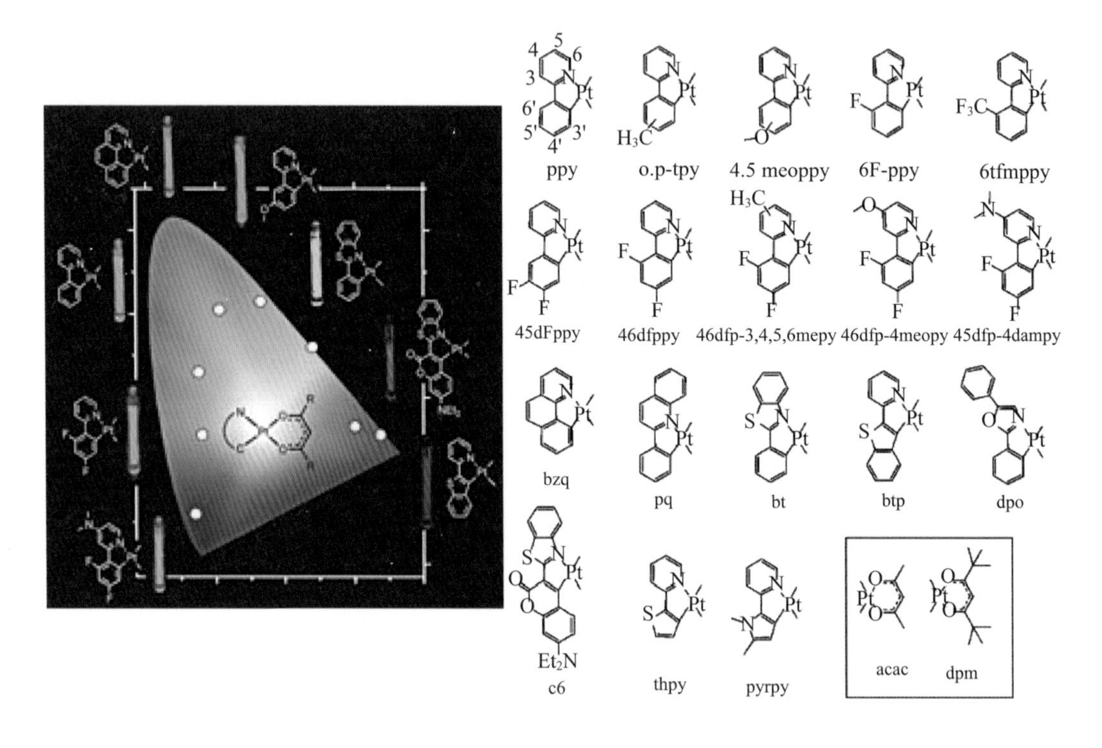

圖 4.9　一系列 Pt 配位錯合物在 1931 $CIE_{x,y}$ 色座標圖上的顏色變化情形[5]

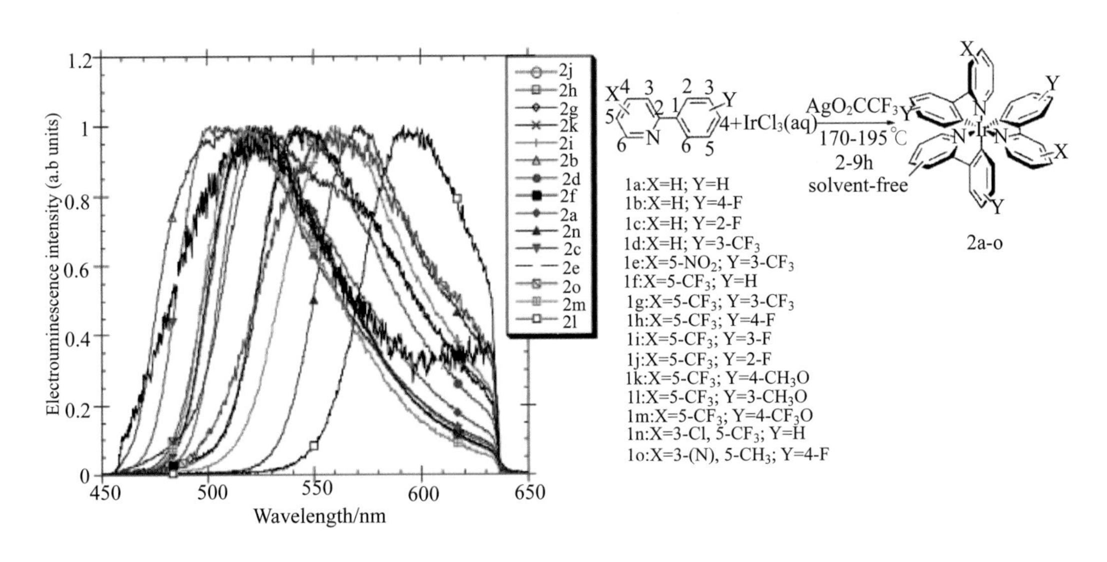

圖 4.10　一系列 Ir 配位錯合物磷光光譜隨取代基與其位置變化而變化[7]

前面曾提到 $[Ir(ppy)_2(CN)_2]^-$、$[Ir(ppy)_2(NCS)_2]^-$、$[Ir(ppy)_2(NCO)_2]^-$ 這三個帶有負電荷的 Ir^{+3} 錯合物，其磷光光色是受到 CN^-、NCS^-、NCO^- 等輔助配位基不同配位場強度的影響。在前面 Pt (ppy) (acac) 例子中（圖 4.5），HOMO 電子密度也有少量分佈在輔助配位基 acac 上，此現象理論計算 $(ppy)_2$ Ir (acac) 結果亦得到類似的印證（圖 4.11）[6]。表示在 Pt^{+2} 或 Ir^{+3} 錯合物中，所發磷光的光色（或波長）除了由環金屬配位基調控外，輔助配位基亦扮演調控的角色。

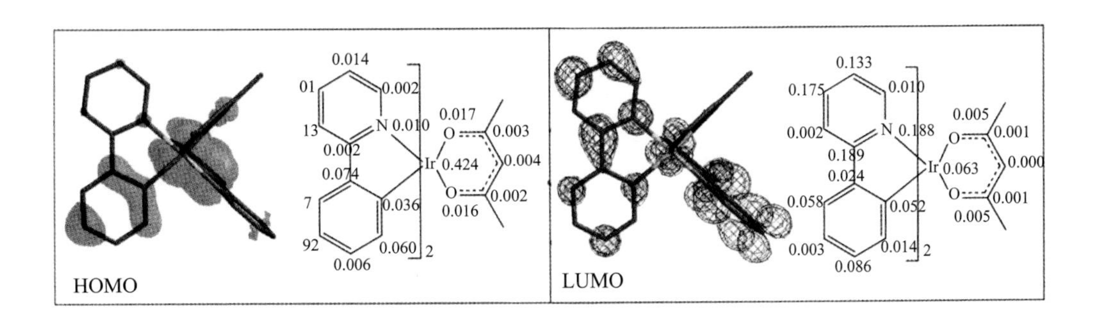

圖 4.11　理論計算 $(ppy)_2$ Ir (acac) 之 HOMO 與 LUMO 電子密度分佈圖[6]

輔助配位基主要在調控過渡金屬 Ir^{+3} 的五個 d 軌域能階受到配位基場分裂（ligand field spliting）程度（在 6 配位八面體構形中指的是 e_g 與 t_{2g} 的能隙），換言之是在調控 MLCT 的能量，而 MLCT 是混合在環金屬配位基 $\pi\pi^*$ 裡，是這類過渡金屬錯合物釋放磷光的來源。在 FIrpic [iridium (III) bis (4, 6-(di-fluorophenyl)-pyridinato-N, C2') picolinate]、FIrtaz、FirN4 的例子中（圖 4.12）[8]，便是利用輔助配位基 triazolate（taz）與 tetrazolate（N4）有比 carboxylate（pic）來得強的配位場強度，使 Ir^{+3} e_g 與 t_{2g} 的分裂加大，造成 t_{2g} 與環金屬配位基 π^* 的能隙變大（類似能隙的改變參考圖 4.5），來達成藍移 Firpic 的磷光波長。

4.4 1931 $CIE_{x,y}$ 色座標或發光光譜 λ_{max} 區分顏色原則

會被用在白光 OLED 裡的磷光材料有藍的、綠的、與紅的等三原色。黃的與橘的雖然不屬三原色之一，但因為黃色可以搭配深藍色；或者橘色的可以搭配藍色或天藍色的，湊出雙色構成的白光。因此之故，此章節會討論的對象除

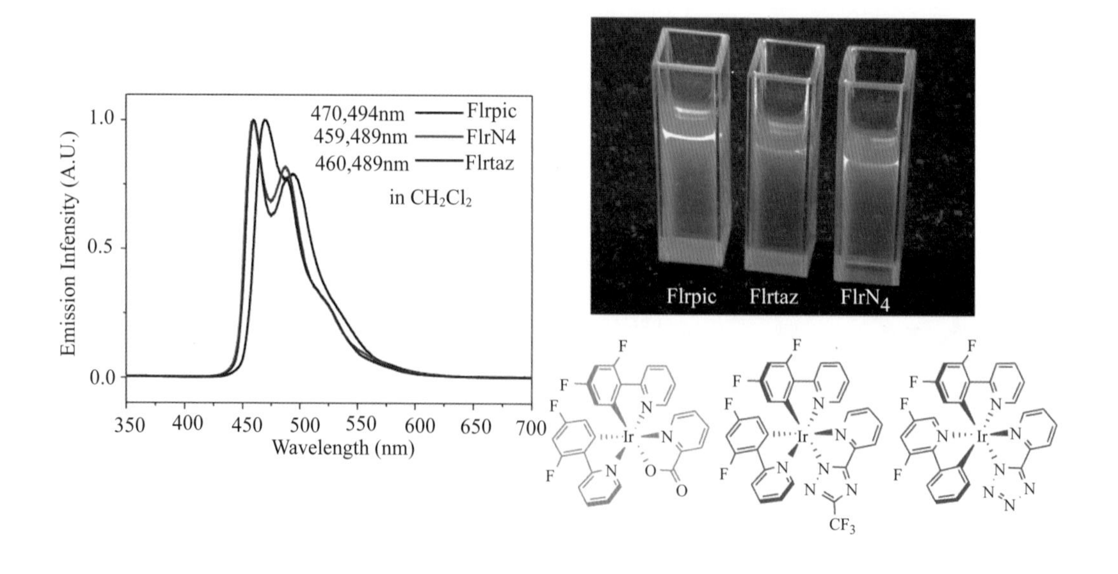

圖 4.12　Firpic、FIrtaz 與 FirN4 三者藍色磷光在色純度與磷光光譜上的比較[8]

紅、藍、綠等三元色的材料也會包括黃色與橘色等兩個中間色的磷光材料。各色彩或色彩飽和度的判斷，以 1931 CIE$_{x,y}$ 色座標來區分（見圖 4.13 範例）[9]。

以綠色的光色而言，大致上 x 座標值要小於或等於 0.3 可以算是綠色；y 座標值則是色純度的指標，譬如說 Ir (ppy)$_3$ 與 (ppy)$_2$ Ir (acac) OLED 1931 CIE$_{x,y}$ 色座標分別是 (0.27, 0.63) 和 (0.31, 0.64)（其磷光光譜 λ_{max} 分別為 510 與 525 nm），可以說 Ir (ppy)$_3$ 是比較綠的材料，但比較不綠（相對前者而言是有點黃綠色）的 (ppy)$_2$ Ir (acac) 其色彩（黃綠色）飽和度是較高的。因此，對那些

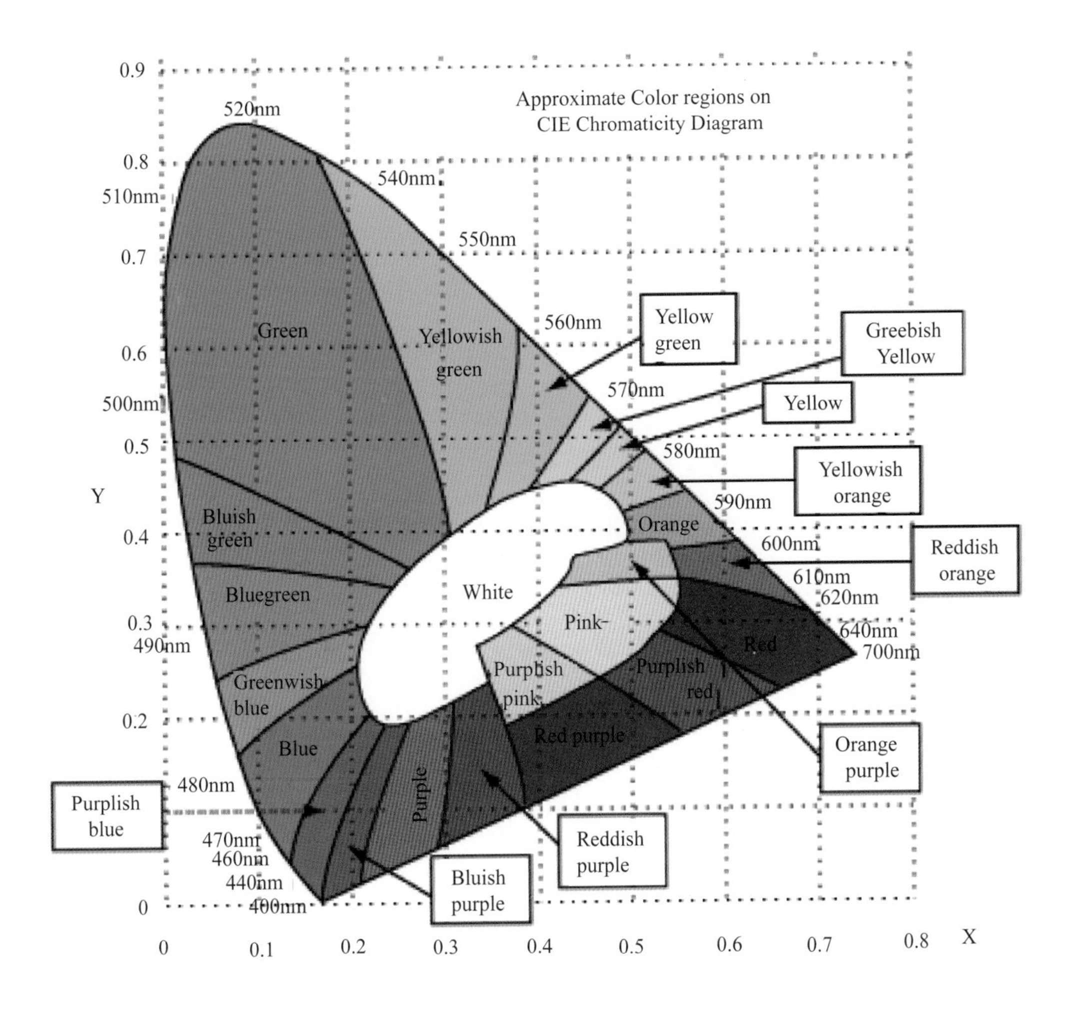

圖 4.13　1931 CIE$_{x,y}$ 色座標的色彩劃分範例圖[9]

綠色的磷光材料其 1931 CIE$_{x,y}$ x 座標值在 0.33、0.34、0.35、甚至到 0.40 或超過 0.40 的，通常稱之為為黃綠色（yellowish green）磷光材料，本章受篇幅限制，大致上綠色磷光材料製作 OLED 其 1931 CIE$_{x,y}$ 色座標 x 數值若 $\geq$ 0.32 的（或其發光光譜 $\lambda_{max} \geq 530$ nm 的），將被視為黃綠色的磷光材料而不列入收集討論對象。黃色是中間色，無法說出一個明確的範圍，只能選擇 (0.50, 0.50) 座標值當作飽和黃色的 1931 CIE$_{x,y}$ 座標值，x 座標值越小就越接近黃綠色；x 座標值越大就越接近橘色。比照綠色磷光材料的狀況，若 1931 CIE$_{x,y}$ 色座標 x 數值比 0.50 小太多（大約比 0.45 還小），這樣的材料會被視為是黃綠色磷光材料，不會被列入討論的對象。橘色也是中間色，無法說一個明確的範圍，很多紅色磷光材料色彩上作的略嫌不足，色彩便會落在橘色的地方，大致上可以定 (0.60, 0.40) 座標值當作飽和橘色 1931 CIE$_{x,y}$ 座標值。橘色是夾在黃色與紅色中間，1931 CIE$_{x,y}$ 座標向左上偏（x 值變小 y 值變大）變黃色；向右下偏（x 值變大 y 值變小）變紅色。如何界定黃色的與橘色的或橘色的與紅色的，是見人見智的選擇。區分磷光材料的色彩是綠、黃、還是橘的，經常該 OLED 1931 CIE$_{x,y}$ 會沒有標示而無法得知，這時可以變通由發光波長大致做判斷（或推測）其可能的色彩 ，見圖 4.14 的例子[10]。

大致上可以由磷光光譜 λ_{max} 的數值來區分，首先光譜 λ_{max} 在 480～500 nm 的，這樣的光色稱之為藍綠色（bluish green），1931 CIE$_{x,y}$ x 座標值通常會很接近 0.20 甚或更小，藍綠色的和黃綠色的一樣是中間色，在此章節中不會被列入討論的對象。λ_{max} 在 500～530 nm 可稱之為綠光、λ_{max} 在 530～560 nm 大致上為黃綠光範圍、λ_{max} 在 560～580 nm 可稱之為黃光、λ_{max} 在 580～610 nm 可稱之為橘光。由發光主峰波長來做顏色判斷會因為發光側峰大小的不定而有偏差，實際上的色澤往往會偏向長波長的色澤，譬如說由 λ_{max} 判斷是綠色的實際上常常是黃綠的；由 λ_{max} 判斷是黃色的實際上是橘色的。

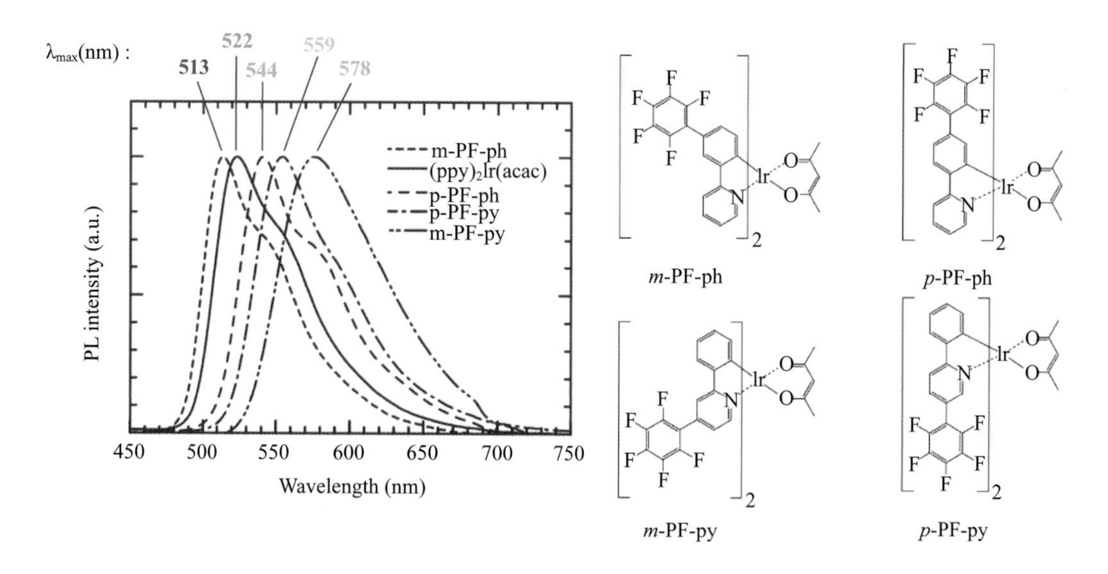

圖 4.14　Ir 配位錯合物磷光光譜從綠光到黃橘光分佈[10]

4.5　紅色磷光材料

目前文獻中報導過發紅色磷光 OLED 材料少說有 50 種，除了少數幾個例外，為了在各紅色磷光材料做一公平比較，把 OLED 1931 $CIE_{x, y}$ 色座標大概座落在 $x \geq 0.65$，$y \leq 0.35$ 範圍內的列在一起，見圖 4.15[11-29]、4.16[2,30-42]、4.17[43-49]。另外，從 90 年代末期 OLED 有機磷光材料被發現以來，藍色磷光材料的發展總是落後於紅光的與綠光的，光只是考慮光色純度一項，藍色磷光材料發展至今鮮少能做到像深紅光或深綠光的色純度。既使是色純度高的深藍色，製作出 OLED 的效果往往不是欠佳，不然便是材料（也造成元件）壽命

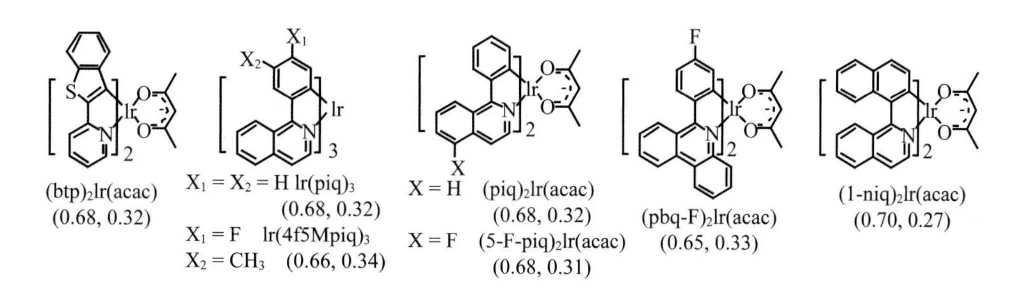

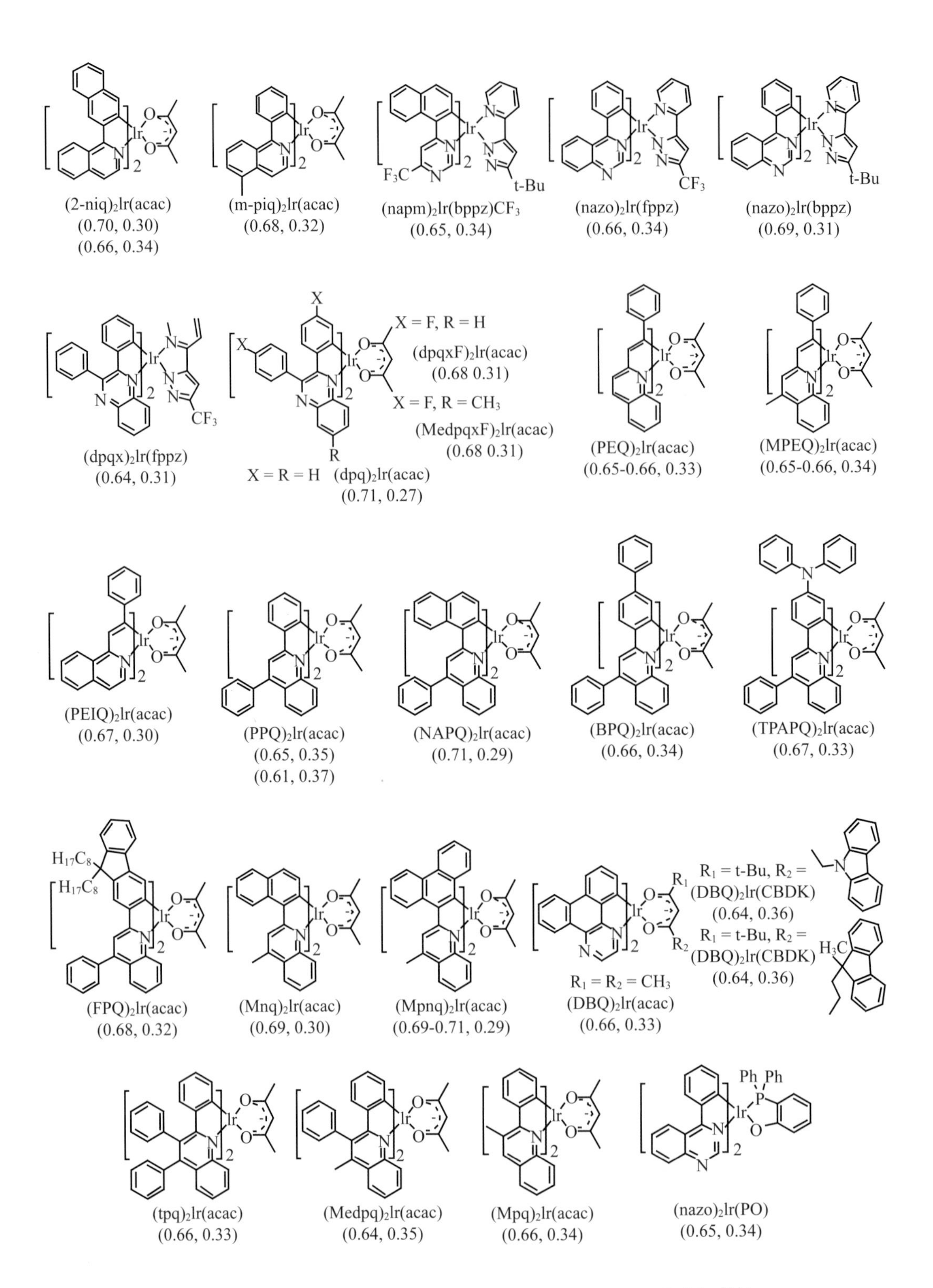

圖 4.15　Ir 配位錯合物紅色磷光摻入材料與其 1931 $CIE_{x,\,y}$ 色座標數值。

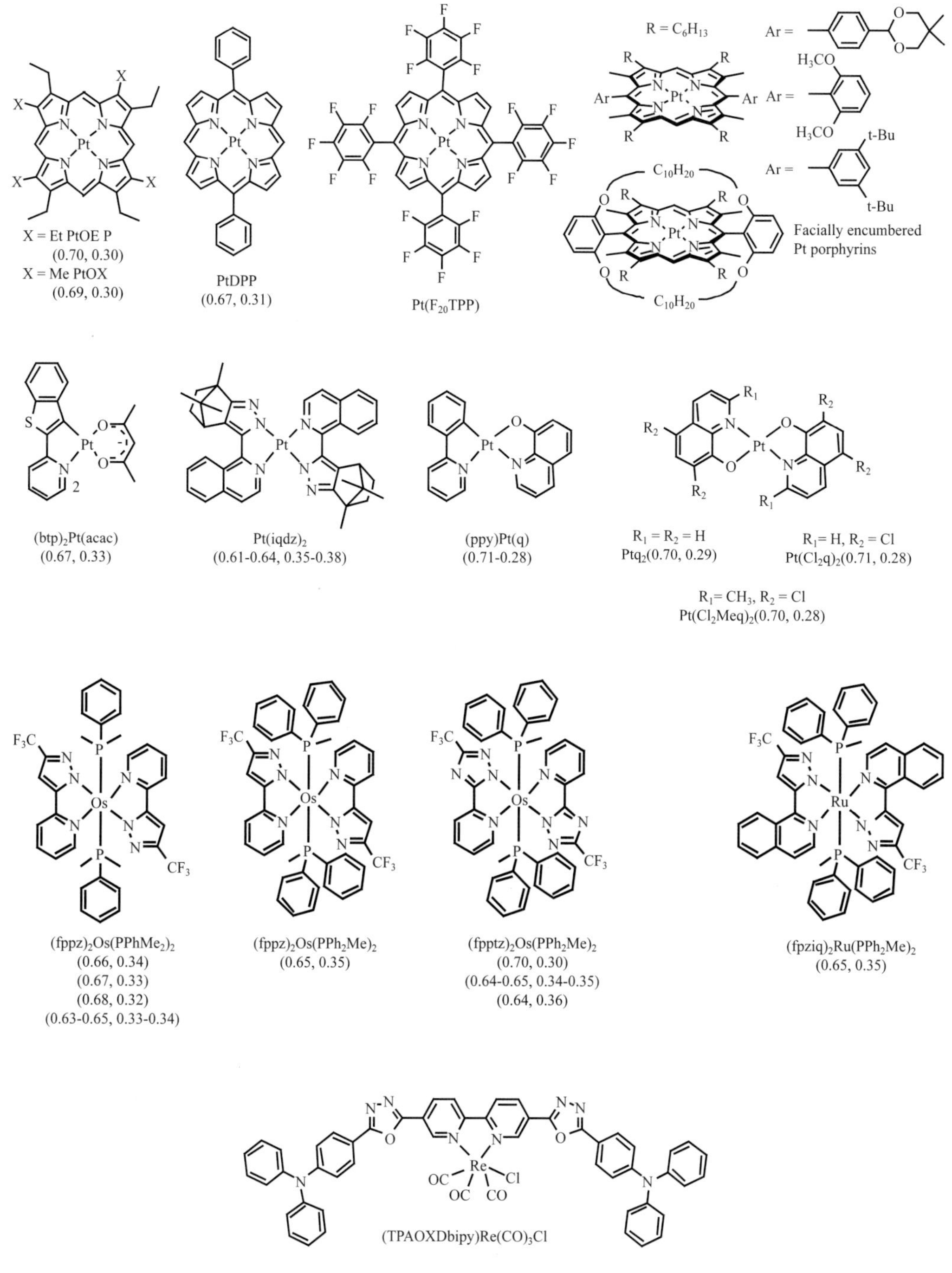

X = Et PtOE P
(0.70, 0.30)
X = Me PtOX
(0.69, 0.30)

PtDPP
(0.67, 0.31)

Pt(F_{20}TPP)

R = C_6H_{13}

Ar =

Ar =

Ar =

$C_{10}H_{20}$

Facially encumbered
Pt porphyrins

$(btp)_2Pt(acac)$
(0.67, 0.33)

$Pt(iqdz)_2$
(0.61-0.64, 0.35-0.38)

(ppy)Pt(q)
(0.71-0.28)

$R_1 = R_2 = H$
Ptq_2(0.70, 0.29)

R_1= H, R_2 = Cl
$Pt(Cl_2q)_2$(0.71, 0.28)

R_1= CH_3, R_2 = Cl
$Pt(Cl_2Meq)_2$(0.70, 0.28)

$(fppz)_2Os(PPhMe_2)_2$
(0.66, 0.34)
(0.67, 0.33)
(0.68, 0.32)
(0.63-0.65, 0.33-0.34)

$(fppz)_2Os(PPh_2Me)_2$
(0.65, 0.35)

$(fpptz)_2Os(PPh_2Me)_2$
(0.70, 0.30)
(0.64-0.65, 0.34-0.35)
(0.64, 0.36)

$(fpziq)_2Ru(PPh_2Me)_2$
(0.65, 0.35)

(TPAOXDbipy)$Re(CO)_3Cl$

圖 4.16　Pt、Os、Ru 與 Re 配位錯合物紅色磷光摻入材料。

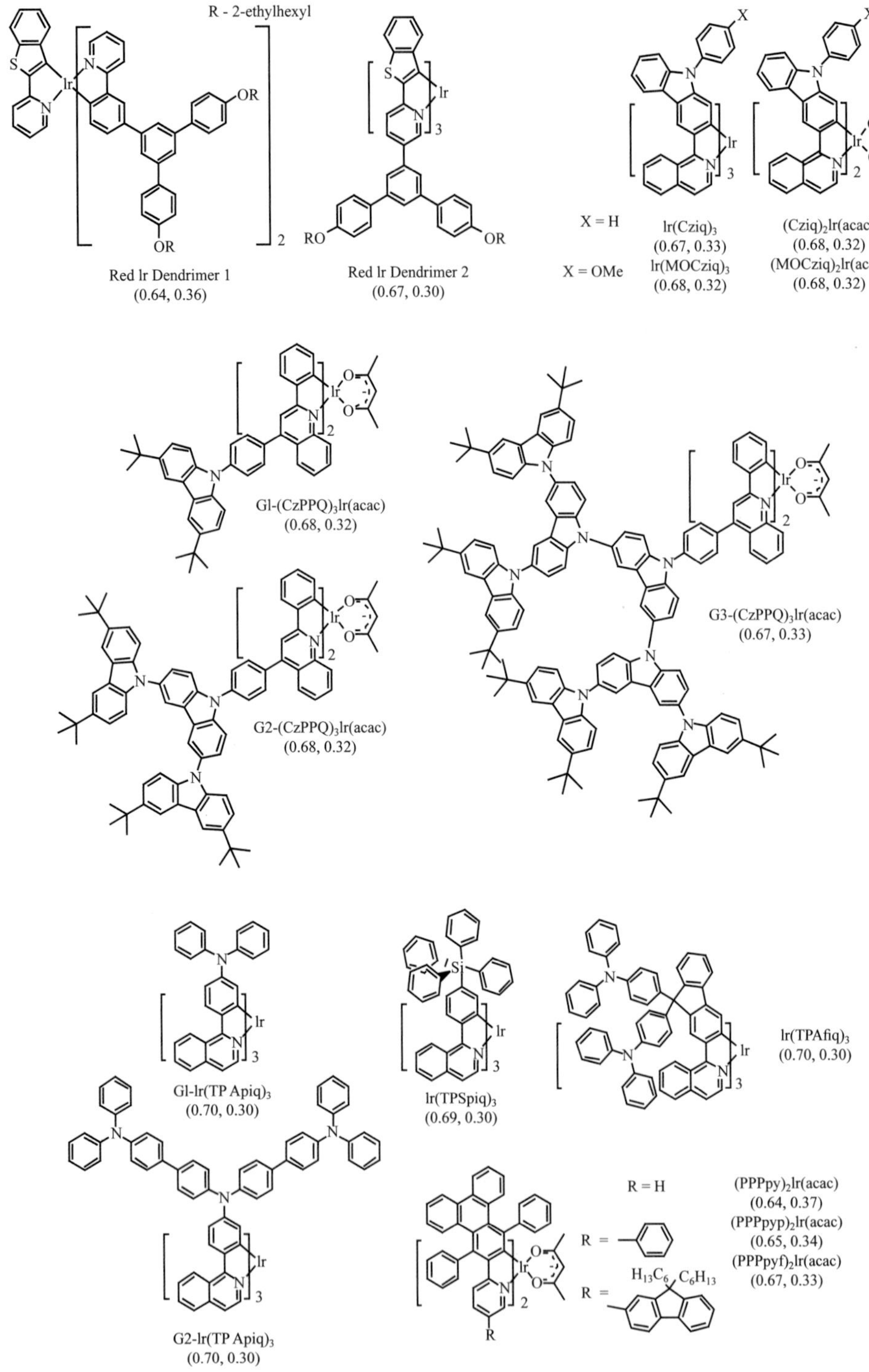

圖 4.17　可濕式製程製作 OLED 的 Ir 配位錯合物紅色磷光材料與其 1931 CIE$_{x,\,y}$ 色座標數值。

短。為能製造出表現令人滿意的白光 OLED，目前選用的還是以天藍色的磷光材料為主，這強迫所搭配的紅色磷光材料要接近於飽和紅的深紅色才可以。所以，紅色磷光 OLED 材料在色純度上的要求，被迫提到很高，不然所製作白光 OLED 無法接近 1931 CIE$_{x,\,y}$ 色座標的 (0.33, 0.33) 正白色。

最早出現使用在 OLED 中當作磷光材料是 PtOEP[2]，這是個發出深紅色且接近飽和紅色的有機磷光材料，PtOEP 發出紅光的波長既長而涵蓋範圍又窄（見圖 4.18）。

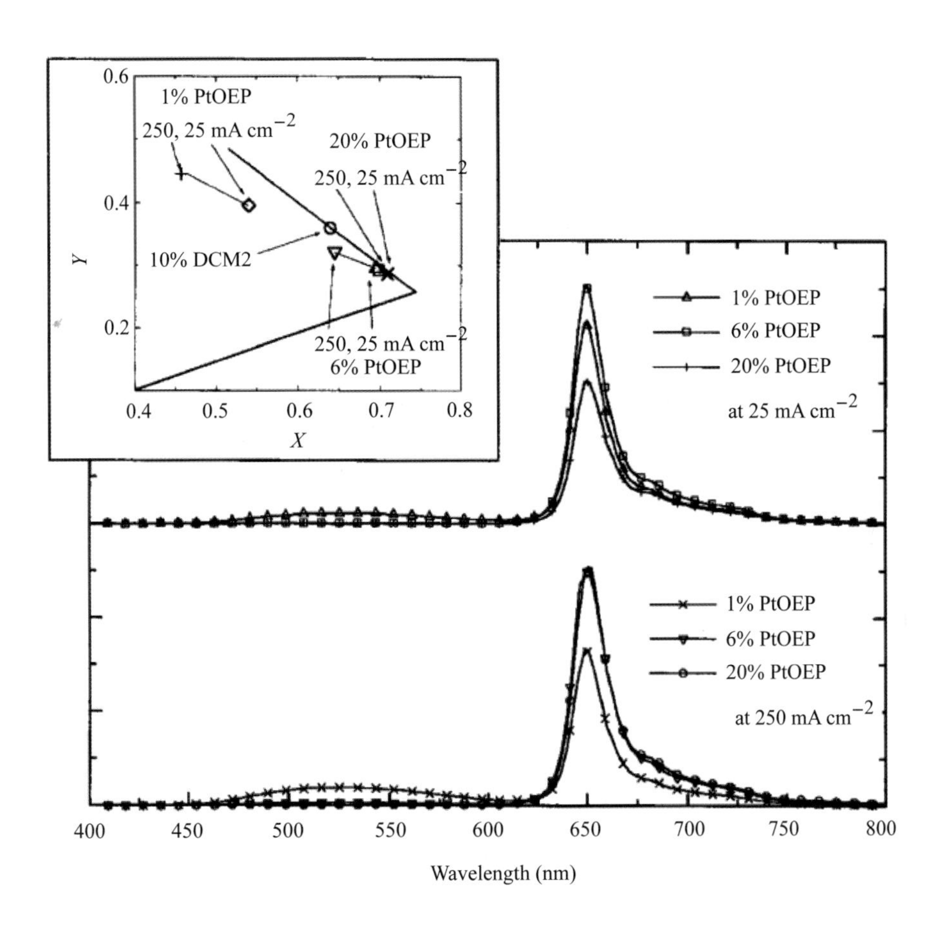

圖 4.18　PtOEP 紅色磷光 OLED 之電激發光光譜圖與其 1931 CIE$_{x,\,y}$ 色座標圖[30]

這個材料的出現在OLED中是基於當初（90年代末期）OLED的紅光材料（都是發螢光的材料）皆不盡理想（紅光OLED η_{ext} 不如綠的與籃的）而來。PtOEP的最低能量的吸收波長約在540 nm，其所觀察到的磷光波長是在650 nm（在623、687、720 nm尚有較弱的vibronic harmonic overtones）。此磷光波長相當窄（半波寬僅20 nm左右）且距離PtOEP的最低能量的吸收有超過100 nm的史拖克斯位移（Stokes shift）。文獻報導在約580 nm左右是PtOEP的螢光位置[50]，明顯的有較小的史拖克斯位移（< 50 nm），間接證明在650 nm的放光是磷光非螢光。另外，實驗量測到PtOEP在溶液狀態下室溫的磷光生命期為～80 μsec，明顯的比一般有機物質螢光生命期～nsec要長上許多。這些在光譜物理上的數據都指向在650 nm PtOEP的放光是磷光而不是螢光。PtOEP在溶液狀態下室溫的磷光 Φ_P 約0.45。同類型紅色磷光材料，文獻上尚有PtOX、PtDPP、Pt (F_{20}TPP)、與Facially encumbered Pt porphyrins（圖4.15）[30-33]，以PtOEP為發光材料所製作的OLEDs，1931 $CIE_{x, y}$ 色座標為(0.70, 0.30)，η_{ext} 最高可至6.9%（η_P 1.4 lm/W），而這是在0.01 mA/cm^2 低電流密度下的效率[30]。當電流密度增大（或OLED亮度增加）時元件效率迅速下降，此現象俗稱為「效率滾降」（efficiency roll off）。譬如Facially encumbered Pt porphyrins所製作的OLED，在元件電流密度約0.1 mA/cm^2（或亮度大約是3 cd/m^2）時 η_{ext} 達到最高點～8.2%，但在亮度100 cd/m^2 時（約6～7 mA/cm^2）η_{ext} 剩下4.7%左右；當亮度為500 cd/m^2 時（這僅是白光照明所必須要一半的亮度而已）電流密度已高達300～400 mA/cm^2，η_{ext} 則衰減剩下不到1%（見圖4.19中之4）。這比紅色螢光光材料的表現還差。

PtOEP此類紅色磷光材料研究發現，「效率滾降」跟磷光生命期長短有很大關係。PtOEP類紅色磷光材料其磷光生命期太長（或不夠短），造成在元件裡材料三重態自我毀滅的機會較大，尤其是在電流密度高的時候更是嚴重。PtOEP類紅色磷光材料磷光生命期長是因為其化學結構所造成的，PtOEP的磷光主要源自於金屬配位基巨環 $\pi\pi^*$，重原子Pt相較如此龐大巨環配位基，結構

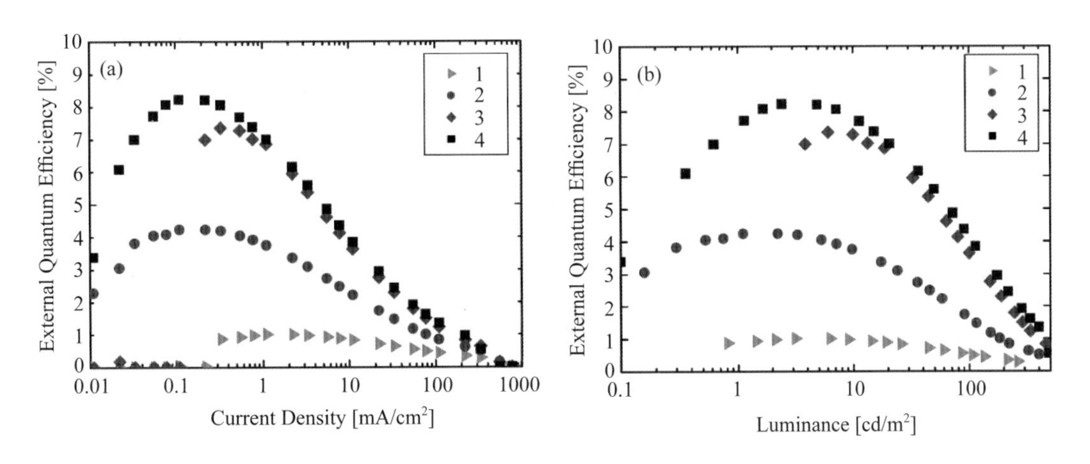

圖 4.19　Facially encumbered Pt porphyrins 所製作 OLED 的發光效率與電流密度或亮度關係圖[33]

比例上相去甚遠，故 MLCT 能對巨環 $\pi\pi^*$ 產生的影響相對較有限：即對縮短純有機結構物質的磷光生命期作用有限（僅能將以秒或毫秒計的磷光生命期降到十分之毫秒）。有鑑於此，非巨環配位基類的重金屬紅色磷光材料被大量的研發出來（見圖 4.15、4.16、4.17），這些材料其磷光生命期都比 PtOEP 類來的短大都在 0.01～10 μsec 間。改正 PtOEP 類紅色磷光材料缺點，最早問世的是由 Thompson 與 Forrest 研究團隊所提出的 (btp) Ir (acac)[11]，其磷光生命期大約為 6 μsec，而 Φ_P 約 0.2。在類似的 OLED 元件結構下，一樣在 0.01 mA/cm^2 低電流密度下，(btp) Ir (acac) 的 η_{ext} 最高也是 6.9%（η_P 5.7 lm/W）左右。但在合理的 10 mA/cm^2 較高電流密度下（通常在這種電流密度下元件才有可使用的起碼亮度），PtOEP 之 η_{ext} 為 1.9%，而 $(btp)_2$ Ir (acac) 之 η_{ext} 為 3.7%（見圖 4.20），比 PtOEP 的高出近一倍，「效率滾降」有獲得舒緩。

在 $(btp)_2$ Ir (acac) 之後，Cannon 研發團隊與清華大學劉瑞雄研究團隊不約而同，在 2003 年個別提出新的紅色磷光材料 Ir $(piq)_3$ 與 $(piq)_2$ Ir (acac)[12a,13]。兩者都採用了 1-phenylisoquinoline（piq）作為與 Ir 行 cyclometalation 的配位基，只是前者（Ir $(piq)_3$）為配位基全同（homoleptic）Ir 配位錯合物，後者（$(piq)_2$ Ir (acac)）為配位基不全同（heteroleptic）Ir 配位錯合物。事實上 piq 是很好用

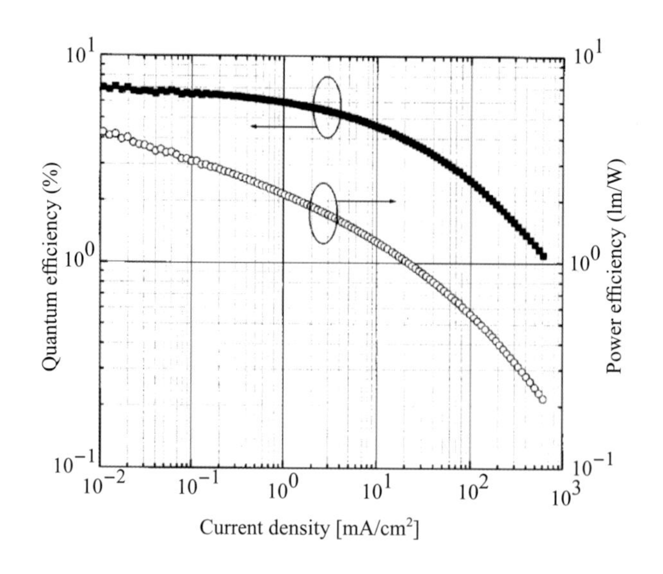

圖 4.20 $(btp)_2$ Ir (acac) 製作紅色磷光 OLED 的發光效率與電流密度關係圖[11]

的發紅色磷光配位基的化學結構，絕大多數後面發展出來的發紅色磷光 cyclometalation 配位基都是衍生自 piq 這母體化學結構。兩者的 Φ_P 都是在 0.2 的範圍，以 OLED 的光色而言，Ir $(piq)_3$ 與 $(piq)_2$ Ir (acac) 是一樣的，兩者所製作的 OLED 其 1931 $CIE_{x,y}$ 色座標是同樣的 (0.68, 0.32)。就 OLED 發光效率而言，Ir $(piq)_3$ 的 η_{ext} 最高到 10.3%（或 η_P 8.0 lm/W）；$(piq)_2$ Ir (acac) 的 η_{ext} 最高為 9.7%（在 38 mA/cm^2 下等同 η_P ～4.6 lm/W）。就「效率滾降」而言，兩者似乎比 $(btp)_2$ Ir (acac) 來得更為舒緩（見圖 4.21）：在最高效率 η_{ext} 時，Ir $(piq)_3$ 與 $(piq)_2$ Ir (acac) OLED 的亮度各約為 100 與 2500 cd/m^2，當 OLED 亮度增加十倍時，Ir $(piq)_3$ 之 η_{ext} 下降至約 8.5% (1000 cd/m^2)；$(piq)_2$ Ir (acac) 之 η_{ext} 下降至約 7.0%（約 400 mA/cm^2，25000 cd/m^2）。這種「效率滾降」基本上符合 Ir $(piq)_3$ 與 $(piq)_2$ Ir (acac) 不是很長的磷光生命期 0.7～1.1 與 1.65 μsec。

Cannon 研發團隊稍後在 2005 發表以 Ir $(4F5Mpiq)_3$ 製作的發紅色磷光 OLED[12b]，其 1931 $CIE_{x,y}$ 色座標為 (0.66, 0.34)，紅光色純度略遜於 Ir $(piq)_3$ 或 $(piq)_2$ Ir (acac) 的，但元件 η_{ext} 最高可到 15.5%（或 η_P 12.4 lm/W），這是元件在亮度為 218 cd/m^2（或 1.23 mA/cm^2 電流密度）下得到的。基本上此元件還

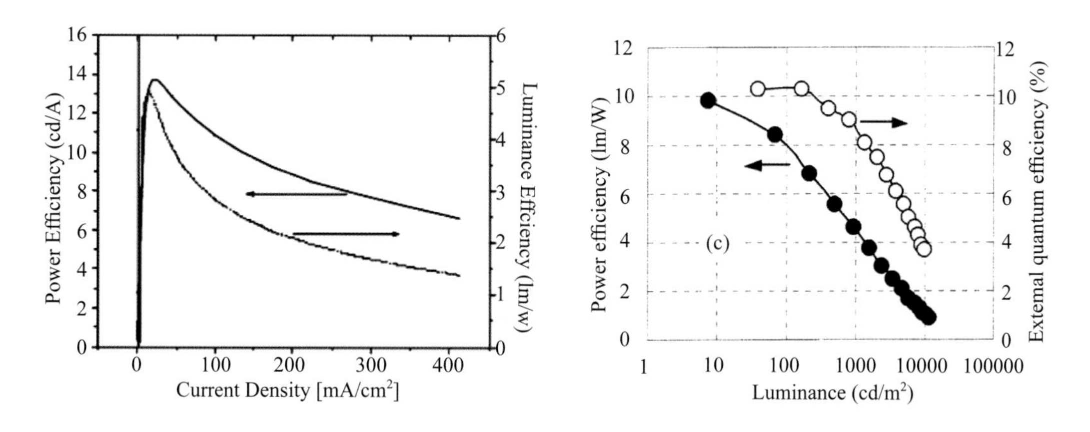

圖 4.21　$(piq)_2$ Ir (acac)（左）與 Ir $(piq)_3$（右）製作紅色磷光 OLED 的發光效率與電流密度關係圖 [12a, 13]

是呈現出一些「效率滾降」的現象：當元件的亮度增大到超過 10000 cd/m^2（或電流密度增大到近 120 mA/cm^2）時，元件的 η_{ext} 減降到 7.9%（或 η_P 3.7 lm/W）。Ir $(4F5Mpiq)_3$ 的磷光生命期 τ_r 1.65 μsec、磷光量子效率 Φ_P 0.26，與 Ir $(piq)_3$ 的 τ_r 1.12 μsec、Φ_P 0.22 跟 $(piq)_2$ Ir (acac) 的 τ_r 1.65 μsec、Φ_P 0.20 差不多。Ir $(4F5Mpiq)_3$ 發紅色磷光 OLED 的表現一直在同類型元件中保持領先的地位，直到最近紅色磷光摻入物主體材料（host materials）的新進展，Ir $(4F5Mpiq)_3$ 的紅色磷光 OLED 的表現才被超越。

在 2005 年前後兩三年中與 Ir $(4F5Mpiq)_3$ 同時發展的紅色磷光摻入物相當多，雖然 OLED 發光效率都比不上 Ir $(4F5Mpiq)_3$ 的，但有幾項是拿出來值得一提的。

一、雖然 Ir $(4F5Mpiq)_3$ 表現最佳，但其紅光光色是不如 Ir $(piq)_3$ 與 $(piq)_2$ Ir (acac)，更比不上 PtOEP 巨環分子類。就光色而言（1931 $CIE_{x,\,y}$ 色座標），有三個紅色磷光摻入物特別突出，$(dpq)_2$ Ir (acac)[19]、$(NAPQ)_2$ Ir (acac)[22]、與 $(Mpnq)_2$ Ir (acac)[24]。這三個材料製作的紅色磷光 OLED 1931 $CIE_{x,\,y}$ 色座標，x 值均達到 0.71；y 值則比 0.30 為小是 0.27 或 0.29。這紅光的光色比 PtOEP 巨環分子類，有過之而無不及。這些紅色磷光摻入物都使用衍生

自 1-phenylisoquinoline 的 cyclometalation 配位基，有比 phenyl ring 更大的 naphthyl ring（$(NAPQ)_2$ Ir (acac)）、benzonaphthyl ring（$(Mpnq)_2$ Ir (acac)），或是用 quinoline 含氮雜環（$(dpq)_2$ Ir (acac)），在 para 位置以電負度較高的元素 N（aza）代替 quinoline 中的 CH 以增強接受電子的能力，降低分子 LUMO 能階。幾個 8-hydroxyquinoline Pt 錯合物 (ppy) Pt (q)、Ptq_2、Pt $(Cl_2q)_2$、與 Pt $(Cl2Meq)_2$ 的紅色磷光摻入物也有很深接近飽和紅色的磷光[35, 36]，但其 OLED 元件的效率或亮度皆不足，而不值得進一步探討。

二、$(napm)_2$ Ir (bppz) CF_3[16]、$(nazo)_2$ Ir (fppz)[17]、$(nazo)_2$ Ir (bppz)[17] 是三個少數採用 azolate（非 acac）輔助配位基的 heteroleptic Ir 配位錯合物。其中 $(nazo)_2$ Ir (fppz) 與 $(nazo)_2$ Ir (bppz) 又是頭兩個在製作紅色磷光 OLED 時不使用主體材料來摻混紅色磷光摻入物，這跟這兩個摻入物比較短的磷光生命期（各為 1.1 與 0.9 μsec ）很有關係，元件裡材料三重態自我毀滅的機會低。而同樣的理由造成 $(nazo)_2$ Ir (bppz) 紅色磷光 OLED，幾乎沒有「效率滾降」的現象（見圖 4.22 中的 Device VIII），$(nazo)_2$ Ir (bppz) OLED 在 20 與 100 mA/cm^2 電流密度下（亮度各為 270 與 1270 cd/m^2），元件的 η_{ext} 維持在 2.5-2.6% 上下，這在紅色磷光 OLED 中非常少見。(DBQ) Ir (CBDK)[25b] 與 (DBQ) Ir (FBDK)[25b] 是另外兩個類似非摻入型（non-dopant）紅色磷光材料，「效率滾降」的現象對 (DBQ) Ir (FBDK) 而言也是很小的，不過其 η_P 是維持在較低的 0.4 lm/W 左右。

三、(bpt) Pt (acac)[11] 是和 $(btp)_2$ Ir (acac) 一起被報導的發紅色磷光摻入物。報導中對 (bpt) Pt (acac) 並沒有太多的著墨，所製作發紅色磷光 OLED 效率也不高（η_{ext} 與 η_P 最大分別為 2.7% 與 2.5 lm/W）。報導中對該類化合物在固態易構成活化雙體一事亦隻字未提，從所列的數據中估算，(bpt) Pt (acac) 有和 (btp) Ir (acac) 差不多一樣的「效率滾降」現象。清華大學季昀研究團隊所報導的 Pt $(iqdz)_2$ 是極少數在固態不會有活化雙體成的 Pt 錯合物[34]，而且它有夠長的磷光波長是紅光。Pt $(iqdz)_2$ 特別在配位基化學結構設計有立體障礙的三度空間立體構造，可以阻絕分子在固態時的 π - π 堆疊。Pt (iqdz)2 甚至可以

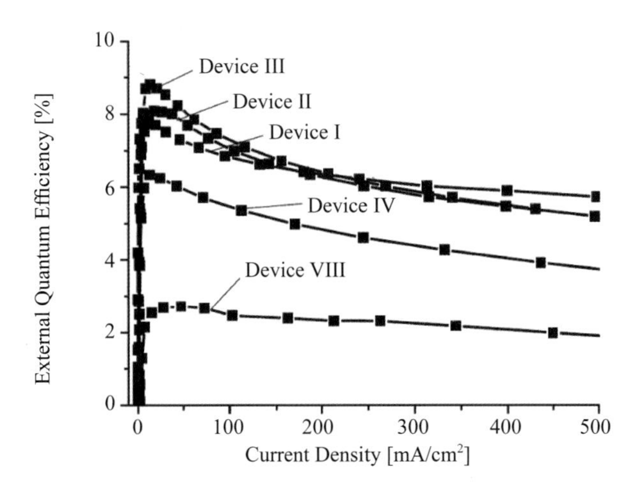

圖 4.22　(nazo)$_2$ Ir (bppz) 製作紅色磷光 OLED 之發光效率與電流密度關係圖[17]

用非摻入的形式（non-dopant）製作發紅色磷光 OLED，發光效率最高 η_{ext} 有 3.9%、η_P 有 3.0 lm/W。這在發紅色磷光 Pt 錯合物中是絕無僅有的一個例子。

四、$(fppz)_2Os(PPhMe_2)_2$[37]、$(fppz)_2Os(PPh_2Me)_2$[38]、$(tptz)_2Os(PPh_2Me)_2$[39]、與 $(fpziq)_2Ru(PPh_2Me)_2$[40] 是目前已知發紅色磷光的 Os 與 Ru 少數幾個電中性錯合物。這都要歸功於清華大學季昀研究團隊所發展出來的合成方法[50]：（以 Os 舉例說明合成方法）

$$6\,(Hpypz) + Os_3(CO)_{12} \longrightarrow 3\,[Os(CO)_2(pypz)_2] + 3H_2 + 6CO$$

$$Os(CO)_2(pypz)_2 \xrightarrow{(CH_3)_3NO} \xrightarrow[n=1,2]{PPh_nMe_{3-n}} (pypz)_2Os(PPh_nMe_{3-n})_2$$

與善用他們所開創出來含 azolate 的配位基（Hpypz），包括 pyridyltrifluoromethylpyrazole (fppz)、pyridyltrifluoromethytriazole (tptz)、與 isoquinolinyltrifluoromethylpyrazole (fpziq) 等。此製備 Os 或 Ru 錯合物的方式與製備 Ir 或 Pt 錯合物的方式（見圖 4.23）是炯然不同的，那是因為在 Ir 或 Pt 與配位基行 cyclometalation 的反應狀況下，Os 或 Ru 無法活化配位基的 C-H 鍵結，唯有含 azolate 的配位基（Hpypz）氮上的氫才能被 Os 或 Ru 活化，而且 Os 或 Ru 必

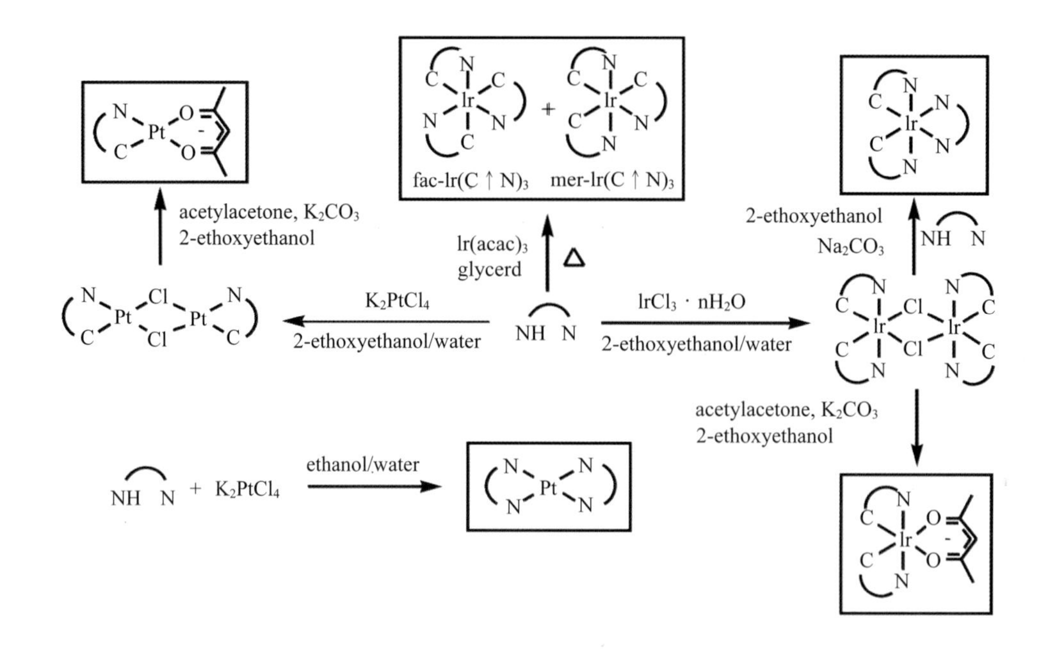

圖 4.23 Ir 配位錯合物磷光材料之合成方法。

須以 $Os_3(CO)_{12}$ 或 $Ru_3(CO)_{12}$ 的形式方能與 Hpypz 配位基進行 cyclometalation 的反應。azolate 屬於配位場強度較大的的配位基，若不是搭配著富有電子（electron rich）又是零價荷（可以 Os^{+2} 錯合物維持電中性）有機磷類 PPhnMe3-n 輔助配位基的使用（取代配位場強度太大的 CO），此類 Os^{+2} 錯合物磷光的波長會不夠長到紅光的範圍。與 Os^{+2}（或 Ru^{+2}）和 Ir^{+3} 等電子數的 Re^{+1}，由於在合成製備上至今擺脫不掉強配位場強度的 CO，絕大多數磷光 Re^{+1} 錯合物是發波長較短的綠、黃、頂多到橘光而已。(TPAOXDbipy) Re $(CO)_3$ Cl[41] 是文獻上唯一被報導有紅色電激磷光的例子，這還是靠 π 共軛長度相當長的 cyclometalation 配位基 TPAOXDbipy 才辦到的，文獻中 (TPAOXDbipy) Re $(CO)_3$ Cl OLED 的亮度最大不到 1000 cd/m^2，在 10 V 驅動電壓下只有約 50 cd/m^2，效率不佳（文獻估計 η_{ext} 只有 0.1%）。

五、由於化學結構使然，紅色電激磷光材料比其他光色的電激磷光材料更易有三重態自我毀滅現象，除了少數幾個例外的情形（$(nazo)_2$ Ir (fppz)、

$(nazo)_2$ Ir (bppz)）、$(DBQ)_2$ Ir (CBDK)、$(DBQ)_2$ Ir (FBDK)、與 Pt $(iqdz)_2$），絕大多數需要找尋一適當主體材料來隔離每個紅色電激磷光材料分子，以摻入物（dopant）的方式與主體材料用真空共蒸鍍製作 OLED。有不少的研究企圖將紅色磷光錯合物構築化學鍵結上主體材料結構，這樣就可以省去主體材料的搭配，OLED 元件在製作上可以簡化。最成功的策略是將紅色電激磷光材料設計成樹枝體（dendrimer）形狀，例如 Red Ir dendrimer 1 與 Red Ir dendrimer 2（圖 4.17）[42]。基本上這兩個紅色電激磷光材料具有 $(btp)_2$ Ir (acac) 的核心結構。這兩個紅色磷光樹枝體由於分子過大的關係無法用真空蒸鍍的方式來製作 OLED，而是以旋轉塗佈（spin coating）溶液製程（solution process）的方式來製作，實驗發現，旋轉塗佈時依舊得採用主體材料 4, 4'-bis (N-carbazolyl) biphenyl (CBP)，所做出 OLED 效果才會好。不過主體材料 CBP 本來是沒有成膜性的，在加入 20 wt% 的紅色磷光樹枝體樹枝體摻入物後，高均勻度的薄膜因此可製備出來，OLED 也因此可改用濕式的溶液製程。圖 4.17 中所列的其它紅色磷光樹枝體 Ir $(Cziq)_3$[43]、Ir $(MOCziq)_3$[43]、$(Cziq)_2$ Ir (acac)[43]、$(MOCziq)_2$ Ir (acac)[43]、G1-$(CzPPQ)_2$ Ir (acac)[44]、G2-$(CzPPQ)_2$ Ir (acac)[44]、G3-$(CzPPQ)_2$ Ir (acac)[44]、G1-Ir $(TPApiq)_3$[45]、G2-Ir $(TPApiq)_3$[45]、Ir $(TPAfiq)_3$[47]、$(PPPpy)_2$ Ir (acac)[48]、$(PPPpyp)_2$ Ir (acac)[48]、$(PPPpyf)_2$ Ir (acac)[48] 都是以這種特殊的製程製作出紅色磷光 OLED。其中濕式的溶液製程 OLED 效果最佳的是由 G1-Ir $(TPApiq)_3$ 得到，η_{ext} 最高有 11.7%。此數值已勝過許多用乾式（真空蒸鍍）製程製作的紅色磷光 OLED 了。

這麼多紅色磷光 OLED 材料，其元件性能表現固然受到發光材料本身的發光性質（$\lambda^{em}{}_{max}$、Φ_P、τ_r 等）的影響，但是另一個影響元件性能的是元件製作的方式（solution process 或 dry process）、元件裡所選用來搭配摻入物的主體材料。我們以 $(btp)_2$ Ir (acac)、$(piq)_2$ Ir (acac) 這兩個最受歡迎紅色磷光摻入物來舉例說明。在 2005 年 Taishi Tsuji 就作了不同主體材料摻入$(btp)_2$ Ir (acac) 的 OLEDs[51]：ITO/NPB/host material doped with $(piq)_2$ Ir (acac)/Alq_3/Li_2O/Al 之

研究，此處作為主體材料為 Alq_3、BAlq、BCP、或 OXD-7，其中以傳輸電子性的 BAlq 為主體材料時表現最佳，元件壽命亦比以 BCP 為主體材料的長上 4 倍。另一篇是由華南理工大學曹鏞院士所報導由 solution process 製作的 OLED[52]：ITO/PEDOT:PSS/PVK/blends/Ba/Al。此處 blends 是混合有 PBD（2-(4-biphenyl)-5-(4-tert-butylphenyl)-1, 3, 4-oxadiazole）或 TAZ（3-phenyl-4-(1'-naphyl)-5-phenyl-1, 2, 4-triazole）電子傳輸材料三種不同的高分子 PFO（poly-9, 9-dioctylfluorene）、PVK（polyvinylcarbazole）、PFTA（polyfluorene-p-substituted triphenylamine）為主體材料。其中以 PFTA 混 PBD 的主體材料表現最佳，η_{ext} 最高有 12%，這已比之前 Cannon 所發表用乾式製程（真空蒸鍍）製作 OLED 的 η_{ext} 10.3% 要來的高了。繼之，Klaus Meerholz 報導在 PEDOT：PSS 與發光混合摻入層（PVK：PBD：$(piq)_2$ Ir (acac)）間插入一層電洞傳輸材料，元件 η_{ext} 最高可提升到 13%[53]。同樣的紅色磷光摻入物 $(piq)_2$ Ir (acac)，在最近的一則報導中，中國科學院長春應用化學研究所馬東閣與武漢大學楊楚羅採用了一新的主體材料 o-CzOXD（2, 5-bis (2-N-carbazolylphenyl)-1, 3, 4-oxadiazole）真空蒸鍍製作了紅色磷光 OLED，其最高 η_{ext} 被提升到前所未見的 18.5%（或 η_P 有 11.5 lm/W）[54]。同樣的進展也發生在之前 Cannon 所報導的 Ir $(4F5Mpiq)_3$ 上：美國加州大學洛杉磯分校 Yang Yang 以濕式製程製作 ITO/PEDOT:PSS/PFO: Ir $(4F5Mpiq)_3/Cs_2CO_3$/Al OLED[55]，最高 η_P 從原來的 12.4 lm/W 提高到 17.6lm/W，元件在 1000 cd/m^2 照明亮度下，η_P 只略下降至 13.4 lm/W，這「效率滾降」現象比起之前 Cannon 所報導的 Ir $(4F5Mpiq)_3$ OLED，要輕微甚多。

印證製作紅色磷光 OLED 主體材料與電洞傳輸層（hole transporting layer, HTL）之重要性，清華大學季昀研究團隊所研發 $(fppz)_2Os\ (PPhMe_2)_2$[37] 和 $(fptz)_2Os\ (PPh_2Me)_2$[39] 這兩個含 Os 重金屬摻入材料被多次報導過製作成 OLEDs，以最突出的後者來作說明：ITO/HTL/Host: $(fptz)_2Os\ (PPh_2Me)_2$/HBL/LiF/Al（見圖 4.24），其發光效率是屢創新高的。

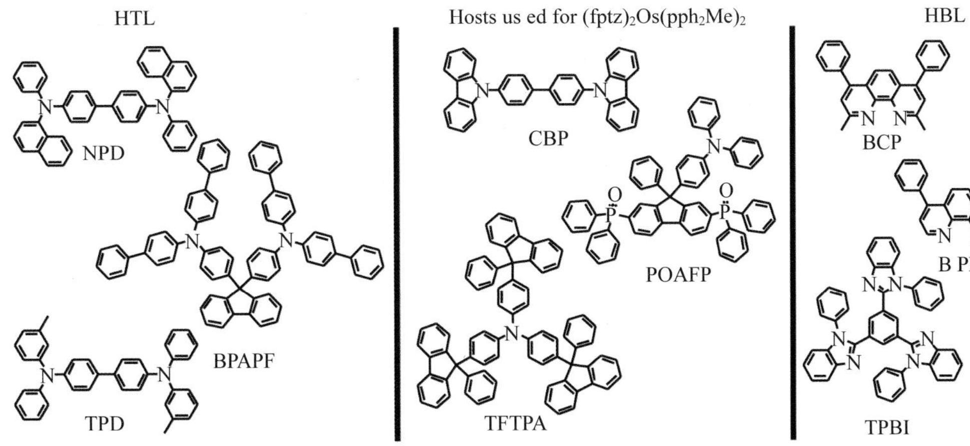

圖 4.24　與 $(fptz)_2Os\ (PPh_2Me)_2$ 搭配使用的電洞傳輸層（HTL）材料、主體材料、與電洞阻擋層（HBL）材料。

在第一次被報導時[38]，HTL 是 NPB 或 BPAPF（9, 9-bis {4-[di-(p-biphenyl) aminophenyl]} fluorene）；主體材料 host 為 CBP；而 HBL（hole blocking layer）為 BCP（bathocuproine）。當摻入物濃度是 20 wt%（OLED 才達到紅光色純度）、元件在 20 mA/cm^2 電流密度下，η_{ext} 為 11.5%（NPB 為 HTL）或 13.3%（BPAPF 為 HTL）。第二次被報導時[39b]，HTL 是 NPB；主體材料改為 TFTPA (tris [4-9-phenylfluoren-9-ylphenyl)] amine）；HBL 為 TPBI（1, 3, 5-tris (N-phenylbenzimidazol-2-yl) benzene）。當摻入物濃度是 21 wt%、元件 η_{ext} 最高達 18%（η_P 最高 25 lm/W）。很難得的是此元件只有些微的「效率滾降」現象，在 1000 cd/m^2 照明亮度下，η_{ext} 幾乎沒有改變、η_P 只些微下降至 22 lm/W（見圖 4.25）。既使到 10000 cd/m^2 超高照明亮度（電流密度不到 10 mA/cm^2），η_P 仍有 15 lm/W。

最近，$(fptz)_2Os\ (PPh_2Me)_2$ 紅色磷光 OLED 的最高發光效率再度被交通大學許慶豐與清華大學季昀刷新[39c]：元件裡 HTL 是 TPD（4, 4'-bis (3-methylphen ylphenylamino) biphenyl）；主體材料是具雙極性（bipolar）的 POAPF（2, 7-bis (diphenylphosphoryl)-9-[4-(N, N-diphenylamino) phenyl]-9-phenylfluorene），這又

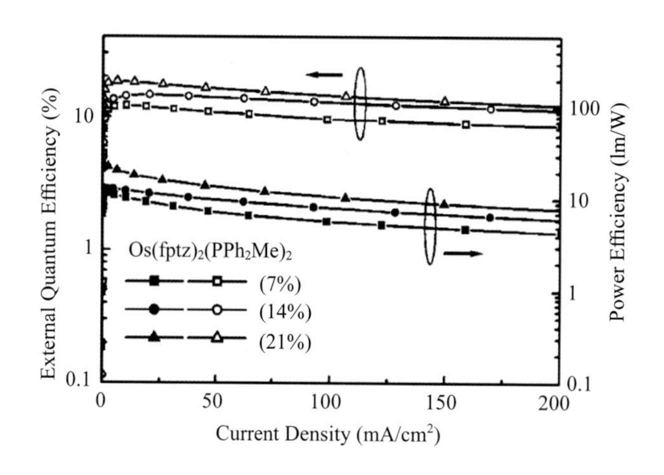

圖 4.25 $(fptz)_2$ Os $(PPh_2Me)_2$ 製作紅色磷光 OLED 之發光效率與電流密度關係圖[39b]

是一個新的主體材料；HBL 是 Bphen（4, 7-diphenyl-1, 10-phenanthroline）。這次最高 η_{ext} 達到前所未見的 19.9%（或 η_P 達 34.5 lm/W）。此最高發光效率時元件的照明亮度大約是 100 cd/m^2。報導中提及如此高的發光效率可歸因於元件中有甚佳的價荷平衡（charge balance）狀況，而這有很大一部分原因是元件採用的主體材料是雙極性的。元件「效率滾降」現象亦屬輕微：在 1000 cd/m^2 照明亮度下，η_{ext} 仍有 18.6%、η_P 仍有 26.1 lm/W。$(fppz)_2$ Os $(PPh_2Me)_2$ 的磷光波長略嫌短 617 nm、Φ_P 0.62 不是頂高、但確有相對其它紅色磷光材料為短的 τ_r 0.7 μsec，相當有助於材料避免在高電流密度下「效率滾降」的發生。

順帶一提，由於 $(fptz)_2$Os $(PPh_2Me)_2$ 有甚短的磷光生命期，當初第一次的 OLED 研究報導中就有將之製備成非摻入形式的元件[38]。$(fptz)_2$ Os $(PPh_2Me)_2$ 非摻入形式的 OLED 在 20 mA/cm^2 電流密度下，元件 η_{ext} 為 2.6 %（或 η_P 為 1.19 lm/W），此表現是和 $(nazo)_2$ Ir (bppz) 非摻入形式 OLED 的表現是一樣的，不過可惜的，$(fptz)_2$Os $(PPh_2Me)_2$ 非摻入形式 OLED 有比較嚴重的「效率滾降」，在 100 mA/cm^2 電流密度下，其 η_{ext} 略降至 2.4 %（更高電流密度會下降更多），$(nazo)_2$ Ir (bppz) 的 η_{ext} 則保持在 20 mA/cm^2 電流密度下的數字 η_{ext} 2.6% 沒有改變（甚至到 250 mA/cm^2 時 η_{ext} 也沒變，見圖 4.22）。並且，

(nazo)$_2$ Ir (bppz) 非摻入形式 OLED 的紅光色純度 1931 CIE$_{x, y}$ = (0.69, 0.31) 遠比 (fptz)$_2$Os (PPh$_2$Me)$_2$ 的 1931 CIE$_{x, y}$ = (0.65, 0.35) 為佳。(fptz)$_2$ Os (PPh$_2$Me)$_2$ 的優點是在其摻入形式 OLED 的紅光色純度很穩定，不受其摻入濃度的改變而改變。這跟 (fptz)$_2$ Os (PPh$_2$Me)$_2$ 本身分子對稱的構形有關係。對稱的分子本身不會有分子偶極矩（dipole moment），這和大部分的紅色磷光摻入材料不一樣（例如 (nazo)$_2$ Ir (bppz)，見圖 4.26）沒有偶極矩的分子在固態跟其他分子材料摻混在一起時，環境的極性不會隨者摻入濃度改變而改變，分子本身能帶間隙（發光波長）才不會隨者環境極性改變而改變。這或許也可以部分解釋，何以 (fptz)$_2$ Os (PPh$_2$Me)$_2$ 能從眾多紅色磷光摻入材料中脫穎而出拔得頭籌吧！

4.6 藍色磷光材料

相對於其它光色的磷光材料，藍色磷光材料不僅發展的最晚也發展的最不理想。會造成這種現象是有多個原因造成的，除材料本身的因素外，也有元件結構與所搭配主體材料或傳輸材料（電洞的或電子的）造成的。後面這一點和紅色磷光材料類似，但還多了三重激發態能階的限制，我們在文章稍後會針對

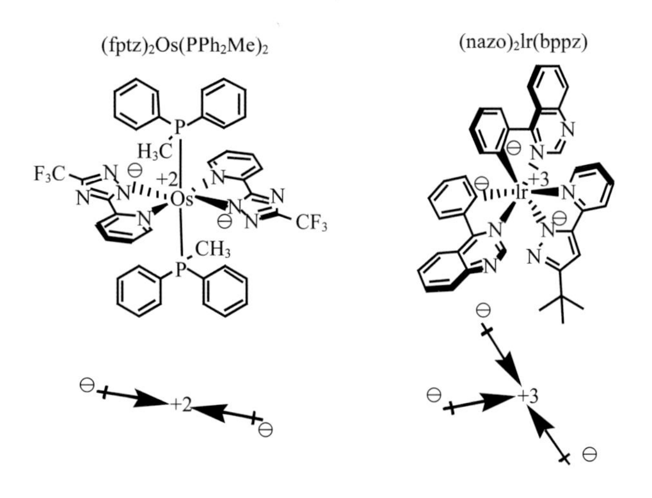

圖 4.26　(fptz)$_2$ Os (PPh$_2$Me)$_2$ 與 (nazo)$_2$ Ir (bppz) 在分子偶極矩上不同之分析圖。

藍色磷光材料有深入的分析。圖 4.27 裡收集了從 2001 年 FIrpic 被報導以來[56]，藍光色純度比 FIrpic 為佳的或至少和 FIrpic 差不多文獻報導的例子[57-79]，大致上按出現的先後順利陳列，圖 4.27 有時會把同類型結構的集中放在一起。

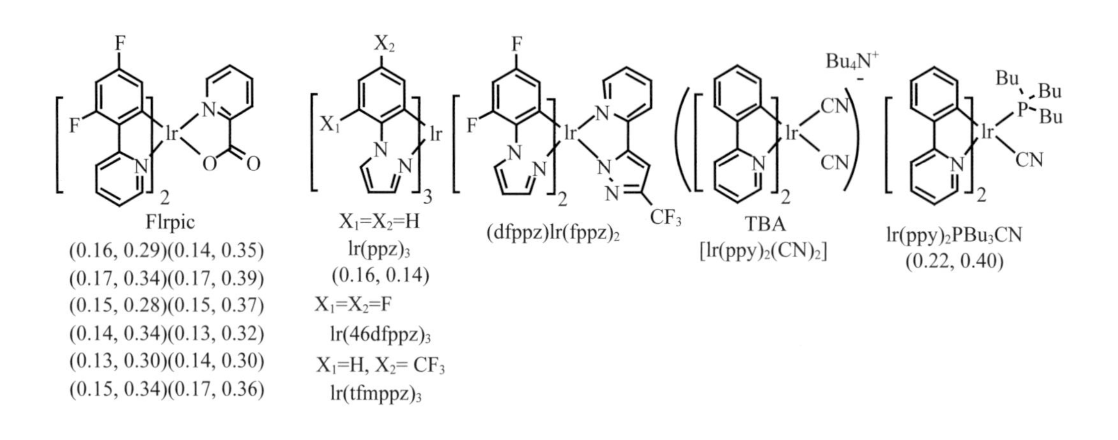

(F2tBuppy)2Ir(pic)
(0.17, 0.30)

X = CH3FIrtazMe
(0.12, 0.15)
X = C8H17FIrtazC18
(0.17, 0.29)

Ir(F4ppy)3

X = F
(F4ppy)2Ir(acac)
X = H
(F3ppy)2Ir(acac)

Ir(pmb)3
(0.17, 0.06)

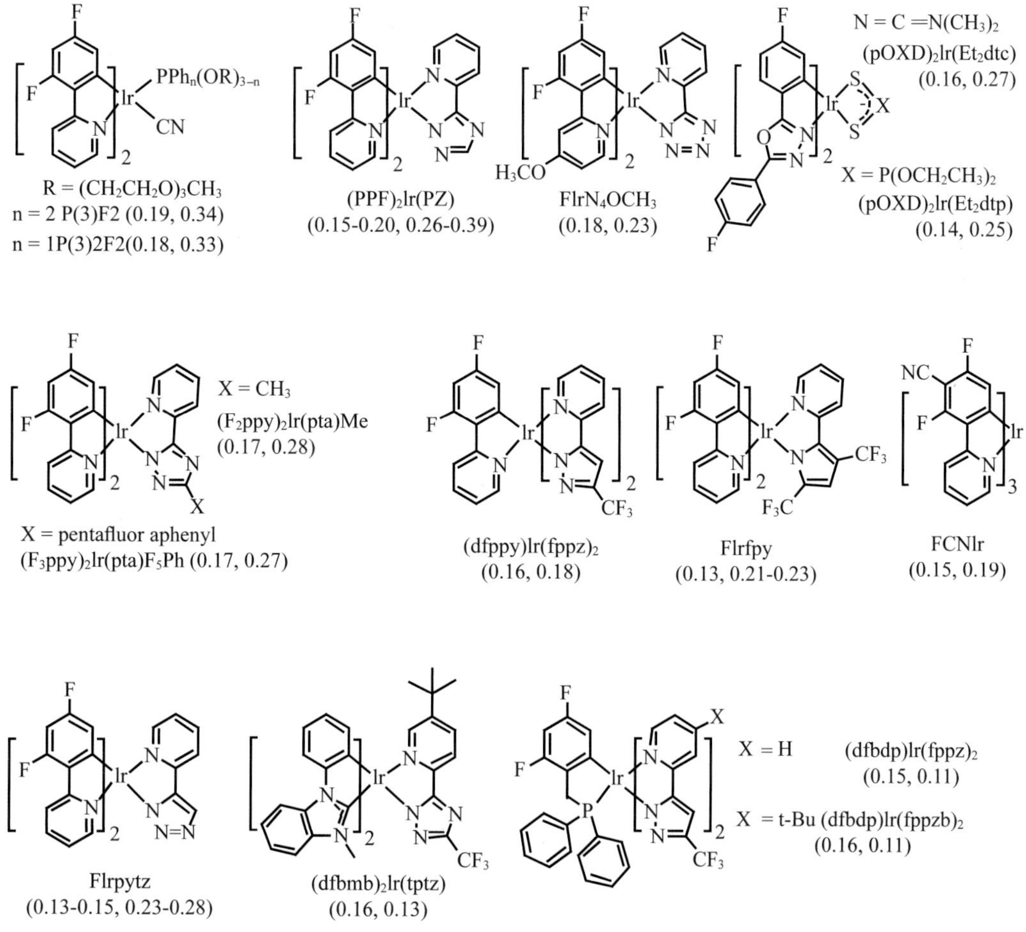

R = $(CH_2CH_2O)_3CH_3$
n = 2 P(3)F2 (0.19, 0.34)
n = 1P(3)2F2(0.18, 0.33)

$(PPF)_2Ir(PZ)$
(0.15-0.20, 0.26-0.39)

$FIrN_4OCH_3$
(0.18, 0.23)

N = C =$N(CH_3)_2$
$(pOXD)_2Ir(Et_2dtc)$
(0.16, 0.27)
X = $P(OCH_2CH_3)_2$
$(pOXD)_2Ir(Et_2dtp)$
(0.14, 0.25)

X = CH_3
$(F_2ppy)_2Ir(pta)Me$
(0.17, 0.28)
X = pentafluor aphenyl
$(F_3ppy)_2Ir(pta)F_5Ph$ (0.17, 0.27)

$(dfppy)Ir(fppz)_2$
(0.16, 0.18)

FIrfpy
(0.13, 0.21-0.23)

FCNIr
(0.15, 0.19)

FIrpytz
(0.13-0.15, 0.23-0.28)

$(dfbmb)_2Ir(tptz)$
(0.16, 0.13)

X = H　$(dfbdp)Ir(fppz)_2$
(0.15, 0.11)
X = t-Bu $(dfbdp)Ir(fppzb)_2$
(0.16, 0.11)

圖 4.27　Ir 配位錯合物藍色磷光摻入物與其 1931 $CIE_{x,\,y}$ 色座標數值。

材料本身方面由於重金屬配位錯合物磷光材料之發光來源主要來自 cyclometalation 配位基 $\pi\pi^*$ 狀態（裡面混合了來自重金屬 *d* 軌域 MLCT 狀態），尤其是藍色磷光的，波長短能階高（配位基 π^* 能階距離金屬 *d* 軌域能階遠），MLCT 混合進來的程度通常是有限的，造成磷光生命期不會短。譬如比較接近藍光的 FIr6 [iridium (III) bis (4’, 6’-difluorophenylpyridinato) tetrakis (1-pyrazolyl) borate，λ^{em}_{max} 457, 485 nm] 其 τ_r 為 3.7 μsec[81]，真正屬於藍光的 $Ir(ppz)_3$（λ^{em}_{max} 414, 450 nm）其 τ_r 為 14 μsec[57a]，而深藍（或近紫外光）的 $Ir(46dfppz)_3$（λ^{em}_{max} 390, 420 nm）其 τ_r 為 27 μsec[57a]。後兩者在室溫下是看不到

磷光的，必須凍到液態氮的溫度始能觀察到，這現象和一般純有機物質的磷光是一樣的。為了能夠拉大配位基的能量間隙已達成短波長放光，HOMO 與 LUMO 的能階距離會藉由化學結構的修飾（推拉電子基或 π 共軛大小）來拉大，結果通常會減弱配位基與重金屬間的配位鍵結力，一來會造成配位錯合物比較不穩定（因為較弱的鍵結），二來配位錯合物比較不能行使 MLCT 混合到配位基 ππ* 狀態，反而讓重金屬較易進行 dd^* 狀態的激發，dd^* 狀態是一反鍵結狀態，配位錯合物不僅較易發生斷鍵反應，而且也加速配位錯合物以放熱的非輻射方式（不發光方式）回降至基態，換言之磷光量子效率降低。

在文獻中最早出現使用在 OLED 中作為「藍色」磷光摻入材料的，是 2001 年被 Thompson 與 Forrest 報導的 FIrpic（λ^{em}_{max} 470, 494 nm）[56]。這材料的文獻 Φ_P 值為 0.5-0.6。個人實驗室測得為 0.6-0.7 左右，而最近 Adachi 研究團隊報導 FIrpic 的 Φ_P 高達 0.89，其 τ_r 找不到文獻報導但 1.8 μsec 是個人實驗室測到的數字，這比前面提到的三個藍色磷光材料的 τ_r 都來的短。這材料其實是天藍色（或青色，cyan）的（見圖 4.12）不是真正藍色，其藍光色純度是不足的，製作成 OLED 元件 1931 CIE$_{x, y}$ 色座標 (0.13～0.17, 0.29～0.39) 有滿大幅度的變化，尤其是 y 值的部分，除了一個例外，基本上都大於 0.30。以第一次被報導的文獻數據（圖 4.28），Firpic OLED 1931 CIE$_{x, y}$ (0.16, 0.29)，Firpic「藍色」OLED η_{ext} 最高有 5.7%（η_P 最高有 6.3 lm/W），這是在電流密度 5 mA/cm^2 下達到的（η_P 最高點時為 0.1 mA/cm^2），而元件裡選用的主體材料是 CBP。由圖可見這「藍色」磷光 OLED 也有「效率滾降」：在電流密度 100 mA/cm^2 時（亮度為 6400 cd/m^2），η_{ext} 下降至 3.0%（降幅接近 50%）。其實此「效率滾降」程度比起後來其它更藍色的磷光 OLED 算是輕微的。

接下來，前面提到過的 Ir $(ppz)_3$[57a]，雖然其磷光室溫下觀察不到，但還是有人硬將之做成 OLED 元件，雖然藍光色純度夠 1931 CIE$_{x, y}$ (0.16, 0.14)，但亮度最大僅 365 cd/m^2、發光效率最高只有 0.26 cd/A（luminous efficiency），毫無實用的機會[57b]。另外，TBA [Ir $(ppy)_2$ $(CN)_2$] 雖為高量子效率藍色磷光

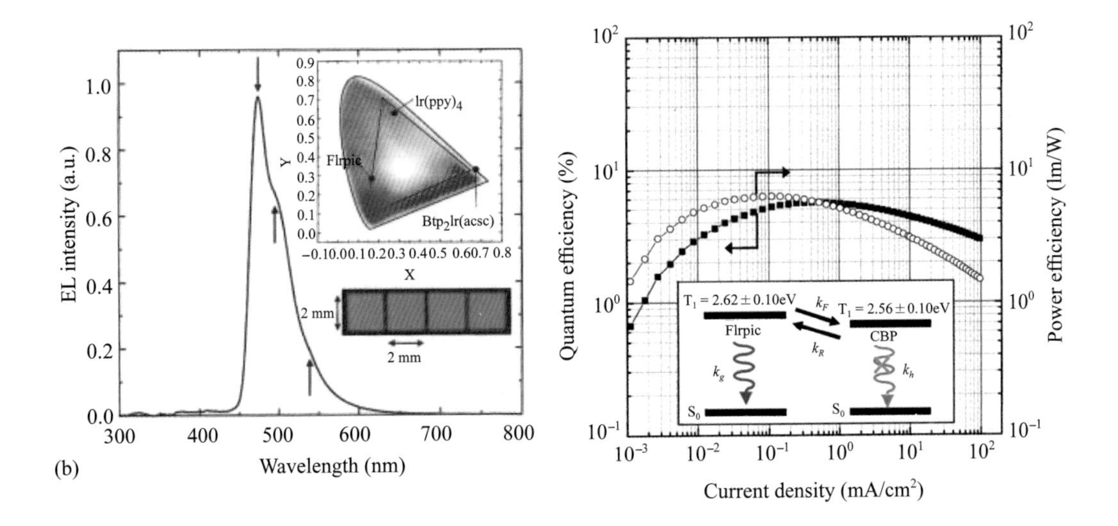

圖 4.28 FIrpic 製作 OLED 之電激發光光譜圖及其 1931 $CIE_{x,y}$ 色座標圖（左）：Firpic 製作 OLED 之發光效率與電流密度關係圖（右）[56]

（λ^{em}_{max} 470, 502 nm）[4]（見圖 4.5），但因為是離子性化合物，沒有製作成 OLED 元件的報導。Ir $(ppy)_2P$ $(n\text{-}Bu)_3CN$ 雖有藍色磷光（λ^{em}_{max} 472, 495 nm）[60]，但材料欠缺用在真空蒸鍍的穩定性，OLED 元件是與 PVK 一起用旋轉塗佈的濕式方法製作，所得元件效果欠佳，藍光光色亦偏差掉 1931 $CIE_{x,y}$ (0.22, 0.40)。其實用旋轉塗佈濕式方法製作的藍色磷光 OLED，其效果總是不如真空蒸鍍乾式製作的，FIrtazMe[66]、FIrtazC18[66]、Ir $(F4ppy)_3$[67]、$(F4ppy)_2$ Ir (acac)[67]、$(F3ppy)_2$ Ir (acac)[67]、P (3) F2[69]、P $(3)_2$F2[69]、和 $(PPF)_2$ Ir (PZ)[70] 都是屬於這種狀況，雖然他們有些明明可以用真空蒸鍍的乾式方法來製作 OLED 的。

FIrpic 含有的 2-(2, 4-difluorophenyl) pyridine 配位基（dfppy）是最有效用來藍移 Ir 配位錯合物的磷光波長了（圖 4.26 中超過半數的化合都有這樣的配位基），兩個強拉電子 F 取代基座落在構成化合物 HOMO 的 phenyl 環上，造成 HOMO 能階下降。但是要解釋何以 2, 4 相對配位 C *meta* 位置是最有效，文獻中有特別說明[62]。鹵素元素像是 F 是有雙重特性：是 σ 的拉電子基（推導效應，inductive effect）卻是 π 的推電子基（原子電子共振效應，mesomeric effect）。因為是位在共振不可及的 meta 位置（相對配位到金屬的 C），所以最不會增加配位基的配位能力，亦即 HOMO 能階最不會提升。至於輔助配位基的部分，除了少數幾個例外（譬如第一個藍色磷光摻入材料 FIrpic），以含氮五員環 azolate 當作輔助配位基是最近幾年常看到的作法。FIrptaz 與 btfmIrptaz 是在這段時間（2001～2004 年）內新開發出來的藍色磷光材料（λ^{em}_{max} 分別為 461, 491 nm 和 466, 499 nm）頭一批採用含 azolate 的輔助配位基[62]，但這兩個材料並沒有藍色磷光 OLED 的報導。唯有被 Thompson 與 Forrest 報導的 FIr6[61] 是繼 FIrpic 之後具實用價值的藍色磷光摻入材料。從結構來比較，FIr6 也是採用含 azolate 輔助配位基的先驅者之一了，首先它比 FIrpic（λ^{em}_{max} 470, 494 nm）有藍上甚多的磷光（λ^{em}_{max} 457, 485 nm），再來它有比 FIrpic 更高的 Φ_P 0.96[80]（此數值原來 Thompson 與 Forrest 報導為 0.73[81]）。用 FIr6 製作的藍色磷光 OLED，有比 FIrpic 來的更高的 η_{ext} 達到 8.8% 或 11.6%（η_P 11.0 lm/W 或 13.9 lm/W），見圖 4.29。

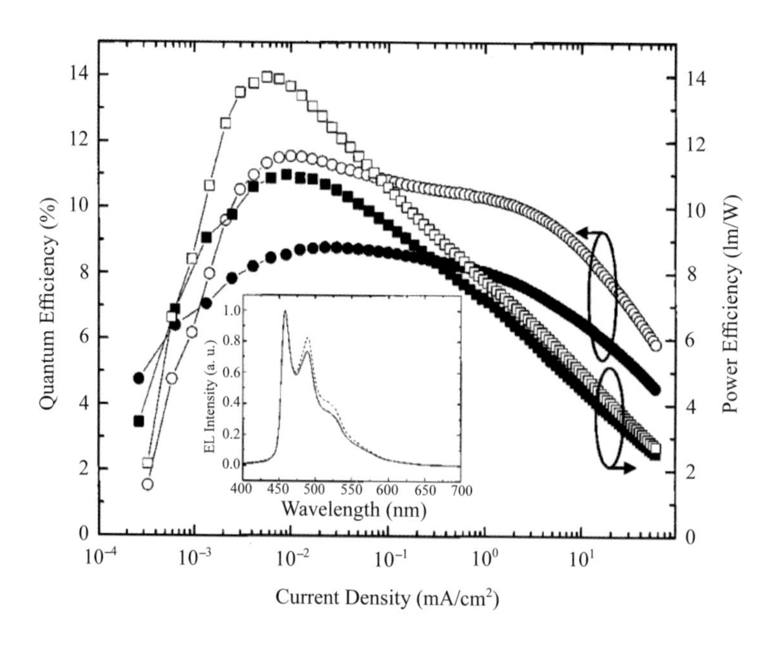

圖 4.29　FIr6 製作 OLED 之電激發光光譜圖及發光效率與電流密度關係圖[61]

在尋求比 FIr6 更藍的藍色磷光材料，是一系列以 azolate 為輔助配位基的 Ir 配位錯合物藍色磷光摻入材料，先後被報導出來有 FIrN4[8]（屬於 tetrazolate）、FIrtaz[63]（屬於 triazolate）、FirN4OCH3[71]（屬於 tetrazolate）、(dfppy) Ir $(fppz)_2$[74]（屬於 pyrazolate）、$(F2ppy)_2$ Ir (pta) Me[73]（屬於 triazolate）、$(F2ppy)_2$ Ir (pta) F5Ph[73]（屬於 triazolate）、FIrfpy[75]（屬於 pyrrolate）、FIrpytz[77]（屬於 triazolate）、$(dfbmb)_2$ Ir (tptz)[78]（屬於 triazolate）、(dfbdp) Ir $(fppz)_2$[79]、與 $(dfbdp)_2$ Ir $(fppzb)_2$[79]（屬於 pyrazolate）。這些含 azolate 為輔助配位基藍色磷光摻入材料中，若選擇以 dfppy 作為共同的配位基來相比，除開因 Φ_P 太低 (0.0067) 沒有製作成 OLED 的深藍色（dfppz）Ir $(fppz)_2$ (λ^{em}_{max} 430, 455 nm)[58]，清華大學季昀與中央研究院陳錦地研究團隊在 2005 年報導的 FIrtaz[63] 與清華大學季昀、台灣大學周必泰與吳忠幟研究團隊在 2007 年報導的 (dfppy) Ir $(fppz)_2$[74]，是當中藍光色純度最高的兩個。這兩個材料製作 OLED 的 1931 $CIE_{x, y}$ 分別為 (0.14, 0.18) 和 (0.16, 0.18)，相當接近。兩者雖然都有含 azolate 的配位基，但用途不同。與眾不同的是 (dfppy) Ir $(fppz)_2$，其含 azolate 的配位基（fppz）反客為主不是扮演輔助配位基的角色，dfppy 才是。相同的情形（輔助配位基與配位基主客異位）也發生在清華大學與台灣大學研究團隊所報導深藍色的 (dfbdp) Ir $(fppz)_2$[79] 與 (dfbdp) Ir $(fppzb)_2$[79] 上。這兩個其 λ^{em}_{max} 各為 430, 458 nm 與 428, 455 nm，製作 OLED 的 1931 $CIE_{x, y}$ 分別為 (0.15, 0.11) 和 (0.16, 0.11)。這兩個深藍色磷光 Ir 配位錯合物有特殊設計的輔助配位基 dfbdp：以磷元素（diphenylphosphine）當作配位原子；diphenylphosphine 與 2, 4-difluorophenyl 以非共軛的 CH_2 相連結，兩者都有助於 LUMO 能階的拉高，增大放光的能隙。

藍光色純度最佳的 OLED 1931 $CIE_{x, y}$ (0.17, 0.06)，事實上是早在 2005 年由 Thompson 與 Forrest 所報導的 Ir $(pmb)_3$ 就辦到的[68]。這是第一個不含氟原子的藍色磷光摻入材料，還有 Ir $(pmb)_3$ 是第一個採用含 carbene (C：) 結構代替含氮雜環（像是 pyridine 或 pyrazole）配位基，含 carbene 的配位基比 pyridine

或 pyrazole 有更強的配位場強度，因此可抬高 LUMO 能階、增大放光的能隙。不過，Ir $(pmb)_3$ 的 Φ_P 不高只有 0.04，製作的藍色磷光 OLED η_{ext} 最高為 5.8%（而 η_P 最高只有有 1.7 lm/W），而且「效率滾降」嚴重，在 10 mA/cm^2 時，η_{ext} 下降至 2.3% 左右（η_P 下降至 0.3 lm/W）; 在 100 mA/cm^2 時，η_{ext} 只剩下約 0.5%（η_P 則趨近於 0 lm/W）。另一個含 carbene 結構為配位基的是 heteroleptic $(dfbmb)_2$ Ir (tptz)，這亦是由清華大學與台灣大學研究團隊在 2008 年所報導的。所製作的 OLED 其 1931 $CIE_{x,\,y}$ (0.16, 0.13)，光色上雖然略遜於 Ir $(pmb)_3$ 的，但保持在深藍光的邊緣上。$(dfbmb)_2$ Ir (tptz) 有比 Ir $(pmb)_3$ 高許多的 Φ_P 達到 0.73，但卻沒有充分反應在 OLED 上（最高 η_{ext} 6.0%），但最高 η_P 數值上的確較佳（最高 4.0 lm/W）。不過 $(dfbmb)_2$ Ir (tptz) 的藍色磷光 OLED，仍然有相當嚴重的「效率滾降」（見圖 4.30）：在亮度在 100 cd/m^2 時，η_{ext} 下降至 2.7%（η_P 下降至 0.9 lm/W）; 在 1000 cd/m^2 的照明亮度時，η_{ext} 只剩下約 0.7%（η_P 則只有約 0.2 lm/W）。這樣的亮度與電激發光效率的表現，是比大部分類

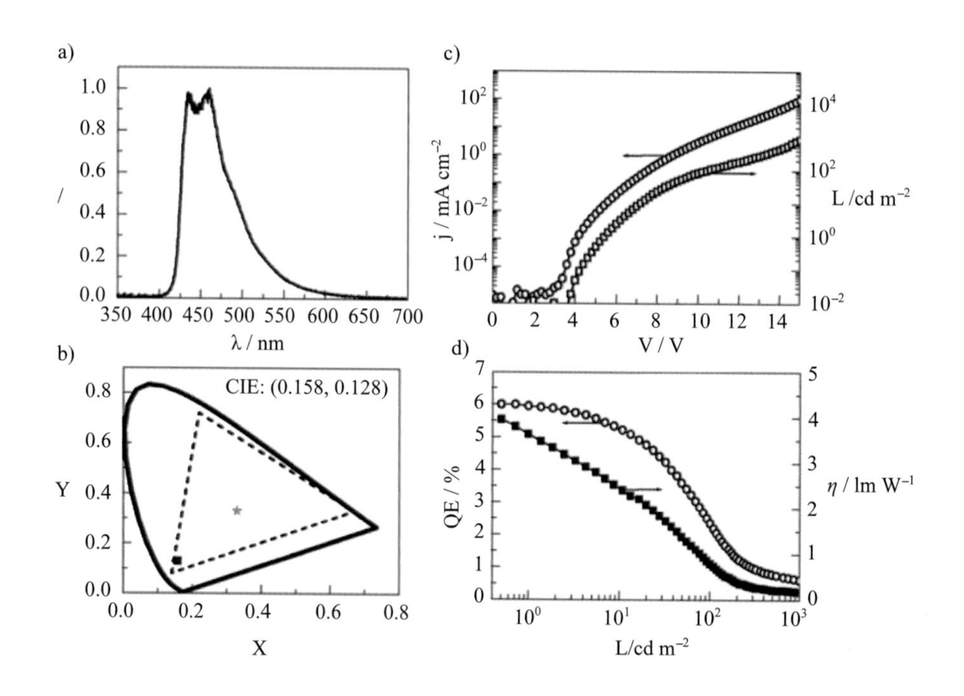

圖 4.30 $(dfbmb)_2$ Ir (tptz) 製作藍色磷光 OLED：電激發光光譜圖(a)：1931 $CIE_{x,\,y}$ 色座標圖(b)：電流密度／亮度與電壓關係圖(c)：發光效率與亮度關係圖(d)[78]

類似藍光色純度螢光材料還不如的。更糟糕的是，元件雖號稱有頗低的起始電壓（turn-on voltage）4 V，但需要約 11 V 才能點亮至 100 cd/m^2，而 1000 cd/m^2 的照明亮度更需要 15 V 的驅動電壓，而 15 V 是一般 OLED（無論是螢光或磷光）會施加電壓的上限。

實際照明亮度的高驅動電壓或發光效率在實際照明亮度時因「效率滾降」而相當的低，這不是 (dfbmb)$_2$ Ir (tptz) 的藍色磷光 OLED 所獨有，類似的狀況發生在其它的藍色磷光 OLED 上，例如 2009 年清華大學與台灣大學研究團隊所發表近乎深藍色的 (dfbdp) Ir (fppzb)$_2$（見圖 4.31）[79]。

很有趣但也是藍色磷光 OLED 的一個難以掌握的問題，在比較 FIrtaz 與 (dfppy) Ir (fppz)$_2$ 這兩個藍色磷光材料時浮現。雖然兩者製作的 OLED 其 1931 CIE$_{x,\,y}$ 差不多一樣（以數字上看，FIrtaz 還是比較藍一點），但兩者的磷光波

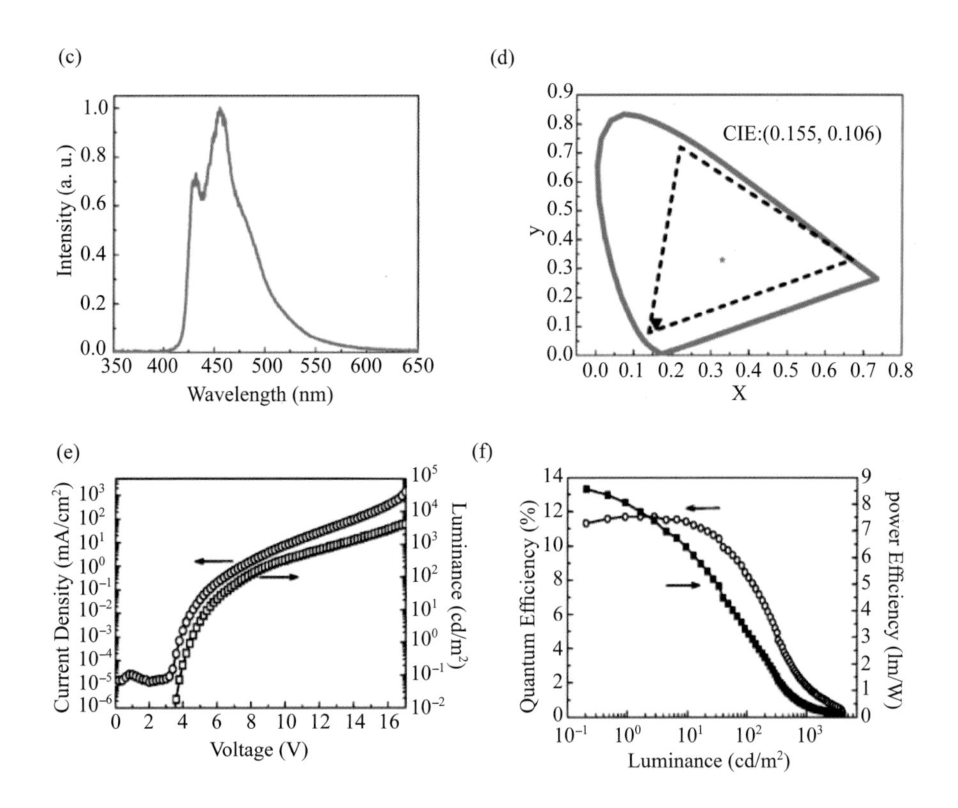

圖 4.31　(dfbdp) Ir (fppzb)$_2$ 製作藍色磷光 OLED：電激發光光譜圖(c)；1931 CIE$_{x,\,y}$ 色座標圖(d)；電流密度/亮度與電壓關係圖(e)；發光效率與亮度關係圖(f)[79]

長，λ^{em}_{max} 460, 489 nm（FIrtaz）和 λ^{em}_{max} 450, 479 nm （(dfppy) Ir (fppz)$_2$），卻是 (dfppy) Ir (fppz)$_2$ 比 FIrtaz 足足短上 10 nm。類似的情形也發生在 FIr6 與 FIrpic 之間（見圖 4.28、4.29）。還有 FIrN4 與 FIrtaz 的磷光波長幾乎是一樣的（見圖 4.11），但 FIrN4 製作的 OLED 其 1931 CIE$_{x,\,y}$ (0.15, 0.24)，藍光色純度比 FIrtaz 的要差上不少。這些藍光色純度上出現的落差（或應該要有的落差結果卻沒發生），都跟藍光材料的磷光光譜的波峰有關。磷光光譜除了主峰外通常會在長波長側伴隨著一至三個副峰，由於峰寬與間隔相近的關係，通常以側峰（shoulder）的方式部分依序疊在主峰長波長側的側坡上，這些側峰稱之為振動電子發光帶（vibronic emission band），主峰是 0-0 的轉移、第一個側峰是 0-1 的振動電子狀態的轉移、第二個側峰是 0-2 的振動電子狀態的轉移，依此類推（見圖 4.32）。振動電子發光帶會隨者主峰的波長變短（即藍移）而更明顯（見圖 4.33），有時第一個側峰在強度上會喧賓奪主強過主峰，波長越短（即越藍的光色）越容易發生。至於明明在溶夜狀態有明顯的第一個側峰，但在固態的電激發光卻變的不明顯，則是因為發光分子在固態時因為鄰近分子擠壓造成激發狀態分子裡原子的些許位移、振動模式有些許改變、改變了振動電

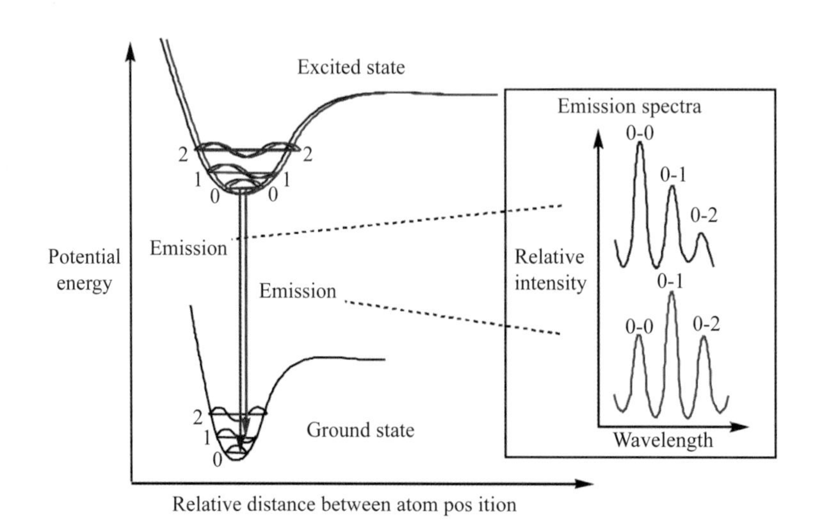

圖 4.32　發光光譜主峰與振動電子發光帶側峰的關係圖。

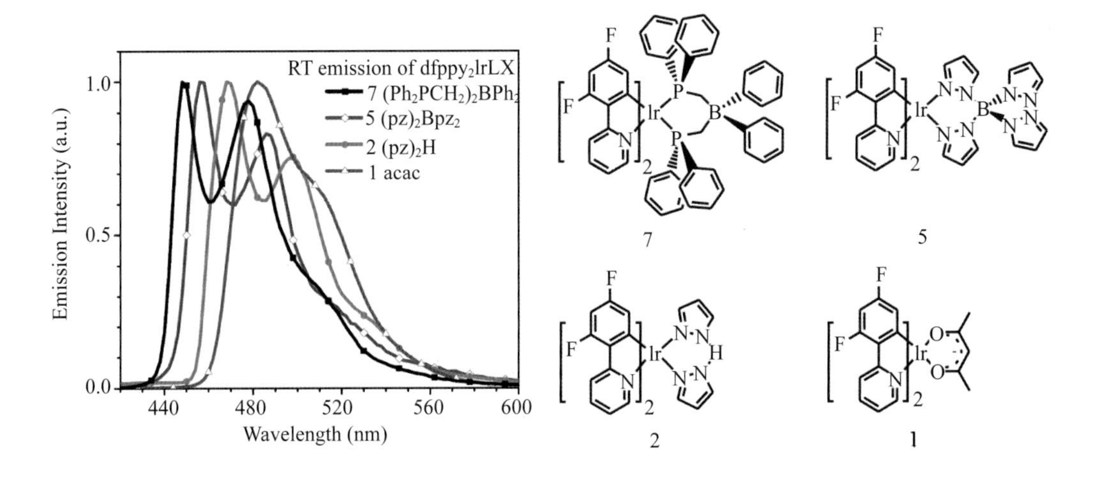

圖 4.33　藍色 Ir 配位錯合物磷光光譜主峰與振動電子發光帶側峰隨發光波長變短的變化[81]

子狀態轉移的獲然率（即側峰強度）。

有實驗研究發現，振動電子狀態造成的側峰強度，可以用光學上的方法來作調控：元件多層薄膜結構與基板電極所形成的微孔穴效應（microcavity effect）[82]，光學上不同波長的光有不等程度的干涉作用。像第一個實用的「藍色」磷光 OLED 摻入材料 FIrpic，曾被用各種方式（乾式、濕式、不同主體材料搭配、不同電洞傳輸材料搭配、不同電洞阻擋材料搭配、不同陰極電極材料使用，不同品質的 ITO 導電透明玻璃電極）製作過 OLED，其 1931 $CIE_{x,y}$ 色座標有有滿大幅度的變化（尤其是 y 值的部分，見圖 4.27 中 FIrpic 數值），一部份的原因便是其位於 495 nm 左右的側峰在強度上不盡相同所造成的。

有一類材料是在研發藍色磷光摻入材料中不可缺席的是藍色磷光摻入物的主體材料。藍色磷光摻入物的主體材料的三重激發態的能量（E_T）關係到藍色磷光摻入材料磷光的釋放與否，若主體材料的 E_T 小於藍色磷光摻入物的 E_T，則磷光的能量會轉移到主體材料上來釋放，而主體材料因為是純有機化合物（沒有重原子故缺乏自旋軌域偶合作用），室溫的條件下是看不到磷光的，OLED 元件的發光效率因此而會損失。Thompson 與 Forrest 在發展藍色磷光摻入物 FIrpic 的主體材料時，用較高 E_T 之 mCP（N, N'-dicarbazolyl-3, 5-benzene）來取代 CBP 主體材料，元件 η_{ext} 就有可觀的提升，從 η_{ext} 最高值從 6.1% 增加到 7.5%（或 η_P 最高值從 7.7 lm/W 增加到 8.9 lm/W）[83]，見圖 4.34。

圖 4.35 整理了從 CBP、mCP 以來陸續發展出來供藍色磷光摻入物搭配使用的主體材料[83-95]。

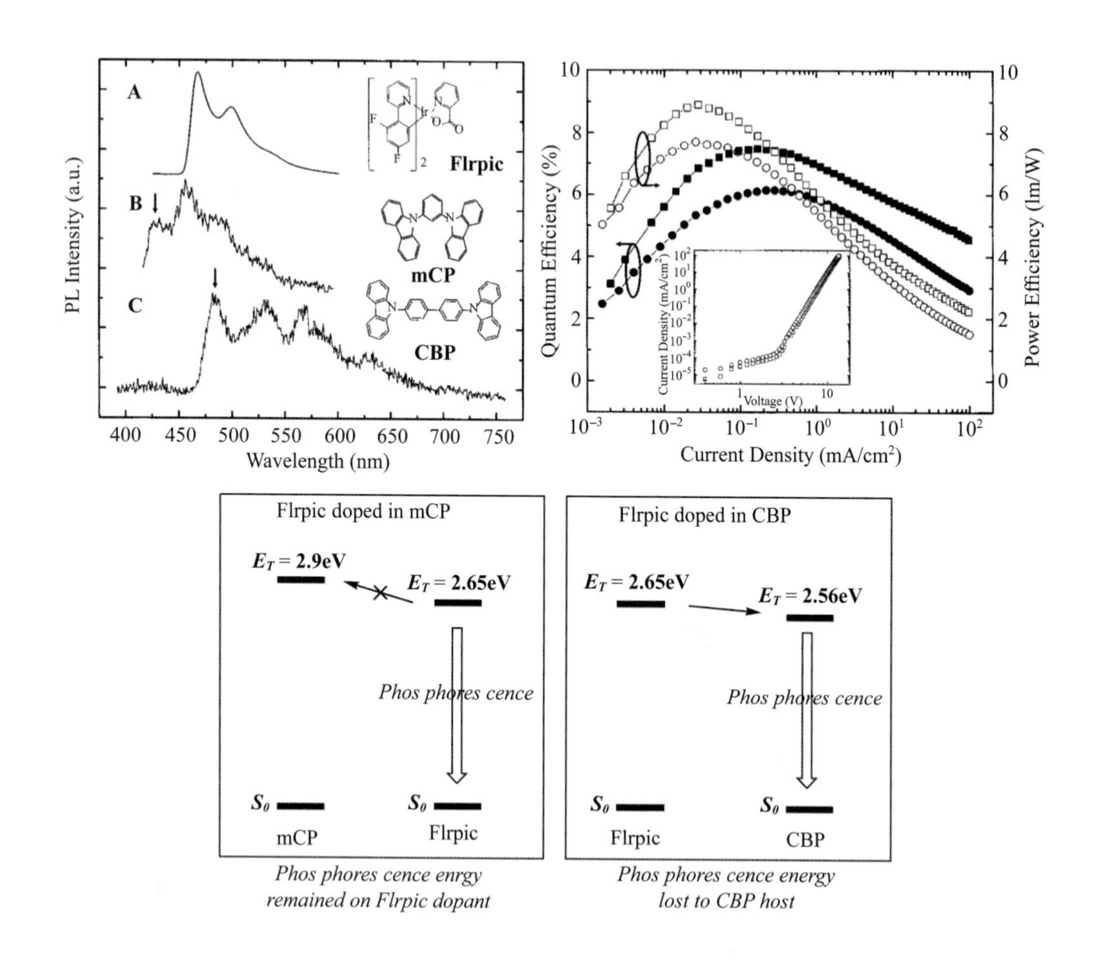

圖 4.34 FIrpic、mCP 與 CBP 三者固態之低溫磷光光譜圖（左上）；FIrpic 與 mCP 或 CBP 製作 OLED 發光效率與電流密度關係圖（右上）；主體材料 E_T 高低影響磷光釋放的來源（是摻入物還是主體材料）[83]

CBP
(no T_g, 2.65)

mCP
(55, 2.90)

CDB P
(na, 2.79~3,00)

U GH 1
(26, >3.0)

U GH2
(no T_g, 2.72)

U GH3
(46, >3.0)

U GH4
(53, 2.8)

DCB
(na, 2.95)

SimCP
(101, >2.90)

DFC
(180, 2.53)

CBZ1-F2
(171, 2.88)

CzSi
(131, 3.02)

DCz
(na, 2.95)

BCzl
(67, 2.98)

BCz2
(104, 3.00)

TCz1
(88, 2.92)

TCz2
(150, 2.94)

TPSi-F
(100, 2.89)

TFTPA
(186, 2.89)

BSB
(100, 2.76)

BST
(113, <2.76)

Ad-Cz
(na, 2.88)

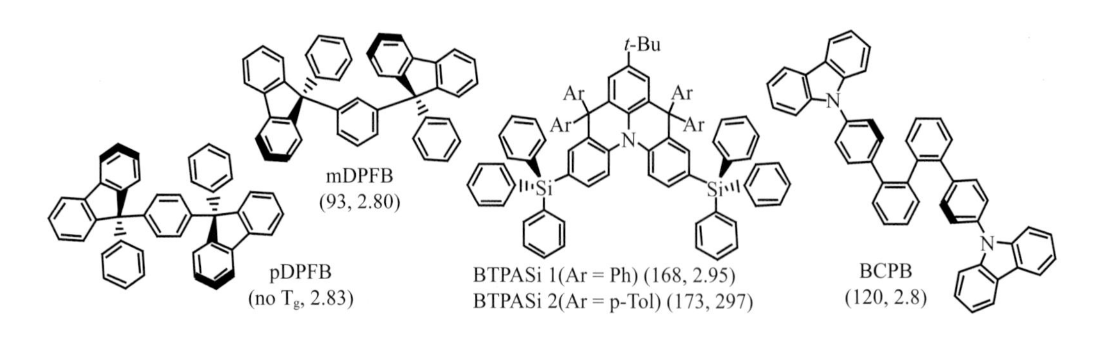

圖 4.35　偏傳輸電洞屬性的藍色磷光摻入物主體材料：標記在括弧內數字為玻璃相轉移溫度（T_g）℃和三重激發態的能量（E_T）eV。

Thompson 與 Forrest 在發展 UGH 系列主體材料時，提出設計這類材料的一個很實用的半經驗法則[86]。第一、以 E_T 的高底來衡量，由於 carbazole 本身 E_T 為 2.9 eV，採用 carbazole 為主體材料部分結構的設計（這是大部分藍色磷光摻入物主體材料會採用的結構），π 共軛系統要避免從 carbazole 結構再擴大出去。第二、雙苯基（biphenyl）本身 E_T 為 2.8 eV，故主體材料結構的設計要避免苯環與苯環的直接連結。例如，在四個 UGH 系列主體材料中，UGH4 的 E_T 2.8 eV 最低，就是因為有 silafluorene 的關係（有直接連結的兩個苯環）。以此法則來看，圖 4.36 中的 CDBP[84]、DCB（*N, N'*-dicarbazolyl-1, 4-dimethene-benzene）[87]、DFC[89]、TFTPA[95]、BSB[96]、BST[96]、pDPFB[98]、mDPFB[98]、BCPB[100] 等之 E_T 值不會高，雖然大概夠讓 FIrpic（E_T 2.65 eV）或 FIr6（E_T 2.71 eV）來使用，但對那些更藍的磷光摻入物，如 (dfppy) Ir $(fppz)_2$（E_T 2.76 ev）或 (dfbdy) Ir $(fppz)_2$ 與 (dfbdy) Ir $(fppzb)_2$（E_T 2.88 ev），就很勉強甚至不足了。

這裡需要說明一點，這些藍色磷光摻入物主體材料的 E_T 測定，有些是不準的。有實驗證實這些主體材料在固態（薄膜）時的磷光波長會比在凍結的溶液狀態下有 0.1～0.2 eV 的紅移（見圖 4.36，mCP 與 SimCP 的例子）[88b]。

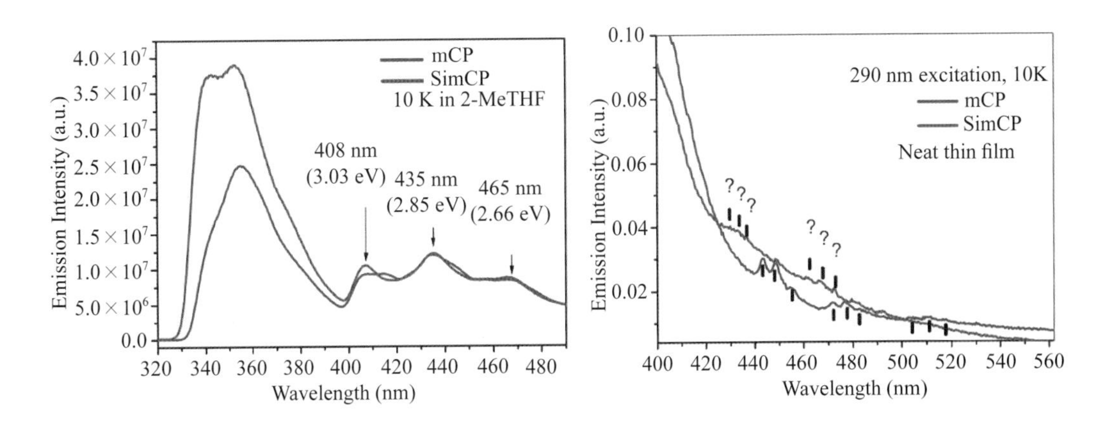

圖 4.36　mCP 與 SimCP 的低溫發光光譜：在凍結的 2-MeTHF 有機溶劑中（左圖）；在本身構成的固態薄膜中[88b]

另外，在發展藍色磷光摻入物主體材料要注意的是，主體材料玻璃態轉換溫度（glass transition temperature, T_g）要越高越好。T_g 不夠高（像是 mCP 的 55℃）或根本沒有 T_g（像是 CBP）的主體材料，在蒸鍍的薄膜狀態下很容易起分子堆疊（aggregation）而結晶或結塊[88b]，見圖 4.37 中 SimCP、mCP 與 CBP 三者的比較。

易起分子堆疊結晶或結塊的主體材料會減少 OLED 元件的壽命，同時往往在薄膜中會產生價荷載子陷阱（charge carrier trap），導致材料價荷遷移率下降，較低能量的三重激發態也會產生。像 UGH1、UGH 與 UGH3 [1,3-bis (triphenylsilyl) benzene] 三者是目前已知藍色磷光摻入物主體材料中 E_T 最高的，但三者不是沒有 T_g 不然便是 T_g 太低了（< 46 ℃），材料在室溫下很容易

圖 4.37　摻入有 FIrN4 之（由左至右）SimCP、mCP、CBP 真空蒸鍍薄膜（在石英基板上），在室溫空氣中擺放呈現出不等程度的起霧結塊情形。

結晶或結塊，所製作元件的壽命很有問題。

近幾年藍色磷光摻入物主體材料的發展有一新的方向，主體材料強調電子傳輸性或加入傳輸電子與電洞的雙極性（bipoarity），原因是藍色磷光摻入物主體材料以往都偏重在傳輸電洞性質上，為平衡 OLED 元件原本就失衡的價荷（電洞比電子多，遷移速率也較高），價荷平衡的 OLED 發光效率亦較高，尤其是 η_P 的部分（驅動電壓通常會比較低）。相關主體材料整理在圖 4.38 中。

盡管有超過 30 種藍色磷光摻入被開發出來，至今仍以 FIrpic 最受歡迎使用，因為它製備簡單、磷光量子效率高。不過它是「天藍色」，藍光色純度欠佳，還有它熱穩定性不夠高，造成材料的提煉純化無法落實或不符經濟成本作徹底的純化，不僅影響元件的壽命也是造成製作元件成本居高不下的原因之一。搭配不同主體材料 FIrpic 藍色磷光摻入 OLED 之發光效率高低差別甚大，伴隨隨著製作 OLED 的其他材料或元件結構變化（如混合主體材料、FIrpic 摻入雙發光層、雙電洞傳輸層、電洞阻檔層），FIrpic 摻入的藍色磷光 OLED，發光效率 η_{ext} 最高已突破 25%（η_P 最高已進逼 60 lm/W）[106b]，「效率滾降」也獲致相當的改善。見表 4.1 為各 FIrpic OLED 元件發光效率之整理。

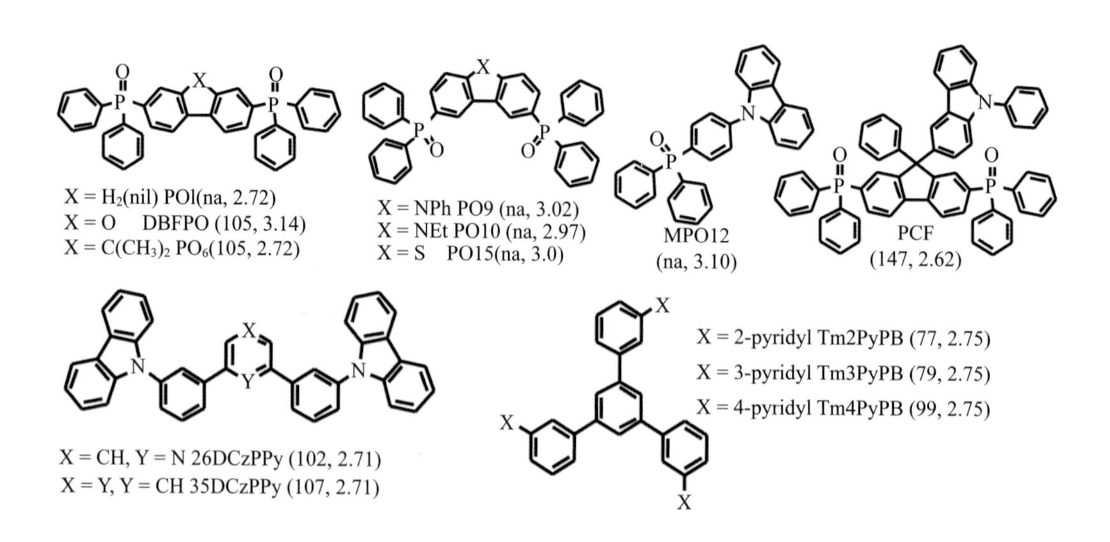

圖 4.38　雙極性或偏傳輸電子屬性的藍色磷光摻入物主體材料：標記在括弧內數字為玻璃相轉移溫度（T_g）和三重激發態的能量（E_T）。

表 4.1　以不同主體材料製作 FIrpic 藍色磷光摻入 OLED 之發光效率表現。

主體材料	最高 η_{ext}, η_P (%, lm/W)	100 cd/m^2 亮度 η_{ext}, η_P (%, lm/W)	1000 cd/m^2 亮度 η_{ext}, η_P (%, lm/W)	參考文獻
CBP	6.1, 7.7	na, na	na, na	56
mCP	7.5, 8.9 12.3, 9.3 9.3, 13.2 6.7, 14.5	na, na 8.5[a], 7.3[a] na, na 6.5[b], 5.5[b]	na, na 11[a], 7.5[a] na, na 5.6[c], 3.7[c]	83a 8 92 95
CDBP	10.4, 10.5	na, na	na, na	84
SimCP	14.4, 11.9	14[a], 11.7[a]	13[a], 9[a]	8
CzSi	15.7, 26.7	12, 16	9[a], 8[a]	91
PO6	8.1, 25.1	na, na	4.4[d], 6.7[d]	103
TCz1	14.7, 28.4	13.5, 17.2	11, 11	93
TPSiF	15.0, na	14.9[ae], na	10.9[af], na	94
TFTPA	13.1, 18.1	> 13[a], > 18[a]	> 12[a], > 17[a]	95
DCz	9.8, 15.0	na, 10[a]	na, 4[a]	92
26DCzPPY	24.5, 50.6 > 26, > 60	24.3, 46.1 26, 55	22.6, 34.5 25, 46	106a 106b
35DCzPPY	20.7, 45.8	19.1, 34.6	17.9, 24.1	106a
BCBP	22.0, 47.0	20[a], 28[a]	19[a], 18[a]	100
Tm3PyPB	26.2, 54.2	24.9, 45.7	22.0, 34.5	107
PCF	14.8, 26.2	14.8[g], 26.2[g]	13.0, 19.6	105
PO15	12.1, 20	na, na	12.1, 20	104c

[a] 從文獻附圖估計。
[b] 在電流密度 20 mA/cm^2 狀況下
[c] 在電流密度 100 mA/cm^2 狀況下
[d] 亮度 800 cd/m^2。
[e] 從文獻附圖估計亮度為 3750 cd/m^2
[f] 從文獻附圖估計亮度為 20000 cd/m^2
[g] 亮度 121 cd/m^2。

4.7　綠色磷光材料

Ir (ppy)$_3$ 是當初 Thompson 與 Forrest 研究團隊在 1999 年所提出第一個以 Ir 為過渡金屬作為發磷光配位錯合物[3, 57a]，這是個發綠色磷光的材料。之後不久 (ppy)$_2$ Ir (acac) 綠色磷光配位錯合物亦被同一個研究團隊報導出來[108, 109]。Ir (ppy)$_3$ 與 (ppy)$_2$ Ir (acac)，是結構最簡單的兩個磷光金屬配位錯合物，因為其配位基 2-phenylpyridine（ppy）幾乎是所有磷光配位錯合物配位基最原始最單純的結構，任何添加的推拉電子取代基或 π-共軛的加大都是從 ppy 開始（ppy 所含有的苯環與吡啶都是基本六員芳香環）。雖然 Ir (ppy)$_3$ 與 (ppy)$_2$ Ir (acac) 一個屬於 homoleptic coordination complex 另一個屬於 heterolptic coordination complex，但兩者的基本光學物理性質相差不多。溶液狀態 Φ_P，Ir (ppy)$_3$ 是 0.40 而 (ppy)$_2$ Ir (acac) 是 0.34；室溫溶液狀態 τ_T，Ir (ppy)$_3$ 是 1.9 μsec 而 (ppy)$_2$ Ir (acac) 是 1.6 μsec。色彩上面，兩者磷光 λ_{max}，Ir (ppy)$_3$ 的 514 nm 略短於 (ppy)$_2$ Ir (acac) 的 525 nm，這反應出在其製作 OLED 的 1931 CIE$_{x, y}$，Ir (ppy)$_3$ 為 (0.27, 0.63) 而 (ppy)$_2$ Ir (acac) 為 (0.31, 0.64)，造成 Ir (ppy)$_3$ 比 (ppy)$_2$ Ir (acac) 稍微綠一些。這種色彩上的差異雖然不大，但確實發生在所有其它光色磷光配位錯合物材料上，即 heterolptic 錯合物的 λ_{max} 總是比 homoleptic 錯合物的 λ_{max} 要長上一些。例如紅光材料 Ir (piq)$_3$ 與 (piq)$_2$ Ir (acac)，前者 λ_{max} 是 620 nm 而後者是 622 nm；藍光材料 Ir (F4ppy)$_3$ 與 (F4ppy)$_2$ Ir (acac)，前者 λ_{max} 是 468, 497 nm 而後者是 479, 506 nm。原因應該可歸諸於兩點，第一，acac 比 ppy 是配位場強度較弱的配位基，造成 MLCT 的能量較低（波長較長）。第二、homoleptic 錯合物用於 OLED 中通常是屬於合成上較易獲得的熱力學上的產物、即對稱的 facial 異構物（而不是非對稱的 meridional 異構物，見圖 4.39），*facial* homoleptic 錯合物分子內偶極矩合向量是零，比起有分子偶極矩的 Ir (ppy)$_2$ Ir (acac)，MLCT 波長較短。此外，螢光材料的實驗結果顯示，有分子偶極矩的發光分子或分子偶極矩越大的發光分子，發光量子效率 Φ 受到偶極矩驟熄的影響而較低[110]，譬如 Ir (ppy)$_3$ 與 (ppy)$_2$ Ir (acac)，前者 Φ_P 是 0.40 而後者是 0.34；Ir (piq)$_3$ 與 (piq)$_2$ Ir (acac)，前者 Φ_P 是 0.29 而後者是 0.20；Ir (F4ppy)$_3$ 與 (F4ppy)$_2$ Ir (acac)，前者 Φ_P 是 0.53 而後者是 0.31，相關數據整理在表 4.2 中。

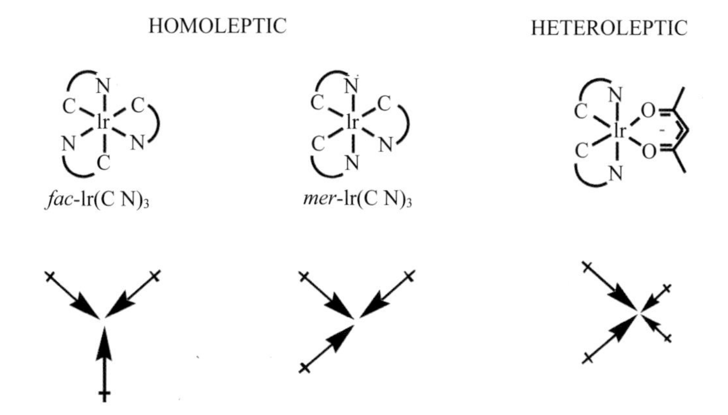

圖 4.39　配位基全同與配位基不全同 Ir 配位錯合物。分子結構下方是分子內偶極矩的分析。

表 4.2　比較配位基全同與配位基不全同 Ir 配位錯合物磷光摻入材料之 λ_{max} 與 Φ

	磷光摻入物	光色	λ_{max}[a] (nm)	Φ[b]	τ (μsec)	參考文獻
Homoleptic 配位錯合物	*fac*-Ir $(ppy)_3$	綠	514	0.40[c]	1.9	57a
	mer-Ir $(ppy)_3$	綠	na	0.036	0.15	
	Ir $(piq)_3$	紅	620	0.29	1.1	12
	fac-Ir $(F4ppy)_3$	天藍	471	0.53	2.3	67
	mer-Ir $(F4ppy)_3$	天藍	na	0.031	0.2	
Hetroleptic 配位錯合物	$(ppy)_2$ Ir (acac)	綠	525	0.34	1.6	108
	$(piq)_2$ Ir (acac)	紅	622	0.20	1.7	13
	$(F4ppy)_2$ Ir (acac)	天藍	478	0.31	1.8	67

[a] OLED 元件電激發光波長。
[b] 室溫去氧溶液狀態。
[c] Ir $(ppy)_3$ Φ 數值最近經由「積分球」方式重新量測而大幅提升至 0.89[80]。

第一次報導 Ir $(ppy)_3$ 製作 OLED 其最高 η_{ext} 達到 8%[3]，這是有史以來 OLED 之 η_{ext} 超出～5% 的螢光材料理論上限。$(ppy)_2$ Ir (acac) 製作 OLED 隨即接著被報導出來，其 η_{ext} 可達到更高的 12%（η_P 最高可到 38 lm/W），見圖 4.40。

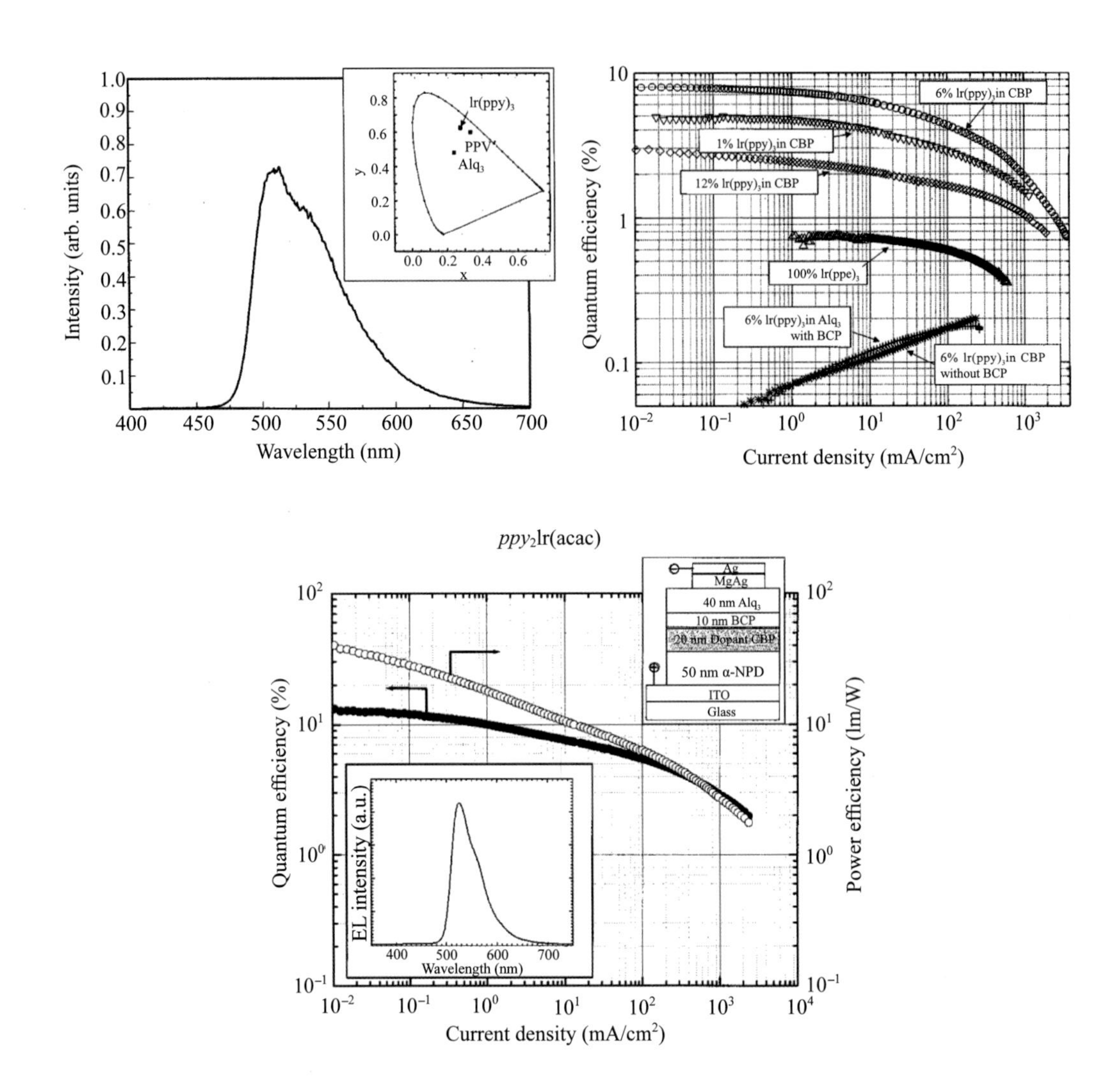

圖 4.40　Ir (ppy)$_3$（上左與上右圖）[3] 與 Ir (ppy)$_2$ Ir (acac)（下圖）[109] 製作 OLED 的電激發光光譜圖與發光效率對電流密度變化圖。

Ir (ppy)$_3$ OLED 報導的數據可看出（圖 4.40 Ir (ppy)$_3$ 的發光效率圖），元件的結構，包括主體材料的選擇、電洞阻擋層的施加與其材料的選擇，電洞與電子傳輸層製作成 *n*-或 *p*-摻入的 *p-i-n* 夾層結構，對 OLED 元件有很大的影響。所以歷年來 Ir (ppy)$_3$ 或 Ir (ppy)$_2$ Ir (acac) 製作 OLED 其最高 η_{ext} 或 η_P 屢屢打破紀錄（見表 4.3 整理的數據）。

表 4.3　以 $Ir(ppy)_3$ 或 $(ppy)_2Ir(acac)$ 為綠色磷光摻入製作 OLED 之發光效率表現。

綠色磷光摻入物	最高 η_{ext}, η_P（%, lm/W）	η_{ext}, η_P (%, lm/W) Voltage (V)				參考文獻
		100 cd/m^2	1000 cd/m^2	4000 cd/m^2	10000 cd/m^2	
$Ir(ppy)_3$	8, 31	7.5, 19, 4.3	na, 12 5.5	na, 9 6.5	Na, 7 7	3
$(ppy)_2Ir(acac)$	12, 38	na, na na	na, na na	na, na na	na, na na	109
$Ir(ppy)_3$	19.2, 72	na, na na	na, na na	17, na[a] na	15, na[a] na	111
$(ppy)_2Ir(acac)$	19, 60	17, 29 na	13.7, 20 na	na, na na	na, na na	112
$Ir(ppy)_3$	9.5, 29	8, 27 2.65	9, 27 3	na, na na	7, 16.5 4	113
$Ir(ppy)_3$	14.9, 43.4	na, na na	na, na na	na, na na	na, na na	114
$Ir(ppy)_3$	19.3, 82	19.5, 77 2.95	18, 64 3.21	16, 50 3.4	na, na na	115
$Ir(ppy)_3$	21.7, 105	21.5, 101 na	20.5, 92 na	19.5, 83 na	19, 75 na	116
$Ir(ppy)_3$	na, 150	na, 128 na	na, 96 na	na, 70 na	na, 50 na	117
$(ppy)_2Ir(acac)$	15.8, 63	15.2, 60 3.2	15, 50 3.4	14.9, 4 4.3	14, 34 5	118

目前綠色磷光 OLED η_{ext} 或 η_P 的文獻紀錄保持者，是由日本 Yamagata 大學 Kido 研究團隊所報導 $Ir(ppy)_3$ 的 150 lm/W（圖 4.41）[117]，在實用的照明亮度 1000 cd/m^2 下 η_P 也仍有 96 lm/W 的水準（圖 4.41），和無機 LED 相比並不會遜色到那裡去。

圖 4.42 收集了近年來有被報導的綠色磷光摻入物材料。圖中並沒有包括光色屬於黃綠光（1931 $CIE_{x,y}$ x 數值 > 0.32）的磷光摻入物，也沒有包括光色屬於藍綠光（1931 $CIE_{x,y}$ x 數值 < 0.20 且 y 數值 < 0.50）的磷光摻入物[119-135]。

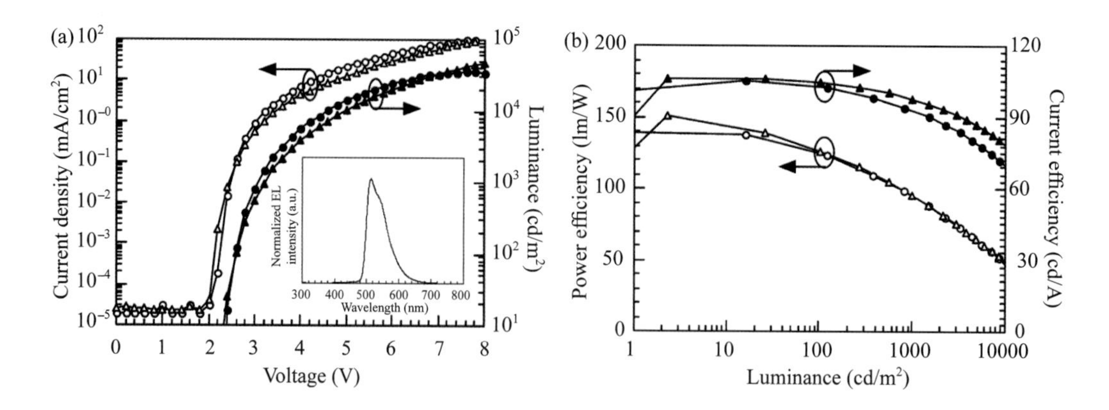

圖 4.41　由 Kido 研究團隊報導 Ir (ppy)$_3$ 製作 OLED 的電激發光光譜圖、電性與亮度圖（左）與發光效率對電流密度變化圖（右）[117]

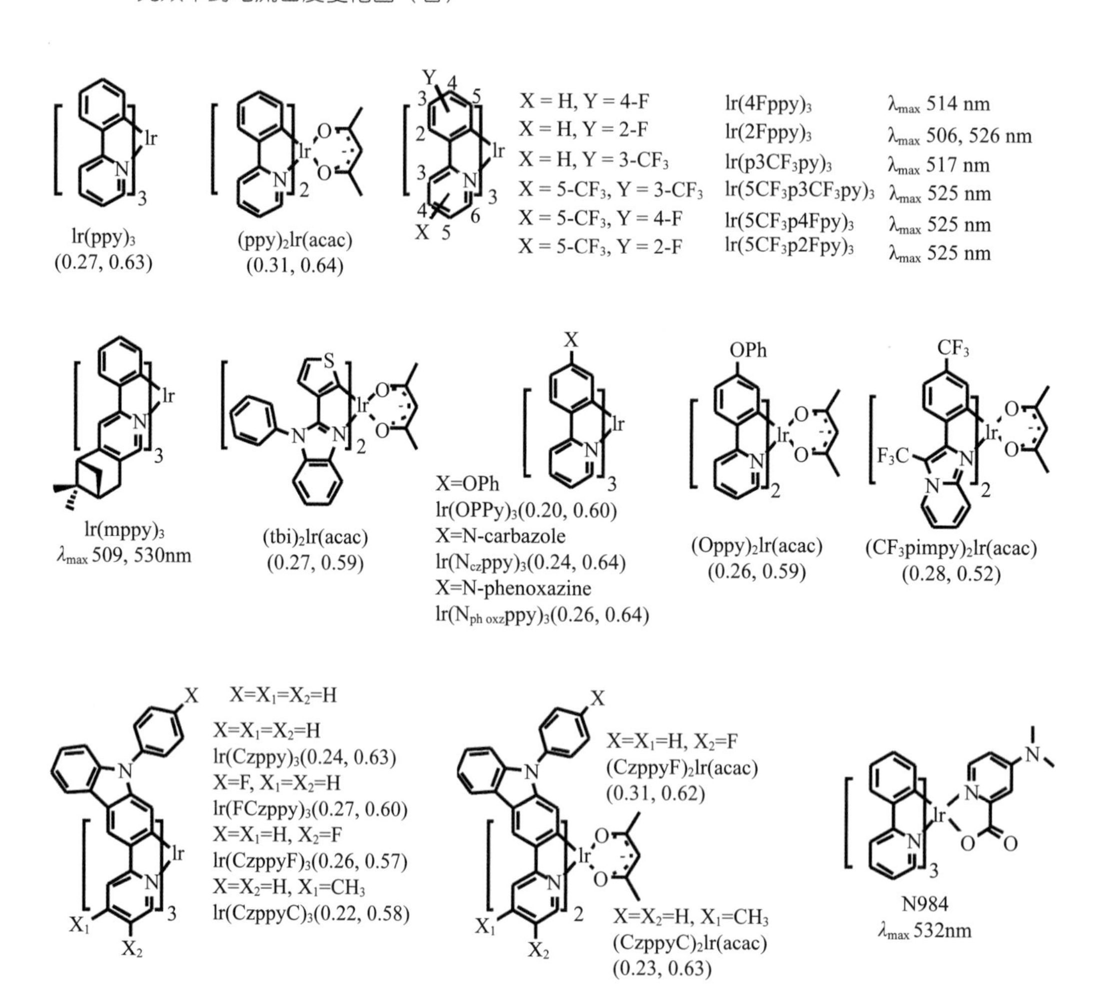

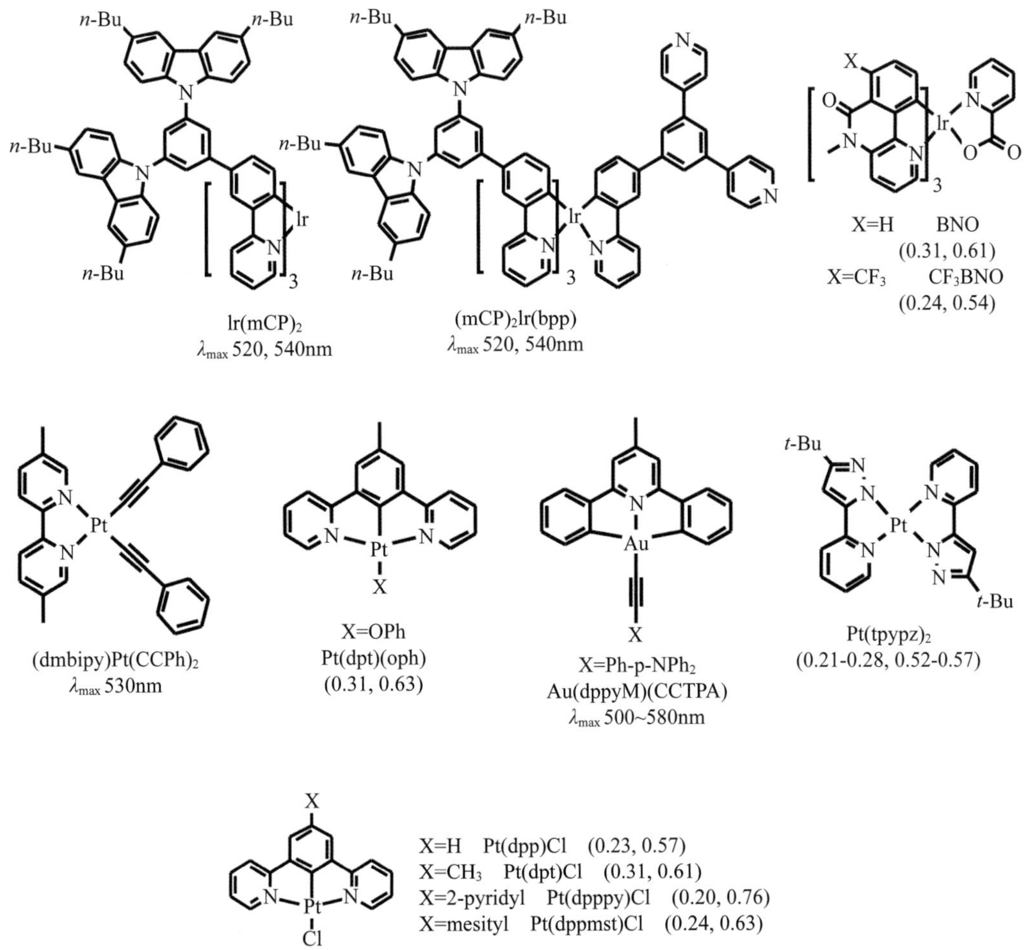

Ir(mCP)$_2$
λ_{max} 520, 540nm

(mCP)$_2$Ir(bpp)
λ_{max} 520, 540nm

X=H　BNO
(0.31, 0.61)
X=CF$_3$　CF$_3$BNO
(0.24, 0.54)

(dmbipy)Pt(CCPh)$_2$
λ_{max} 530nm

X=OPh
Pt(dpt)(oph)
(0.31, 0.63)

X=Ph-p-NPh$_2$
Au(dppyM)(CCTPA)
λ_{max} 500~580nm

Pt(tpypz)$_2$
(0.21-0.28, 0.52-0.57)

X=H　Pt(dpp)Cl　(0.23, 0.57)
X=CH$_3$　Pt(dpt)Cl　(0.31, 0.61)
X=2-pyridyl　Pt(dpppy)Cl　(0.20, 0.76)
X=mesityl　Pt(dppmst)Cl　(0.24, 0.63)

圖 4.42　Ir、Pt、Au 配位錯合物綠色磷光摻入物與其 1931 CIE$_{x,\,y}$ 色座標數值。

其中值得一提的是，香港浸會大學黃維揚研究團隊成功的將 carbazole 的化學結構體（通常用來作為主體材料或電洞傳輸層材料的結構）直接植入在 Ir (ppy)$_3$ 或 (ppy)$_2$ Ir (acac) 的綠色磷光摻入物結構上，如 Ir (Czppy)$_3$[126]、Ir (FCzppy)$_3$[127]、Ir (CCzppy)$_3$[127]、Ir (CzppyF)$_3$[126]、Ir (CzppyC)$_3$[127]、(CzppyF)$_2$ Ir (acac)[127]、(CzppyC)$_2$ Ir (acac)[127] 等。所製作 OLED 除有不錯的發光效率，尤其是因摻入物本身就含有傳輸電洞性的 carbazole 結構體（也使化合物的 HOMO 提高至 < 5.0 eV），造成驅動電壓不高，所以最大 η_P 可衝高到 24 lm/W

左右。難得的是發光光色維持在綠光的範圍（有不少類似概念的分子設計，製作 OLED 後發光顏色都會紅移成黃綠色或黃色）。元件「效率滾降」，由於摻入物分子間有剛硬 carbazole 的化學結構體隔開，亦有程度上的舒緩（在 1000 cd/m^2 照明亮度下 η_P 仍超過 10 lm/W）。Ir $(mCP)_3$[129] 與 $(mCP)_2$ Ir (bpp)[129] 亦是出自相同的設計概念由其他研究團隊所提出的。

同樣是香港浸會大學黃維揚研究團隊，最近報導了一系列完整 Ir $(X\text{-}ppy)_3$ 的主族元素（main group element）取代 Ir $(ppy)_3$ 衍生物[123]。其中 X 是在 ppy 配位基苯環 4 號碳位置（相對 Ir 配位碳是 *meta*-位置），X 有 $SiPh_3$、$GePh_3$、NPh_2、$POPh_2$、OPh、SPh、與 SO_2Ph_2。這些 Ir 磷光配位錯合物除 X = OPh 的（即圖 4.42 中的 Ir $(Oppy)_3$）之外，磷光光色都落在黃綠光的範圍內（OLED 元件 1931 $CIE_{x,\,y}$ x 數值在 0.32 至 0.37）。幾乎同系列 $(X\text{-}ppy)_2$ Ir (acac) 的 $(ppy)_2$ Ir (acac) 衍生物也有被黃維揚研究團隊報導[122]。Ir $(X\text{-}ppy)_3$ 系列同時有製作 Ir $(ppy)_3$ OLED（相同的元件結構）來作比較。報導的數據顯示這些具有 charge trapping moieties 的 Ir $(X\text{-}ppy)_3$ 大都比 Ir $(ppy)_3$ OLED（在相同的元件結構情形下）的發光效率來的好。

另外，BNO 與 CF3BNO 是最近由清華大學周卓輝研究團隊研發的兩個特殊綠色磷光摻入材料[130]，雖然是小分子卻由少見的濕式方式製作發光層，發光層呈現出摻入物與主體材料有濃度上梯度的變化，有效的幫助電洞與電子的注入與加強價荷在發光層的再結合。報導中元件發光效率可高達將近 90 cd/A。

綠色磷光摻入物由 Pt 配位錯合物構成另一大類材料，甚少有相關報導的 Au 配位錯合物（Au^{+3} 與 Pt^{+2} 是等電子結構的）在這方面也有一則報導。無論是 Pt^{+2} 或 Au^{+3} 都需要構成平面四方形的結構，扁平的分子構形非常不利於在固態的放光，因為通常會有很嚴重的分子堆疊而驟熄放光。香港大學支志明研究團隊歷年來有許多 Pt 配位錯合物磷光材料的報導，在這方面能見度相當高，不過所報導的 Pt 配位錯合物大多數都不是綠色的磷光，而是黃綠色或黃色的。一個早年被報導的 (dmbipy) Pt $(CCPh)_2$[131] 雖然比起後來的在結構上算是最簡單的，但所製作的 OLED 效果並不佳（Pt 配位錯合物跟 PVK 高分子混在一起用濕式的方式製作 OLED）。配位基改成參配位 N^C^N（對 Au^{+3} 而言則需要 C^N^C）後，狀況才有所改善：Pt (dpt) (oph)[132]、Pt (dpp) Cl[135]、Pt (dpt) Cl[135]、Pt (dpppy) Cl[135]、Pt (dppmst) Cl[135]。但這類配位錯合物製作的 OLED，其光色往往會受到摻入物濃度的改變而改變，譬如像香港大學任詠華研究團隊報導的 Au (dppyM) (CCTPA)[133] 便是一個這樣子的典型例子（見圖 4.43）。

反倒是清華大學季昀研究團隊所報導的綠色 $Pt (tpypz)_2$[134] 跟之前紅色磷光材料 $Pt (iqdz)_2$ 一樣，由於結構上立體障礙（*tert*-butyl）的設計，是少見的 Pt 配位錯合物製作 OLED 其光色不隨摻入物濃度改變而有太大變化的材料，圖 4.42 中列在 $Pt (tpypz)_2$ 之 1931 $CIE_{x, y}$ 色座標數值 (0.21→0.28, 0.57→0.52) 變化不大，是三種摻入物濃度變化 6、20、與 50% 的情形，基本上維持在標準綠光的範圍內。

最後，Fattori 與 Williams 研究團隊報導的 Pt (dpp) Cl、Pt (dpt) Cl、Pt (dpppy) Cl、Pt (dppmst) Cl 等四個綠色磷光材料[135]，其中 Pt (dpppy) Cl（即圖 4.44 中的 4）製作 OLED 1931 CIEx, y y 數值高達 0.76，是已知化合物中最接

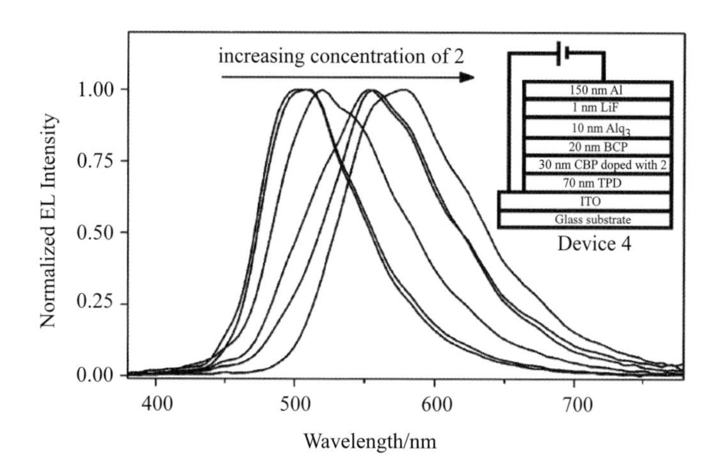

圖 4.43　Au (dppt) (CCTPA) OLED 的電激發光光譜隨摻入物濃度的增加（1, 3, 6, 18, 與 100 wt%）從綠光（λ_{max} 515 nm）轉變成橘光（λ_{max} ～590 nm）[133]

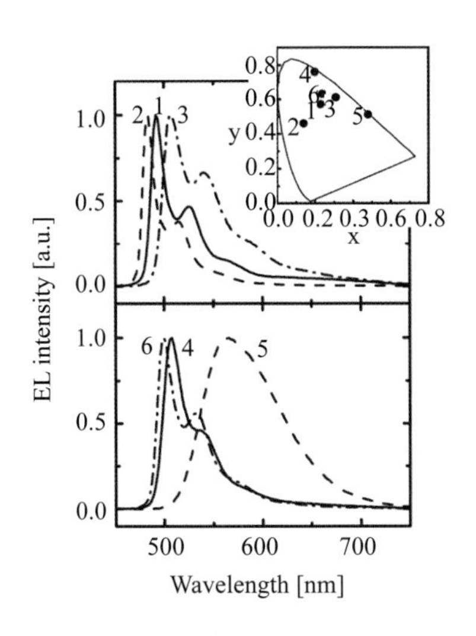

圖 4.44　由化合物 Pt (dpp) Cl（圖中 1）、Pt (dpt) Cl（圖中 3）、Pt (dpppy) Cl（圖中 4）、Pt (dppmst) Cl（圖中 6）等四個綠色色磷光材料電激發光光譜與相對應之 1931 $CIE_{x,\,y}$ 色座標圖[135]

近飽和綠色的磷光摻入材料。這或許跟 Pt (dpppy) Cl 有相當窄的電激發光光譜有關，其發光主峰的半波寬只有 30 nm 左右（可能是其發光結構體小又剛硬所導致）。

4.8　黃色磷光材料

黃色是個中間色，本來在構成白光 OLED 時用不到（雖然可以在紅、藍、綠三原色之外在加入黃色，以增加白光的「飽和度」）。但是白光 OLED 可以由雙色來達成即黃光加藍光，不過這樣子構成的白光其白光色演色性指數（color rendering index）會比較差，而且這樣的設計需要靠深藍色的磷光材料，而深藍色的磷光材料目前是沒有令人滿意的，雖然而已有不少實驗嚐試過用深藍色的螢光材料來搭配黃色磷光材料來製作白光，結果（發光效率）大都不如理想。

圖 4.45 整理了光色上接近飽和黃色的 Ir 配位錯合物磷光摻入材料[136-146]。而表 4.4 中則列舉了些摻入物製作 OLED 文獻報導最高 η_{ext} 與 η_P 發光效率。

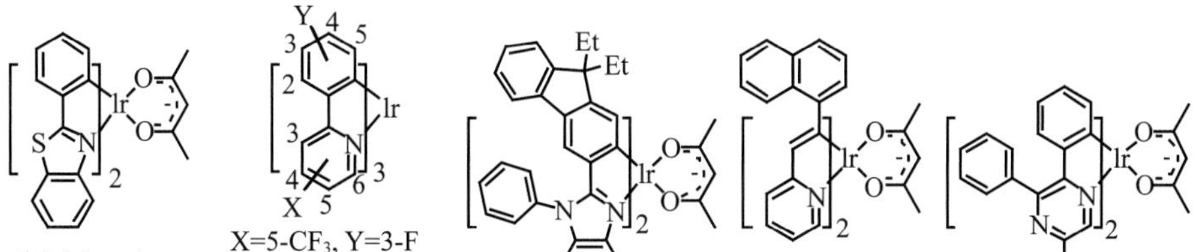

(bt)$_2$Ir(acac)
(0.51, 0.49)
(0.47, 0.52)

X=5-CF$_3$, Y=3-F
Ir(5CF$_3$p3Fpy)$_3$
λ_{max}560nm
X=3-a, 5-CF$_3$, Y=H
Ir(ClCF$_3$ppy)λ_{max}575nm

(fbi)$_2$Ir(acac)
(0.51, 0.48)

(NEP)$_2$Ir(acac)
(0.51, 0.49)

(MDPP)$_2$Ir(acac)
(0.52, 0.48)

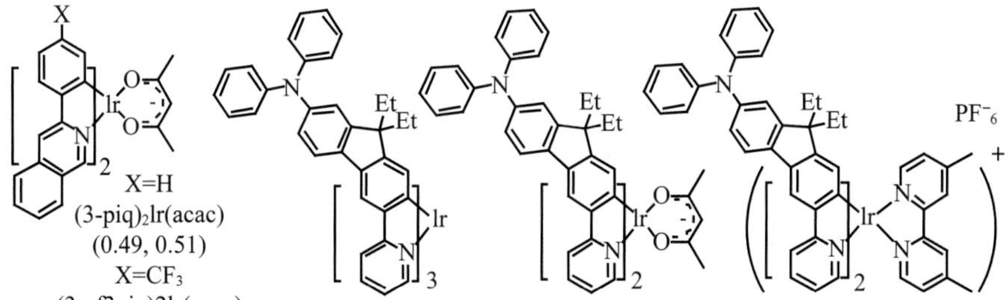

X=H
(3-piq)$_2$Ir(acac)
(0.49, 0.51)
X=CF$_3$
(3-cf3piq)2Ir(acac)
(0.46, 0.53)

Ir(DPA-Flpy)$_3$
(0.50, 0.49)

(DPA-Flpy)$_2$Ir(acac)
(0.55, 0.45)

(DPA-Flpy)$_2$Ir(dmbipy)
(0.44, 0.48)

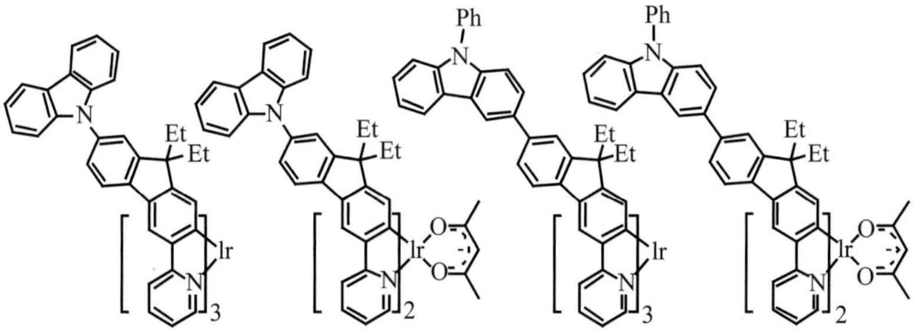

Ir(CzN-Flpy)$_3$
(0.45, 0.54)

(CzN-Flpy)$_2$Ir(acac)
(0.49, 0.50)

Ir(Cz3-Flpy)$_3$
(0.49, 0.50)

(Cz3-Flpy)Ir(acac)
(0.51, 0.47)

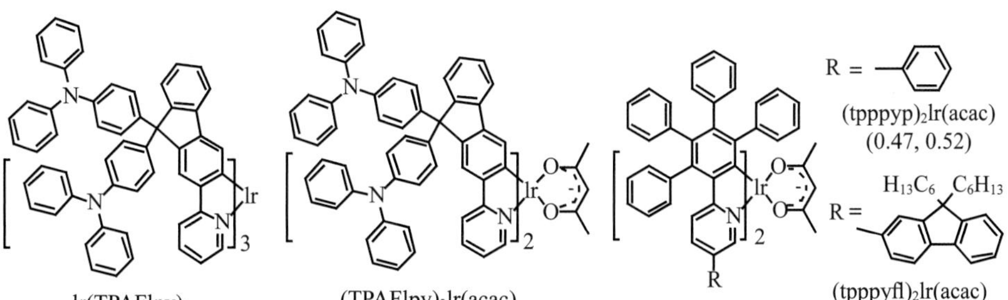

Ir(TPAFlpy)$_3$
(0.45, 0.54)

(TPAFlpy)$_2$Ir(acac)
(0.48, 0.52)

(tpppyp)$_2$Ir(acac)
(0.47, 0.52)

(tpppyfl)$_2$Ir(acac)
(0.53, 0.47)

圖 4.45　Ir 配位錯合物黃色磷光摻入物與其 1931 CIE$_{x,y}$ 色座標數值。

表 4.4　以 Ir 配位錯合物黃色磷光摻入物製作 OLED 之最大發光效率表現。

黃色磷光摻入物	最高 η_{ext}, η_P（%, lm/W）	在 20 mA/cm^2 之亮度（cd/m^2）	在 20 mA/cm^2 之 η_{ext}, η_P（%, lm/W）	參考文獻
$(bt)_2$ Ir (acac)	～10.5, >11 9.3, 11.4	>3000 ～5000	8, <10 ～8, <10	109 136b
$(fbi)_2$ Ir (acac)	～11, na	6006	10.4, 7.8	121
$(NEP)_2$ Ir (acac)	5.6, 8.8	～2000	5.6, < 8.0	139
$(MDPP)_2$ Ir (acac)	6.0, 9.9	～500	～2, ～8	140
$(3\text{-piq})_2$ Ir (acac)	7.2, 9.4	2862	5.28, 9.09	141
$(3\text{-cf3piq})_2$ Ir (acac)	4.0, 6.3	2896	3.98, 6.27	141
Ir $(DPA\text{-Flpy})_3$	9.9, 20.8	2740	4.58, 4.08	142
$(DPA\text{-Flpy})_2$ Ir (acac)	7.9, 11.2	2158	4.25, 3.06	142
$(DPA\text{-Flpy})_2$ Ir (dmibipy)	6.5, 8.4	1498	2.47, 3.36	143
Ir $(CzN\text{-Flpy})_3$	7.2, 6.8	4619	6.86, 5.30	144
$(CzN\text{-Flpy})_2$ Ir (acac)	5.5, 6.8	2585	4.14, 3.23	144
Ir $(Cz3\text{-Flpy})_3$	9.6, 13.4	3610	5.72, 3.94	144
$(Cz3\text{-Flpy})_2$ Ir (acac)	3.9, 2.7	2266	3.88, 2.20	144
Ir $(TPAFlpy)_3$	5.3, 2.3	～2500	～4.4, ～2.3	47
$(TPAFlpy)_2$ Ir (acac)	7.0, 2.9	～2000	～5.7, ～2.7	47
$(tpppyp)_2$ Ir (acac)	10.3, na	～10000	na, na	48
$(tpppypfl)_2$ Ir (acac)	10.9, na	～6000	na, na	48

或許是因為黃光是三原色中非必要的光色，刻意從事黃色磷光材料開發的並不多見，更沒有見到針對黃色磷光材料作元件結構上有新構思設計。從最早 Thompson 與 Forrest 研究團隊報導了 $(bt)_2$ Ir (acac) 之後[109]，$(fbi)_2$ Ir (acac) [bis (2-(9, 9-diethyl-9H-fluoren-2-yl)-1-phenyl-1H-benzoimidazol-N, C3) iridium (acetylacetonate)] 是唯一一個在各方面表現看起來比 $(bt)_2$ Ir (acac) 更好的材料。$(fbi)_2$ Ir (acac) 是由中央研究院林建村與陶雨台所開發一系列以含有苯咪唑為配位基結構的 Ir 配位錯合物磷光摻入材料[121]，這樣設計的材料磷光大都在較長波長的黃綠光至紅光範圍內。比較兩者的磷光物理基本性質，磷光量子效率 Φ_P $(bt)_2$ Ir (acac) 為 0.26 而 $(fbi)_2$ Ir (acac) 幾乎高出一倍有 0.51；磷光生命期 τ $(bt)_2$ Ir (acac) 為 1.8 μsec 而 $(fbi)_2$ Ir (acac) 是稍短的 1.5μsec。另一個似乎

表現也較好的（但因文獻報導資料不齊全無法做出正確的判斷[48]）是用濕式高分子（PVK）旋轉塗佈製程製作 OLED 的 $(tpppyp)_2$ Ir (acac) 與 $(tpppypfl)_2$ Ir (acac)。這兩個黃色磷材料的設計是採取之前綠色磷光 Ir $(Czppy)_3$ 或 $(Czppy)_2$ Ir (acac) 此類分子設計策略，即「多功能金屬磷光物」（multifunctional metallophosphors）分子設計[47, 147]，在發光分子上植入傳輸價荷性、有效隔離分子間接觸（而發光驟熄）的化學結構。不過現在因為分子太大無法用真空蒸鍍乾式的製程製作 OLED。在表 4.4 中同樣的情形也發生在香港浸會大學黃維揚研究團隊報導的 Ir $(CzN\text{-}Flpy)_3$[144]、$(CzN\text{-}Flpy)_2$ Ir (acac)[144]、Ir $(Cz3\text{-}Flpy)_3$[144]、$(Cz3\text{-}Flpy)_2$ Ir (acac)[144]、Ir $(TPAFlpy)_3$[47]、$(TPAFlpy)_2$ Ir (acac)[47]，這些被稱之為「多功能金屬磷光物」，都是由濕式高分子（PVK）旋轉塗佈製程製作 OLED 的。表 4.4 中很特別的是 $(DPA\text{-}Flpy)_2$ Ir (dmibipy) 這個黃色磷光摻入材料[143]，它雖然是離子性化合物但卻有足夠的揮發度可以用真空蒸鍍乾式的製程製作 OLED，不過由於是離子性化合物的關係，價荷捕捉與電場驟熄放光均較嚴重，同時也有明顯「效率滾降」現象。

圖 4.46 則整理了光色上接近飽和黃色的 Pt 配位錯合物磷光摻入材料[148-156]。圖中 Pt 配位錯合物磷光摻入材料 Pt (PhBipy) (X)，X = CCPh, CCp-tol, CCtb、Pt $(Ph_2N_2O_2)$、Pt $(H_4N_2O_2)$、Pt $(Me_4N_2O_2)$ 都是由香港大學支志明研究團隊所報導的[148, 150, 151]。由於分子結構上造成易於堆疊的關係，這些材料製作的 OLED 普遍效果皆比不上 Ir 配位錯合物磷光摻入材料，但是其中 Pt $(Me_4N_2O_2)$ 就不一樣[151]，分子結構上有四個接近垂直立體的甲基取代，Pt $(Me_4N_2O_2)$ 製作 OLED，在 20 mA/cm^2 電流密度下，亮度為 5050 cd/m^2、發光效率 η_{ext}，與 η_P 各為 9.1% 和 10 lm/W，表現不輸給表 4.4 中 $(fbi)_2$ Ir (acac) 的 OLED。

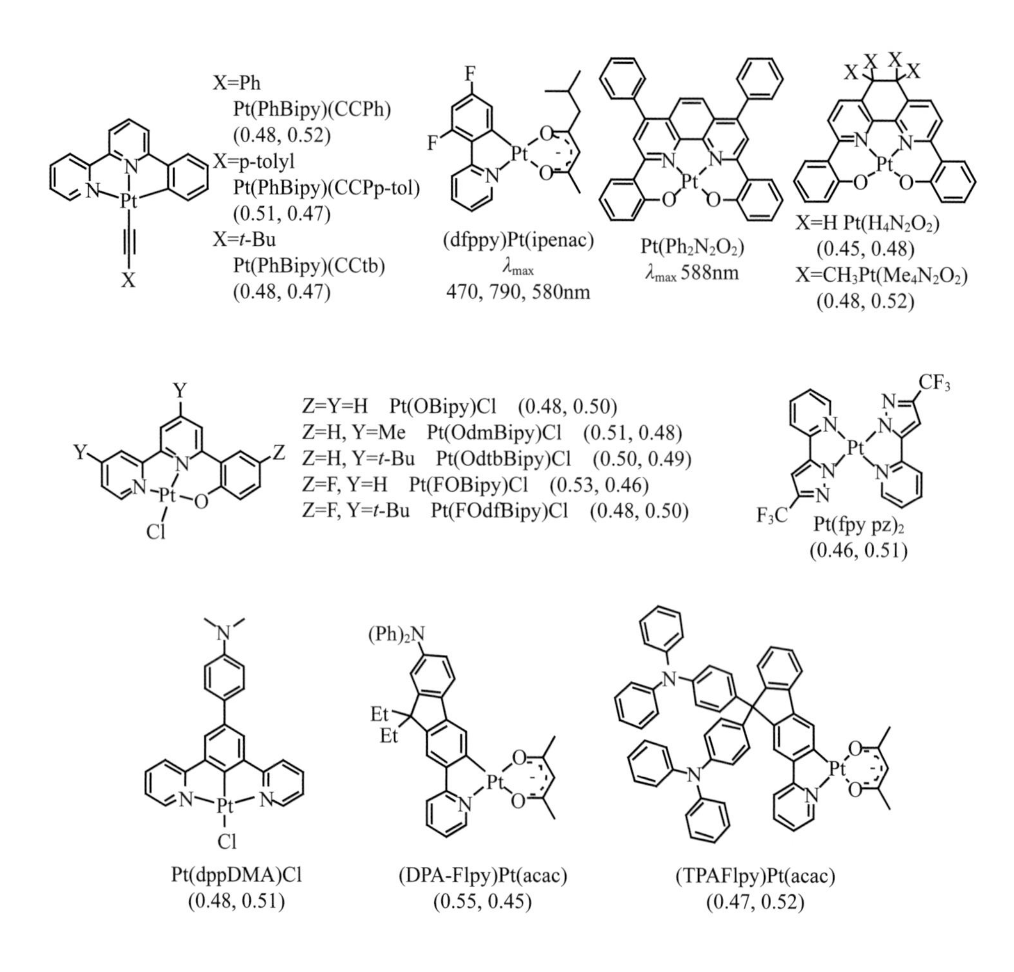

圖 4.46 Pt 配位錯合物黃色磷光摻入物與其 1931 $CIE_{x,y}$ 色座標數值。

(dfppy) Pt (ipenac) 是早年由 Thompson 與 Forrest 研究團隊報導的藍色磷光摻入材料[83b]，但是該材料有大多數 Pt 配位錯合物的通病，即在固態時無法避免有一部份會生成自身活化雙體。(dfppy) Pt (ipenac) 活化雙體的電激發光磷光波長 λ_{max} 約在 570～580 附近（視摻入物濃度而定）正是黃光的範圍內（見圖 4.47）[83b]。研究報導利用 (dfppy) Pt (ipenac) 活化雙體的黃色磷光加上未生成活化雙體摻入物本身的藍色磷光，成功製作出略偏黃綠色的白光 OLED（見圖 4.47 中 1931 $CIE_{x,y}$ 色座標的內插圖）。

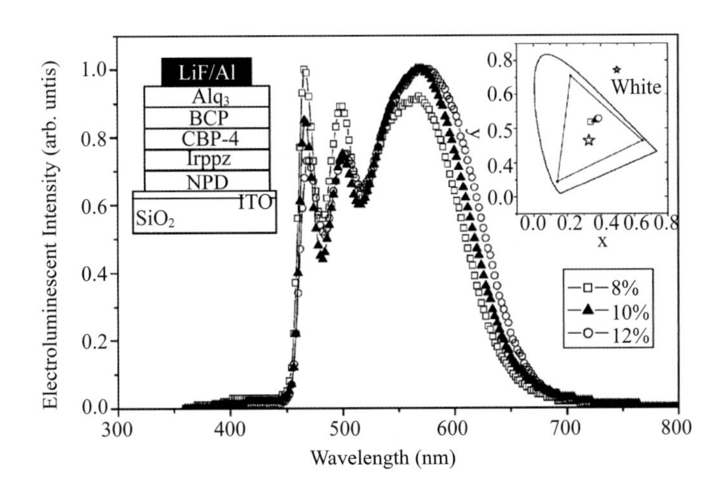

圖 4.47　利用 (dfppy) Pt (ipenac) 活化雙體的黃色磷光加上本身殘留的藍色磷光製成白光 OLED[83b]

Pt (fpypz)$_2$ 是跟在前面提到過綠色磷光摻入物 Pt (tpypz)$_2$ 一起被報導的材料[134]。它和 Pt (tpypz)$_2$ 很類似，是少見的 Pt 配位錯合物製作 OLED 其光色不隨摻入物濃度改變而有太大變化的材料，其 OLED 元件 1931 CIE$_{x,\,y}$ 色座標數值 (0.38→0.46, 0.53→0.51) 變化不大，是三種摻入物濃度變化 7、 20、與 50% 的情形，不過 Pt (fpypz)$_2$ OLED 發光波長比 Pt (tpypz)$_2$ 的多出了約 30 nm，所以 Pt (fpypz)$_2$ OLED 在摻入物濃度是 50% 時，發光光色已轉入到黃光的範圍了。Pt (fpypz)$_2$ OLED 發光光色隨摻入物濃度改變而改變的情形，跟之前 Au (dppt) (CCTPA) OLED 的狀況很類似（圖 4.43）[133]，當 Au (dppt) (CCTPA) 摻入濃度是 100% 時 OLED1931 CIE$_{x,\,y}$ 色座標變成 (0.56, 0.39) 近似橘光的光色了。只是 Pt (fpypz)$_2$ 分子結構上有 CF_3 阻擋了部分子間的接觸，所以 Pt (fpypz)$_2$ OLED 在發光光色上的變化沒有像 Au (dppt) (CCTPA) OLED 那麼大，前者是從黃綠色變橘色；後者是從接近藍綠色變橘色。

Pt (dppDMA) Cl 是 Fattori 與 Williams 研究團隊之前與一系列 Pt 配位錯合物綠色磷光摻入物[135]，一起發表的一個黃色磷光摻入物，化合物結構上連結了雙甲基胺強推電子取代基，使磷光波長紅移到黃光的位置。所製作 OLED

1931 CIE$_{x, y}$ 色座標幾乎落在座標圖的邊線上表示非常接近飽和光色（圖 4.44 中 5），這可以從其電激發光光譜非常的左右對稱可以理解（圖 4.44 中 5），雖然它的半波寬有近 100 nm 之寬。

(DPA-Flpy) Pt (acac)[155] 與 (TPAFlpy) Pt (acac)[47] 是由香港浸會大學黃維揚研究團隊報導的「多功能金屬磷光物」，後者因分子過大無法用用真空蒸鍍乾式製程製作 OLED。然而無論是濕式或乾式得製程，這兩個 Pt 的「多功能金屬磷光物」有異於其它 Pt 配位錯合物，其電激發光光譜均呈現出非常明顯的振動電子發光帶（見圖 4.48）。查驗其的磷光的基本性質，發現兩者都有長過一般 Pt 配位錯合物磷光材料的磷光生命期，(DPA-Flpy) Pt (acac) 的 τ 長達 58 μsec；(TPAFlpy) Pt (acac) 的的 τ 亦有 45 μsec 之久[155, 47]。如此長的磷光生命期加上明顯的振動電子發光帶，可以推斷 MLCT 在 (DPA-Flpy) Pt (acac) 與 (TPAFlpy) Pt (acac) 的磷光釋放中沒有重要的貢獻，兩個材料的磷光主要源自於配位基 $\pi\pi^*$ 狀態，芳香胺的強推電子基主宰了配位基磷光的釋放，Pt 重金屬提供的 MLCT 某種程度與 Pt 配位錯合物的 HOMO/LUMO 脫勾，這點在 (DPA-Flpy) Pt (acac) 的 DFT 理論計算中獲得證實[155]。因此之故，(DPA-Flpy) Pt (acac) 與 (TPAFlpy) Pt (acac) 的磷光量子效率皆不高，前者 Φ_P 僅 0.04 而已；前者 Φ_P 也只有 0.18。所以在之前運用相當成功的「多功能金屬磷光物」策略，將金屬配位基適當的構築成龐大但有傳輸價荷功能的化學結構，雖然成功的抑制 Pt 磷光摻入物電激發光波長隨摻入濃度不同而改變的現象（見圖 4.48 中不同摻入濃度之電激發光波長幾乎沒有改變），但在 Pt 配位錯合物的例子中卻改變了所釋放磷光的基本光物理性質。因此，(DPA-Flpy) Pt (acac) 與 (TPAFlpy) Pt (acac) 製作 OLED 其電激發光效率都偏低。

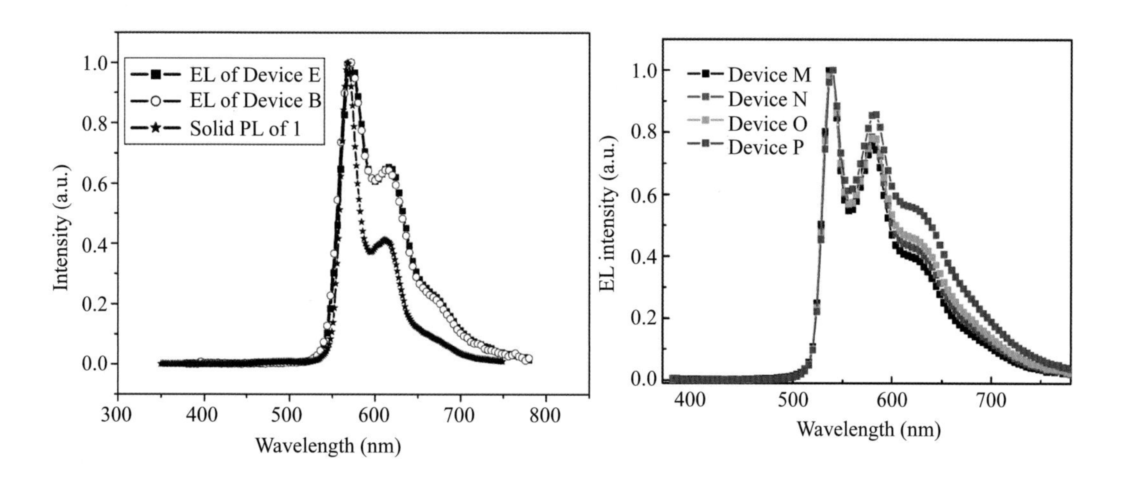

圖 4.48　(DPA-Flpy) Pt (acac)（左圖）[155] 與 (TPAFlpy) Pt (acac)（右圖）[47] 製作 OLED 電激發光光譜圖。左圖中 Device B 與 E 是 5 與 10 wt% 兩種摻入濃度；右圖中 Device M、N、O、與 P 是 3、6、10、 與 15 wt% 四種摻入濃度

黃色磷光材料最後一類是 Re 配位錯合物（圖 4.49）[157-163]。三個 CO 加上一個鹵素 Cl 或 Br 配位在 Re^{+} 上，是這類材料化學結構的共通點，剩下是 π 共軛雙氮配位基的不同。這類磷光材料的磷光性質受到三個 CO 強配位基的主導，而磷光效率偏低且磷光波長沒有太大的變化。磷光波長 λ_{max} 上大都落在 550～590 nm 是黃綠光至橘黃光的的範圍。而從有報導的數據得知，這類磷光材料的磷光量子效率大都偏低，近半數的材料 Φ_P 不到 0.01；另一半 Φ_P 是 0.01～0.11。從這幾個報導的資料裡去分析，(TRIP) Re $(CO)_3$ Cl[160] 與 (DDPA) Re $(CO)_3$ Br[163] 兩者表現最優，文獻中附圖顯示，在 100 cd/m^2 亮度下 OLED 發光效率兩者都差不多是 11 cd/A；在 1000 cd/m^2 照明亮度下 OLED 發光效率前者是 9.7 cd/A（等同於 < 6 lm/W），後者約為 10 cd/A。不過前述的數據 (TRIP) Re $(CO)_3$ Cl 摻入濃度是 8 wt%，而 (DDPA) Re $(CO)_3$ Br 的則是 30%，造成 1000 cd/m^2 照明亮度 (DDPA) Re $(CO)_3$ Br 需要～10 mA/cm^2 才能達到，而 (TRIP) Re $(CO)_3$ Cl 只需要不到 2 mA/cm^2 就可以了。

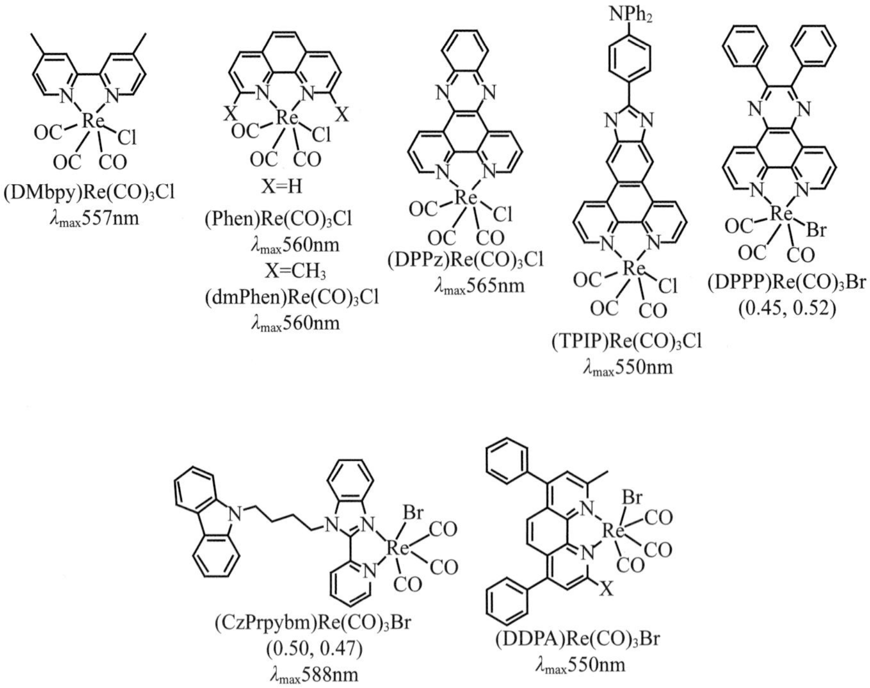

$(DMbpy)Re(CO)_3Cl$
λ_{max}557nm

X=H
$(Phen)Re(CO)_3Cl$
λ_{max}560nm
$X=CH_3$
$(dmPhen)Re(CO)_3Cl$
λ_{max}560nm

$(DPPz)Re(CO)_3Cl$
λ_{max}565nm

$(TPIP)Re(CO)_3Cl$
λ_{max}550nm

$(DPPP)Re(CO)_3Br$
(0.45, 0.52)

$(CzPrpybm)Re(CO)_3Br$
(0.50, 0.47)
λ_{max}588nm

$(DDPA)Re(CO)_3Br$
λ_{max}550nm

圖 4.49 Re 配位錯合物黃色磷光摻入物與其 1931 $CIE_{x,y}$ 色座標數值。

4.9 橘色磷光材料

橘色也是個中間色，在研發紅色磷光材料，分子設計造成磷光波長 λ_{max} 稍短於紅光的（< 620 nm）就會成橘光。本來在構成白光 OLED 時也是用不到的，所以很少見到刻意去研發橘色磷光材料的報導。但是最近 Karl Leo 研究團隊示範一白光 OLED[164]，用高折射係數修飾出光表面強化光輸出偶合係數（light output coupling factor），此白光 OLED 在照明條件下（1000 cd/m^2）η_P 高達 90 lm/W，比時下省電燈泡（或日光燈管）發光效率 60-70 lm/W 還高。其示範的 OLED 採用的都是磷光材料，綠色的 $Ir(ppy)_3$、天藍色的 FIrpic、和橘色的 $(MDQ)_2$ Ir (acac)[166]（見圖 4.50）。由於沒有採用真正藍色的磷光材料與紅光材料，造成元件彩色演色性指數只有 70 左右，所呈現的白光 1931 $CIE_{x,y}$ 色

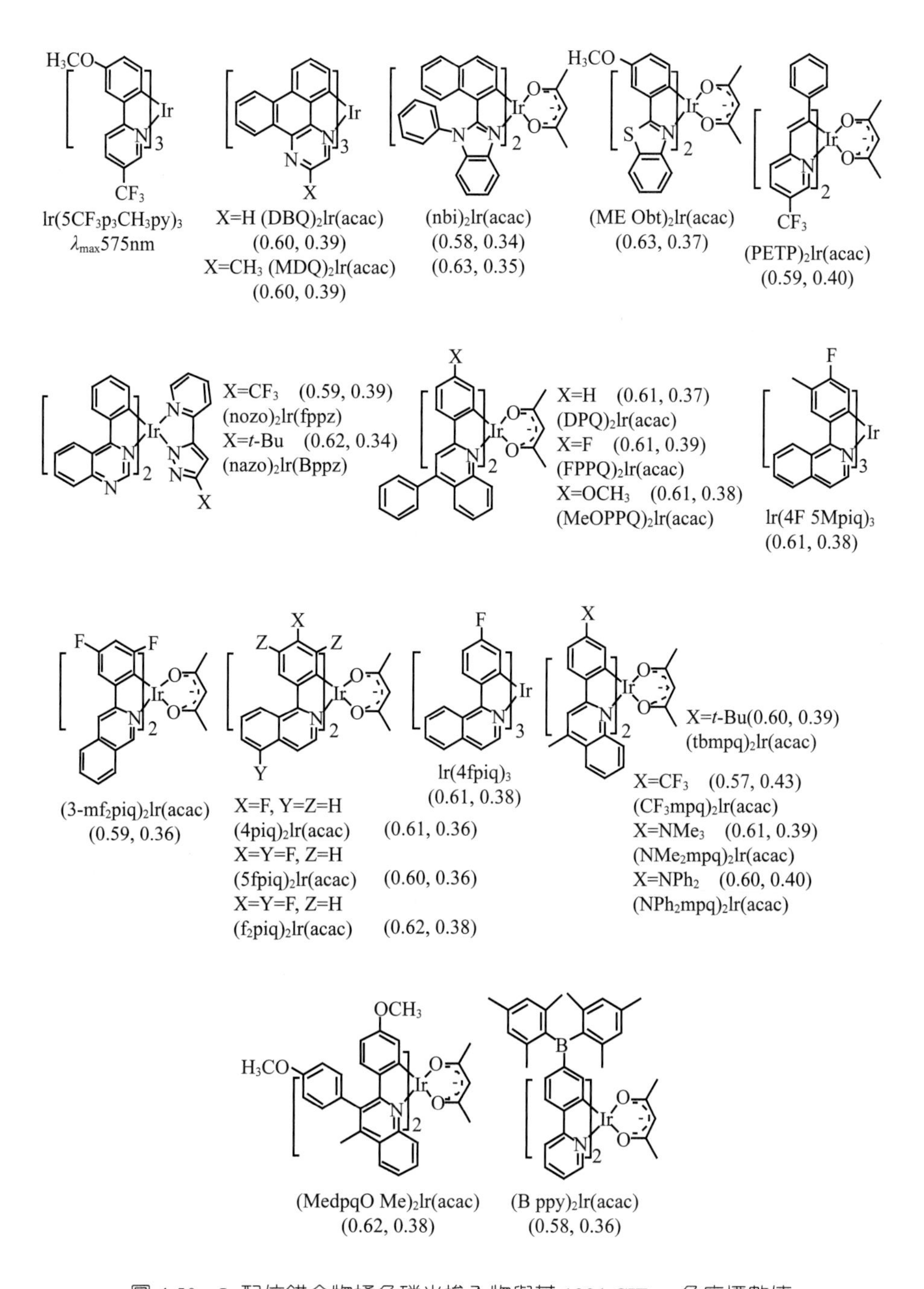

圖 4.50　Ir 配位錯合物橘色磷光摻入物與其 1931 CIE$_{x,y}$ 色座標數值

座標也向黃、綠色偏了一點是 (0.41-0.43, 0.49)。沒有用藍色磷光材料可以理解，因為到目前為止沒有令人滿意的藍色磷光材料可用，但是不用紅色而用了

個橘色磷光材料就令人費解了。或許是為了強調發光效率，因為按照經驗法則紅色磷光材料發光效率的表現通常比不上橘色磷光材料。但是看完下面的內容就會發現這幾年橘色磷光材料的發展並沒有太大的進展，因為沒有人刻意去研發材料或其製作 OLED 的改進，反而紅色磷光材料的發展已超越橘色磷光材料（見紅色磷光材料部分的敘述）。

圖 4.50 整理了大部分文獻裡面能找到的 Ir 配位錯合物橘色磷光摻入物[165-175]。表 4.5 則舉列了相關製作的 OLED 電激發光的效率表現。由於並不是

表 4.5　以 Ir 配位錯合物橘色磷光摻入物製作 OLED 之發光效率表現。

橘色磷光摻入物	最高 η_{ext}, η_P (%, lm/W)	在 10 mA/cm^2 之 η_{ext}, η_P, L (%, lm/W, cd/m^2)	在 20 mA/cm^2 之 η_{ext}, η_P, L (%, lm/W, cd/m^2)	參考文獻
$(DBQ)_2$ Ir (acac)	11.9, 7.9	na	na, na, ～1000	166
$(MDQ)_2$ Ir (acac)	10.4, 8.4	na	na, na, ～700	166
(nbi）Ir (acac)	na	na, na, ～300	2.9, 1.2, 764	121
$(MEObt)_2$ Ir (acac)	6.5, 4.32	3%, na, ～400	4%, na, ～1000	136b
$(PETP)_2$ Ir (acac)	7.4, 7.8	na, na, ～500	na, na, ～2000	139
$(nazo)_2$ Ir (fppz)	8.0, 5.9	7.5, na, na	7.7%, na, ～3160	17
$(nazo)_2$ Ir (Bppz)	8.1, 4.1	na	8.1%, na, 2590	17
$(DPQ)_2$ Ir (acac)	6.09, na	5%, na	5.98, na, 2282	23
$(FPPQ)_2$ Ir (acac)	na	6.7, 7.1	6.6, 4.3, 2580	22
$(MEOPPQ)_2$ Ir (acac)	na	2.8, 1.7	2.9, 1.2, ～800	22
$(3\text{-mf2piq})_2$ Ir (acac)	na	na	0.80, 0.57, 263	141
$(4fpiq)_2$ Ir (acac)	na	8, na, na	8.67, 4.73, 2744	13
$(5fpiq)_2$ Ir (acac)	na	na	7.41, 5.78, 2603	141
$(f2piq)_2$ Ir (acac)	na	7.8, na, na	3.45, 2.26, 1153	141
Ir $(4fpiq)_3$	na	5, na, na	5.81, 3.80, 2078	13
$(tbmpq)_2$ Ir (acac)	na	na	12.1,[a] 6.7,[a] 5000	175
$(CF3mpq)_2$ Ir (acac)	na	na	4.7,[a] 3.2,[a] ～3000	175
$(NMe2mpq)_2$ Ir (acac)	na	na	13.2, 6.0, ～5000	175
$(NPh2mpq)_2$ Ir (acac)	na	na	7.6,[a] 3.4,[a] ～5000	175
$(MedpqOMe)_2$ Ir (acac)	na	na, 4.5	na, 3.24, na	27
$(Bppy)_2$ Ir (acac)	9.36, 5.04	6, 2, <1000	5.53, 1.84 1732	124

[a] 在 100 mA/cm^2 電流密度下

每篇文獻中報導的數據資料都齊全（通常研究者只會把紅光材料的數據作較完整呈現而較省略橘光材料的），能找到共通項目來作比較的相當有限。

Leo 研究團隊選擇了 $(MDQ)_2$ Ir (acac) 橘色磷光摻入物用來示範其超高效率白光 OLED，以 20 mA/cm^2 電流密度之發光效率與亮度來看（多數材料發光亮度這時都已達到照明亮度的要求），列在表 4.5 中大多數其它摻入物表現似乎都比 $(MDQ)_2$ Ir (acac) 為佳。$(MDQ)_2$ Ir (acac) 的文獻報導也完全沒有這個橘色磷光基本光物理性質的敘述[166]，而元件最高發光效率數值事實上不具多大參考的價值，因為大多數磷光材料 OLED 其發光效率最高點往往出現在電流密度很低的狀況下，不到 1 mA/cm^2 是很常遇到的狀況（見圖 19.22, 25, 28.31, 34, 40.41）。在如此低的電流密度下，OLED 發光亮度通常也不高，不夠高到作顯示器顯像的亮度（100-400 cd/m^2），更不用說照明使用的亮度（>1000 cd/m^2）。就發光效率與亮度而言，橘色磷光 OLED 摻入物 $(nazo)_2$ Ir (fppz)[17]、$(nazo)_2$ Ir (Bppz)[17]、$(4fpiq)_2$ Ir (acac)[13]、$(tbmpq)_2$ Ir (acac)[175]、$(NMe_2mpq)_2$ Ir (acac)[175] 等應該比 $(MDQ)_2$ Ir (acac) 是更好的選擇才是。不過從有報導的數據看到這些橘色磷光摻入物 OLED 在照明亮度下，η_P 大概都沒能超過 10 lm/W，這點還有待材料開發者或元件設計製作者進一步努力改進。

文獻上被報導過的橘色磷光摻入物還有一些是由 Ru、Os、Pt、Re、Au 等所構成的配位錯合物，相關材料整理在圖 4.51 中；其製作 OLED 電激發光表現以數據方式呈現在表 4.6 之中。

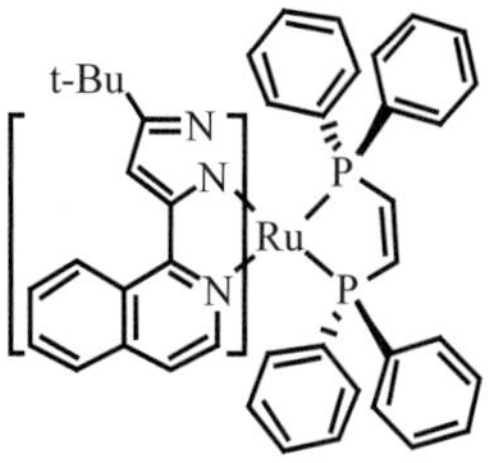

t-Bu N N Ru N P P

$(tpziq)_2Ru(dppen)$
(0.60, 0.39)

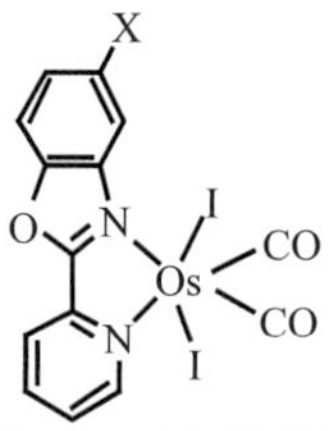

X O N I Os CO CO N I

X=H $(boxz)Os(CO)_2I_2$
(0.50, 0.37)
X=t-Bu $(tboxz)Os(CO)_2I_2$
(0.50, 0.39)

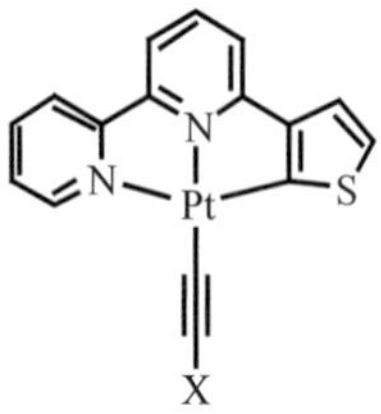

N N Pt S X

X=CC-Ph
Pt(Thbipy)(CCPh)
(0.55, 0.33)
X=CC-p-tolyl
Pt(Thbipy)(CCp-tol)
(0.59, 0.34)

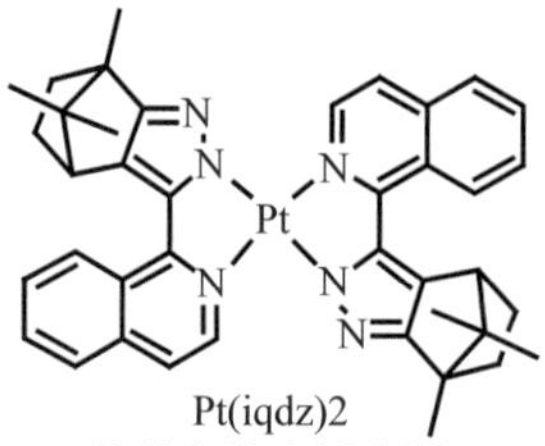

N N N Pt N N N

Pt(iqdz)2
(0.61-0.64. 0.35-0.38)

F_3C N N N Pt N N N CF_3

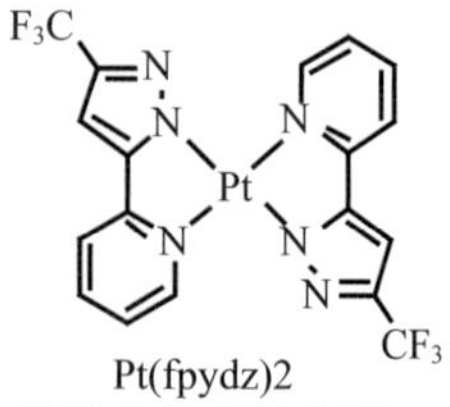

Pt(fpydz)2
(0.38-0.56. 0.39-0.54)

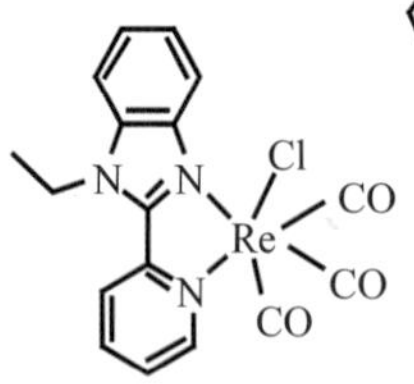

N N Cl Re CO N CO CO

$(Etpybm)Re(CO)_3Cl$
λ_{max} 580~600nm

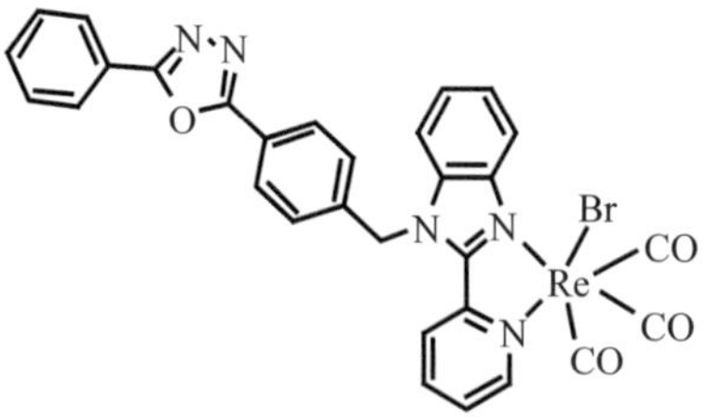

N N O N N Br Re CO N CO CO

$(OXDpybm)Re(CO)_3Br$
λ_{max} 600nm(0.52, 0.46)

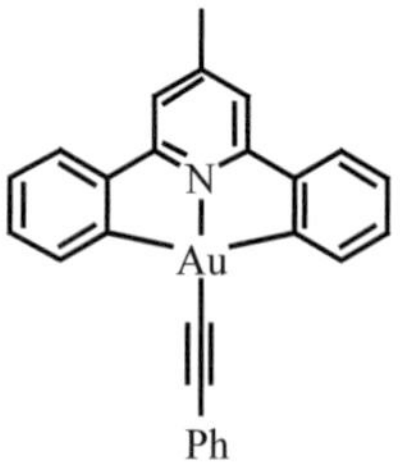

N Au Ph

Au(dppyM)(CCPh)
λ_{max} 580nm

圖 4.51　Ru、Os、Pt、Re、Au 配位錯合物橘色磷光摻入物與其 1931 CIE$_{x,\,y}$ 色座標

表 4.6　以 Ru、Os、Pt、Re、Au 配位錯合物橘色磷光摻入物製作 OLED 之發光效率表現。

橘色磷光摻入物	最高 η_{ext}, η_P (%, lm/W)	在 10 mA/cm^2 之 η_{ext}, η_P (%, lm/W)	在 20 mA/cm^2 之 η_{ext}, η_P (%, lm/W)	參考文獻
$(tpziq)_2$ Ru (dppen)	na	na	2.30, 2.10	178
$(boxz)_2$ Os $(CO)_2$ I_2	2.1, na	2.0, na	1.9, na	179
(tboxz) Os $(CO)_2I_2$	2.8, 2.7	2.4, na	2.3, na	179
Pt (thbipy) (CCPh)	na	na	0.6[a]	148
Pt (thbipy) (CCp-tol)	na	na	1.0[b]	148
Pt $(thpy)_2$	11.5, na	na	na	181
Pt $(thpy\text{-}SiMe_3)_2$	5.4, na	na	na	181
Pt $(iqdz)_2$	14.9, 14.9	na	10.6, 6.37	34
Pt $(fpypz)_2$	8.1, 4.1	na	2.09, 1.91	134
(Etpybm) Re $(CO)_3$ Cl	0.001, na	0.0003, [c] na	na	184
(Etpybm) Re $(CO)_3$ Br	0.53[b]	na	na	162
Au (dppyM) (CCPh)	na	na	na	133

[a] cd/A 電流密度 30 mA/cm^2
[b] cd/A
[c] 113 cd/m^2

在表 4.6 中這些 OLED 發光效率，大概除了 Pt $(iqdz)_2$ 的之外，其他的都表現欠佳。Pt $(iqdz)_2$ 是一個特殊設計結構的 Pt 配位錯合物[134]，配位基有立體障礙物的設計，有效的讓扁平的分子在固態難以堆疊，之前在紅色磷光材料章節中提過，Pt $(iqdz)_2$ 甚至可以罕見的用非摻入的形式製作出發紅色磷光的 OLED。此磷光材料 6 wt% 的濃度摻入時所製作的 OLED 是發橘光的，在 20 mA/cm^2 電流密度下亮度還有 3451 cd/m^2 不算差，是表 4.6 當中唯一一個亮度超過 1000 cd/m^2 照明亮度的。Pt $(thpy)_2$ 與 Pt $(thpy\text{-}SiMe_3)_2$ 有還可以的最高 η_{ext}[181]，但元件（是濕式與高分子一起旋塗製程）的電流密度甚低，最大驅動電壓開高到 18 V 時電流密度還不到 0.1 mA/cm^2，顯示元件的電阻相當大而不可能實用。Pt $(fpypz)_2$ [134] 與 Au (dppyM) (CCPh) [133] 因為都是以非摻入型式製作橘光 OLED，所以效率或亮度都欠佳。兩個 Os 配位錯合物 $(boxz)_2$ Os $(CO)_2$ I_2[179] 與 (tboxz) Os $(CO)_2$ I_2[179] 因為分子中具有兩個 CO 的強配位基，可能在 OLED 裡是很強的價荷捕捉陷阱，造成 OLED 裡價荷嚴重的失衡與阻礙電流流通，

OLED 發光效率不高亮度也低（在 20 mA/cm^2 電流密度下兩個元件的亮度只有 600～800 cd/m^2 而已），兩者的磷光量子效率都很低 Φ_P 只有 0.02，和 OLED 效果很差的 Re 配位錯合物 (Etpybm) Re $(CO)_3$ Cl[184] 與 (OXDpybm) Re $(CO)_3$ Br[162] 情形很類似（它們都有強配位基 CO 配位在金屬上）。

$(tpziq)_2$ Ru (dppen) OLED 雖是橘色磷光但與同為 Ru 配位錯合物的紅色磷光$(fpziq)_2$ Ru $(PPh_2Me)_2$ OLED 相比，表現差上一大截[178]。橘色磷光 $(tpziq)_2$Ru (dppen) 的兩個磷配位元素是連結在同一雙牙配位基上，使其分子構型與 $(fpziq)_2$ Ru $(PPh_2 Me)_2$ 有很大得出入（見圖 4.52 與 $(Bpziq)_2$Ru $(PPh_2Me)_2$ 類似物之結構比較）。仔細比較兩者的磷光基本性質事實上相差不多[178]，所以造成兩者 OLED 表現的落差可再歸因於分子偶極矩的差別（見圖 4.52）。

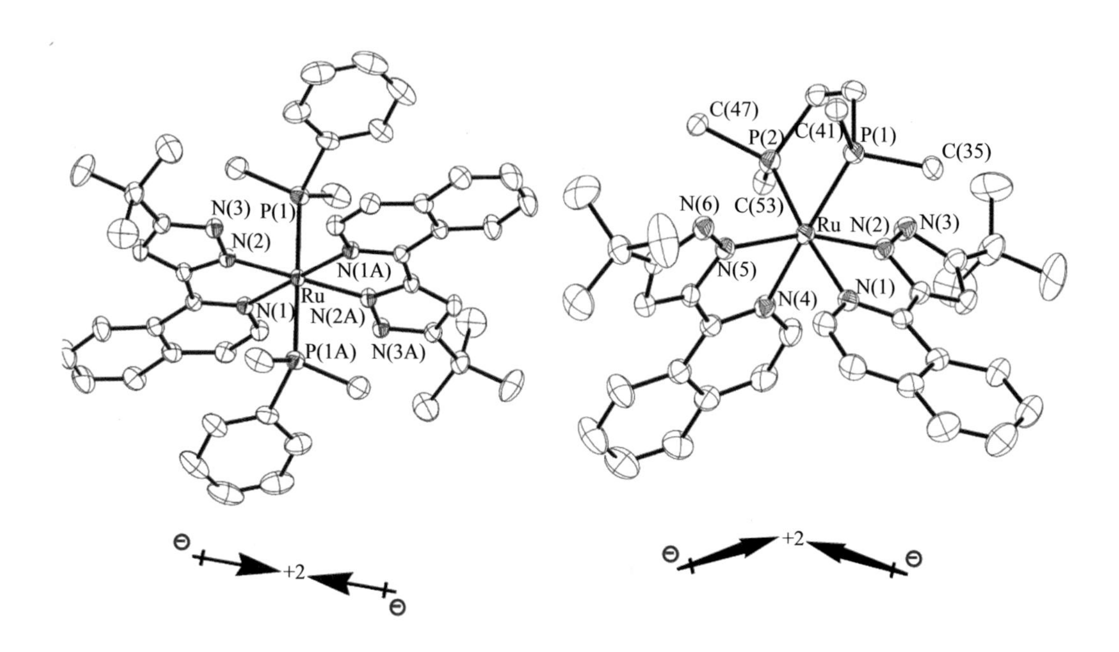

圖 4.52　$(Bpziq)_2$ Ru $(PPh_2Me)_2$（左）與 $(tpziq)_2$ Ru (dppen)（右）之結構圖。分子結構下方是分子內偶極矩的分析[178]

4.10 構成白色磷光 OLED 材料的搭配與元件構成和表現

白光的特性除了以 1931 $CIE_{x,y}$ 色座標來判斷外，一般認為人造光源應讓人眼正確地感知色彩，就如同在太陽光下看東西一樣。當然這需視應用之場合及目的而有不同之要求程度。此準據即是光源之演色特性，稱之為「演色性指數」（color rendering index, CRI），此系統以 8 種彩度中等的標準色樣來檢驗，比較在測試光源下與在同色溫的基準光源下此 8 色的偏離（deviation）程度，以測量該光源的演色指數，取平均偏差值 (Ra) 20～100，以 100 為最高。平均色差愈大，CRI 值愈低，低於 20 的光源通常不適於一般用途，而晝光與白熾燈的演色指數定義為 100，視為理想的基準光源。在照明應用時，CRI 值必須大於 80，且黑體（black body）色溫度約在 3000～6000 K。

由於鮮少有放白光的純有機材料，所以要將電激發光的顏色混合而成才得到白光 OLED 光源，例如混合兩互補色可以得到雙波段白光，或混合紅、藍、綠三原色得到三波段白光。就 OLED 元件結構的設計上主要以下三種方式來實現，分別為多重發光層元件（multiple emissive layers）、多摻入發光層元件（multiple dopants emissive layer）與色轉換法（down conversion）。

4.10.1 多重發光層（Multiple emissive layers）白光元件

多重發光層白光元件是將不同顏色的摻入物摻混在不同發光層中，利用個別再結合放光來達到多波段的白光放光。其發光機制包括能量轉移和載子捕抓，因為磷光激發子的生命期較長，擴散距離較遠，載子可越過界面的再結合區域進行能量轉移。因此可以適當的選擇不同的發光層，藉由各層的能障及其厚度的調節與摻入濃度的最佳化，使得結合區內的載子重新分佈，進而調整各發光層光色的比例。然而此種多層式白光架構相對複雜了元件製程，且元件可能隨著操作電壓改變，再結合區域的偏移也會使得元件的顏色改變。多重發光層白光元件依其所組成的主要光譜波段可分為：

4.10.1.1　雙波段白光

產生白光的最簡單方式就是使用兩個互補波長（complementary wavelength）混合產生白光，圖 4.53 為兩個互補波長的對應關係，舉例來說：一個波長為 480 nm 的天藍光色（λ_1），就需要搭配波長為 580 nm 的橘光（λ_2）才可以產生白光；又或者如圖 4.54 所示，將 1931 $CIE_{x,y}$ 色座標圖上的任兩光色座標相連起來，如果通過白光的區域，即可產生白光，例如波長 480 nm 的天藍光和波長為 580 nm 的橘光，兩者連線確實會經過白光區域，故可產生白光。

2002 年，S. R. Forrest 等人利用天藍色磷光材料 FIrpic 搭配紅色磷光材料 $(Btp)_2$ Ir (acac) {*bis*-2-(2’-benzo [4, 5-*a*] thienyl) pyridinato-N,$C^{3'}$) iridium (acetylacetonate)，放光波長在 620 nm}[188]，而發光層的主體材料皆為 CBP，製作出雙波段的磷光白光 OLED 元件，元件的 1931 $CIE_{x,y}$ 色座標為 (0.35, 0.36)，但最高發光效率僅為 6.1 cd/A，η_{ext} 為 3.8 %，且 CRI 指數只有 50，並

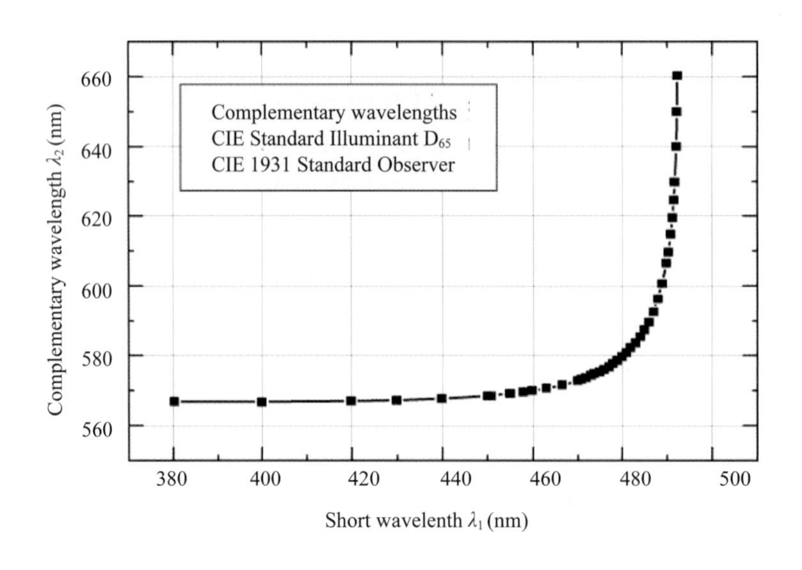

圖 4.53　互補波長的相對應關係[187]

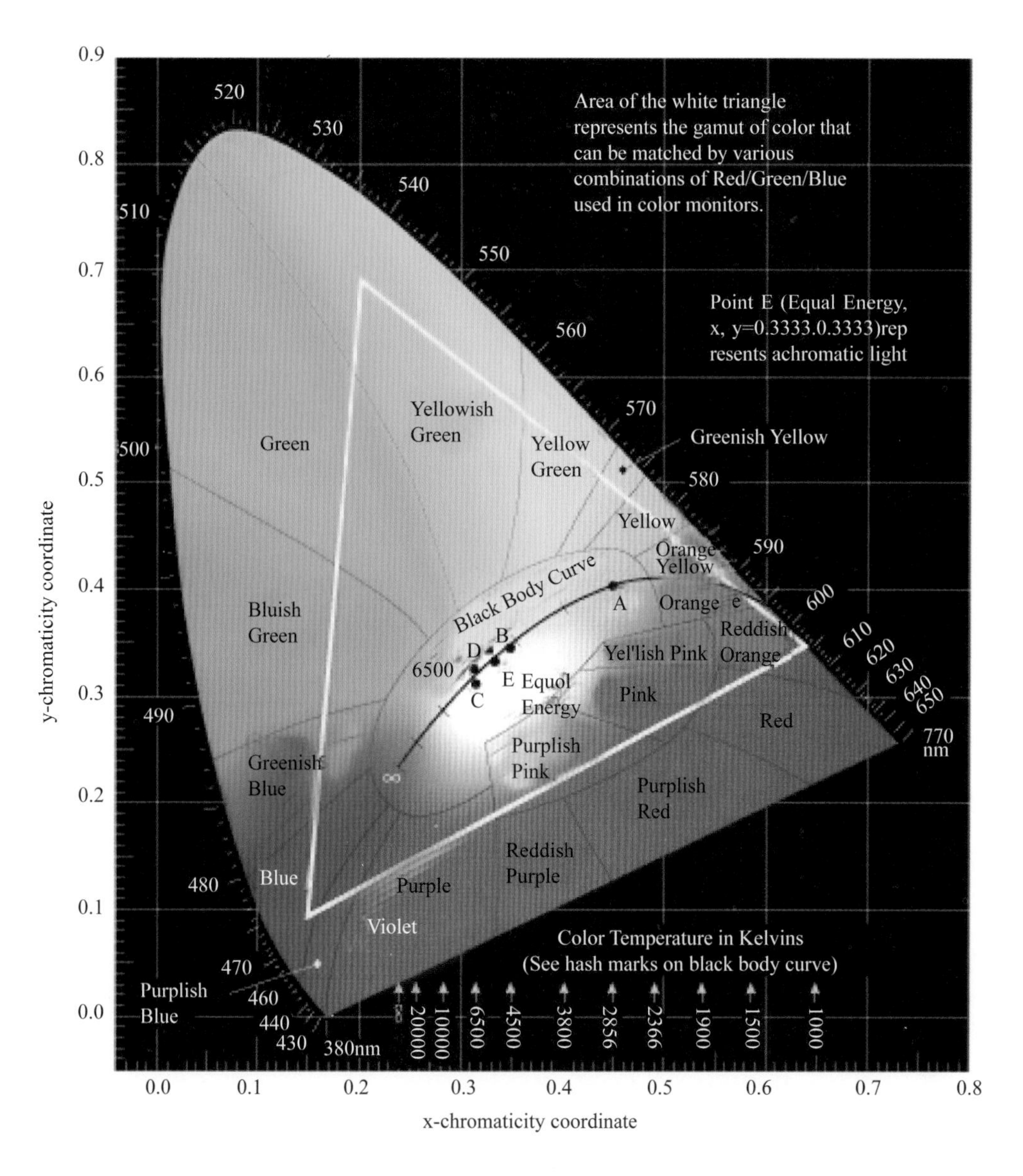

圖 4.54　1931 CIE$_{x,\,y}$ 色座標圖[187]

不適合做為照明用之白光。

在多重發光層的雙波段元件中，Biwu Ma 博士等人提出了一種使用 binuclear 化合物的白光結構，其化學結構如圖 4.55。該化合物摻入於 mCP 時可發出藍光光色，放光波長為 465 nm 和 500 nm，而當此化合物單獨成膜時卻可放出橘紅光。利用這種特性，所組成的白光元件結構如圖 4.56。元件的最大

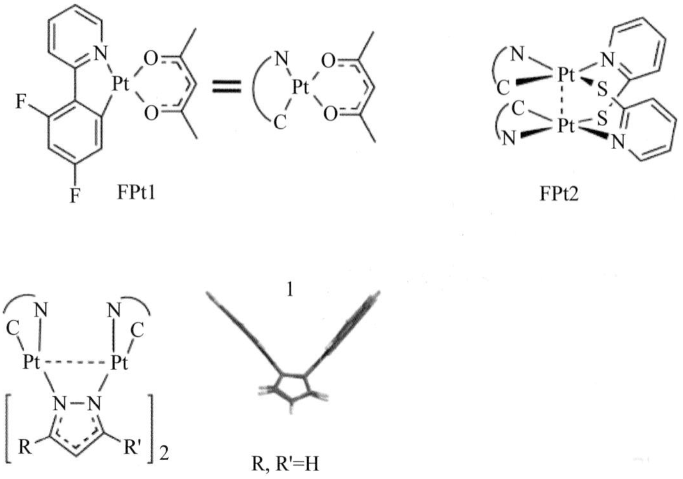

圖 4.55 此藍光摻雜入化合物的化學式（complex 1）[189]

η_{ext} 在 10.7 V 時可達 4.2%，且於 10V 時亮度達 650 cd/m^2，但最大的缺點就是隨著操作電壓增加，紅光放光強度也有顯著的提升，如在 9V 操作電壓下 1931 CIE$_{x,\,y}$ 為 (0.33, 0.42)，但到了 13V 時 1931 CIE$_{x,\,y}$ 變為 (0.42, 0.44)，光譜如圖 4.57 所示[189]。

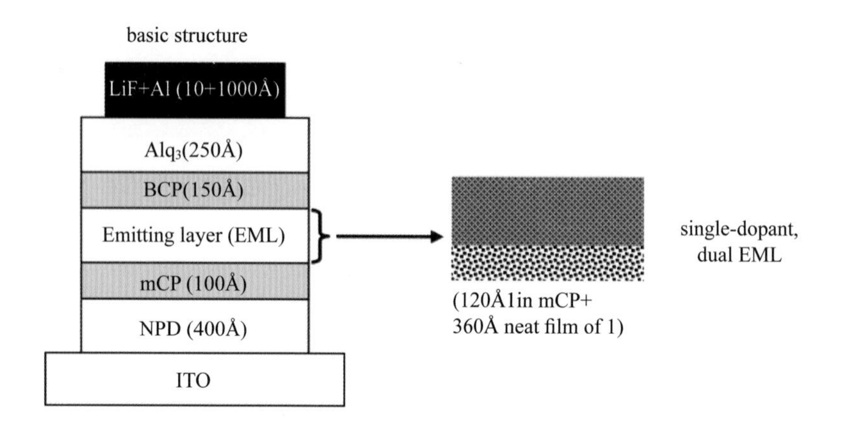

圖 4.56 使用用 binuclear 化合物的白光結構[189]

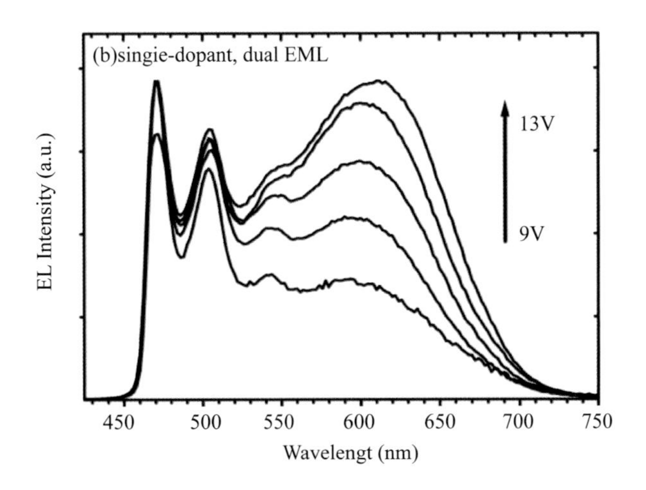

圖 4.57　白光元件隨電壓變化的光譜圖[189]

由於多重發光層白光元件由兩層以上的主體發光層所構成，載子的再結合區容易隨著電流密度的不同而偏移，造成白光顏色隨電流變化產生不穩定現象。如何維持白光顏色穩定度（color stability）是雙波段白光照明的一個重要議題。2006 年，北京清華大學邱勇教授團隊將天藍色磷光材料 FIrpic 摻入於 DCB 中，搭配紅色磷光材料的 $(piq)_2$ Ir (acac) 摻入於 CBP 中，製作出使用不同主體材料的雙波段發光層白光 OLED 元件[190]，以期能夠藉由兩個主體材料不同的 HOMO、LUMO 值，如圖 4.58 所示，可以有效地阻止激發子擴散至其他層造成驟熄的現象。此元件可在 450～780 nm 之間放出一寬廣的白光波形。當操作電壓由 6 V 提升到 14 V 時，元件 1931 $CIE_{x,y}$ 座標僅由 (0.28, 0.37) 改變至 (0.32, 0.30)；而在低亮度（295 cd/m^2）下，元件的發光效率可達 10.5 cd/A。

2007 年，S. H. Kim 等人使用 mCP 摻入 FIrpic、CBP 摻入 $(piq)_2$ Ir (acac) [iridium (III) bis (1-phenylquinoline) acetylacetonate] 組成的雙波段白光[191]，同樣利用兩主體材料 HOMO 和 LUMO 能階差異的特性構成電荷侷限結構（charge confining structure）如圖 4.59（左），此結構有效侷限電荷載子的再結合區域於主體發光層，使得顏色偏移現象獲得改善圖 4.59（右）為此結構之光譜隨電

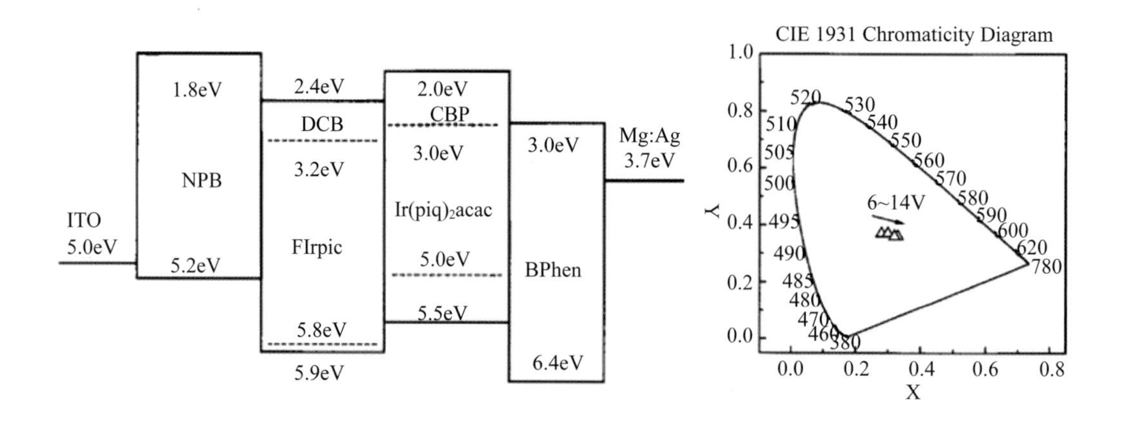

圖 4.58　（左）元件結構與能階關係圖（右）不同電壓下色飄的情形[190]

壓變化，元件在 100 cd/m^2 時 1931 CIE$_{x, y}$ 色座標為 (0.33, 0.35)，至 50 cd/m^2 時 1931 CIE$_{x, y}$ 色座標僅改變為 (0.31, 0.35)，在 5000cd/m^2 時發光效率可達 10.8 cd/A，且 η_{ext} 可達 7.2%。

同樣以穩定光色為考量，K. S. Yook 等人於 2008 年發表一效率更高的雙波段白光元件，其方法仍是利用 mCP 為主體材料，但另一主體材料改用能隙超

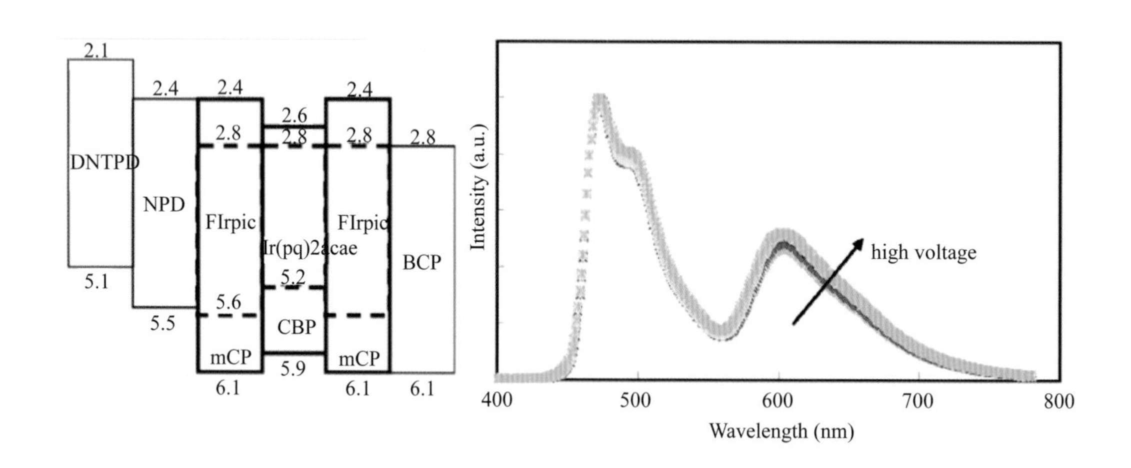

圖 4.59　（左）元件結構與能階關係圖（右）不同電壓下的電激發放光波譜[191]

大的 UGH3 [192]，兩主體材料能階差異更甚，控制載子再結合區域於兩發光層介面的效果更突出，其元件能階結構和電激發光光譜之變化如圖 4.60，其最大發光效率達 31.5 cd/A 且在 1000 nits 時可達 25 cd/A。

Kido 教授等人的研究團隊則於 2008 年發表了光色穩定的白光元件[106b]。方法是在兩種藍光發光層中間夾雜兩層各 0.25nm 的超薄橘光發光層，兩層藍光發光層是 20% 和 7% 的 FIrpic 分別摻入於 TCTA [4, 4', 4''-tri (N-carbazolyl) triphenylamine] 和 DCzPPy [2, 6-bis (3-(carbazol-9-yl) phenyl) pyridine] 中，橘光發光層則是 TCTA 和 DCzPPy 各摻入 3% 的 PQ_2 Ir [iridium (III) bis-(2-phenylquinoly-N, C20) dipivaloylmethane]，其元件結構如圖 4.61。由於在 TCTA 和 DCzPPy 兩種材料的介面差異，使得超薄的橘光發光層能有效的穩定白光元件放光光色，在 100 cd/m^2 和 1000 cd/m^2 下，1931 CIE$_{x, y}$ 僅由 (0.341, 0.396) 偏移至 (0.335, 0.396)，光譜圖如圖 4.63，且在此兩亮度下 η_P 分別達到 53 lm/W 和 44 lm/W。

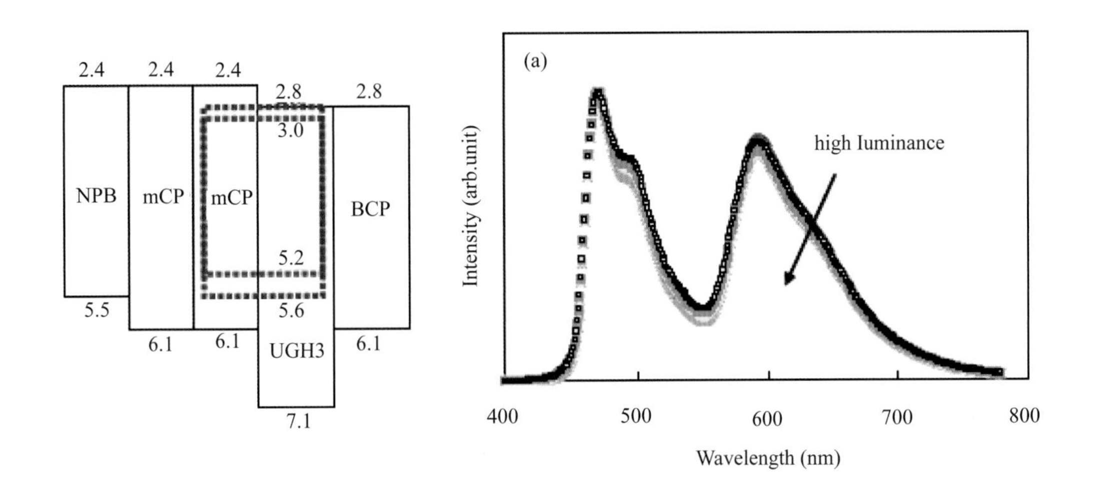

圖 4.60 （左）元件結構與能階關係圖（右）元件從 200 到 10,000cd/m^2 的電激發光光譜變化[192]

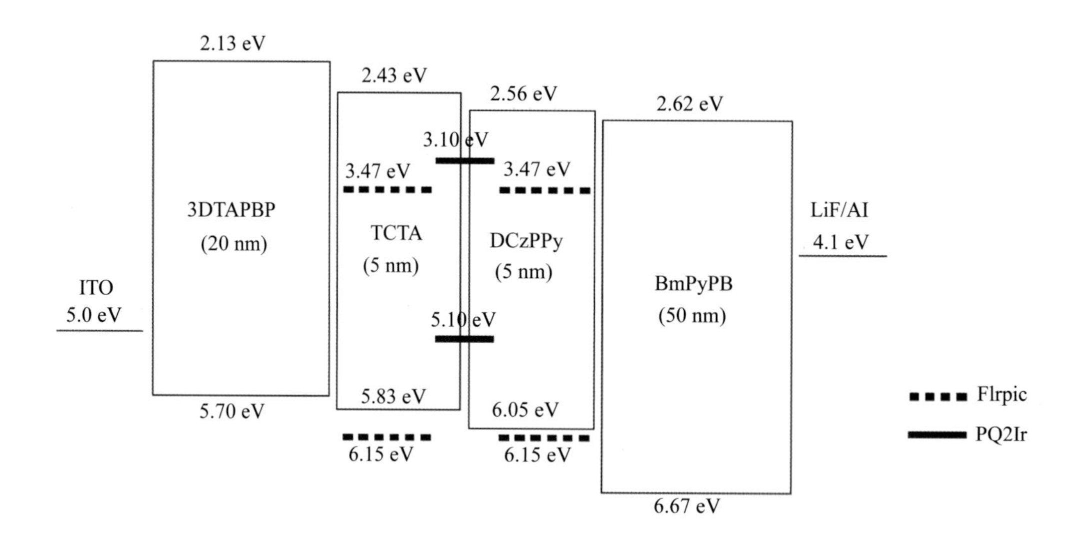

圖 4.61　白光元件結構[106b]

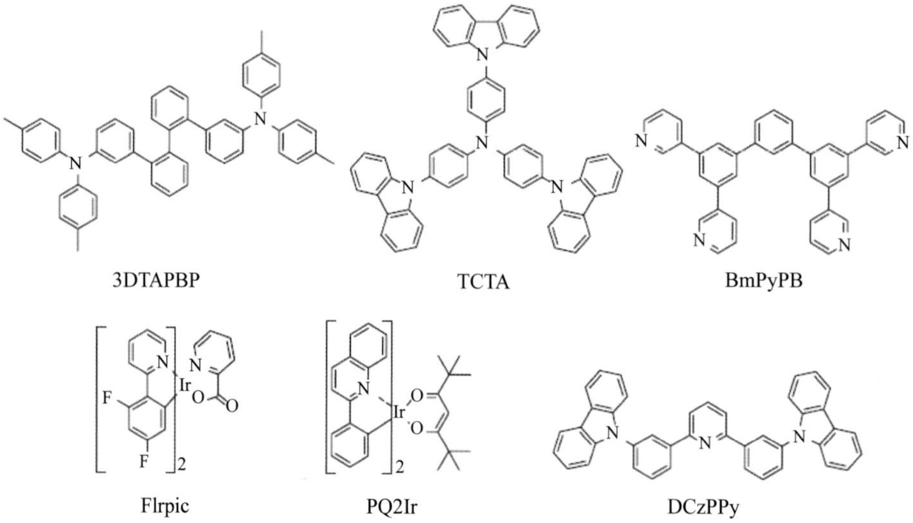

3DTAPBP　TCTA　BmPyPB

Flrpic　PQ2Ir　DCzPPy

圖 4.62　各種材料的化學式[106b]

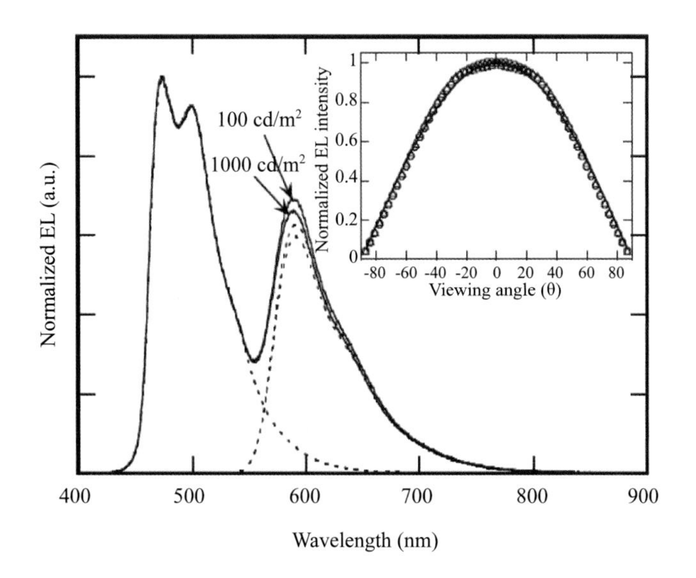

圖 4.63　在 100 cd/m^2 和 1000 cd/m^2 下元件的電激發發光光譜圖，插圖顯示此元件是一良好的 Lambertian 光源[106b]

多層發光層白光結構因為發光層較多，元件厚度較厚，操作電壓相對較大，此缺點是降低多層發光層白光的效率因素之一。降低電壓的方法除了減少發光層厚度之外，另一普遍的方法就是導入 *p-i-n* 系統。所謂 *p-i-n* 系統，就是經由適當的摻入，可以得到類似無機半導體 *p* 型或 *n* 型材料，這些摻入層比原本未摻入時有較好的導電度，並可降低電洞和電子的注入能障，因此導入這些結構可以大大地降低元件操作電壓，如此便可增加元件的 η_P (lm/W)，圖 4.64 為常見的 *p-i-n* OLED 結構及能階圖。電洞和電子再結合後如何避免激發子被這些電性摻入物如 Li^+、Cs^+ 或 F_4-$TCNQ^-$ 所驟熄也是非常重要，尤其是 Li 和 Cs 非常容易在有機層間擴散。因此在發光層與 *p* 或 *n* 型傳送層之間，必須分別加入一中間層（interlayer, IL）。這些中間層的主要目的是避免發光層與 *p* 或 *n* 型傳送層直接接觸，降低驟熄機率，並且 IL-H 具有電子阻擋能力，IL-E 則需有電洞阻擋能力，才可在如此薄的發光層中有效再結合。

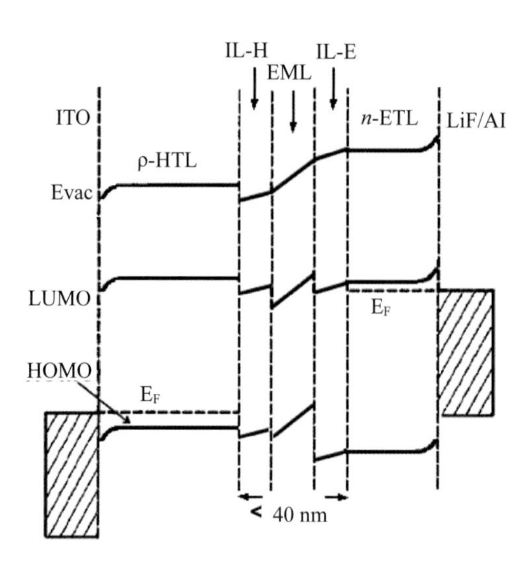

圖 4.64　*p-i-n* OLED 結構與能階圖[193]

Karl Leo 與 Gregor Schwartz 等人於 2008 年發表了導入 *p-i-n* 系統的高效率雙波段白光。其方法為：使用 Cs 與 BPhen 互相摻入成 *n* 型電子傳輸層，TPBI 為電洞阻擋層，發光層以 TPBI 和 4P-NPD {N, N-di-1-naphthalenyl-N, N-diphenyl-[1, 1': 4' , 1'': 4'', 1'''-quaterphenyl]-4, 4''-diamine}為主體材料，分別摻入綠光磷光 Ir $(ppy)_3$ 和橘光磷光材料 Ir $(MDQ)_2$ (acac) {iridi-(III) bis (2-methyldibenzo-[*f*, *h*] quinoxaline) (acetylacetonate)}[194]，此結構能降低兩發光層介面在高電流下的三重態驟熄，降低隨電流升高而「效率滾降」的問題，又為了避免激子從 Ir $(ppy)_3$ 轉移到 Ir $(MDQ)_2$ (acac)，將 TCTA 和 TPBI 摻入置於兩發光層中間，摻入目的是為了增加該層的電子傳輸能力，如圖 4.65 所示。該元件於外部搭配微透鏡（Microlens）結構使用，在 1000 cd/m^2 時 η_P 可提升至 40.7 lm/W、η_{ext} 為 20.3%，CRI 值達 82 的高演色性，1931 CIE$_{x,\ y}$ 座標為 (0.43, 0.43)。

提升載子於元件中的傳輸能力也能有效的提升白光元件效率。2008 年台灣工研院電材所（ITRI）李孟庭等人的研究團隊以 CzSi [9-(4-tert-butylphenyl)-3,

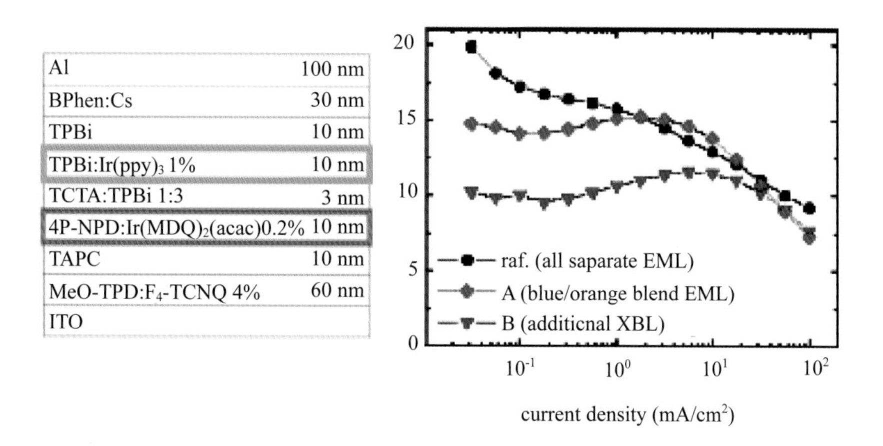

圖 4.65　（左）元件結構與（右）電流密度與 E.Q.E 關係圖（device B）[194]

6-bis (triphenylsilyl)-9H-carbazole] 為藍光主體材料，於藍光發光層摻入磷光藍光材料 FIrpic 和一增進電洞載子傳輸的材料 TCTA，並且搭配 n 型電子傳輸層增加元件的電子傳送能力[195]。如圖 4.66，此元件搭配增量膜（outcoupling enhancement film）的使用，在 1000 nits 的操作環境下發光效率可達 47 cd/A，η_P 可達 32 lm/W，其 1931 CIE$_{x, y}$ 色座標為 (0.40, 0.44)。

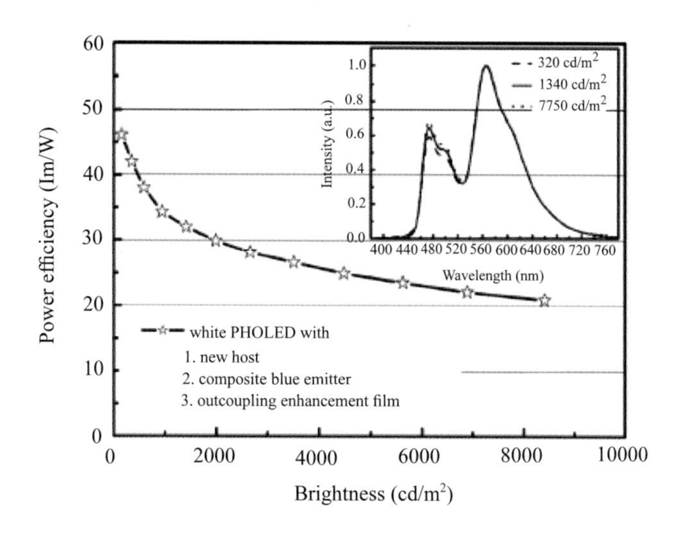

圖 4.66　元件於藍光發光層摻入電洞傳輸材料的功率對亮度關係圖，右上角為其電激發光光譜圖[195]

4.10.1.2 三波段及多波段白光

雙波段元件雖然製程較為簡單，但是由於在 500～600 nm 之間缺乏人眼較為敏感的綠光或黃光波譜能量，使得元件效率與光色的演色性質較不理想。而搭配紅、藍、綠或更多光色的三或多波段的多層發光層，其光色可以藉由改變摻入的比例或發光層厚度，進而控制再結合區域，以得到擁有高色純度（color purity）的白光，又因為三波段或多波段白光組成之光色較豐富，其 CRI 演色指數較好，更適用於白光照明。

2006 年 G. Cheng 等人發表利用紅色 $(ppq)_2$ Ir (acac)、綠色 Ir $(ppy)_3$、藍色 FIrpic 三種發光材料摻摻入於主體材料 CBP 中，來製作三層發光層的白光 OLED 元件[196]。元件結構設計是將藍色發光層置於紅色與綠色發光層中間，藉由調整藍色發光層的厚度，可以使多餘的能量再轉移給綠光或紅光。如圖 4.67 所示，當藍色發光層（FIrpic）的厚度為 30 nm 時，藍光會和紅光綠光有相近的強度，元件的 1931 $CIE_{x,y}$ 色度座標為 (0.44, 0.43)，在 1000 cd/m^2 的亮度下，發光效率可達 17.9 cd/A、η_P 為 6.3 lm/W。而當亮度由 2000 cd/m^2 增加至 40000 cd/m^2 時，元件的 1931 $CIE_{x,y}$ 會由 (0.43, 0.44) 略為變化至 (0.40, 0.43)。

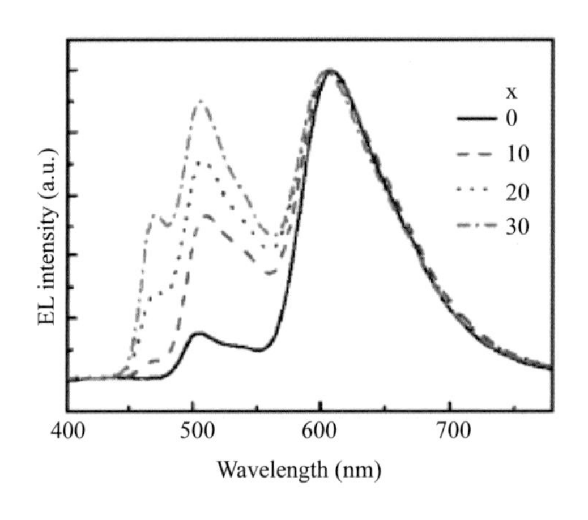

圖 4.67 不同藍光發光層厚度的電激發放光波譜[196]

2007 年，S. R. Forrest 等人利用紅 PQIr [iridium (III) bis (2-phenylquinolyl-*N*, C^2) acetylacetonate]、綠 [Ir (ppy)$_3$]、藍 Fir6 三種發光材料，分別摻摻入於 TCTA、mCP、UGH2 [*p*-bis-(triphenylsilyly) benzene] 等主體材料中[197]，元件結構與電激發光光譜如圖 4.68 所示，於元件外部搭配微透鏡結構來提升元件的出光效率，元件在 1000 cd/m^2 的亮度下，η_P 可達 34 lm/W 和 η_{ext} 22 %，元件 1931 CIE$_{x,\,y}$ 為 (0.37, 0.41)，CRI 可達 81。

高能量藍光通常是組成白光最重要的波段，雖然如此，相較於綠色與紅色磷光材料，藍光材料仍是今日最大的挑戰與瓶頸。有鑑於此，許多文獻對於藍光發光層有更深入的研究與探討。2007 年的 SID 國際顯示資訊會議中，Konica Minolta 公司利用新式藍色磷光材料，並利用元件結構來提升載子再結合率，再於元件外部加上一個擴散片提升出光效率，製作出在 1000 cd/m^2 的亮度下，η_P 高達 64 lm/W，$\eta_{ext.}$ 為 34 % 的高效率磷光白光元件[198]，但其藍光材料的結構還未公開，與出光興業策略雷同，是為遺憾。

X. M. Yu 等人也開發出新的黃色磷光材料 Ir (Flpy)$_3$，當此黃色材料摻入於 CBP 時，放光波譜為 548 nm，且光色不會隨著摻入濃度而改變，1931 CIE$_{x,\,y}$ 為 (0.44, 0.55)，元件的發光效率也高達 35.1 cd/A。因為 Ir (Flpy)$_3$ 的放光波

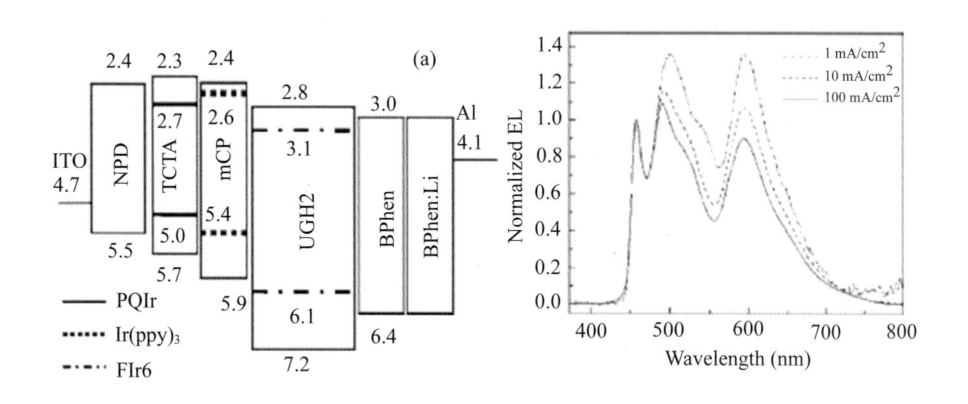

圖 4.68　（左）元件結構與能階關係圖（右）電激發光光譜[197]

譜正好位在綠光及紅光之間，因此可以搭配紅、綠、藍三色的材料來製作四波段（tetra-chromatic）的飽和白光元件[199]。其藍色發光層是 FIrpic、紅色發光層 $(Btp)_2$ Ir (acac)、黃光使用黃色磷光材料 Ir $(Flpy)_3$、綠色發光層 Ir $(ppy)_3$， 並使用 TPBI 為電洞阻擋層置於紅光與黃光發光層中間，因 TPBI 具有較高的電子遷移率（electron mobility），和電洞阻擋能力（LUMO 為 6.3 eV）。在 168 cd/m^2 的亮度下，元件的最高發光效率可達 24.6 cd/A，當亮度提升到 10834 cd/m^2 時，效率仍可保持在 17.2 cd/A。圖 4.69 為元件在 12 V 操作電壓下的電激發光光圖譜，1931 $CIE_{x, y}$ 為 (0.39, 0.41)，CRI 演色性指數更高達 86，相對色溫（correlated color temperature）為 3864 K。

另外，Young-Seo Park 和 Jang-Joo Kim 等人的研發團隊則使用新型的黃綠光磷光摻摻入材料 Ir $(chpy)_3$ [tris-fac-(2-cyclohexenylpyridine) iridium (III)] 和 Ir $(mchpy)_3$ {tris-fac-[2-(3-methylcyclohex-1-enyl) pyridine] iridium (III)} 取代常用的綠光磷光摻摻入材料 Ir $(piq)_3$。白光結構如圖 4.70。使用了 Ir $(chpy)_3$ (device 1) 和 Ir $(mchpy)_3$ (device 2) 的元件因為其中的摻入材料比起主體材料 CBP 有較高的 LUMO 和 HOME 能階，使得綠光發光層能有效的侷限電洞且成為電子分散中心（electron scattering centers），此一特性造就了高穩定的白光元件，其

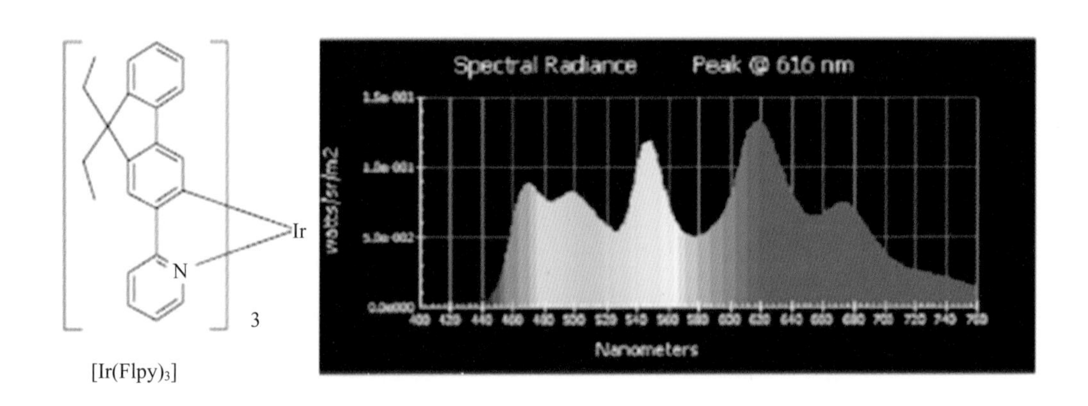

圖 4.69 （左）[Ir $(Flpy)_3$] 黃光磷光材料（右）四波段元件的電激發放光波譜——BRTYG 結構[199]

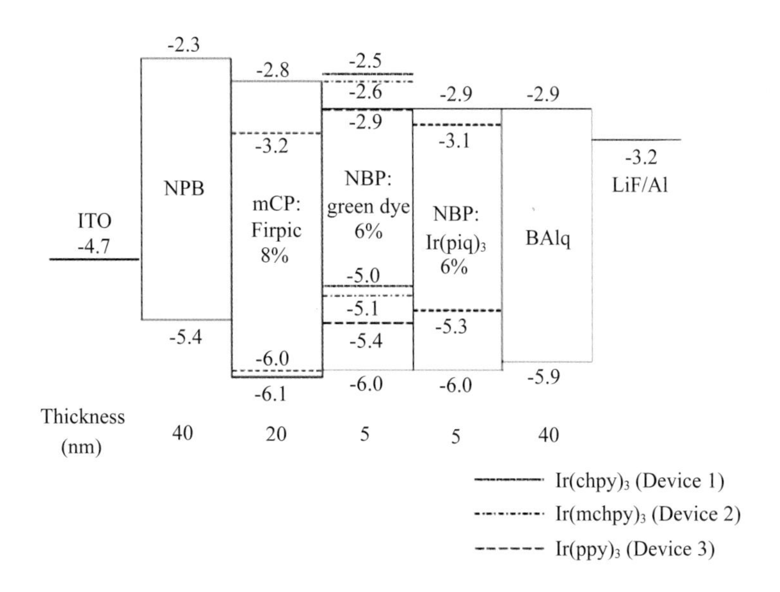

圖 4.70　使用不同綠光摻摻入材料的白光元件結構圖[200]

1931 $CIE_{x,y}$ 座標色偏如圖 4.72。兩種使用不同綠光摻摻入材料 Ir $(mchpy)_3$ 和 Ir $(mchpy)_3$ 的白光元件在 1000 cd/m^2 發光效率各達 21.4 cd/A 和 22.3 cd/A，η_{ext} 為 10.5% 和 10.8%[198]。

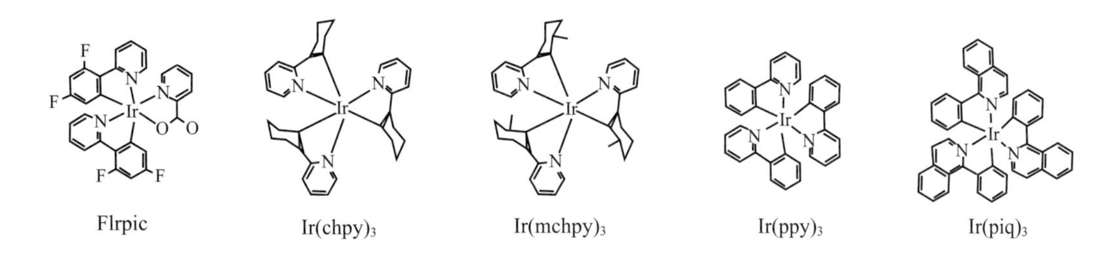

圖 4.71　白光結構中主要材料化學結構[200]

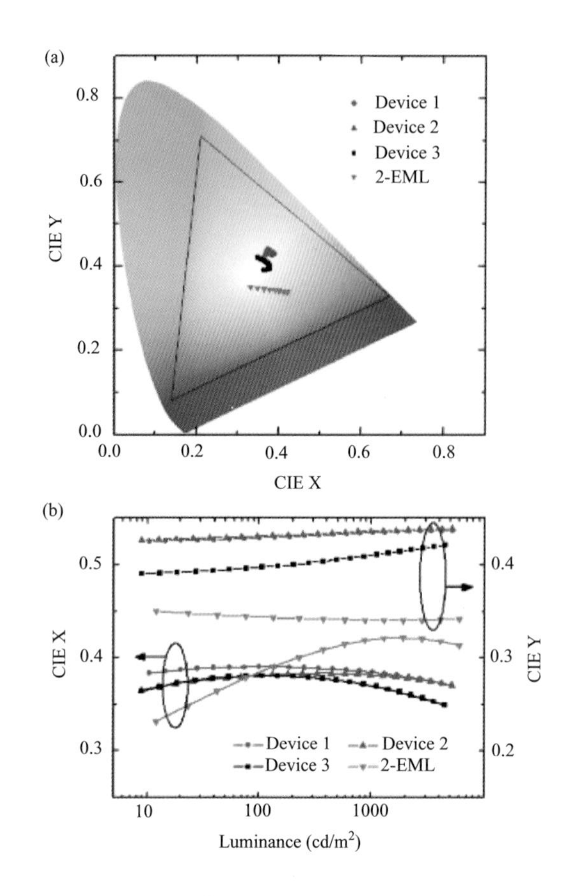

圖 4.72　1931 $CIE_{x,\,y}$ 值在 10～5000 cd/m^2 下的色偏移，device 1、device2 和 device3 分別為使用 Ir (chpy)$_3$、Ir (mchpy)$_3$ 和 Ir (piq)$_3$ 的白光元件，2-EML 則是指未使用紅光發光層的元件，其結構如下：ITO/NPB (40 nm)/mCP: 8% FIrpic (25 nm)/CBP: 6% Ir (piq)$_3$ (5 nm)/BAlq (40 nm)/LiF (1 nm)/Al (100 nm).[200]

2008 年美國的 Universal Display 公司（UDC）與韓國 LG Display 合作，發表了高生命期的三波段白光元件[201]，其方法為：將磷光黃光與紅材料摻入於同一層，另一發光層以磷光藍光材料搭配，兩發光層使用相同的主體材料，如圖 4.73。此結構能將載子的再結合區侷限於兩發光層介面，且其單一主體材料也能當作電子傳輸材料使用，大幅的降低了三波段白光元件在製程上困難也達到節省成本的目的。在初始亮度為 1000 nits 的狀態下元件的半衰生命期（LT50）超過 20 萬小時，若搭配外部增量膜的使用 η_P 為 30 lm/W，1931 $CIE_{x,\,y}$ 為 (0.45, 0.46)。

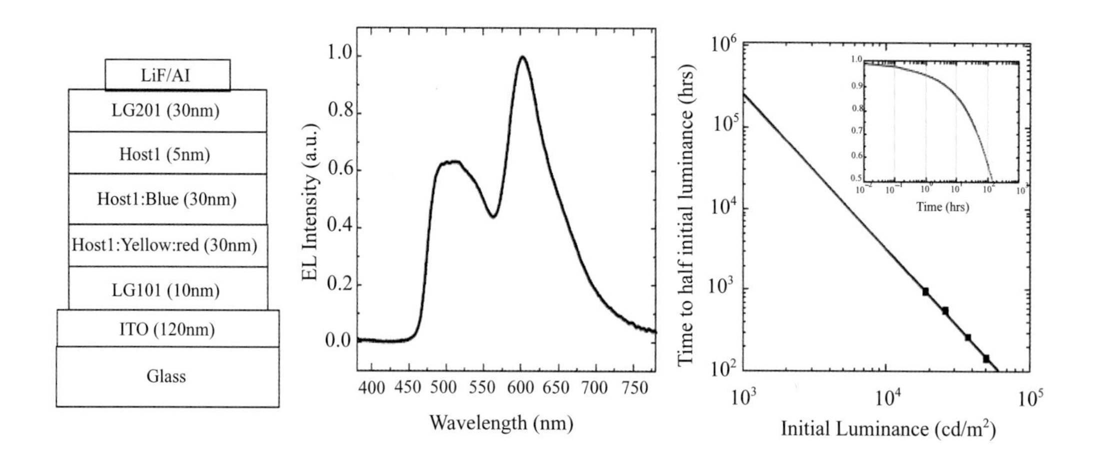

圖 4.73　（左）元件結構（中）電激發光光譜圖（右）於不同初始亮度的半衰週期，右上插圖為初始亮度 5000 nits 時亮度隨時間變化圖[201]

此外，Qi Wang，和馬東閣等人也設計出一種良好的白光結構，運用單一種的主體材料 mCP 分別摻入藍、綠、紅光的磷光客發光體 FIrpic、Ir (ppy)$_3$、(PPQ)$_2$ Ir (acac) [bis (2, 4-diphenylquinolyl-N, C20) iridium (acetylacetonate)]。此種 R-G-B 白光元件的結構及其效能如圖 4.74 所示。此元件最大 η_{ext} 可達到 20.1%，比起單一顏色的最大 η_{ext} 高得多（R、G、B 的單色光元件的最大 η_{ext} 分別是 6.0%、10.8% 和 13.3%），證明了 R-G-B 的白光元件激發子皆存在於三層發光層中，且三重態和電荷載子造成的能量損耗非常的小。使用此單一種主體材料可以減少能量在不同材料傳遞過程中所的消耗。此 R-G-B 白光元件的 η_P 最高可達 41.3 lm/W，CRI 指數為 85。但在 500 cd/m^2 到 10,000 cd/m^2（操作電壓從 6V 到 12V）的亮度下 1931 CIE$_{x,\,y}$ x 座標由 0.38 到 0.39、1931 CIE$_{x,\,y}$ y 座標由 0.45 到 0.44 間飄移，此現象很可以從白光元件電激發光光譜圖中明顯看出，原因是紅光材料 (PPQ)$_2$ Ir (acac) 隨電壓增加價荷載子陷阱的行為也增加。為穩定白光光色，該研發團隊又設計了一種 RG-B 白光元件，和之前的 R-G-B 元件主要差別即在於將綠光和紅光材料共同摻入於同一主體發光層，使用這種方法可以使 (PPQ)$_2$ Ir (acac) 以自身電荷補抓的方式放光，藉此穩定光色。此種

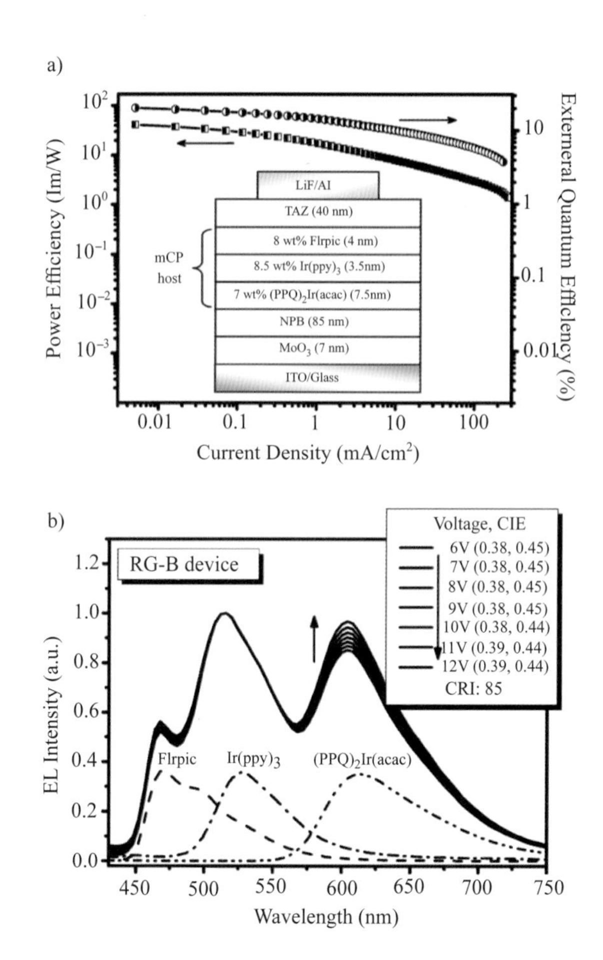

圖 4.74 R-G-B 白光元件（上）元件結構及外部量子效率和功率效率對電流密度（下）元件電激發光光譜圖隨電壓變化[202]

RG-B 白光元件的結構及其效能如圖 4.75。圖 4.76 是 RG-B 白光元件中三種客發光體間的能量轉移及放光示意圖。此白光元件最大 η_{ext} 和 η_P 分別為 19.1% 和 37.3 lm/W，CRI 演色指標為 80，而 1931 $CIE_{x,\,y}$ 座標在不同操作電壓下皆可維持 (0.39, 0.42) 的穩定值[202]。

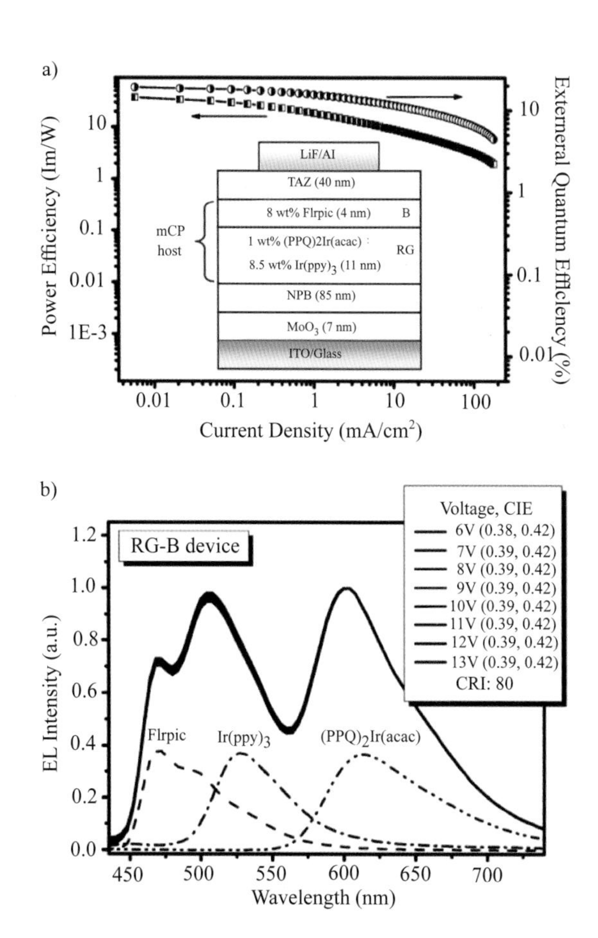

圖 4.75　RG-B 白光元件的（上）元件結構及 η_{ext} 和 η_P 對電流密度做圖（下）元件電激發光光譜圖隨電壓變化[202]

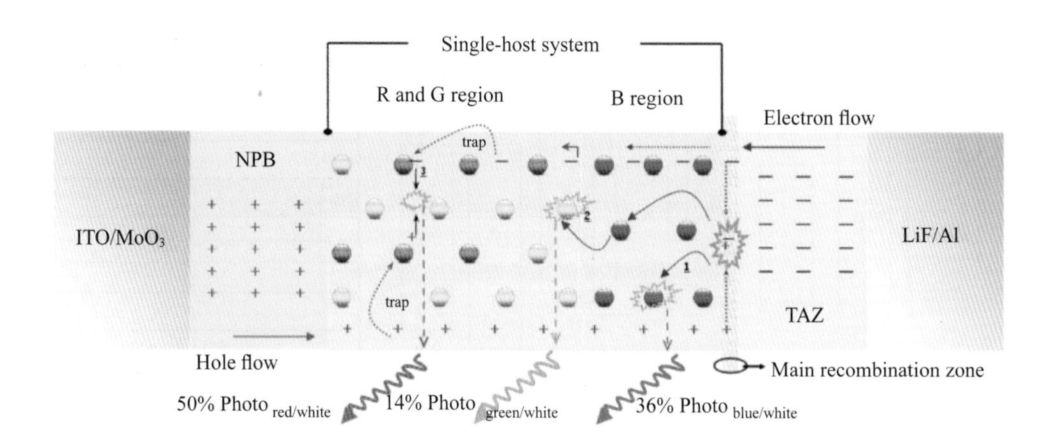

圖 4.76　RG-B 白光元件的發光機制示意圖：能量由 mCP 傳至 FIrpic 是藍光主要放光機制；經由 mCP-FIrpic-Ir (ppy)$_3$ 是綠光的主要放光機制；電子和電洞的捕抓是紅光的主要放光機制[202]

同樣是將藍光與紅綠光共摻入發光層，Kyoung Soo Yook 等人使用綠光磷光材料 Ir (ppy)$_3$ 與紅光磷光材料 Ir (pq)$_2$acac 共摻入於 TCTA 與 TAZ 的混合式主發光層中，其中 TCTA 是良好的電洞傳輸材料，TAZ 則是良好的電子傳輸材料；而藍光發光層則是使用 tris ((3, 5-difluoro-4-cyanophenyl) pyridine) iridium (FCNIr) 摻入於 mCP 主體材料中，可發出 1931 CIE$_{x, y}$ (0.15, 0.16) 的單色深藍光色，因為 mCP 與 FCNIr 有 0.4eV 的能階差而使得電子捕捉現象顯著，因此藍光放光強[203]。白光結構如圖 4.77，此白光元件發光效率與功 η_P 分別可達 28 cd/A 和 18.1 lm/W，1931 CIE$_{x, y}$ 為 (0.29, 0.31)。

於 2009 國際顯示製程會議（IDMC）Universal Display 公司（UDC）提出了高效率的白光元件。於電洞傳輸材料中摻入黃光與紅光磷光發光材料，其關鍵在於該元件搭配了新的藍光主體材料造成非常低的驅動電壓。藉由調整發光層厚度和載子平衡可得到純度較高的白光，並展現了良好的 Lambertian 光源特性，如圖 4.78 所示。配合外部增量技術，在 1000 nits 時兩元件最高 η_P 為 89

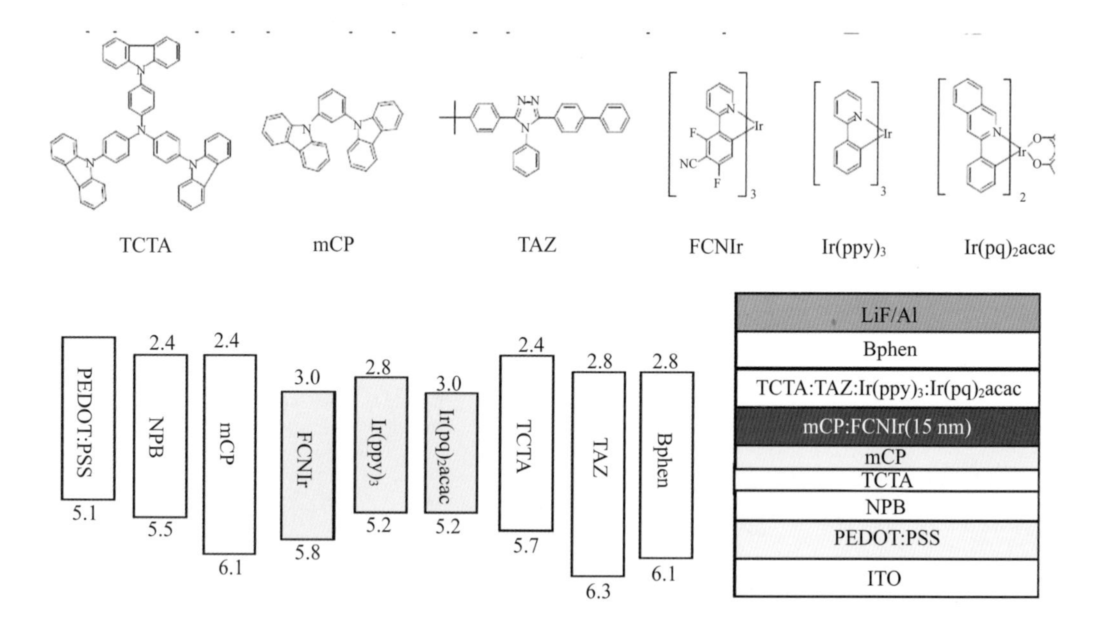

圖 4.77　（上）白光元件材料的主要化學結構式（下）左為各種材料的能階示意圖，右為白光元件的結構圖[203]

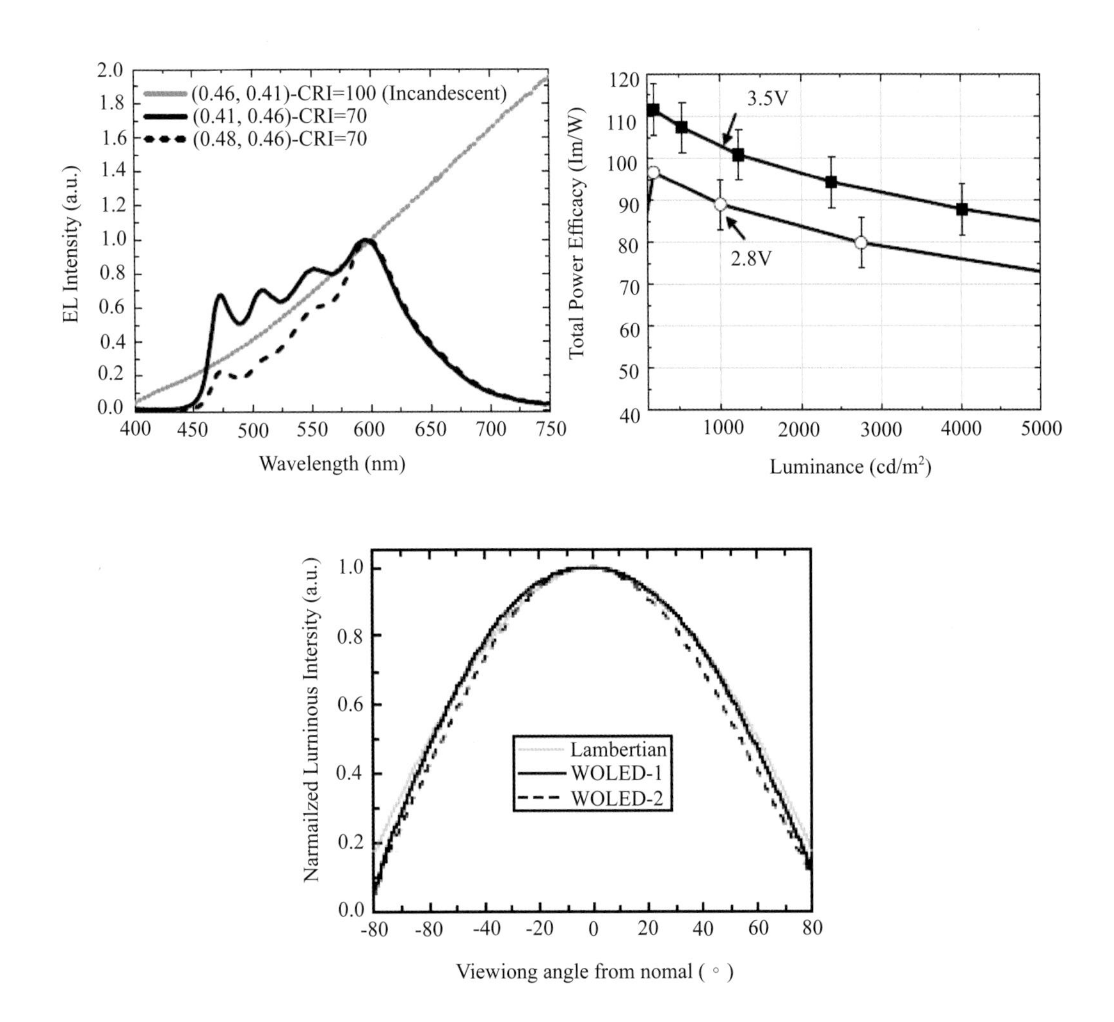

圖 4.78　（上左）元件電激發放光波譜與一般白熾燈泡比較圖（上右）於不同驅動電壓下 η_P 變化（下）放光強度隨視角變化[204]

lm/W 和 102 lm/W，驅動電壓僅 2.8 V 和 3.5 V，相對色溫約 2800-3900 K，CRI 值約 70，初始亮度 1000 nits 下半衰生命期各為 8 千和 5 千小時[202]。

雖然三波段或多波段的磷光白光 OLED 元件可以達到較高的效率與演色性，但製程的複雜性也隨著元件結構中層數的增加而提升，且元件在長時間操作的情形下，容易因為各種發光層材料本身劣化的壽命並不一致，造成元件光色的改變；另外在多層的白光結構中，為了防止結合區移動所造成的光色偏移情形，多半會在元件結構中加入電洞阻擋層來增加載子再結合的效率，但也因為這些電洞阻擋材料本身的 HOMO 能階較大（約 6.5 eV），因而提高了元件的操作電壓。

4.10.2 多摻雜發光層（Multiple dopants emissive layers）白光元件

另一個製備白光的方法可用數個摻入物混合在單一主體材料中，利用不完全能量轉換的原理使元件呈現不同「混合」的顏色[205]；或是使用會產生活化雙體或活化錯合物的材料摻入在單一發光層中來製作出白光元件。

4.10.2.1 雙波段或多波段多摻入發光白光元件

使用兩種摻入材料於單一主發光層而構成雙波段白光的電激發光光圖譜如圖 4.79，該元件於能隙較大的 mCP 中，共摻入藍光發光材料 FIrpic 和紅光磷光發光材料 Os $(bpftz)_2$ $(PPh_2Me)_2$，其中 bpftz 表示 3-trifluoromethyl-5-(4-tert-butyl-2-pyridyl) triazolate, PPh_2Me 表示 monodentate phosphine ligand，元件結構和 Os 錯合物化學結構如圖 4.79。Os 錯合物能幫助發光層中電子與電洞的注入

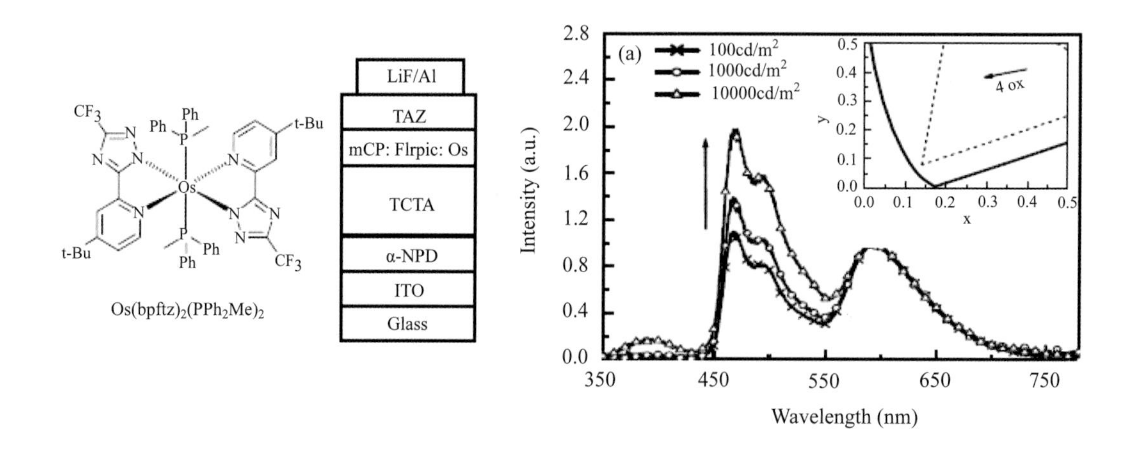

圖 4.79 （左）Os $(bpftz)_2$ $(PPh_2Me)_2$ 的化學結構（中）元件結構（右）電激放光波譜隨電流密度之變化，右上插圖為 $CIE_{x,y}$ 座標之偏移[206]

與傳輸平衡，但從 100 cd/m^2 到 1000 cd/m^2 1931 CIE$_{x,y}$ 會從 (0.388, 0.363) 偏移至 (0.315, 0.348)，此原因在於高電流密度時能量由 FIrpic 轉移至 Os 錯合物的效率降低，使得光色呈現藍位移的現象。即使如此，在 100 cd/m^2 時元件能達到 47.5 lm/W 且 η_{ext} 為 28.8%[206]。

Qi Wang 等人使用 FIrpic 和橘光摻入材料 (fbi)$_2$ Ir (acac) 摻入於 mCP 中，並使用 TCTA 為電子阻擋層，其中 FIrpic 的主要發光機制為主客發光體的能量轉移方式，而 (fbi)$_2$ Ir (acac) 扮演了電洞捕捉和幫助電子注入發光層的重要腳色，是導致此高效率元件的重要因素，藉著 FIrpic 和 (fbi)$_2$ Ir (acac) 各自扮演的放光機制，該元件在 0.015 mA/cm^2 情況下達到最大 η_{ext} 為 19.3%，於 100 cd/m^2 時降至 16.1%，最大 η_P 為 42.5 lm/W，如圖 4.80[207]。

韓國的 Jonghee Lee 等人則提出了利用多摻入的白光發光層結構，可以降低元件的驅動電壓和解決「效率滾降」問題，原理是在主體材料使用幫助電子傳輸 的材料 UGH3，以及加入能夠幫助電洞傳輸的材料，如 mCP 或

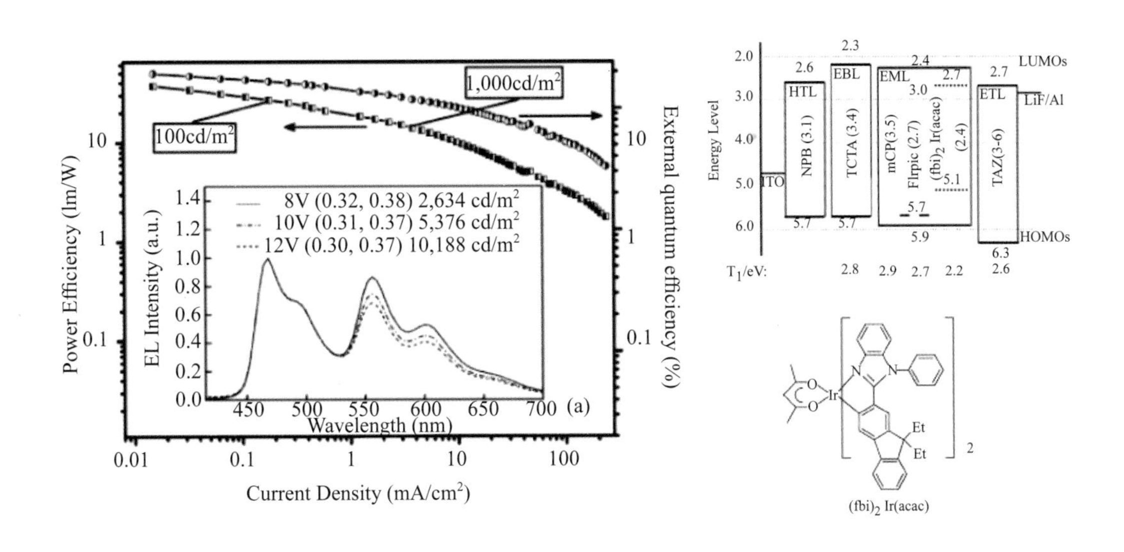

圖 4.80　（左）元件效率與電激發光光譜圖（右）上為元件能階圖，下為 (fbi)$_2$ Ir (acac) 化學結構圖[207]

TCTA [208]。主體發光層使用 50% 的 UGH3 和 50% 的 TCTA 共摻入藍光發光材料 FIrpic 和磷光橘光發光材料 Ir $(Bt)_2$ (acac) [bis (2-phenylbenxothiozolato-N, C2') iridium III (acetylacetonate)] 可得到最好的電性和元件效率，元件結構如圖 4.81。在 1000 cd/m^2 的亮度下 η_P 為 37 lm/W，1931 $CIE_{x,y}$ 值為 (0.38, 0.45)。

圖 4.82 為單發光層三波段磷光白光 OLED 元件，其中包含了三種磷光摻入物：PQIr 提供紅色光，Ir $(ppy)_3$ 發綠光，FIr6 則是發藍光，此三個摻入物是同時蒸鍍到一能隙超大的 UGH2 主體材料中，將 FIr6 摻入在主體材料 UGH2 中的藍光元件顯示出，電荷是直接注入到 FIr6 中，而激子也是在 FIr6 上形成，直接形成三重態激子的過程可避免掉能量交換的損失，而此種能量交換的損失常見於一般紅、綠、藍光磷光 OLEDs 中[83a]。此外，三摻入物的 WOLED 可達到較高的 η_{ext}，因為它使用了很薄的發光層來降低電壓和侷限電荷和激子在發光層中。將電荷和激子限制在發光層中可降低發光層中任一物質的能量損失。圖 4.82 為此元件的能階圖，而電荷的侷限效果是取決於發光層和鄰近層

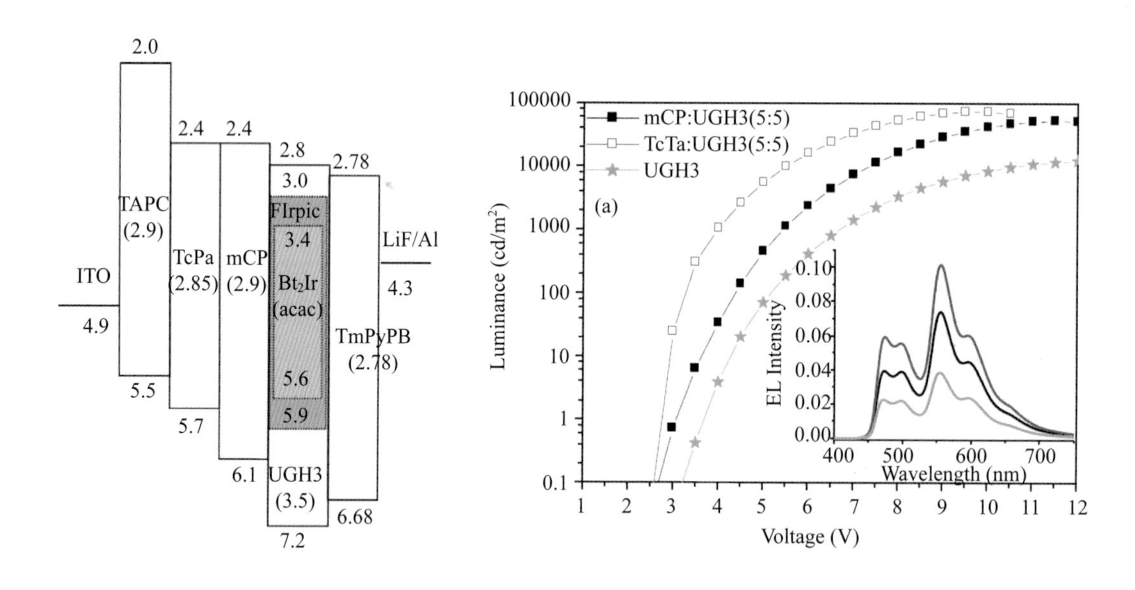

圖 4.81 （左）白光元件材料間的能階差（右）白光元件的電壓對亮度做圖，插圖為電激發光光譜圖：黑線代表主體發光層是 mCP+UGH3、紅線代表主體發光層是 mCP+UGH3、綠線代表主體發光層 UGH3[208]

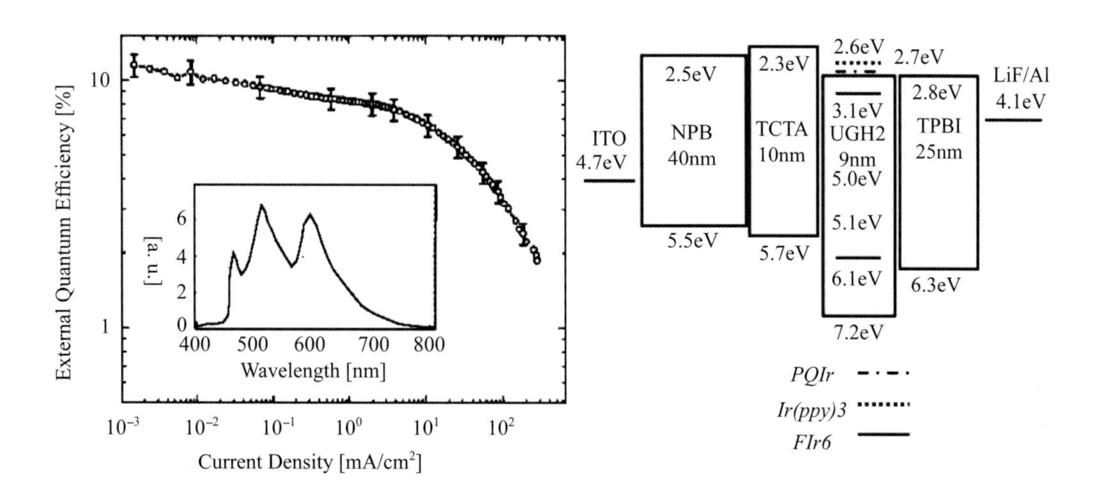

圖 4.82　（左）元件的 η_{ext} 對電流密度做圖，內圖為元件的電激發光光譜圖（右）元件能階圖[83a]

之 HOMO 軌域和 LUMO 軌域的差，圖中 TCTA 的 LUMO 大約比摻入物和主體材料大 0.3 eV，因此可防止電子從發光層中漏出，此外，FIr6 的 HOMO 為 6.1 eV，而 TPBI 為 6.3 eV，兩者相差 0.2 eV，可有效阻擋電洞穿越介面，而激子由發光層擴散到電子和電洞傳輸層亦可藉著使用能隙大於藍光摻入物的材料來避免，在此，TCTA 和 TPBI 的能隙各是 3.4 和 3.5 eV，已比藍光能隙還大，這些阻擋可改善這只有 9 nm 厚的發光層的電荷平衡，亦即再結合效率增加，提高 η_{ext}，最大 η_{ext} 可達 12%。此白光元件的 CRI 高於 75，1931 $CIE_{x,y}$ 座標為 (0.40, 0.46)。

UDC 公司於 2007 年 SID 會議也提出了三波段的磷光共摻入白光照明 OLED，做法是將藍色、紅色和綠色三種發光材料摻入於一主體材料，由於只使用單一發光層能降低元件的操作電壓，且相較於多發光層白光元件，可避免在不同主體材料間能量轉移的浪費，結構如圖 4.83。在使用外部增亮膜的情況之下，於 100 cd/m² 最高 η_P 為 51 lm/W，η_{ext} 為 37%[209]。

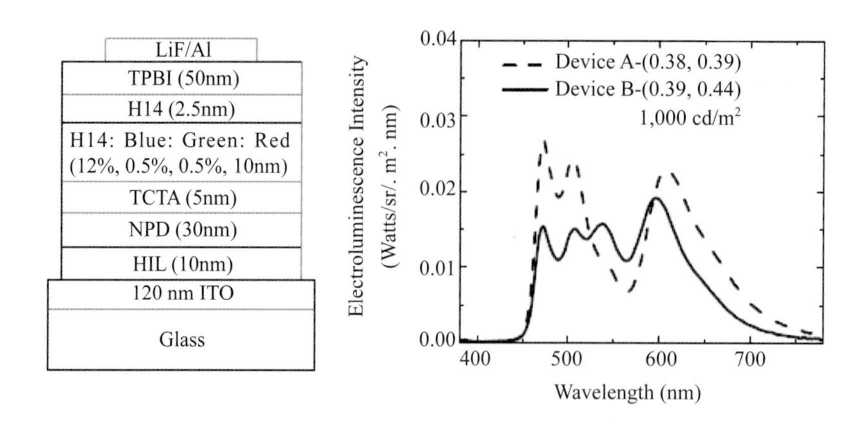

圖 4.83 （左）元件結構（右）電激發光光譜圖（device B）[209]

比較特別的是，在多摻入發光層白光系統的元件中，Sang-Hyun Eom 和 Franky So 等人提出了一種導入 *p-i-n* 結構的「雙白光發光層」磷光系統，其結構如下：ITO/MeO-TPD {N, N'-diphenyl-N, N'-bis (3-methylphenyl)-[1, 1'-biphenyl]-4, 4'-diamine}+2 mol% F4-TCNQ (tetrafluoro-tetracyanoquinodimethane)/MeO-TPD/EML/3TPYMB {tris[3-(3-pyridyl) mesityl] borane}/3TPYMB + 0.3 mol% Cs /LiF/Al，其中 MeO-TPD+ F4-TCNQ 及 3TPYMB + Cs 分別擔任 *p* 型電洞傳輸和 *n* 型電子傳輸層；而所謂的雙白光發光層是指將磷光藍光、綠光和紅光材料 FIr6、Ir $(ppy)_3$ 和 PQI 共摻入於 mCP 和 UGH2 兩種能隙較大的主體發光層，如此就有兩層能發射白光的發光層，是謂雙白光發光層[210]。其中主要的摻入材料化學結構和雙白光發光層中各種材料分子間的能量轉移方式如圖 4.84 所示。此白光元件最高 η_{ext} 為 18 ± 1%，最高 η_P 為 40 ± 2 lm/W，CRI 演色指數為 79，此外，如圖 4.85，在 10 cd/m^2 時 1931 CIE$_{x, y}$ 座標為 (0.39, 0.41)，在 1000 cd/m^2 時為 (0.35, 0.40)。

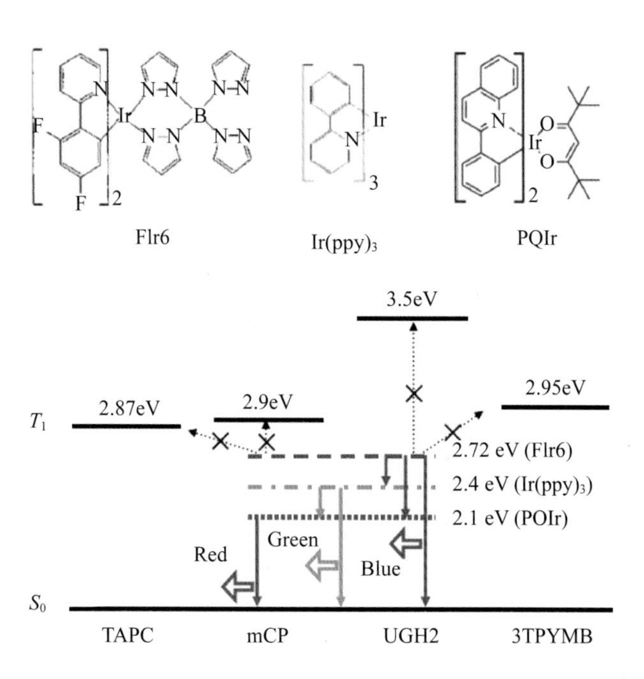

圖 4.84 （上）主要材料材料化學結構（下）雙白光發光層分子間的能量轉移方式[210]

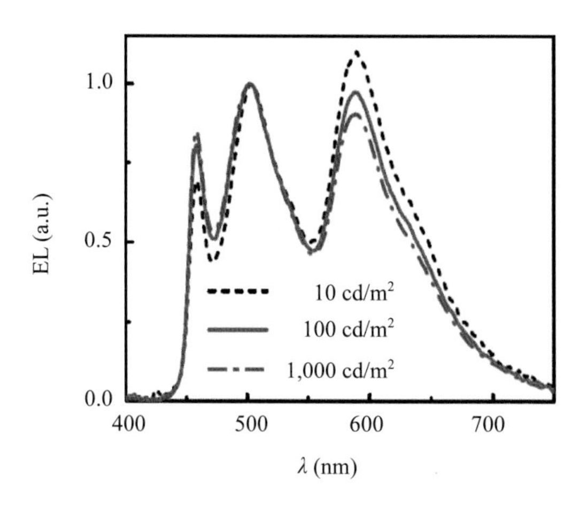

圖 4.85 白光結構在不同亮度下的電激發光光譜圖[210]

這種三摻入物白光元件的好處是白光光色在元件操作期間可能不會改變（亦即不會像多重發光層白光元件一樣會有不同摻入物光色老化的問題），但前提是，必須假設此元件主要是由藍光摻入物在傳導電荷，而它也是唯一激子直接形成的位置，一旦激子形成後，再依能量轉移的方式傳給綠光和紅光的發光體，進而形成均衡的發光光色，因此，當藍光發射隨著操作時間而慢慢變弱，那綠光和紅光應該也要等比例的下降，因為它們的相對放光強度是和藍光發光體直接相關的。

4.10.2.2　利用活化雙體（excimer）和活化錯合物（exciplex）發射的白光元件

用有機分子與鄰近層之分子產生活化錯合物或是利用自身分子產生活化雙體，此類的激發態為較低能量故造成紅位移且寬廣之光譜，因而得到白光 OLED 光譜圖。文獻報導由 FPt1 [platinum (II) (2-(4', 6'-difluoro-phenyl) pyridinato- N, C2') (2, 4-pentanedionate)] 的磷光活化雙體所發出的光，加上藍光單體 FIrpic 的光可形成一個寬波段且有效率的磷光 WOLEDs[209]，相對於活化錯合物，活化雙體是一個處在激發態的分子的波函數和鄰近結構相同的分子重疊所組成。

活化雙體和活化錯合物都沒有固定的基態，而也因此產生了一種獨特的方式，可使能量有效率地由主體材料傳送到發光中心，舉例來說，因為活化雙體不具有固定的基態，因此能量就無法由主體材料和高能量的摻入物傳送給低能量活化雙體的摻入物，複雜的分子間作用力也可以消除因為使用多個摻入物所造成的光色均衡問題。因此，磷光活化雙體 WOLEDs 只需一個或最多二個摻入物，就可以形成包含整個可見光區域的放射了。

由圖 4.86 的螢光放射圖譜可以看出，當 CBP 摻入 1 wt.% FPt1 (Film 2)，在 390 nm 有一明顯的放光光譜來自於 CBP，而在 470、500 nm 的兩個放光峰值來自於 FPt1 單體（monomer）的放光；當 FPt1 濃度增加至 7 wt.% (Film 3)，會有一個發橘黃光的波形出現，波峰在 570 nm 左右，且在如此高的濃度之下，CBP

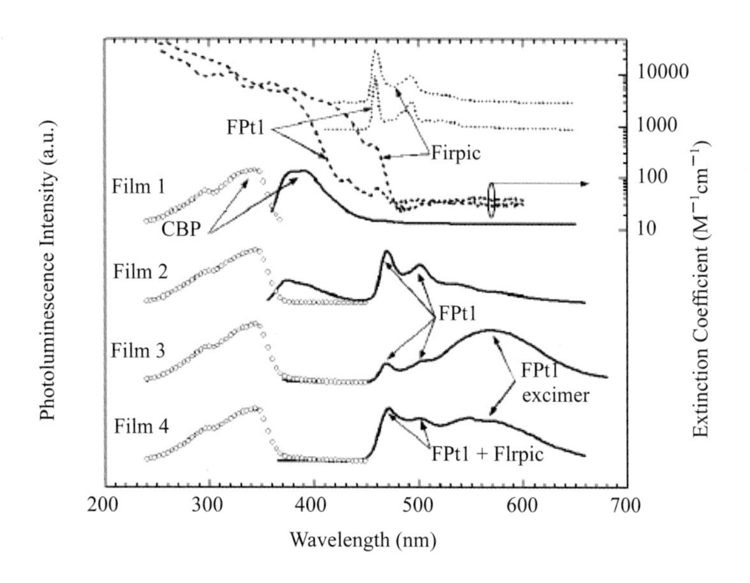

圖 4.86　多種薄膜的光激發放光光譜[211]

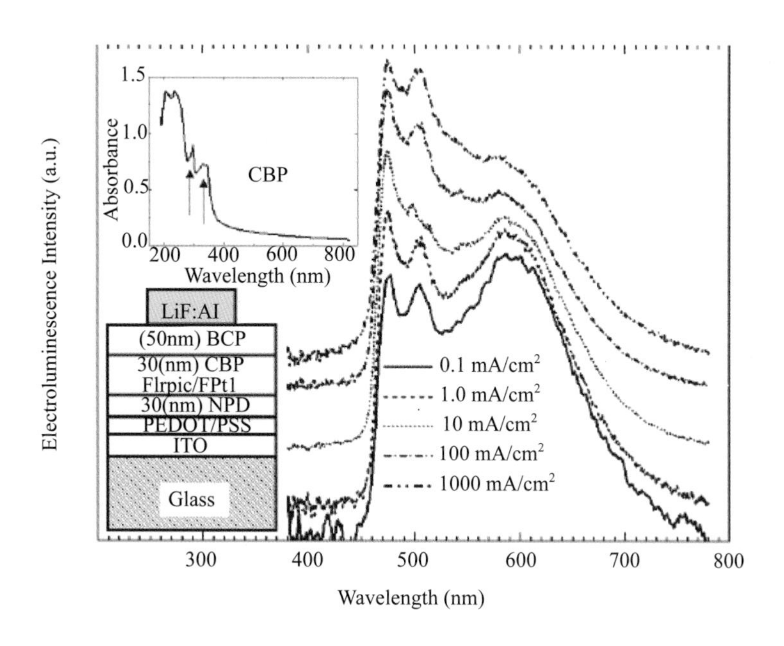

圖 4.87　以活化錯合物的方式以達成一全波段的白光之電激發放光波譜（內圖）元件結構 / CBP 的吸收波譜[211]

所發出來的光譜已經完全驟熄，最後當 CBP 共同摻入了 6 wt.% FIrpic 和 6 wt.% FPt1，FIrpic 的放光在 472 nm 以及 500nm，FPt1 活化錯合物波峰在 570nm 的放光波形（Film 4）。因此，磷光活化雙體白光元件只需一個或最多二個摻入物，就可以形成包含整個可見光區域的放射，圖 4.88 為這種單摻入物活化雙體（FPt1）元件的元件結構與電激發光光圖譜，此兩種光色混和可以得到近似於白光的光色，1931 $CIE_{x,y}$ 色座標位置在 (0.33, 0.44)。此元件的發光效率由 1000 cd/m^2 的 $\eta_P = 4.1 \pm 0.4$ lm/W 降低為在 10000 cd/m^2 時的 1.2 ± 0.1 lm/W，而最大 $\eta_P = 11 \pm 1$ lm/W 是發生在低亮度時。

Massimo Cocchi 等人將 PtL^2Cl {platinum II [methyl-3, 5-di (2-pyridyl) benzoate] chloride} 摻入於 75% 的 TPD {N, N’-diphenyl-N, N’-bis (3-methylphenyl)- [1, 1’-biphenyl]-4, 4’-diamine}，和 25% 的 PC（bisphenol-A-polycarbonate）混合主體發光層中，TPD 是一良好的電洞傳輸材料，使用此種混合型發光層可以有效的防止分子的擴散及其結晶化。此外，將發光層至於 CBP 和 OXA {3, 5-bis [5-(4-tert-butylphenyl)-1, 3, 4-oxadiazol-2-yl]-benzene} 兩有機層中間也可侷限激子以達到增加發光效率的目的[212]。此種白光結構和主要材料的化學結構式如圖 4.88。在不同濃度的 PtL^2Cl 摻入下，元件所發出的光色也有所不同，濃度隨光色的變化如圖 4.89 所示；在 PtL^2Cl 摻入 15% 的濃度下，1931 $CIE_{x,y}$ 為 (0.43, 0.43)，於 80 mA/cm^2 電流密度下亮度可達 7000 cd/m^2。此白光元件最大的特色是可以大幅減少 η_{ext} 隨著亮度增加而降低的問題，例如在 10 cd/m^2 時 η_{ext} 為 $15.2 \pm 0.2\%$，到了 1000 cd/m^2 時 η_{ext} 僅下降至 $13.5 \pm 0.2\%$。

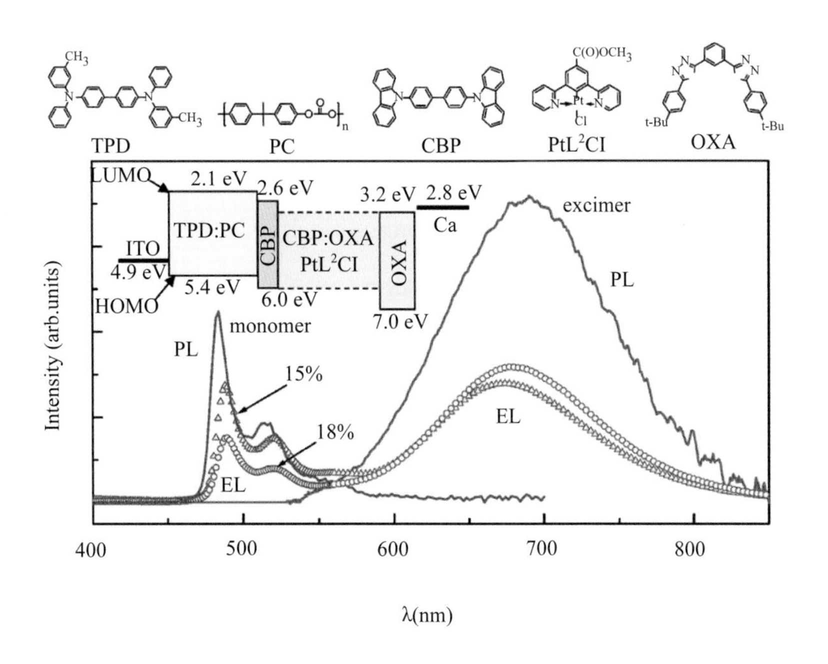

圖 4.88　（上）各種化學結構式（下）活化雙體和活化錯合物的光激發光譜（PL）以及不同 PtL^2Cl 濃度下白光元件的電激發光光譜圖（EL）（插圖）為此種白光元件的結構圖[212]

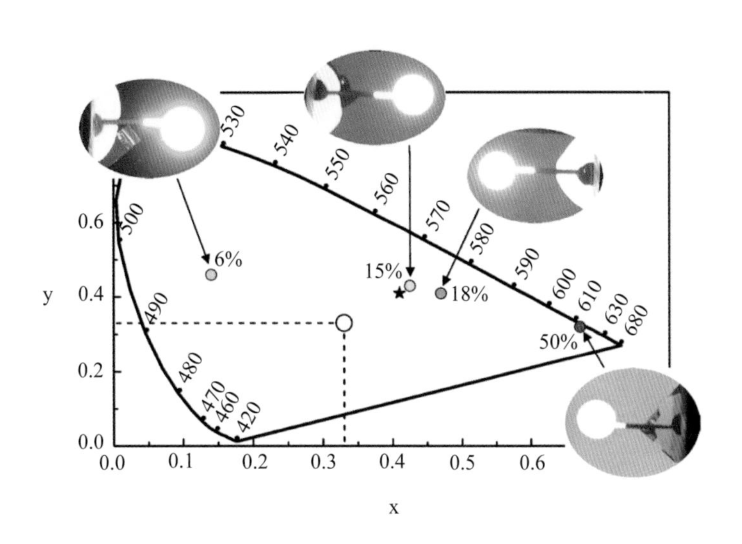

圖 4.89　在不同 PtL^2Cl 濃度下白光元件的 1931 $CIE_{x,y}$ 座標變化[212]

2009 年，Massimo Cocchi 等人又提出了利用 Pt (N^C^N) 系列的合成物 [N^C^N = di (2-pyridinyl) benzene-based tridentate ligands] 包括 PtL^1Cl、$PtL^{21}Cl$、$PtL^{22}Cl$ 和 $PtL^{23}Cl$ 為活化雙體材料，這些材料摻入於 TCTA 中，若為低濃度時電激發光顏色為單體發光的藍綠色（monomeric emission），但當濃度提高時逐漸偏向活化雙體的紅色（excimeric emission），如圖 4.90，在 1931 $CIE_{x,y}$ 座標圖上的極紅和極綠兩點做直線延伸連結，便可發現該線段跨越白光區域，經由適當的濃度調整即可得到白光 OLED。此系列最接近光色座標 (0.33, 0.33) 白光的元件為 15% PtL23Cl 摻入，其 1931 $CIE_{x,y}$ 為 (0.33, 0.38)，此結構在 500cd/m^2 下可達到 29.1 cd/A，1931 $CIE_{x,y}$ 為 18.1%[213]。

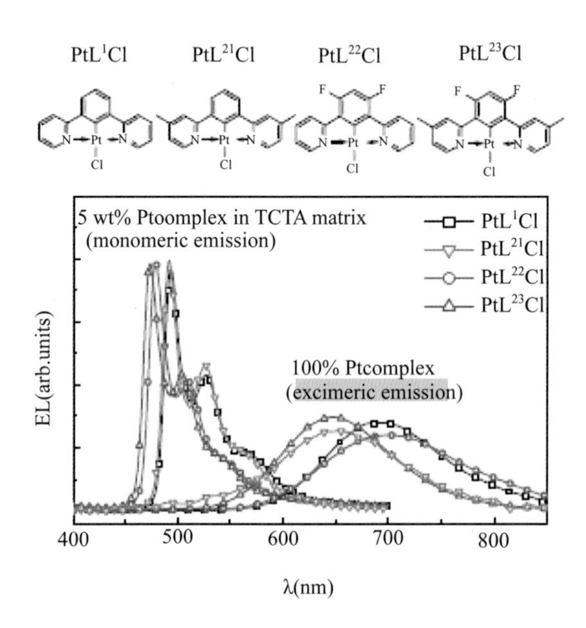

圖 4.90　上為 PtL^1Cl、$PtL^{21}Cl$、$PtL^{22}Cl$ 和 $PtL^{23}Cl$ 的化學結構，下為 5% 和 100% 的電激發光光譜圖。[213]

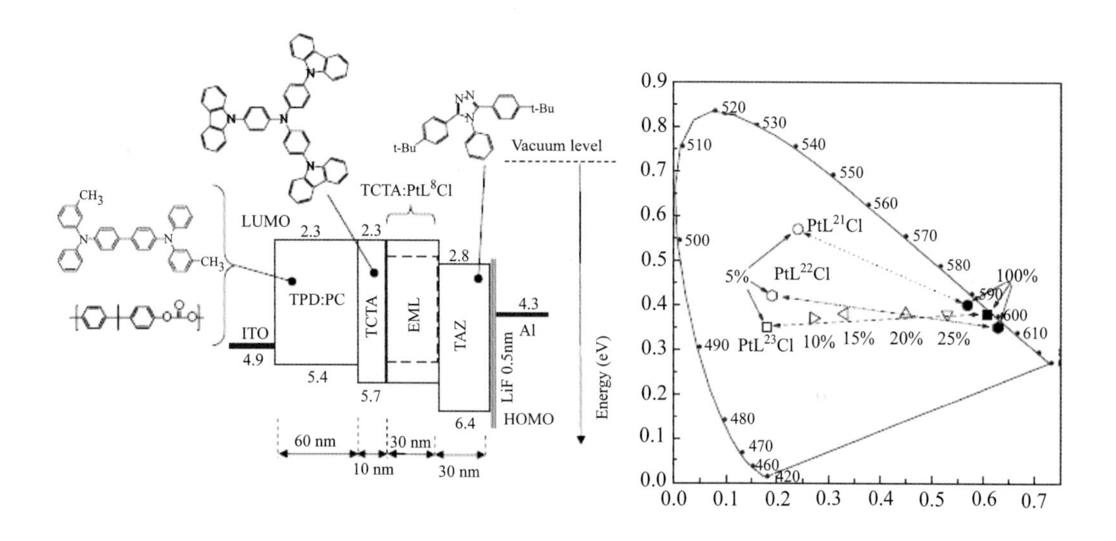

圖 4.91　（左）元件及材料化學結構（右）Pt (N^C^N) 系列元件其不同濃度隨 1931 $CIE_{x,y}$ 的變化[213]

Pt 化合物及其衍伸物是利用活化雙體活化錯合物白光系統中常見的化學材料，Xiaohui Yang 等人利用 2% 的 Pt 衍伸物 Pt-4 [1, 3-difluoro-4, 6-di (2-pyridinyl) benzene] 摻入於 26mCPy [2, 6-bis (N-carbazolyl)] 可發出 1931 $CIE_{x,y}$ 為 (0.18, 0.32) 的藍光，此藍光在 0.7 mA/cm^2 的電流密度下發光效率為 15.4 cd/A。Pt-4 可放出似活化雙體的紅光以及似活單體的藍光光色，利用此一特性所組成的白光元件結構如下：ITO/PEDOT:PSS/TCTA/26mCPy:Pt-4 (8%)/BCP/CsF/Al。此白光從亮度 150 到 1000 cd/m^2 色座標 1931 $CIE_{x,y}$ 僅從 (0.33, 0.36) 偏移至 (0.33, 0.35)，於 0.75 mA/cm^2 時達到最高 η_{ext} 9.3% 以及 η_P 8.2 lm/W[214]。

2009 年，黃維楊與馬東閣博士提出了利用 Pt [PtII ppy-type b-diketonato complexes (Hppy = 2-phenylpyridine)] 的衍生錯合物 Pt-Ge 和 Pt-O 達到超高演色性指數的活化雙體和活化錯合物系統白光，使用此種化合物的主要原因有二：一是 Pt 錯合物不止可以發射綠光光色，也可以發出活化雙體的紅光光色，使得所產生的白光光譜更充足；二是此種錯合物的 LUMO 能階與 NPB 相似，可降低電子從電洞傳輸層 NPB 注入時的能障。此類型的白光結構為：ITO/NPB/10% Pt-Ge (或 Pt-O): CBP/BCP/Alq_3/LiF/Al。當摻入 10% 的 Pt-O 時，

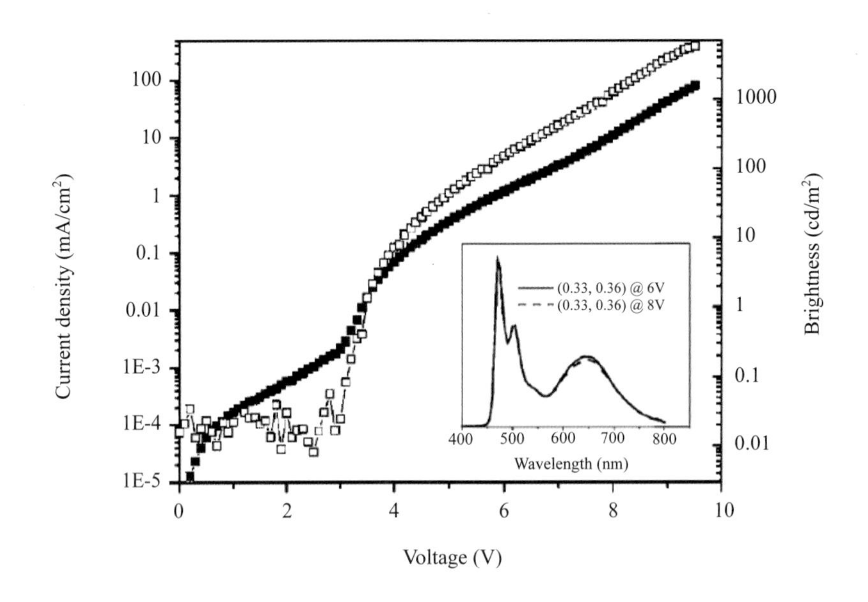

圖 4.92　此白光元件隨電壓改變所對應之電流密度（實心點）及亮度（空心點）[214]

白光元件的 CRI 已可達 90，相對色溫 6428 K，1931 CIE$_{x,\,y}$ 為 (0.313, 0.339)；若摻入 10% Pt-Ge，白光元件 CRI 可達到驚人的 97，相對色溫為 4719K，1931 CIE$_{x,\,y}$ 為 (0.354, 0.360)，此元件因超高的演色性而被稱為「似」陽光的白光光源[215]。

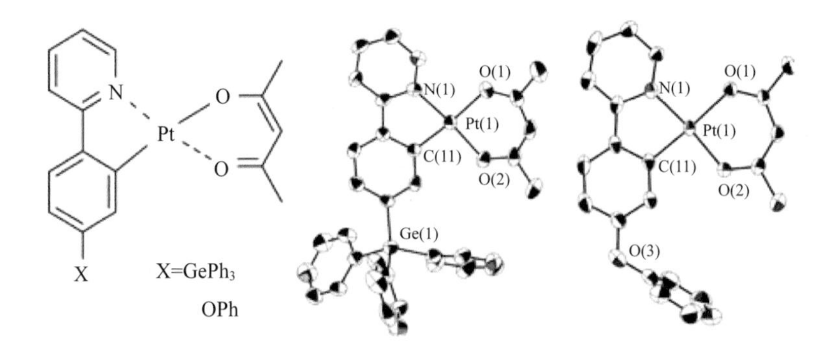

圖 4.93　Pt-Ge 和 Pt-O 的化學結構和 X-ray 結構圖[215]

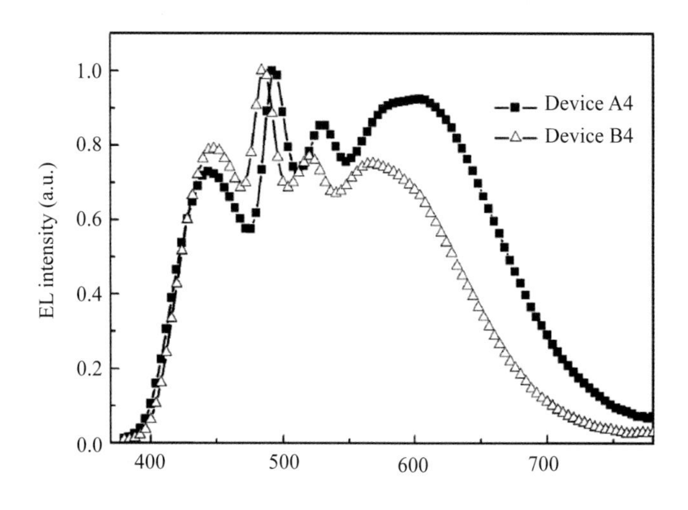

圖 4.94　以 10% 的 Pt-Ge (device A4) 和 Pt-O (device B4) 的電激發光光譜圖[215]

4.10.3　色轉換法（Color conversion）或下轉換法（Down conversion）

1996 年，日亞（Nichia）化學以藍光 LED 晶粒激發 YAG：Ce 螢光粉使其產生黃光，再經由混光以產生白光 LED[216,217]。圖 4.95 顯示此以種方法所產生的無機白光發光二極體光譜圖。

因為這種方法製程較為簡易，且只要色轉換能力夠好，所產生的白光演色性也不差，因此仍大量地被採用。2002 年美國 General Electric 公司的研究部門 GE Global Research 以高分子藍光材料製作藍光 PLED，在基板的另一側塗佈橘色和紅色轉換層，其中染料為 Perylene 的衍生物，其量子效率 > 98%。利用高效率的色轉換層吸收部分的藍光，再轉換成其它顏色，混合後白光的 CRI 為 88，1931 $CIE_{x,y}$ 色座標為 (0.36, 0.36)，η_P 則高達 15 lm/W[218]。

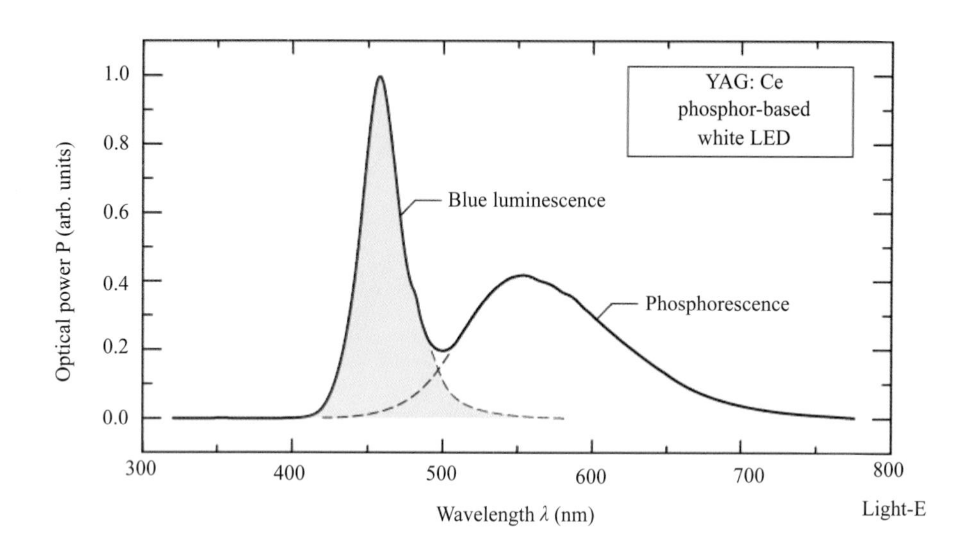

圖 4.95　日亞化學以藍光 LED 晶粒激發 YAG：Ce 螢光粉以產生白光 LED 的電激發放光波譜[217]

2006 年歐司朗（Osram）光電半導體中心也利用天藍色的磷光 FIrpic 元件加上螢光粉材料，來製作白光 OLED 元件[219]。元件的放光圖譜如圖 4.96 所示，藉由調整色轉換層的厚度來調整光色，1931 $CIE_{x,y}$ 色座標為 (0.26, 0.40)。元件的發光效率可達到 39 cd/A，轉將材料吸收和放光效率之間的能量差等因素列入考慮後，最終的轉換效率約為 94%。

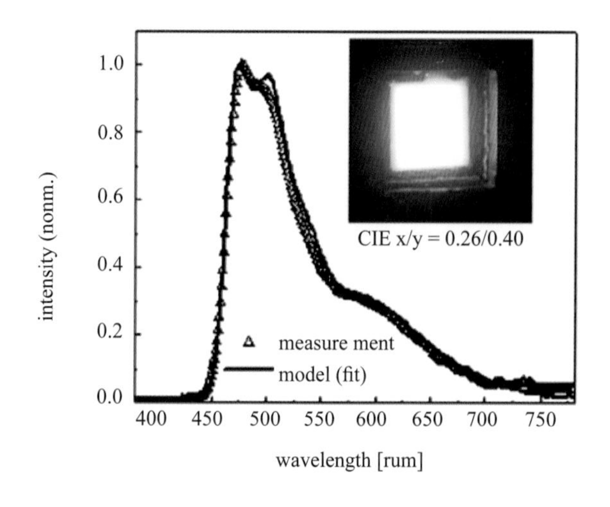

圖 4.96　以天藍光的 OLED 元件加上螢光粉材料進而產生白光的電激發放光波譜[219]

2008 年 A. Mikami 等人則提出了使用超高能階的 OLED 的紫外線波段（UV-OLED）依序激發藍光 CCL（color conversion layer），藍光激發綠光 CCL，綠光再激發紅光 CCL，其中 CCL 厚度由 10 到 1000 μm 不等，圖 4.97 為該結構示意圖。UV-OLED 結構為 ITO/CBP/TAZ/BCP/LiF/Al，TAZ (3, 5-Dophenyl-4-napth-1-yl-1, 2, 4-triazol) 為主要發光層，放光波長約在紫外光波段，由此元件的電激發光光譜可知放光波長約為 380 nm。因元件各層材料在波長大於 380 nm 皆有良好的穿透率（transmission rate），所以 UV-OLED 有良好且足夠的能量激發藍、綠、紅各層 CCL，由白光放光光譜（圖 4.98）可看出在藍、綠、紅三種光色都有不錯的放光強度[220]。

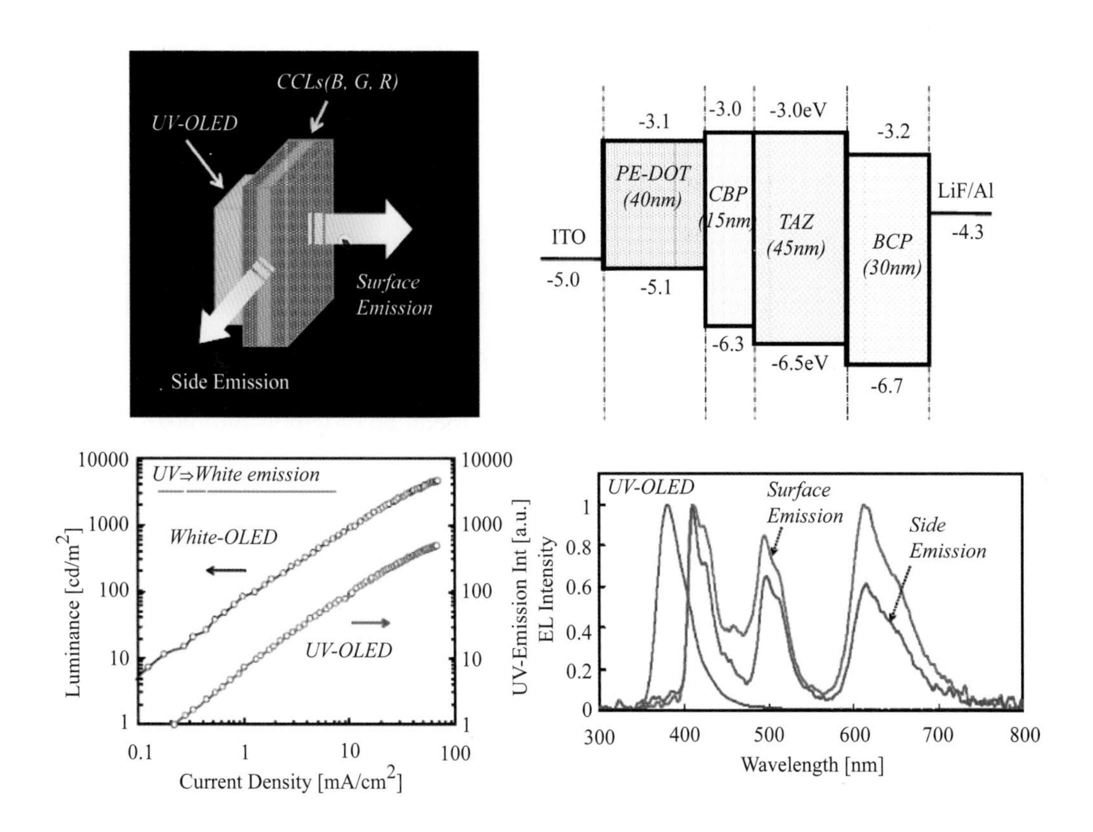

圖 4.97　（左上）UV-OLED 與三色 CCL 結合的白光元件示意圖（右上）UV-OLED 結構與能階圖（左下）UV-OLED 和白光元件效率圖（右下）UV-OLED 和其激發 CCL 組成的白光電激發光光譜圖[220]

高色轉換效率的材料是製程色轉換白光 OLED 的關鍵，高色轉換效率材料可以避免能量的損失。另外，一般有機染料較缺乏長時的穩定性，容易影響元件光色的穩定性，這也是目前此種白光製程方式需要解決的問題之一。

參考文獻

1. 自旋軌域偶合常數摘錄自 S. L. Murov, I. Carmichael, and G. L. *Hug, Handbook of Photochemistry*; 2nd ed.; Marcel Dekker: New York, 1993; Section 16.
2. M. A. Baldo, D. F. O'Brien, Y. You, A. Shoustikov, S. Sibley, M. E. Thompson, and S. R. Forrest, *Nature*, 151 (1998).
3. M. A. Baldo, S. Lamansky, P. E. Burrows, M. E. Thompson, and S. R. Forrest, *Appl. Phys. Lett*., **75**, 4 (1999).
4. Md. K. Nazeeruddin, R. Humphry-Baker, D. Berner, S. Rivier, L. Zuppiroli, and M. Graetzel, *J. Am. Chem. Soc*., **125**, 8790 (2003).
5. J. Brooks, Y. Babayan, S. Lamansky, P. I. Djurovic, I. Tsyba, R. Bau, and M. E. Thompson, *Inorg. Chem*., **41**, 3055 (2002).
6. P. I. Djurovich and M. E. Thompson, Cylcometalled Organoiridium Complexes as Emitters in Electrophosphorescent Devices. In *Highly Efficient OLEDs with Phosphorescent Materials*, H. Yersin Ed.; Wiley-VCH: Weinheim, 2008; pp.131-161.
7. V. V. Grushin, N. Herron, D. D. LeCloux, W. J. Marshall, V. A. Petrov, and Y. Wang, *Chem. Commun*, 1494 (2001).
8. S.-J. Yeh, M.-F. Wu, C.-T. Chen, Y.-H. Song, Y. Chi, M.-H. Ho, S.-F. Hsu, and C. H. Chen, *Adv. Mater*., **17**, 285 (2005).
9. http://hyperphysics.phy-astr.gsu.edu/hbase/vision/cie.html#c4

10.T. Tsuzuki, N. Shirasawa, T. Suzuki, and S. Tokito, *Adv. Mater.*, **15**, 1455 (2003).

11.**$(btp)_2$ Ir (acac)**: C. Adachi, M. A. Baldo, S. R. Forrest, S. Lamansky, M. E. Thompson, and R. C. Kwong, *Appl. Phys. Lett.*, **78**, 1622 (2001).

12.(a)**Ir $(piq)_3$**: A. Tsuboyama, H. Iwawaki, M. Furugori, T. Mukaide, J. Kamatani, S. Igawa, T. Moriyama, S. Miura, T. Takiguchi, S. Okada, M. Hoshino, and K. Ueno, *J. Am. Chem. Soc.*, **125**, 12971 (2003). (b)**Ir $(4F5Mpiq)_2$**: S. Okada, K. Okinaka, H. Iwawaki, M. Furugori, M. Hashimoto, T. Mukaide, J. Kamatani, S. Igawa, A. Tsuboyama, T. Takiguchi, and K. Ueno, *Dalton. Trans.*, 1583 (2005).

13.**$(piq)_2$ Ir (acac)**, **$(5\text{-}F\text{-}piq)_2$ Ir (acac)**, **$(pbq)_2$ Ir (acac)**: Y.-J. Su, H.-L. Huang, C.-L. Li, C.-H. Chien, Y.-T. Tao, P.-T. Chou, S. Datta, and R.-S. Liu, *Adv. Mater*, **15**, 884 (2003).

14.**$(1\text{-}niq)_2$ Ir (acac)**: Q. Zhao, C.-Y. Jiang, M. Shi, F.-Y. Li, T. Yi, Y. Cao, and C.-H. Huang, *Organometallics*, **25**, 3631 (2006).

15.**$(1\text{-}niq)_2$ Ir (acac)**, **$(2\text{-}niq)_2$ Ir (acac)**, **$(m\text{-}piq)_2$ Ir (acac)**: C.-H. Yang, C.-C. Tai, and I.-W. Sun, *J. Mater. Chem.*, **14**, 947 (2004).

16.**$(napm)_2$ Ir (bppz) CF_3**: Y.-H. Niu, B. Chen, S. Liu, H. Yip, J. Bardecker, and A. K. Jen, Appl. Phys. Lett., 85, 1619 (2004).

17.**$(nazo)_2$ Ir (fppz)**, **$(nazo)_2$ Ir (bppz)**: Y.-H. Song, S.-J. Yeh, C.-T. Chen, Y. Chi, C.-S. Liu, J.-K. Yu, Y.-H. Hu, P.-T. Chou, S.-M. Peng, and G.-H. Lee, *Adv. Funct. Mater*, **14**, 1221 (2004).

18.**$(dpqx)_2$ Ir (fppz)**: F.-M. Hwang, H.-Y. Chen, P.-S. Chen, C.-S. Liu, Y. Chi, C.-F. Shu, F.-I. Wu, P.-T. Chou, S.-M. Peng, and G.-H. Lee, *Inorg. Chem.*, **44**, 1344 (2005).

19.**$(dpq)_2$ Ir (acac)**: J. Gao, H. You, J. Fang, D. Ma, L. Wang, X. Jing, and F.

Wang , *Synth. Met*, **155**, 168 (2005).

20.**$(dpqxF)_2$ Ir (acac)**, **$(MedpqxF)_2$ Ir (acac)**: Y. Ha, J.-H. Seo, and Y. K. Kim, *Synth. Met.*, **158**, 548 (2008).

21.**$(PEQ)_2$ Ir (acac)**, **$(MPEQ)_2$ Ir (acac)**, **$(PEIQ)_2$ Ir (acac)**: D. K. Rayabarapu, B. M. J. S. Paulose, J.-P Duan, and C.-H. Cheng, *Adv. Mater.*, **17**, 349 (2005).

22.**$(PPQ)_2$ Ir (acac)**, **$(NAPQ)_2$ Ir (acac)**: J. Ding, J. Gao, Q. Fu, Y. Cheng, D. Ma, and L. Wang, *Synth. Met.*, **155**, 539 (2005).

23.**$(TPAPQ)_2$ Ir (acac)**, **$(FPQ)_2$ Ir (acac)**: F.-I Wu, H.-J. Su, C.-F. Shu, L. Luo, W-G Diau, C.-H. Cheng, J.-P. Duan, and G.-H. Lee, *J. Mater. Chem.*, **15**, 1035 (2005).

24.**$(Mnq)_2$ Ir (acac)**, **$(Mpnq)_2$ Ir (acac)**: K. R. J. Thomas, M. Velusamy, J. T. Lin, C.-H. Chien, Y.-T. Tao, Y. S. Wen, Y.-H. Hu, and P.-T. Chou, *Inorg. Chem.*, **44**, 5677 (2005).

25.(a)**$(DBQ)_2$ Ir (acac)**: M. Guan, Z. Chen, Z. Bian, Z. Liu, Z. Gong, W. Baik, H. Lee, and C. Huang, *Org. Electron*, 7, 330 (2006). (b)**$(DBQ)_2$ Ir (CBDK)**, **$(DBQ)_2$ Ir (CBDK)**: Z. Liu, M. Guan, Z. Bian, D. Nie, Z. Gong, Z. Li, and C. Huang, *Adv. Funct. Mater.*, **16**, 1441 (2006).

26.**$(tpq)_2$ Ir (acac)**: J. H. Seo, Y. K.Kim, and Y. S. Kim, *Mol. Cryst. Liq. Cryst.*, **491**, 194 (2008).

27.**$(Medpq)_2$ Ir (acac)**: G. Y. Park, and Y. Ha, *Synth. Met.*, **158**, 120 (2008).

28.**$(Mpq)_2$ Ir (acaac)**: W.-Y. Hung, T.-C. Tsai, S.-Y. Ku, L.-C. Chi, and K.-T. Wong, *Phys. Chem. Chem. Phys*, **10**, 5822 (2008).

29.**$(nazo)_2$ Ir (PO)**: T.-C. Lee, C.-F. Chang, Y.-C. Chiu, Y. Chi, T.-Y. Chan, Y.-M. Cheng, C.-H. Lai, P.-T. Chou, G.-H Lee, C.-H. Chien, C.-F. Shu, and J. Leonhardt, *Chem. Asian J*, **4**, 742 (2009).

30.**PtOEP**: D. F. O'Brien, M. A. Baldo, M. E. Thompson, and S. R. Forrest, *Appl.*

Phys. Lett., **74**, 442 (1999).

31.**POX**, **PtDPP**: R. C. Kwong, S. Sibley, T. Dubovoy, M. Baldo, S. R. Forrest, and M. E. Thompson, *Chem. Mater.*, **11**, 3709 (1999).

32.**Pt (F_{20}TPP)**: (a)H.-F. Xiang, S.-C. Yu, C.-M. Che, and P. T. Lai, *Appl. Phys. Lett.*, **83**, 1518 (2003). (b)C.-M. Che, Y.- J. Hou, M. C. W. Chan, J. Guo, Y. Liu, and Y. Wang, *J. Mater. Chem.*, **13**, 1362 (2003).

33.**Facial encumbered Pt porphyrins**: M. Ikai, F. Ishikawa, N. Aratani, A. Osuka, S. Kawabata, T. Kajioka, H. Takeuchi, H. Fujikawa, and Y. Taga, *Adv. Funct. Mater.*, **16**, 515 (2006).

34.**Pt $(iqdz)_2$**: J. Kavitha, S.-Y. Chang, Y. Chi, J.-K. Yu, Y.-H. Hu, P.-T. Chou, S.-M. Peng, G.-H. Lee, Y.-T. Tao, C.-H. Chien, and A. J. Carty, *Adv. Funct. Mater.*, **15**, 223 (2005).

35.**(ppy) Pt (q)**: C.-J. Yang, C. Yi, M. Xu, J.-H. Wang, Y.-Z. Liu, X.-C. Gao, and J.-W. Fu, *Appl. Phys. Lett.*, **89**, 233506 (2006).

36.**Ptq_2**, **Pt $(Cl_2q)_2$**, **Pt $(Cl_2Meq)_2$**: H.-F. Xiang, Z.-X. Xu, V. A. L. Roy, B.-P. Yan, S.-C. Chan, C.-M. Che, and P. T. Lai, *Appl. Phys. Lett.*, **92**, 163305 (2008).

37.**$(fppz)_2$ Os $(PPhMe_2)_2$**: (a)H.-J. Su, F.-I. Wu, C.-F. Shu, Y.-L. Tung, Y. Chi, and G.-H. Lee, *J. Polym. Sci., A, Polym. Chem.*, **43**, 859 (2005). (b)J. Lu, Y. Tao, Y. Chi, and Y. Tung, *Synth. Met.*, **155**, 56 (2005). (c)Y.-H. Niu, Y.-L. Tung, Y. Chi, C.-F. Shu, J. H. Kim, B. Chen, J. Luo, A. J. Carty, and A. K.-Y. Jen, *Chem. Mater.*, **17**, 3532 (2005).

38.**$(fppz)_2$ Os $(PPh_2Me)_2$**: Y.-L. Tung, S.-W. Lee, Y. Chi, Y.-T. Tao, C.-H. Chien, Y.-M. Cheng, P.-T. Chou, S.-M. Peng, and C.-S. Liu, *J. Mater. Chem.*, **15**, 460 (2005).

39.**$(fptz)_2$ Os $(PPh_2Me)_2$**: (a)F.-I. Wu, P.-I Shih, Y.-H. Tseng, G.-Y. Chen, C.-H. Chien, C.-F. Shu, Y.-L. Tung, Y. Chi, and A. K.-Y. Jen, *J. Phys. Chem. B*, **109**,

14000 (2005). (b)C.-H. Wu, P.-I Shih, C.-F. Shu, and Y. Chi, *Appl. Phys. Lett.*, **92**, 233303 (2008). (c)C.-H. Chien, F.-M. Hsu, C.-F. Shu, and Y. Chi, *Organic Electron.*, **10**, 871 (2009).

40.**(fpaiq)$_2$ Ru (PPh$_2$Me)$_2$**: Y.-L. Tung, S.-W. Lee, Y. Chi, L.-S. Chen, C.-F. Shu, F.-I. Wu, A. J. Carty, P.-T. Chou, S.-M. Peng, and G.-H. Lee, *Adv. Mater.*, **17**, 1059 (2005).

41.**(TPAOXDbipy) Re (CO)$_3$Cl**: W. K. Chan, P. K. Ng, X. Gong, and S. Hou, *Appl. Phys. Lett.*, **75**, 3920 (1999).

42.**Red Ir Dendrimer 1 and 2**: T. D. Anthopoulos, M. J. Frampton, E. B. Namdas, P. L. Burn, and I. D. W. Samuel, *Adv. Mater.*, **11**, 557 (2004).

43.**Ir (Cziq)$_3$**, **(Cziq)$_2$ Ir (acac)**, **Ir (MOCziq)$_3$**, **(MOCziq)$_2$ (acac)**: C.-L. Ho. W.-Y. Wong, Z.-Q. Gao, C.-H. Chen, K.-W. Cheah, B. Yao, Z. Xie, Q. Wang, D. Ma, L. Wang, X.-M. Yu, H.-S. Kwok, and Z. Lin, *Adv. Funct. Mater.*, **18**, 319 (2008).

44.**G1-(CzPPQ)$_2$ Ir (acac)**, **G2-(CzPPQ)$_2$ Ir (acac)**, **G3-(CzPPQ)$_2$ Ir (acac)**: G. Zhou, W.-Y. Wong, B. Yao, Z. Xie, and L. Wang, *Angew. Chem. Int. Ed.*, **46**, 1149 (2007).

45.**G1-Ir (TPApiq)$_3$**, **G2-Ir (TPApiq)$_3$**: J. Ding, J. L Y. Cheng, Z. Xie, L. Wang, X. Jing, and F. Wang, *Adv. Funct. Mater.*, **18**, 2754 (2008).

46.**Ir (TPSpiq)$_3$**: Y. You, C.-G. An, J.-J. Kim, and S. Y. Park, *J. Org. Chem.*, **72**, 6241 (2007).

47.**Ir (TPAflq)$_3$**: G.-J. Zhou, W.-Y. Wong, B. Yao, Z. Xie, and L. Wang, *J. Mater. Chem.*, **18**, 1799 (2008).

48.**(PPPy)$_2$ Ir (acac)**, **(PPPyp)$_2$ Ir (acac)**, **(PPPyf)$_2$ Ir (acac)**: C. Huang, C.-G. Zhen, S. P. Su, Z.-K. Chen, X. Liu, D.-C. Zou, Y.-R. Shi, and K. P. Lou, *J. Organomet. Chem.*, **694**, 1317 (2009).

49.G. Ponterini, N. Serpone, M. A. Bergkamp, and T. L. Netzel, *J. Am. Chem. Soc.*, **105**, 4639 (1983).

50.(a)P.-C. Wu, J.-K Yu, H.-H Song, Y Chi, P.-T. Chou, S.-M. Peng, and G.-H. Lee, *Organometallics*, **22**, 4938 (2003). (b)Y.-L. Tung, P.-C. Wu, C.-S. Liu, Y. Chi, J.-K. Yu, Y.-H. Hu, P.-T. Chou, S.-M. Peng, G.-H. Lee, Y. Tao, A. J. Carty, C.-F. Shu, and F.-I. Wu, *Organometallics*, **23**, 3745 (2004).

51.T. Tsuji, S. Kawami, S. Miyaguchi, T. Naijo, T. Naijo, T. Yuki, S. Matsuo, and H. Miyazaki, *J. Soc. Inform. Disp.*, **13(2)**, 117 (2005).

52.C. Jiang, W. Yang, H. Peng, S. Xiao, and Y Cao, *Adv. Mater.*, **16**, 537 (2004).

53.X. Yang, D. C. Müller, D. Negher, and K. Meerholz, *Adv. Mater.*, **18**, 948 (2006).

54.Y. Tao, Q. Wang, C. Yang, Q. Wang, Z. Zhang, T. Zou, J. Qin, and D. Ma, *Angew. Chem. Int. Ed.*, **47**, 8104 (2008).

55.J. Huang, T. Watanabe, K. Ueno, and Y. Yang, *Adv. Mater.*, **19**, 739 (2007).

56.**FIrpic**: C. Adachi, R. C. Kwong, P. Djurovich, V. Adamovich, M. A. Baldo, M. E. Thompson, and S. R. Forrest, *Appl. Phys. Lett.*, **79**, 2982 (2001).

57.(a)**Ir (ppz)$_3$, Ir (46dfppz)$_3$, Ir (tfmppz)$_3$**: A. B. Tamayo, B. D. Alleyne, P. I. Djurovich, S. Lamansky, I. Tsyba, N. N. Ho, R. Bau, and M. E. Thompson, *J. Am. Chem. Soc.*, **125**, 7377 (2003). (b)**Ir(ppz)$_3$**: E. J. Nam, J. H. Kim, B.-O. Kim, S. M. Kim, N. G. Park, Y. S. Kim, Y. K. Kim, and Y. Ha, *Bull. Chem. Soc. Jpn.*, **77**, 751 (2004).

58.**(dfppz) Ir (fppz)$_2$**: C.-H. Yang, S.-W. Li, Y. Chi, Y.-M. Cheng, Y.-S. Yeh, P.-T. Chou, G.-H. Lee, C.-H. Wang, and C.-F. *Shu. Inorg. Chem.*, **44**, 7770 (2005).

59.**TBA [Ir (ppy)$_2$ (CN)$_2$]**: 參考文獻 4。

60.**Ir (ppy)$_2$PBu$_3$CN**: C.-L. Lee, R. R. Das, and J.-J. Kim, *Chem. Mater.*, **16**, 4642 (2004).

61.**FIr6**: R. J. Holmes, B. W. D'Andrade, S. R. Forrest, X. Ren, J. Li, and M. E. Thmopson *Appl. Phys. Lett.*, **83**, 3818 (2003).

62.**FIrptaz, btfmIrptaz**: P. Coppo, E. A.Plummer, and L. D. Cola, *Chem. Commun.*, 1774 (2004).

63.**FIrtaz**: S.-J. Yeh, C.-T. Chen, Y.-H. Song, Y. Chi, and M.-H. Ho, *J. Soc. Inform. Disp.*, **13(10)**, 857 (2005).

64.**FIrN4**: 參考文獻 8。

65.**$(F_2MeOppy)_2$ Ir (acac), $(F_2{}^tBuppy)_2$ Ir (acac)**: I. R. Laskar, S.-F. Hsu, and T.-M. Chen, *Polyhedron*, **25**, 1167 (2006).

66.**FIrtazMe, FIrtazC18**: C. S. K. Mak, A. Hayer, S. I. Pascu, S. E. Watkins, A. B. Holmes, A. Köhler, and R. H. Friend, *Chem. Commun.*, 4708 (2005).

67.**Ir $(F_4ppy)_3$, $(F_4ppy)_2$ Ir (acac), $(F_3ppy)_2$ Ir (acac)**: R. Ragni, E. A. Plummer, K. Brunner, J. W. Hofstraat, F. Babudri, G. M. Farinola, F. Naso, and L. D. Cola, *J. Mater. Chem.*, **16**, 1161 (2006).

68.**Ir $(pmb)_3$**: R. J. Holmes, S. R. Forrest, T. Sajoto, A. Tamayo, P. I. Djurovich, M. E. Thmopson, J. Brooks, Y.-J. Tung, B. W. D'Andrade, M. S. Weaver, R.C. Kwong, and J. J. Brown, *Appl. Phys. Lett.*, **87**, 243507 (2005).

69.**P(3)F2, P(3)2F2**: Y.-Y. Lyu, Y. Byun, O. Kwon, E. Han, W. S. Jeon, R. R. Das, and K. Char, *J. Phys. Chem.* B, **110**, 10303 (2006).

70.**$(PPF)_2$ Ir (PZ)**: X. Zhang, C. Jiang, Y. Mo, Y. Xu, H. Shi, and Y. Cao, *Appl. Phys. Lett.*, **88**, 051116 (2006).

71.**$FIrN4OCH_3$**: L.-L. Wu, C.-H. Yang, I-W. Sun, S.-Y. Chu, P.-C. Kao, and H.-H. Huang, *Organometallics*, **26**, 2017 (2007).

72.**$(pOXD)_2$ Ir (Et_2dtc), $(pOXD)_2$ Ir (Et_2dpt)**: L. Chen, H. You, C. Yang, D. Ma, and J. Qin, *Chem. Commun.*, 1352, (2007).

73.**$(F_2ppy)_2$ Ir (pta)Me, $(F_3ppy)_2$ Ir $(pta)F_5Ph$**: E. Orselli, G. S. Kottas, A. E.

Konradsson, P. Coppo, R. Fröhlich, L. D. Cola, A. V. Dijken, M. B hel, and H. Börner, *Inorg. Chem.*, **46**, 11082 (2007).

74.**(dfppy) Ir (fppz)$_2$**: C.-H. Yang, Y.-M. Cheng, Y. Chi, C.-J. Hsu, F.-C. Fang, K.-T. Wong, P.-T. Chou, C.-H. Chang, M.-H. Tsai, and C.-C. Wu, *Angew. Chem. Int. Ed.*, **46**, 2418 (2007).

75.**FIrfpy**: P.-I. Shih, C-H. Chien, C.-Y. Chuang, C.-F. Shu, C.-.H. Yang, J.-H. Chen, and Y. Chi, *J. Mater. Chem.*, **17**, 1692 (2007).

76.**FCNIr**: S. H. Kim, J. Jang, S. J. Lee, and J. Y. Lee, *Thin Solid Films*, **517**, 722 (2008).

77.**FIrpytz**: J.-J. Lin, W.-S. Liao, H.-J. Huang, F.-L. Wu, and C.-H. Cheng, *Adv. Funct. Mater.*, **18**, 285 (2008).

78.**(dfbmb)$_2$ Ir (tptz)**: C.-F. Chang, Y.-M. Cheng, Y. Chi, Y.-C. Chiu, C.-C. Lin, G.-H. Lee, P.-T. Chou, C.-C. Chen, and C.-C. Wu, *Angew. Chem. Int. Ed.*, **47**, 4542 (2008).

79.**(dfbdp) Ir (fppz)$_2$**, **(dfbdp) Ir (fppzb)$_2$**: Y.-C. Chiu, J.-Y. Hung, Y. Chi, C.-C. Chen, C.-H. Chang, C.-C. Wu, Y.-M. Cheng, Y.-C. Yu, G.-H. Lee, and P.-T. Chou, *Adv. Mater.*, **21**, 2221 (2009).

80.A. Endo, K. Suzuki, T. Yoshihara, S. Tobita, M. Yahiro, C. Adachi, *Chem. Phys. Lett.* **480**, 155 (2008).

81.J. Li, P.I. Djurovich, B. D. Alleyne, M. Yousufuddin, N. N. Ho, J. C. Thomas, J. C. Peters, R. Bau, and M. E. Thompson, *Inorg. Chem.*, **44**, 1713 (2005).

82.C. L. Mulder, K. Celebi, K. M. Milaninia, and M. A. Baldo, *Appl. Phys. Lett.*, **90**, 211109 (2007).

83.**CBP, mCP**: (a)R. J. Holmes, S. R. Forrest, Y.-J. Tung, R. C. Kwong, J. J. Brown, S. Garon, and M. E. Thompson, *Appl. Phys. Lett.*, **82**, 2422 (2003). (b)V. Admovich, J. Brooks, A. Tamayo, A. M. Alexander, P. I. Djurovich, B. W.

D'Andrade, C. Adachi, S. R. Forrest, and M. E. Thompson, *New J. Chem.*, **26**, 1171 (2002).

84.**CDBP**: (a)S. Tokito, T. Lijima, Y. Suzuri, H. Kita, T. Tsuzuki, and F. Sato, *Appl. Phys. Lett.*, **83**, 569 (2003). (b)I. Tanaka, Y. Tabata, and S. Tokito, *Chem. Phys. Lett.*, **400**, 86 (2004).

85.**UGH1, UGH2**: 參考文獻 61。

86.**UGH3H, UGH4**: X. Ren, J. Li, R. J. Holmes, P. I. Djurovich, S. R. Forrest, and M. E. Thompson, *Chem. Mater.*, **16**, 4743 (2004).

87.DCB: G. T. Lei, L. D. Wang, L. Duan, J. H. Wang, and Y. Qiu, *Synthetic Metals*, **144**, 249 (2004).

88.**SimCP**: (a)參考文獻 8。 (b)M.-F. Wu, S.-J. Yeh, C.-T. Chen, H. Murayama, T. Tsuboi, W.-S. Li, I. Chao, S.-W. Liu, and J.-K. Wang, *Adv. Funct. Mater.*, **17**, 1887 (2007).

89.**DFC**: K.-T. Wong, Y.-M. Chen, Y.-T. Lin, H.-C. Su, and C.-C. Wu, *Org. Lett.*, **7**, 5361 (2005).

90.**CBZ1-F2**: P.-I Shih, C.-L. Chiang, A. K. Dixit, C.-K. Chen, M.-C. Yuan, R.-Y. Lee, C.-T. Chen, E. W.-G. Diau, and C.-F. Shu, *Org. Lett.*, **8**, 2799 (2006).

91.**CzSi**: M.-H. Tsai, H.-W. Lin, H.-C. Su, T.-H. Ke, C.-C. Wu, F.-C. Fang, Y.-L. Liao, K.-T. Wong, and C.-I. Wu, *Adv. Mater.*, **18**, 1216 (2006).

92.**DCz**: D. R. Whang, Y. You, S. H. Kim, W.-L. Jeong, Y.-S. Park, J.-J. Kim, and S. Y. Park, *Appl. Phys. Lett.*, **91**, 233501 (2007).

93.**Bcz1**, **BCz2**, **TCz1**, **TCz2**: M.-H. Tsai, Y.-H. Hong, C.-H. Chang, H.-C. Su, and C.-C. Wu, *Adv. Mater.*, **19**, 862 (2007).

94.**TPSi-F**: P.-I Shih, C.-H. Chien, C.-Y. Chuang, C.-F. Shu, C.-H. Yang, J.-H. Chen, and Y. Chi, *J. Mater. Chem.*, **17**, 1692 (2007).

95.**TFTPA**: P.-I Shih, C.-H. Chien, F.-I. Wu, and C.-F. Shu, *Adv. Funct. Mater.*,

17, 3514 (2007).

96.**BSB**, **BST**: J.-J. Lin, W.-S. Liao, H.-J. Huang, F.-I. Wu, and C.-H. Chien, *Adv. Funct. Mater.*, **18**, 485 (2008).

97.**Ad-Cz**: H. Fukagawa, K. Watanabe, T. Tsuzuki, and S. Tokito, *Appl. Phys. Lett.*, **93**, 133312 (2008).

98.**pDPFB**, **mDPFB**: S. Y. Ye, Y. Liu, C.-A. Di, H. Xi, W. Wu, Y. Wen, K. Lu, C. Du, Y. Liu, and G. Yu, *Chem. Mater.*, **21**, 1333, 743 (2009).

99.**BTPASi1, BTPASi2**: Z. Jiang, Y. Chen, C. Fan, C. Yang, Q. Wang, Y. Tao, Z. Zhang, J. Qin, and D. Ma, *Chem. Commun.*, 3398 (2009).

100.**BCPB**: (a)D. Tanaka, Y. Agata, T. Takeda, S. Watanabe, and J. Kido, Jpn. *J. Appl. Phys.*, **46**, L117 (2007). (b)L. Xiao, S.-J. Su, Y. Agata, H. Lan, and J. Kido, *Adv. Mater.*, **21**, 1271 (2009).

101.**PO1**: P. E. Burrows, A. B. Padmaperuma, and L. S. Sapochak, *Appl. Phys. Lett.*, **88**, 183503 (2006).

102.**DBFPO**: P. A. Vecchi, A. B. Padmaperuma, H. Qiao, L. S. Sapochak, and P. E. Burrows, *Org. Lett.*, **8**, 4211 (2006).

103.**PO6**: A. B. Padmaperuma, L. S. Sapochak, and P. E. Burrows, *Chem. Mater.*, **18**, 2389 (2006).

104.**PO9**, **PO10**, **PO15**, **MPO12**: (a)L. S. Sapochak, A. B. Padmaperuma, X. Cai, J. L. Male, and P. E. Burrows, *J. Phys. Lett. C*, **112**, 7989 (2008). (b)X. Cai, . B. Padmaperuma, L. S. Sapochak, P. A. Vecchi, and P. E. Burrows, *Appl. Phys. Lett.*, **92**, 083308 (2008). (c)M.-T Chu, M.-T. Lee, C. H. Chen, and M.-R. Tseng, *Org. Electron.*, **10**, 1158 (2009).

105.**PCF**: F.-M. Hsu, C.-H. Chien, P.-I. Shih, and C.-F. Shu, *Chem. Mater.*, **21**, 1017 (2009).

106.**26DCzPPy**, **35DCzPPy**: (a) S.-J. Su, H. Sasabe, T. Takeda, and J. Kido,

Chem. Mater., **20**, 1691 (2008). (b) S.-J. Su, E. Gonmori, H. Sasabe, and J. Kido, *Adv. Mater.*, **20**, 4189 (2008).

107.**Tm2PyB**, **Tm3PyB**, **Tm3PyB**, S.-J. Su, Y. Takahashi, T. Chiba, T. Takeda, and J. Kido, *Adv. Fun. Mater.*, **19**, 1260 (2009).

108.S. Lamansky, P. Djurovich, D. Murphy, F. Abdel-Razzaq, R. Kwong, I. Tsyba, M. Bortz, B. Mui, R. Bau, and M. E. Thompson, *Inorg. Chem.*, **40**, 1704 (2001).

109.S. Lamansky, P. Djurovich, D. Murphy, F. Abdel-Razzaq, H.-E. Lee, C. Adachi, P. E. Burrows, S. R. Forrest, and M. E. Thompson, *J. Am. Chem. Soc.*, **123**, 4304 (2001).

110.C.-L. Chiang, S.-M. Tseng, C.-T. Chen, and C.-P. Hsu, *Adv. Funct. Mater*. **18**, 248 (2008).

111.M. Ikai, S. Tokito, Y. Sakamoto, T. Suzuki, and Y. Taga, *Appl. Phys. Lett.*, **79**, 156 (2001).

112.C. Adachi, M. A. Baldo, M. E. Thompson, and S. R. Forrest, *J. Appl. phys.*, **90**, 5048 (2001).

113.M. Pfeiffer, S. R. Forrest, K. Leo, and M. E. Thompson, *Adv. Mater.*, **14**, 1633 (2002).

114.T. Watanabe, K. Nakamura, S. Kawami, Y. Fukuda, T. Tsuji, T. Wakimoto, S. Miyaguchi, M. Yahiro, M.-J. Yang, and T. Tsutsui, *Synth. Met.*, **122**, 203 (2001).

115.G. He, M. Pfeiffer, K. Leo, M. Hofmann, J. Birnstock, R. Pudzich, and J. Salbeck, *Appl. Phys. Lett.*, **85**, 3911 (2004).

116.R. Meerheim, R. Nitsche, and K. Leo, *Appl. Phys. Lett.*, **93**, 043310 (2008).

117.H. Sasabe, T. Chiba, S.-J. Su, Y.-J. Pu, K.-I. Nakayama, and J. Kido, *Chem. Commun.*, 5821 (2008).

118.L.-C. Chi, W.-Y. Hung, H.-C. Chiu, and K.-T. Wong, *Chem. Commun.*, 3892 (2009).

119.**Ir (4Fppy)$_3$, Ir (2Fppy)$_3$, Ir (p3CF$_3$py)$_3$, Ir (5CF$_3$p3CF$_3$py)$_3$, Ir (5CF$_3$p3CF$_3$py)$_3$, Ir (5CF$_3$p4Fpy)$_3$, Ir (5CFp2Fpy)$_3$**: 參考文獻 7。

120.**Ir (mppy)$_3$**: H. Z. Xie, M. W. Liu, O. Y. Wang, X. H. Zhang, C. S. Lee, L. S. Hung, S. T. Lee, P. F. Teng, H. L. Kwong, H. Zheng, and C. M. Che, *Adv. Mater.*, **13**, 1245 (2001).

121.**(fbi)$_2$ Ir (acac)**: W.-S. Huang, J. T. Lin, C.-H. Chien, Y.-T. Tao, S.-S. Sun, and Y.-S. Wen, *Chem. Mater.*, **16**, 2480 (2004).

122.**Ir (N$_{cz}$ PPY)$_3$, Ir (N$_{ohoxz}$ PPY)$_3$**: K. Ono, M. Joho, K. Saito, M. Tomura, Y. Matsushita, S. Naka, H. Okada, and H. Onnagawa, *Eur. J. Inorg. Chem.*, 3676 (2006).

123.**Ir (Oppy)$_3$**: G. Zhou, Q. Wang, C.-L. Ho, W.-Y. Wong, D. Ma, L. Wang, and Z. Lin, *Chem. Asian J.*, **3**, 1830 (2008).

124.**(Oppy)$_2$ Ir (acac)**: G. Zhou, C.-L. Ho, W.-Y. Wong, Q. Wang, D. Ma, L. Wang, Z. Lin, T. B. Marder, and A. Beeby, *Adv. Funct. Mater.*, **18**, 499 (2008).

125.**(CF$_3$pimpy)$_2$ Ir (acac)**: S.-Y. Takizawa, J.-I. Nishida, T. Tsuzuki, S. Tokito, and Y. Yamashita, *Inorg. Chem.*, **46**, 4308 (2007).

126.**Ir (Czppy)$_3$, Ir (CZppyF)$_3$**: W.-Y. Wong, C.-L. Ho, Z.-Q. Gao, B.-X. Mi, C.-H. Chen, K.-W. Cheah, and Z. lin, *Angew. Chem. Int. Ed.*, **45**, 7800 (2006).

127.**Ir (FCzppy)$_3$, Ir (CCzppy)$_3$, Ir (CzppyC)$_3$ (CzppyF)$_2$ Ir (acac)**, **(CzppyC)$_2$ Ir (acac)**: C.-L Ho, Q. Wang, C.-S. Lam, W.-Y. Wong, D. Ma, L. Wang, Z.-Q. Gao, C.-H. Chen, K.-W. Cheah, and Z. Lin, *Chem. Asian J.*, **4**, 89 (2009).

128.**N984**: E. Baranoff, S. Suàrez, P. Bugnon, C. Barolo, R. Buscaino, R. Scopelliti, L. Zuppiroli, M. Graetzel, and M. K. Nazeeruddin, *Inorg. Chem.*, **47**, 6575 (2008).

129.**Ir (mCP)$_3$, (mCP)$_2$ Ir (bpp)**: N. Iguchi, Y.-J. Pu, K.-I. Nakayama, M. Yokoyama, and J. Kido, *Org. Electrons*, **10**, 465 (2009).

130.**BNO, CF$_3$BNO**: J.-H. Jou, M.-F. Hsu, W.-B. Wang, C.-L. Chin, Y.-C. Chung, C.-T. Chen, J.-J. Shyue, S.-M. Shen, M.-H. Wu, W.-C. Chang, C.-P. Liu, S.-Z. Chen, and H.-Y. Chen, *Chem. Mater.*, **21**, 2565 (2009).

131.**(dmbipy) Pt (CCPh)$_2$**: S.-C. Chan, M. C. W. Chan, Y. Wang, C.-M. Che, K.-K. Cheung, and N. Zhu, *Chem. Eur. J.*, **19**, 4180 (2001).

132.**Pt (dpt) (oph)**: W. Sotoyama, T. Satoh, N. Sawatari, and H. Inoue, *Appl. Phys. Lett.*, **86**, 153505 (2005).

133.**Au (dppyM) (CCTPA)**: K. M.-C. Wong, X. Zhu, L.-L. Hung, N. Zhu, V. W.-W. Yam, and H.-S. Kwok, *Chem. Commun.*, 2906 (2005).

134.**Pt (tpypz)$_2$**: S.-Y. Chang, J. Kavitha, S.-W. Li, C.-S. Hsu, Y. Chi, Y.-S. Yeh, P.-T. Chuo, G.-H. Lee, A. J. Carty, Y.-T. Tao, and C.-H. Chien, *Inorg. Chem.*, **45**, 173 (2006).

135.**Pt (dpp) Cl**, **Pt (dpt) Cl**, **Pt (dpppy) Cl**, **Pt (dppmst) Cl**: M. Cocchi, D. Virgili, V. Fattori, D. L. Rochester, and J. A. G.. Williams, Adv. Funct. Mater., **17**, 285 (2007).

136.**(bt)$_2$ Ir (acac)**: (a)參考文獻 109。(b)W.-C. Chang, A. T. Hu, J.-P. Duan, D. K. Rayabarapu, and C.-H. Cheng, *J. Organomet. Chem.*, **689**, 4882 (2004).

137.**Ir (5CF$_3$p3Fpy)$_3$, Ir(ClCF$_3$ppy)$_3$**: 參考文獻 109。

138.**(fbi)$_2$ Ir (acac)**: 參考文獻 121。

139.**(NEP)$_2$ Ir (acac)**: B. M. J. S. Paulose, D. K. Rayabarapu, J.-P. Duan, and C.-H. Cheng, *Adv. Mater.*, **16**, 2003 (2004).

140.**(MDPP)$_2$ Ir (acac)**: G. Zhang, H. Guo, Y. Chuai, and D. Zou, *Mater. Lett.*, **59**, 3002 (2005).

141.**(3-piq)$_2$ Ir (acac), (3-CF3piq)$_2$ Ir (acac)**: C.-L. Li, Y.-J. Su, Y.-T. Tao, P.-T.

Chou, C.-H. Chien, C.-C. Cheng, and R.-S. Liu, *Adv. Funct. Mater.*, **15**, 387 (2005).

142.**Ir(DPA-Flpy)$_3$, (DPA-Flpy)$_2$ Ir (acac)**: W.-Y. Wong, G.-J. Zhou, X.-M. Yu, H.-S. Kwok, and B.-Z. Tang, *Adv. Funct. Mater.*, **16**, 838 (2006).

143.**[(DPA-Flpy)$_2$ Ir (dmbipy)] (PF$_6$)**: W.-Y. Wong, G.-J. Zhou, X.-M. Yu, H.-S. Kwok, and Z. Lin, *Adv. Funct. Mater.*, **17**, 315 (2007).

144.**Ir (CZN-Flpy)$_3$, (CZN-Flpy)$_2$ Ir (acac), Ir(Cz3-Flpy)$_3$, (Cz3-Flpy)$_2$ Ir (acac)**: C.-L. Ho, W.-Y. Wong, G.-J. Zhou, B. Yao, Z. Xie, and L. Wang, *Adv. Funct. Mater.*, **17**, 2925 (2007).

145.**Ir (TPAFlpy)$_3$, (TPAFlpy)$_2$ Ir (acac)** : 參考文獻 47。

146.**(tpppyp)$_2$ Ir (acac), (tpppyfl)$_2$ Ir (acac)**: 參考文獻 48。

147.G.-J. Zhou, W.-Y Wong, B. Yao, Z. Xie, and L. Wang, *J. Mater. Chem.*, **18**, 1799 (2008).

148.**Pt (PhBipy) (CCPh), Pt (PhBipy) (CCp-tol), Pt (PhBipy) (CCtb)**: (a)W. Lu, B.-X. Mi, M. C. W. Chan, Z. Hui, N. Zhu, S.-T. Lee, and C.-M. Che, *Chem. Commun.*, 206 (2002). (b)W. Lu, B.-X. Mi, M. C. W. Chang, Z. Hui, C.-M. Che, N. Zhu, and S.-T. Lee, *J. Am. Chem. Soc.*, **126**, 4958 (2004).

149.**(dfppy) Pt (ipenac)**: 參考文獻 83b。

150.**Pt (Ph$_2$N$_2$O$_2$)**: Y.-Y. Lin, S.-C. Chan, M. C. W. Chan, Y.-J. Hou, N. Zhu, C.-M. Che, Y. Lin, and Y. Wang, *Chem. Eur. J.*, **9**, 1264 (2003).

151.**Pt (H$_4$N$_2$O$_2$), Pt (Me$_4$N$_2$O$_2$)**: C.-M. Che, S.-C. Chan, H.-F. Xiang, M. C. W. Chang, Y. Lin, and Y. Wang, *Chem. Commun.*, 1484 (2004).

152.**Pt (OBipy) Cl, Pt (OdmBipy) Cl, Pt (OdtbBipy) Cl, Pt (FOBipy) Cl, Pt (OdfbBipy) Cl**: C.-C. Kork, H. M. Y. Ngai, S.-C. Chan, I. H. T. Sham, C.-M. Che, and N. Zhu, *Inorg. Chem.*, **44**, 4442 (2005).

153.**Pt (fpypz)$_2$**: 參考文獻 134。

154.**Pt (dppDMA) Cl**: 參考文獻 135。

155.**(DPA-Flpy) Pt (acac)**: G.-J. Zhou, X.-Z. Wang, W.-Y. Wong, X.-M. Yu, H.-S. Kork, and Z. Lin, *Journal of Organomet. Chem.*, **692**, 3461 (2007).

156.**(TPAFlpy) Pt (acac)**: 參考文獻 47。

157.**(DMbpy) Re $(CO)_3$ Cl**: F. Li, G. Cheng, Y. Zhao, J. Feng, and S. Liu, *Appl. Phys. Lett.*, **83**, 4716 (2003).

158.**(Phen) Re $(CO)_3$ Cl, (dmPhen) Re $(CO)_3$ Cl**: F. Li, M. Zhang, G. Cheng, J. Feng, Y. Zhao, Y. Ma, S. Liu, and J. Shen, *Appl. Phys. Lett.*, **84**, 148 (2004).

159.**(DPPz) Re $(CO)_3$ Cl**: C. Fu, M. Li, Z. Su, Z. Hong, W. Li, and B. Li, *Appl. Phys. Lett.*, **88**, 093507 (2006).

160.**(TPIP) Re $(CO)_3$ Cl**: C. Liu, J. Li, B. Li, Z. Hong, F. Zhao, S. Liu, and W. Li, *Appl. Phys. Lett.*, **89**, 243511 (2006).

161.**(DPPP) Re $(CO)_3$ Br**: Z. Si, J. Li, B. Li, Z. Hong, S. Lu, S. Liu, and W. Li, *Appl. Phys*. A, **88**, 643 (2007).

162.**(CzPrpybm) Re $(CO)_3$ Br**: Z. Si, J. Li, B. Li, F. Zhao, S. Liu, and W. Li, *Inorg. Chem.*, **46**, 6155 (2007).

163.**(DDPA) Re $(CO)_3$ Br**: X. Li, D. Zhang, W. Li, B. Chu, L. Han, J. Zhu, Z. Su, D. Bi, D. Wang, D. Yang, and Y. Chen, *Appl. Phys. Lett.*, **92**, 083302 (2008).

164.S. Reineke, F. Linder, G. Schwartz, N. Seidler, K. Walzer, B. Lussem, and K. Leo, *Nature*, **459**, 234 (2009).

165.**Ir $(5CF3p3CH3py)_3$**: 參考文獻 7。

166.**$(DBQ)_2$ Ir (acac), (MDQ) Ir (acac)**: J.-P. Duan, P.-P. Sun, and C.-H. Cheng, *Adv. Mater.*, **15**, 224 (2003).

167.**$(nbi)_2$ Ir (acac)**: 參考文獻 121。

168.**$(MEObt)_2$ Ir (acac)**: 參考文獻 136b。

169.**$(PETB)_2$ Ir (acac)**: 參考文獻 139。

170.**(nazo)$_2$ Ir (fppz), (nazo)$_2$ Ir (Bppz)**: 參考文獻 17。

171.(a)**(DPQ)$_2$ Ir (acac)**: 參考文獻 23。 (b)**(FPPQ) Ir (acac), (MeOPPQ) Ir (acac)**: 參考文獻 22。

172.**Ir (4F5Mpiq)$_3$**: 參考文獻 12b。

173.**(3mf2piq)$_2$ Ir (acac), (5fpiq)$_2$ Ir (acac), (f$_2$piq)$_2$ Ir (acac)**: 參考文獻 141。

174.**(4piq)$_2$ Ir (acac), Ir (4fpqi)$_3$**: 參考文獻 13。

175.**(tbmpq)$_2$ Ir (acac), (CF$_3$mpq)$_2$ Ir (acac), (NMe$_2$mpq)$_2$ Ir (acac), (NPh$_2$mpq)$_2$ Ir (acac)**: 參考文獻 24。

176.**(MedpqOMe) 2Ir (acac)**: 參考文獻 27。

177.**(Bppy) 2Ir (acac)**: 參考文獻 124。

178.**(tpaziq) Ru (dppen)**: Y.-L. Tung, L.-S. Chen, Y. Chi, P.-T. Chou, Y.-M. Cheng, E. Y. Li, G.-H. Lee, C.-F. Shu, F.-I. Wu, and A. J. Carty, *Adv. Funct. Mater.*, **16**, 1615 (2006).

179.**(boxz) Os (CO)$_2$ I$_2$, (tboxz) Os (CO)$_2$ I$_2$**: Y.-L. Chen, S.-W. Lee, Y. Chi, K.-C. Hwang, S. B. Kumar, Y.-H. Hu, Y.-M. Cheng, P.-T. Chou, S.-M. Peng, G.-H. Lee, S.-J. Yeh, and C.-T. *Chen, Inorg. Chem.*, **44**, 4287 (2005).

180.**Pt (Thbipy) (CCPh), Pt (Thbipy) (CCp-tol)**: 參考文獻 148。

181.**Pt (thpy)$_2$, Pt (thpy-SiMe$_3$)$_2$**: M. Cocchi, D. Virgili, C. Sabatini, V. Fattori, P. Di Marco, M. Maestri, and J. Kalinowski, *Synth. Metals*, **147**, 253 (2005).

182.**Pt (iqdz)$_2$**: 參考文獻 34。

183.**Pt (fpypz)$_2$**: 參考文獻 134。

184.**(Etpybm) Re (CO)$_3$ Cl**: K. Wang, L. Huang, L. Gao, L. Jin, and C. Huang, *Inorg. Chem.*, **41**, 3353 (2002).

185.**(OXDpybm) Re (CO)$_3$ Br**: 參考文獻 162。

186.**Au (dppyM) (CCPh)**: 參考文獻 133。

187.C.-S. Chang, S.-Y. Su, M.-H. Ho and C.-H. Chen, *Electronic Monthly*, **156**,

98 (2008).

188.B. W. D'Andrade, M. E. Thompson, and S. R. Forrest, *Adv. Mater*, **14**, 147 (2002).

189.B. Ma, Peter I. Djurovich, S. Garon, B. Alleyne, and Mark E. Thompson, *Adv. Funct. Mater.*, **16**, 2438 (2006).

190.G. Lei, L. Wang, and Y. Qiu, *Appl. Phys. Lett.*, **88**, 103508 (2006).

191.S. H. Kim, j. Jang, and J. Y. Lee, *Appl. Phys. Lett.*, **91**, 123509 (2007).

192.K. S. Yook, S. O. Jeon, C. W. Joo and J. Y. Lee, *Appl. Phys. Lett.*, **93**, 113301 (2008).

193.J. Huang, M. Pfeiffer, A. Werner, J. Blochwitz and K. Leo, *Appl. Phy. Lett.*, **80**, 139 (2002).

194.G. Schwartz, S. Reineke, K. Walzer, and K. Leo, *Appl. Phys. Lett.*, **92**, 053311 (2008).

195.M. T. Lee, J.-S. Lin, M.-T. Chu, and M.-R. Tseng, *Appl. Phys. Lett.*, **93**, 133306 (2008).

196.G. Cheng, Y. Z., Y. Zhao, Y. Lin, C. Rua, S. Liu, T. Fei,Y. Ma and Y. Cheng, *Appl. Phys. Lett.*, **89**, 043504 (2006).

197.Y. Sun, and S. R. Forrest, *Appl. Phys. Lett.*, **91**, 263503 (2007).

198.T. Nakayama, K. Hiyama, K. Furukawa, and H. Ohtani, *Society for Information Display (SID'08)*, Vol. 16, Issue 2, p. 231-236, February 2008.

199.X. M. Yu, G. J. Zhou, C. S. Lam, W. Y. Wong, X. L. Zhu, J. X. Sun, M. Wong, and H. S. Kwok, *J. Organomet. Chem.*, **693**, 1518 (2008).

200.Y.-S. Park, J.-W. Kang, D. M. Kang, J.-W. Park, Y.-H.Kim, S.-K.Kwon, and J.-J. Kim, *Adv. Mater.*, **20**, 1957 (2008).

201.B. D'Andrade, J. Esler, C. Lin, M. Weaver, and J. Brown, *Proceedings of SID'08*, p.940, May 20-23, 2008, Los Angeles, California, USA.

202.Q. Wang, J. Ding, D. Ma, Y. Cheng, L. Wang, and F. Wang, *Adv. Mater.*, **21**, 2397 (2009).

203.K. S. Yook, S. O. Jeon, C. W. Joo, J. Y. Lee, M. S. Kim, H. S. Choi, S. J. Lee, C.-W. Han, Y. H. Tak, *Org. Electron.*, **10**, 681 (2009).

204.R. C. Kwong, B. W. D'Andrade, J. Esler, C.Lin, V. Adamovich, S. Xia, M. S. Weaver, and J. J. Brown, *Proceedings of International Display IDMC'09*, Wed -S09- 01, April 27-30, Taipei, Taiwan

205.S. A. VanSlyke, C. W. Tang, and L. C. Roberts, Electroluminescent device with organic luminescent medium., U.S. Pat.4, 720, 432 (1988).

206.C.-H. Chang, C.-K. Chang, C.-L. Lin, Y.-H. Lin, H.-C. Su, and C.-C. Wu, *Proceedings of SID'07*, p.1172, May 22-25, 2007, Long Beach, California, USA.

207.Q. Wang, J. Ding, D. Ma, Y. Cheng, L. Wang, Xi. Jing, and F. Wang, *Adv. Funct. Mater.*, **19**, 84 (2009).

208.J. Lee, J.-I. Lee, J. Y. Lee, and H. Y. Chu, *Appl. Phys. Lett.*, **94**, 193305 (2009).

209.B. W. D'Andrade, J.-Y. Tsai, C. Lin, M. S. Weaver, P. B. Mackenzie and J. J. Brown, *Proceedings of SID'07*, p.1026, May 22-25, 2007, Long Beach, California, USA.

210.Sang-Hyun Eom, Ying Zheng, Edward Wrzesniewski, Jaewon Lee, Neetu Chopra, Franky So, and Jiangeng Xue, *Appl. Phys. Lett.*, **94**, 153303 (2009).

211.B. W. D'Andrade, J. Brooks, V. A damovich, M. E. Thompson, and S. R. Forrest, *Adv. Mater.*, **14**, 1032 (2002).

212.M. Cocchi, J. Kalinowski, D. Virgili, V. Fattori, S. Develay and J. A. G. Williams, *Appl. Phys. Lett.*, **92**, 163508 (2007).

213.M. Cocchi, J. Kalinowski, V. Fattori, J. A. G. Williams, and L. Murphy, *Appl. Phys. Lett.*, **94**, 073309 (2009).

214.X. Yang, Z. Wang, S. Madakuni, J. Li, and G. E. Jabbour, *Adv. Mater.*, **20**, 2405 (2008).

215.G. Zhou, Q. Wang, C.-L. Ho, W.-Y. Wong, D. Ma and L. Wang, *Chem. Commun.*, 3574 (2009).

216.P. Schlotter, R. Schmidt, and J. Schneider, *Appl. Phys. A*, **64**, 417 (1997).

217.K. H. Lee, and S. W. R. Lee, "Process Development for Yellow Phosphor Coating on Blue Light Emitting Diodes (LEDs) for White Light Illumination", *Electronics Packaging Technology Conference*, 2006.

218.A. R. Duggal, J. J. Shiang, C. M. Heller, and D. F. Foust, *Appl. Phys. Lett.*, **80**, 3470 (2002).

219.B. C. Krummacher, V. E. Choong, M. K. Mathai, S. A. Choulis, F. So, F. Jermann, T. Fiedler, and M. Zachau, *Appl. Phys. Lett.*, **88**, 113506 (2006).

220.A. Mikami, Y. Mizuno and S. Takeda, *Proceedings of SID'08*, p.215, May 20-23, 2008, Los Angeles, California, USA.

第五章

混合（Hybrid）系統式白光發光系統

5.1 前言

由前面章節所述，磷光材料相較於螢光材料所製成的 OLED 元件具有重原子偶合效應，以至於在內部量子效率上理論值可到達 100%[1]。但是經由多年發展，在藍光磷光材料上的壽命始終沒有太大的突破。所以當以紅綠藍三色光色組成的磷光 OLED 白光時，因為三種光色的壽命不同，使得經過一段時間後元件的光色會偏紅而不足以使用於照明，或是元件壽命亦受到藍光層的影響而降低。另外一方面，由於藍光對於人眼的刺激範圍屬於非敏感區，在相同能量驅動的 OLED 元件下，綠光元件相較之下會有較大的流明值。雖然磷光元件的藍光會有較佳的量子效率，但是當轉換成流明為單位時在效率上並無太大的差異。且在螢光藍光材料上已經可以達到照明使用上所應具有的足夠壽命，目前已有文獻指出有些藍光螢光材料理論的內部量子效率可達到 50%，遠超過過去所認知的 25%[2]。基於這些理由，如果我們可以運用螢光的藍光材料配合紅、綠或黃光色磷光材料組合成混合式系統，在效率以及壽命穩定性上都會有所助益。在下面的節次裡將會為各位讀者談到此一系統發展的狀況。

5.2 直接以螢光層與磷光層疊合的白光

前言所提到運用螢光的藍光材料配合紅、綠或黃光色磷光材料組合成的混合式系統不僅可以提升效率更可以增加白光的壽命。在這個考量之下最簡易的一個設計就是直覺的將螢光層與磷光層疊合。圖 5.1 為 2005 年時 D. Qin 等人提出的白光結構[3]，以 TPP 摻雜到 TCTA 中當做螢光藍光發光層且以 Ir (piq)$_3$ 摻雜到 BCP 中當做紅光磷光發光層組成白光系統。而這個早期所發展的結構在接近 100 cd/m^2 的亮度下只有 2.6 cd/A 的效率且光色在 C.I.E$_{x,y}$ (0.34, 0.26)。

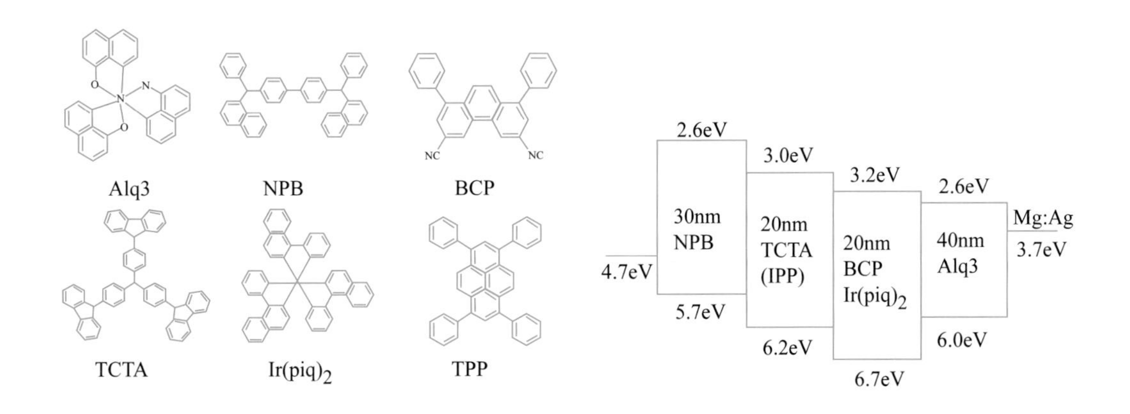

圖 5.1　D. Qin 等人所發表的白光元件以及使用材料

在 2006 年間也是有不同的團隊所發表此類的白光， G. Cheng 等人以及 J. F. Li 等人各發表了不同結構的白光元件[4, 5]。但是在效率上並沒有很大的突破，以 Li 等人的研究為例，在電流密度為 100 mA/cm^2 時亮度僅 6300 cd/m^2，電流效率為 6.4 cd/A。在 2008 年，P. Chen 等人就發表了以 DPVBi 當做螢光藍光發光層以及 (F-BT)$_2$ Ir(acac) 摻雜到 CBP 內當做磷光橘黃光發光層的白光[6]，如圖 5.2 所示。但此一發表的元件為串聯式白光，在下一章節先再予細述。

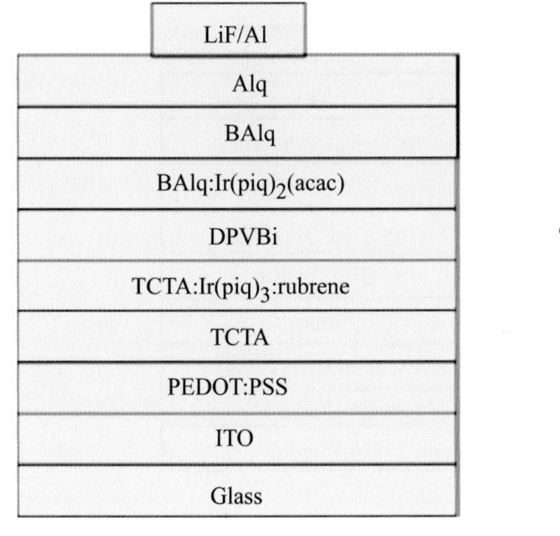

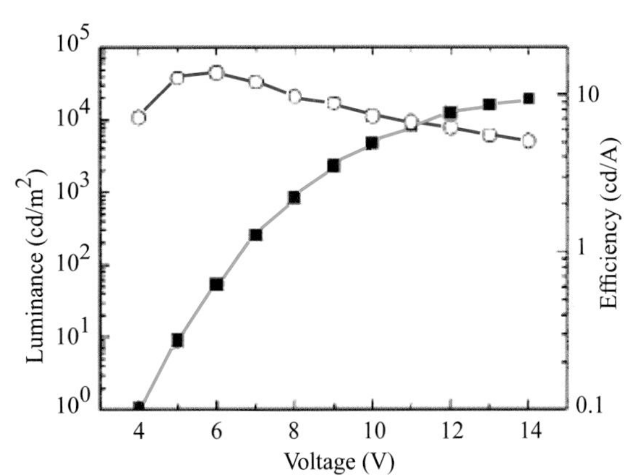

圖 5.2　Cheng 等人所發表的白光元件及效率特性。

雖然直接以螢光層與磷光層疊合的白光是可行的，不過卻沒有預想中效率上的大幅提升。原因主要在螢光與磷光層的介面上，螢光材料的三重態能階通常較磷光材料來的低，且三重態激發子的生命周期長，是以磷光層中大量的三重態激子（triplet exciton）能量回傳給螢光層造成許多三重態激子為不發光模式。而此一問題在 2006 年 Forrest 教授的研究團隊在 Nature 期刊發表的特殊結構得以解決。

5.3 以阻擋層隔開螢光層與磷光層的混合式白光

2006 年，美國普林斯頓大學 Forrest 教授和美國南加州大學 Thompson 教授利用螢光藍光摻雜物搭配磷光綠、紅光摻雜物，提出一新的元件結構，如圖 5.3 所示。這個結構有別於以往所認知，即為螢光和磷光不會同時存在於單一層的 OLED 發光元件，不過此特殊的元件結構使得以前由螢光材料發光層浪費的三重態激發子得以再被捕捉結合產生的磷光並充分得到利用，使得外部量子效率達 18.7±0.5% [7]。此原理將在下面的幾個小章節中將會與讀者講述此一結構的機制與各種發展概況。

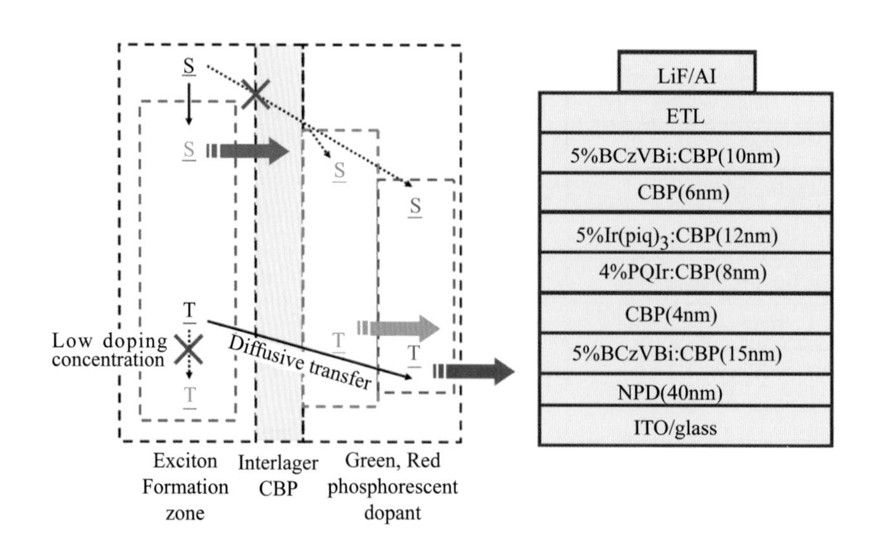

圖 5.3 Forrest 螢光與磷光分層的混合式 WOLED 元件結構與能階示意圖

5.4　以阻擋層隔開螢光層與磷光層的混合式白光的機制

在了解此一機制前，我們先對於一些有機化學中的能量轉移機制進行一些介紹。能量轉移的機制可分為輻射能量轉移和非輻射能量轉移兩種。其中非輻射能量轉移，而它又可分為二類：(1)Förster 能量轉移，它是分子間偶極-偶極（dipole-dipole）作用所造成的非輻射能量轉移，適合分子間距離達 50～100 Å 之能量轉移（在第三章中另有詳述）。如圖 5.4，此機制電子是由客發光體基態躍遷至激發態，必須遵守電子自旋的一致性，因此最後只能轉移給客發光體的單重激發態。(2)Dexter 能量轉移，它是利用電子在兩分子間直接交換的方式，因此涉及電子雲的重疊或分子的接觸，只適合分子在距離大約在 30Å 以內之短距離能量轉移。電子交換必須符合 Wigner-Witmer 選擇定則[8]，即電子交換前後保留其電子自旋性（spin conservation），因此只適用於單重態-單重態和三重態-三重態間的轉移。

基於上述能量轉換的機制，我們發現在螢光的轉移機制上在所謂的 Förster 半徑僅在 3 nm 左右。而在 Baldo 團隊的研究中發現在有機化學中 triplet 激發子的擴散長度為 100 nm 左右[9]。於是運用這兩種在擴散長度上不同的特性，當電子電洞在主發光體中結合成激發子時，依照包立不相容定理（Pauli exclusion principle）會形成 singlet 的電子電洞對的激發子以及 triplet 的電子電洞對的激發子。然而在螢光系統中，因為螢光的客發光體材料並沒有運用到重原子的核心以至於重原子效應不會將三重態激發子捕捉放光，所以在經過一定長度的中間層（interlayer）的激發子擴散後來到了磷光客發光體的摻雜發光層，就會被客發光體給捕捉並且放光。簡單的說，當電子進入到主發光體後會有 25% 的電子進入單一態軌域、75% 的電子進入三重態軌域。而單一態軌域的激發子被螢光客發光體捕捉，三重態軌域的激發子被磷光客發光體所捕捉。最終以達到接近 100% 內部量子的補捉效率。

(a)輻射能量轉移（放射再吸收方式）

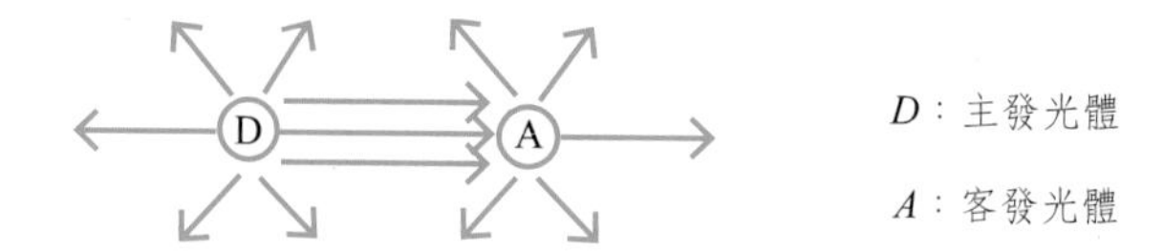

(b)Förster 非輻射能量轉移（庫侖作用力方式）

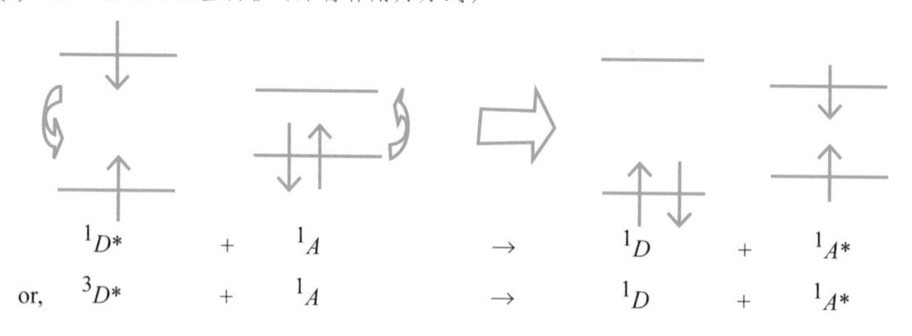

(c)Dexter 非輻射能量轉移（電子交換方式）

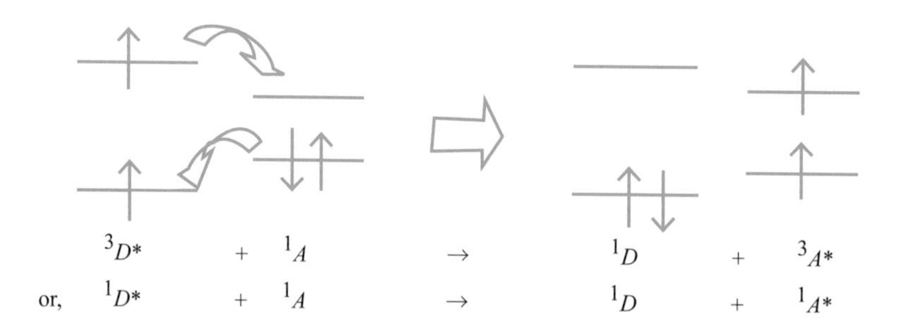

圖 5.4　能量轉移的機制

有了以上的基礎理論及發光機制的認知，Forrest 與 Thompson 教授的研究團隊在此類混合式白光元件設計的重點有下列幾點：(1)主發光體要有比磷光客發光體還要高的三重態能階。(2)激發子產生後要先進入到螢光發光層後再經過中間層才進入到磷光發光層。(3)內連接層的厚度必須大於 Förster 半徑，這樣可以避免螢光激發子擴散到磷光發光層內。由這些重點所歸納出來的元件設計如圖 5.3 所示。在這個元件中以 CBP 當作螢光及磷光的主發光體，BCzVBi 為藍光螢光的客發光體，Ir $(ppy)_3$ 與 PQIr 分別是磷光綠光與紅光的客發光體。在電子電洞的激發子產生處為 NPD/CBP 與 ETL/CBP 的介面，在這兩個介面形成激發子後，處在單一態的能階的激發子能量轉移給 BCzVBi，而處在三重態能階的激發子從螢光發光層經過一層未摻雜任何材料的 CBP 擴散至摻雜 Ir (ppy)$_3$ 與 PQIr 的磷光發光層。而這個元件的光譜特性如圖 5.5。

這個研究是第一個成功的利用螢光與磷光共存的 OLED 元件，它的美妙之處在於充分利用了全部電激發子包括單態及其三重態螢光以及轉換的三重態磷光，所以有很好的量子效率。在元件亮度為 500 cd/m^2 時的外部量子效率為 18.4% 以及能量效率為 23.8 lm/W。在光色上 C.I.E$_{x,y}$ 值在 1 mA/cm^2 的驅動電流下為 (0.40, 0.41)、在 100 mA/cm^2 的驅動電流下為 (0.38, 0.40)。

從此一研究以後，各種以此一系統為基礎所設計出的白光元件紛紛被研究出來，在後節會詳細的跟各位讀者介紹。

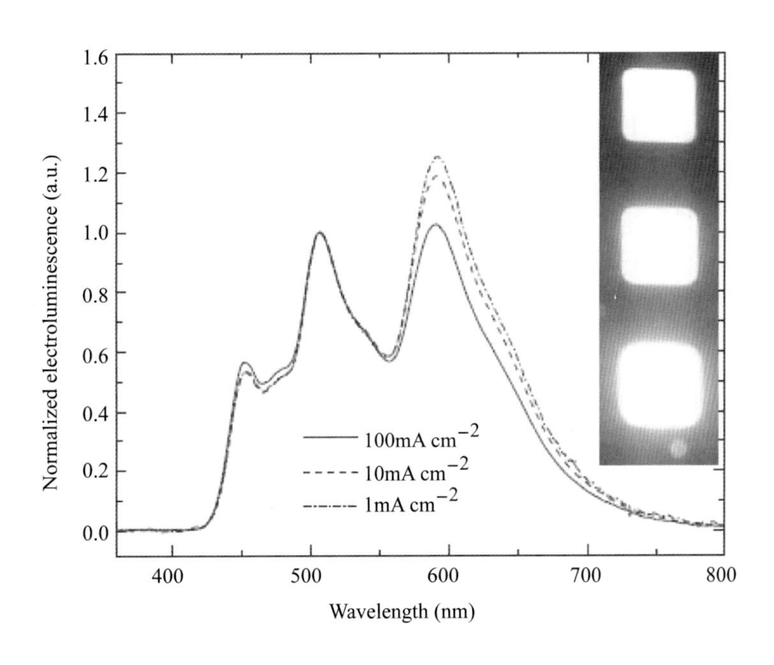

圖 5.5　Forrest 教授 WOLED 元件波譜與不同電流密度下的光色

5.5 各種 Hybrid 系統式白光

5.5.1 結合 Hybrid 系統與磷光增感劑的白光

Forrest 教授在此一系統的成功被發表在國際知名期刊 Nature 後即展開一系列與此一系統有關的研究。而結合了 Hybrid 系統與磷光增感劑亦在 2006 年被提出[10]。這個系統的提出主要希望利用顏色較深紅的螢光材料當作紅光發光層進以提升白光元件的演色性指數，且相較於紅光磷光材料，螢光的紅光發光元件的壽命也比較好。元件的設計以及效率如圖 5.6 所示。

這個元件最大的好處是能充分利用銥金屬磷光體的三重激發態能量，整個能量也可藉由 Förster 能量轉移的方式而將激子能量轉移到螢光材料，所以在中間的磷光綠光與螢光紅光共存的發光層中藉由兩種客發光體的參雜濃度變化即可以在效率以及光色上取得一定的平衡。此一元件的效率在元件亮度為 800 cd/m^2 時有 13.1% 的外部量子效率以及 20.2 lm/W 的能量效率。另外在光色方面在 10 mA/cm^2 的電流驅動下 C.I.E$_{x,y}$ 值為 (0.38, 0.40) 且演色性指數為 79。在

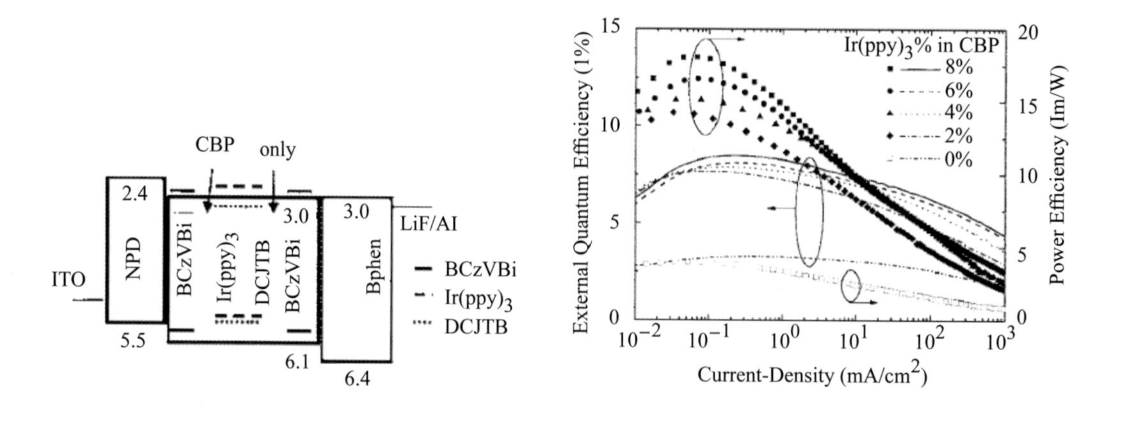

圖 5.6　左圖為元件結構，右圖為磷光增感劑的濃度和效率的關係

同一年，Gang Cheng 等人用此機制；利用藍光的螢光發光、黃光螢光摻雜綠光磷光增感劑以及紅光磷光製作出一個四波段的白光元件。元件亮度為 100 cd/m^2 時有 13.1 cd/A 的電流效率以及 6.4 lm/W 的能量效率。另外在光色方面 C.I.E$_{x,y}$ 值為 (0.33, 0.35) 且演色性指數為 79。

5.5.2 直接以螢光主發光體做為螢光發光層之 Hybrid 系統

在 2007 年，德國 Karl Leo 教授和他的研究團隊提出了一個新的構想，運用了一種以主發光體就有很好的螢光發光特性以及三重態能階介於綠光客發光體材料與紅光客發光體材料，並介於綠光發光層與紅光發光層中間，如圖 5.7。所以當激發子形成後，單一態的激發子即在螢光發光層放出藍光，而三重態激發子被綠光客發光體補捉以及透過螢光發光層擴散至磷光紅光的發光層[11]。在這種結構中要注意的是激發子必須在藍光層與綠光層間產生激發子。此元件的效率在 100 cd/m^2 時有 20.3% 的外部量子效率以及 57.6 lm/W 的能量效率、在 1000 cd/m^2 時有 16.1% 的外部量子效率以及 37.5 lm/W 的能量效率。另外，圖也顯示了此一元件的光譜特性及光色。因為螢光藍光的放光很弱，至光色較為偏黃。而此團隊在 2008 年時亦發表了直接利用 4P-NPD 摻雜紅光磷光客發光體，配合 *p-i-n* 結構與激子阻擋層 TPBi:25% TCTA 在元件亮度為 1000 cd/m^2 的條件下運用積分球量測有 20.3% 的外部量子效率以及 40.7 lm/W 的能量效率，C.I.E$_{x,y}$ 值為 (0.43, 0.43)[12]。

5.5.3 雙波段 Hybrid 系統白光結構

從上述的機制與實例，我們可以了解到在這個系統中不必需要以螢光以及磷光皆使用相同的主發光體。如果有好的內連接層使得螢光層與磷光層的能量轉移不互相干擾就可以達到此一效果。所以我們可以知道以具有較佳能量轉移

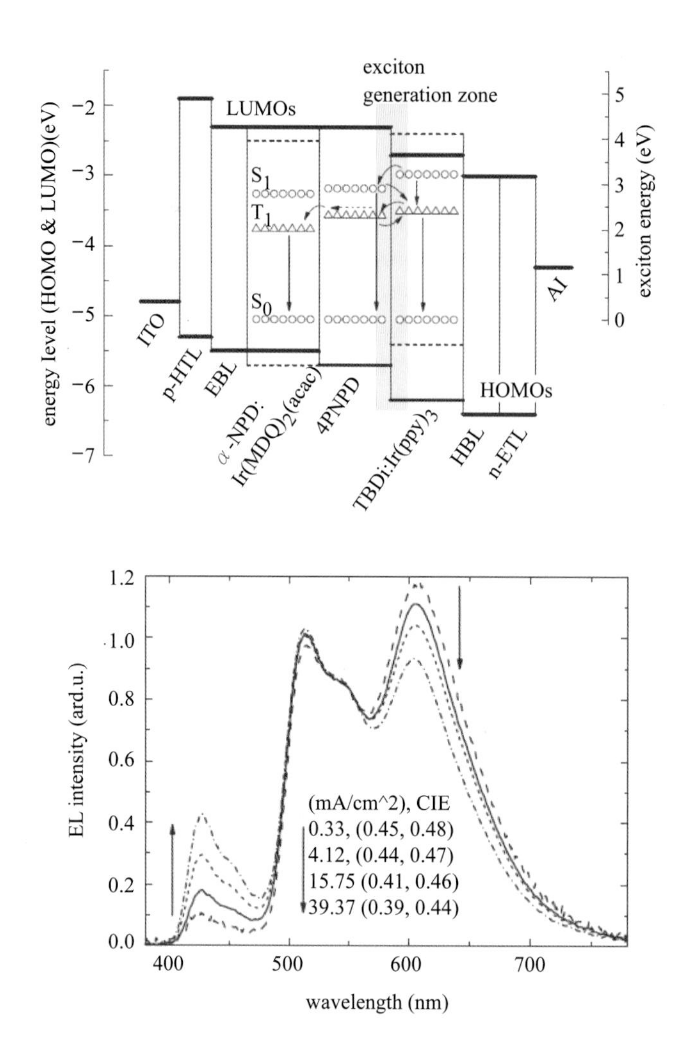

圖 5.7 上圖為以螢光主發光體做為螢光發光層之 Hybrid 系統；下圖為元件在不同電流密度下的光譜變化。

的主客螢光發光體、內連接層與磷光發光層除了可以簡化元件設計外更可以提升螢光發光層的效率。在 2008 年香港浸會大學的研究團隊即以天藍光主客發光體 MADN 摻雜 BUBD-1、內連接層 TPBi 和 CBP 摻雜 [Ir (Cz-CF_3)] 為磷光橘光發光層[13]。

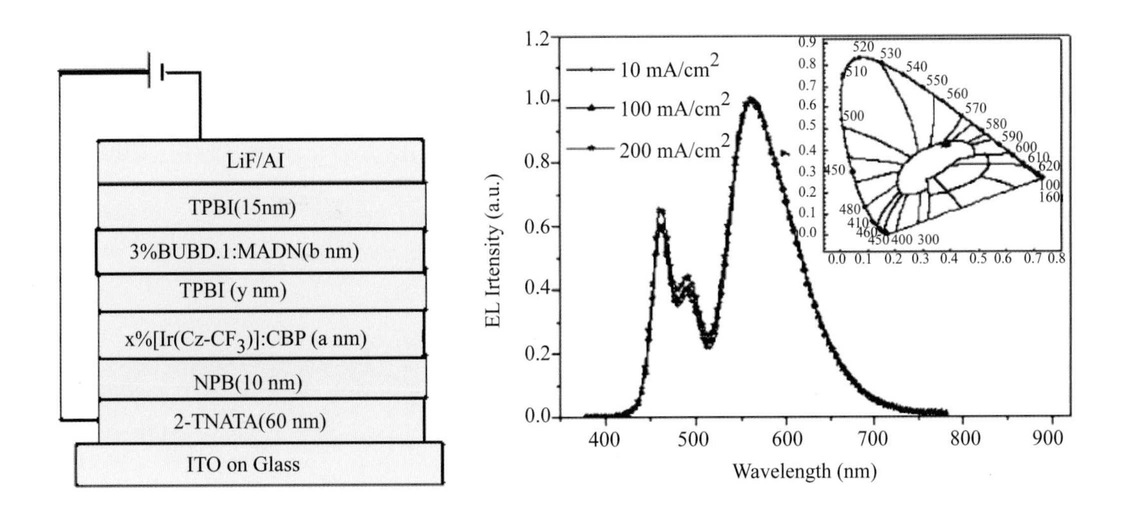

圖 5.8　左圖為雙波段 Hybrid 系統白光結構；右圖為不同電流密度下光譜變化。

在元件結構為 ITO/2-TANTA (60nm)/NPB (10 nm)/5% [Ir (Cz-CF_3)]:CBP (10 nm)/TPBi (0.8 nm)/3% BUBD-1:MADN (30 nm)/TPBi (15nm)/LiF/Al 於亮度 3750 cd/m^2 下有 7% 的外部量子效率以及 9 lm/W 的能量效率。在 20 mA/cm^2 的電流驅動下 C.I.$E_{x,y}$ 值為 (0.40, 0.43)。

5.6　結論

Forrest 教授所使用方法的 Hybrid 系統是個很有趣且成功的 OLED 白光元件設計。原因來自於充份的利用了所有的激發子放光而有非常好的量子效率。但是很可惜的是一開始此一結構的目的在於解決磷光藍光壽命的問題，但是卻沒有研究團隊對於此一結構的壽命及元件老化狀況進行研究。以至於此一系統真正的實用性有爭議。另外在螢光發光相較於磷光發光還是偏弱，所以此一結構在光色 C.I.$E_{x,y}$ 接近 (0.33, 0.33) 以及效率兩者間很難找到一個平衡點。但是在 2008 年，美國柯達公司的 D. Kondakov 等人重新研究並證明了許多螢光材料包含藍光 ADN 系統[14] 由於在高濃度下三重態與三重態相互消滅產生單一態的光物理機制，發現最大的螢光內部量子效率已趨近 50%，而在 2009 年 SID

會議上柯達公司亦以此一機制提出了新穎的螢光紅光結構，並應用此機制開發出外部量子效率達 11.2% 的紅光元件，推算內部量子效率已達 51.3%。相信以此一機制為基礎，加以研究即可克服此一缺點。最後我們把這幾年（2006～2009）發展 Hybrid 白光系統的文獻發表效率表列如下供讀者參考。

表 5.1　Hybrid 文獻效率列表

年度	效率	光色	CRI	出處
2006	13.7 lm/W @ 1000 cd/m^2 7.1 lm/W @ 1000 cd/m^2	(0.47, 0.42) (0.34, 0.32)	85 65	[15]
2006	3.7 lm/W @ 1000 cd/m^2	(0.33, 0.35)	79	[3]
2007	15.1 cd/A, 7 lm/W @ 7V	(0.34, 0.33)	未列出	[16]
2008	26.5 cd/A, 7.7 lm/W @ 1000 cd/m^2	(0.38, 0.43)	60	[17]
2008	E.Q.E : 6 ~ 7% @ 500 cd/m^2	(0.46, 0.45)	87	[18]
2008	16.9 cd/A @ 100 cd/m^2	(0.40, 0.40)	未列出	[19]
2008	14.3 cd/A @ 0.1 mA/cm^2	(0.32, 0.42)	未列出	[20]
2009	35.8 lm/W @ 1000 cd/m^2	(0.32, 0.42)	未列出	[21]

參考文獻

1. (a)M. A. Baldo, D. F. O'Brien, Y. You, A. Shoustikov, S. Sibley, M. E. Thompson, S. R. Forrest, *Nature* (London), **395**, 151 (1998). (b)D. F. O'Brien, M. A. Baldo, M. E. Thompson, S. R. Forrest, *Appl. Phys. Lett.*, **74**, 442 (1999). (c)C. Adachi, M. A.Baldo, S. R. Forrest, S. Lamansky, M. E. Thompson, R. C. Kwong, *Appl. Phys. Lett.*, 78, 1622 (2001). (d) M. A. Baldo, S. Lamansky, P. E. Burrows, M. E. Thompson, S. R. Forrest, *Appl. Phys. Lett.* **75**, 4 (1999).
2. D. Y. Kondakov, *J. Appl. Phys.*, **102**, 114504 (2008).
3. D. Qin and Y. Tao, *Appl. Phys. Lett.*, **86** 113507 (2005).
4. G. Cheng, Y. Zhang, Y. Zhao and S. Liu, Appl. *Phys. Lett.*, **88**, 083512 (2006).
5. J. F. Li, S. F. Chen, S. H. Su, K. S. Hwang and M. Yokoyama, *J. of ECS*, **153** H195 (2006).

6. P. Chen, Q. Xue, W. Xie, Y. Duan, G. Xie, Y. Zhao, J. Hou, S. Liu, L. Zhang and B.Li, *Appl. Phys. Lett.*, **93**, 153508 (2008).
7. Y. Sun, N. C. Giebink, H. Kanno, B. Ma, M. E. Thompson, S. R. Forrest, *Nature*, **440**, 908 (2006).
8. M. Klessinger, J. Michl, "Excited States and Photochemistry of Organic Molecules", VCH Publishers, New York (1995).
9. Baldo, M. A. "Excitonic singlet-triplet ratio in a semiconducting organic thin film." *Phys. Rev.* **B 66**, 14422 (1999).
10. H. Kanno, Y. Sun and S. R. Forrest, *Appl. Phys. Lett.*, **89**, 143516 (2006).
11. G. Schwartz, M. Pfeiffer, S. Reineke, K. Walzer and K. Leo, *Adv. Mater.*, **19**, 3672 (2007).
12. G. Schwartz, S. Reineke, K. Walzer, and K. Leo, *Appl. Phys. Lett.*, **92**, 053301 (2006).
13. C. L. Ho, M. F. Lin, W. Y. Wong, W. K. Wong, and C. H. Chen, *Appl. Phys. Lett.*, **92**, 083301 (2008).
14. D. Y. Kondakov, *J. Appl. Phys.*, **102** 114504 (2008).
15. G. Schwartz, K. Fehse, M. Pfeiffer, K. Walzer, and K. Leo, *Appl. Phys. Lett.*, **89**, 083509 (2006).
16. P. Chen, W. Xie, J. Li, T. Guan, Y. Duan, Y. Zhao, S. Liu, C. Ma, L. Zhang and B. Li, *Appl. Phys. Lett.*, **91**, 203505 (2007).
17. C. L. Ho, W. Y. Wong, Q. Wang, D. Ma, L. Wang and Z. Lin, *Adv. Funct. Mater.*, **18**, 928 (2008).
18. P. Anzenbacher, Jr., V. A. Montes, and S. Y. Takizawa, *Appl. Phys. Lett.*, **93**, 163302 (2008).
19. K. S. Yook, S. O. Jeon, C. W. Joo and J. Y. Lee, *Appl. Phys. Lett.*, **93**, 073302 (2008).

20. H. Baek and C. Lee, *J. Appl. Lett.*, **103**, 124504 (2008).
21. K. Nishimura, Y. Kawamura, T. Kato, M. Numata, M. Kawamura, T. Ogiwara, H. Yamamoto, T. Iwakuma, Y. Jinde and C. Hosokawa, *Proceedings of SID'09*, p.420, May. 31-Jun. 4, 2009, San Antonio, TX, USA.

第六章

串聯式（Tandem）白光 OLED 元件

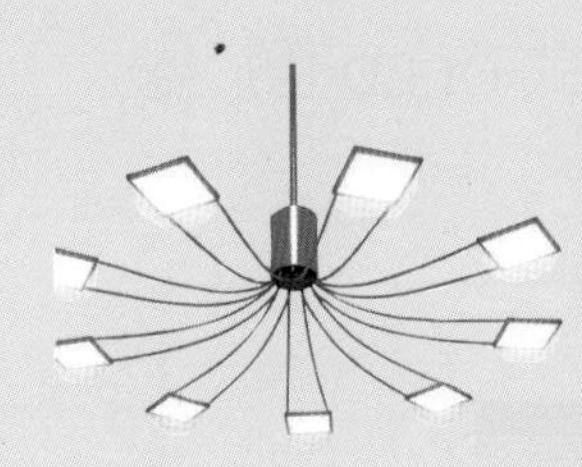

6.1 前言

串聯式 OLED 的概念是由日本山形大學 Kido 教授首次提出[1]，他們是利用 Cs:dimethyl-diphenyl phenanthroline (BCP)/V_2O_5 當作透明的連接層，將數個發光元件串聯起來，串聯式 OLED 與 Kodak 發表的傳統 OLED 技術比較（如圖 6.1 所示），它擁有極高的電流發光效率（Luminance Efficiency），其發光效率隨著串聯元件的個數，可以成倍數成長，而且在相同電流密度下測試時，串聯式 OLED 與傳統 OLED 的劣化機制類似，但由於串聯式 OLED 的初始亮度可以在很小的電流驅動下變得很大所以適合照明使用（亮度需大於 3000 cd/m^2），如換算成同樣初始亮度時，串聯式 OLED 的壽命將比傳統 OLED 長很多，但這種元件的驅動電壓亦會隨著元件串聯的數目而倍數增加，所以它的發光功率（Power Efficiency）並不會因為串聯而增加。

2004 年柯達廖博士與鄧青雲博士跟著也發表以有機材料為主的 *n*-type Alq_3:Li/*p*-type NPB:$FeCl_3$ 作為串聯式 OLED 的連接層[2]。雖然串聯式 OLED 由於總

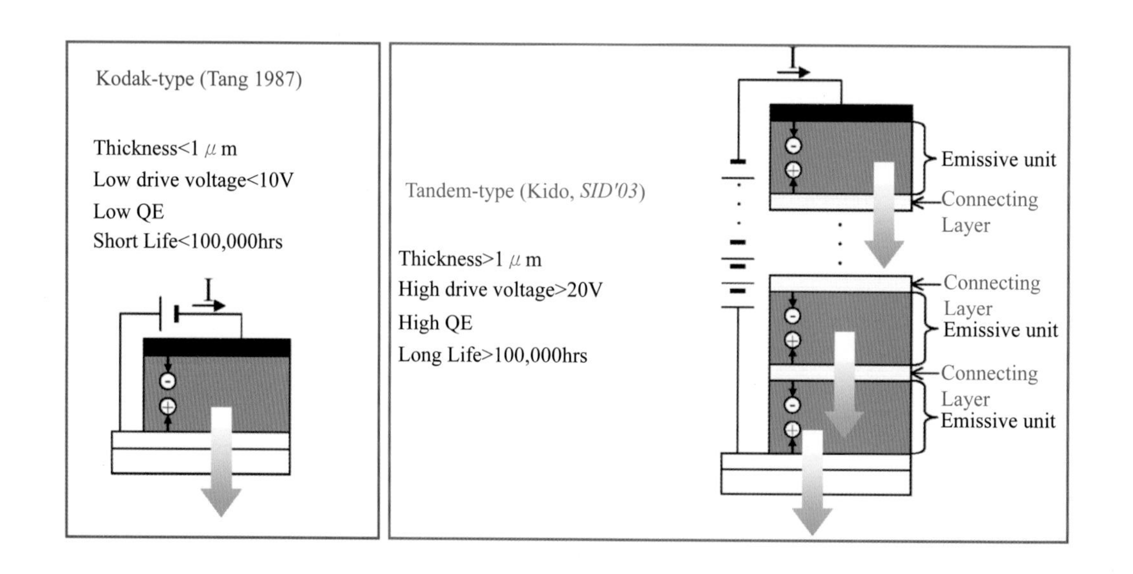

圖 6.1　傳統與串聯式 OLED 技術比較

厚度增加，使得在相同驅動電流下，電壓變大，但由於在相同驅動電流下，發光亮度的增加使得單位電流的發光效率（cd/A）也隨著增加，進而導致相同電流密度下元件與材料穩定的增長。在廖博士的元件中，如果以多個磷光綠光元件互相堆疊，當堆疊的元件數為 3，可達到 130 cd/A 的效率。但他們發現如果直接以 *n*-doping 層／*p*-doping 層作為連接層，元件的電壓會隨著時間而增加，這可能是 *n*-doping 層與 *p*-doping 層界面因為互相擴散而破壞所致，因此必須加入一中間層[3]（如氧化物或金屬）才可改善，如，由此可知如何選擇、設計、製作適合的連接層材料是此一技術之關鍵。

台灣大學吳忠幟教授團隊，於 2006 年 SID 研討會發表了串聯式元件的光學計算結果，並與實際例子獲得印証，在再結合區不改變情形下，單就光學效應討論，於無共振腔的元件中，串聯兩個元件的發光強度可增加至 2.6 倍，如果將共振腔導入，發光強度更可增加至 5 倍。該團隊也實際製作出 200 cd/A 的高效率串聯式磷光綠光元件[4]。其元件特性分析在吳教授撰寫的 OLED 光學章節（第九章）中會繼續討論。

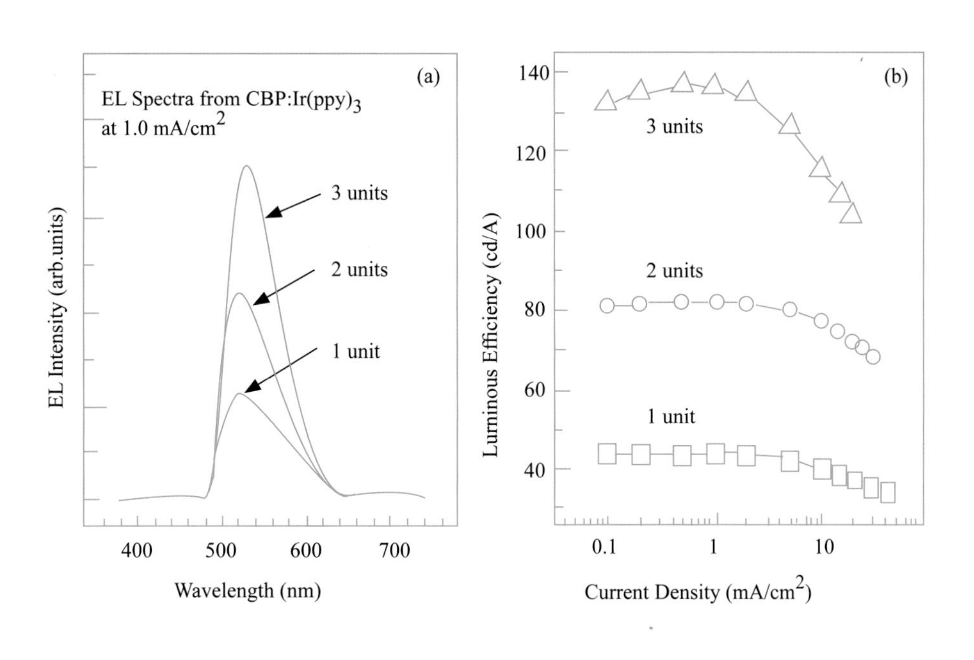

圖 6.2　串聯式元件的堆疊層數與效率的關係

6.2 串聯式 OLED 的機制與設計

Novaled 公司在 2008 年 SID 會議上提出了利用 *p-n* junction 作為串聯式 OLED 連接層的解釋[5]。如圖所示，首先如圖 6.3(a) 告訴我們將 *n*-type 以及 *p*-type 的材料摻雜進入有機傳輸層後，*p*-doped HTL 的費米能階（Fermi level）會較低且接近未摻雜的有機傳輸層的 HOMO；相同地 *n*-doped ETL 的費米能階會較高且接近未摻雜的有機傳輸層的 LOMO。圖(b) 顯示了當 *p-n* junction 接觸的時候則費米能階會達到一個平衡的等能階狀態，所以連同 *n*-type 以及 *p*-type 的 HOMO 以及 LUMO 產生變化。圖(c) 則是當 *n*-type 以及 *p*-type 的費米能階結合在一起時 HOMO 以及 LUMO 間的變化會形成一個通道，當外加電場的時候，在 *p-n* 介面上的電子-電洞的偶極因為內建電場弱於外加電場，所以會將偶極分開成電洞與電子，並具有穿隧效應（tunneling）通過通道後注入各別的 OLED 元件內。

當我們了解了串聯式 OLED 元件的原理後我們可以知道一個適合的連接層可以在電性上有較好的表現，是以相較於發光層與傳輸層；透過摻雜物形成

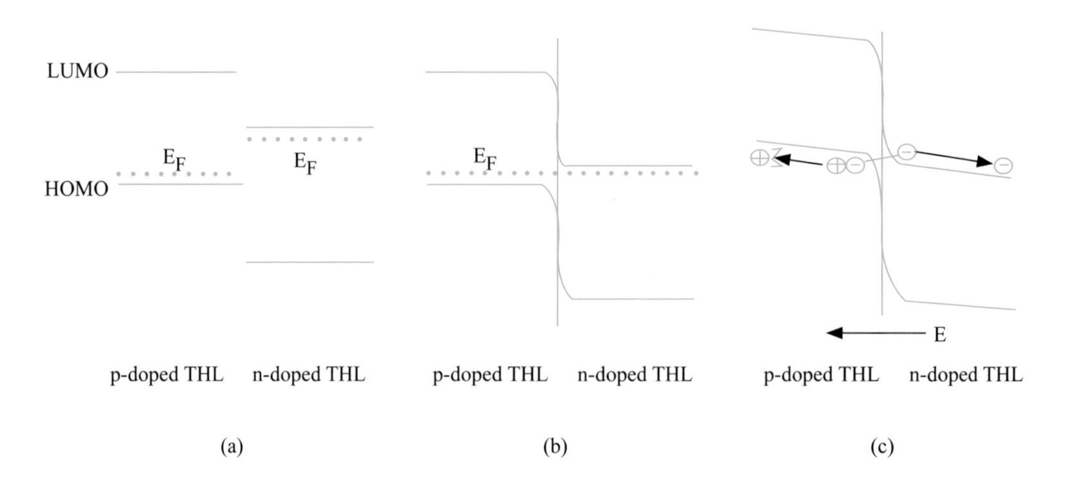

圖 6.3　*p-n* junction 運用在連接層的機制圖解

的位障通道可讓電子電洞有穿隧效應的能量消耗，已經比未摻雜有機層少了非常多。是以一個良好的連接層可以僅讓串聯式 OLED 元件中的能量消耗在發光層。而這也是整個串聯式 OLED 元件的第一個設計要求。

除了在電性上的最大要求外。當我們在設計 OLED 元件；尤其是白光 OLED 時要注意到下面兩點：一是連接層對於某特定波波長是否有會吸收的現象、二是由串聯式的光學效應所述的各種光色結合區，對於透明陽極 ITO 以及反射陰極的距離，需要在光學增強效應的節點上。但串聯式白光的問題是由

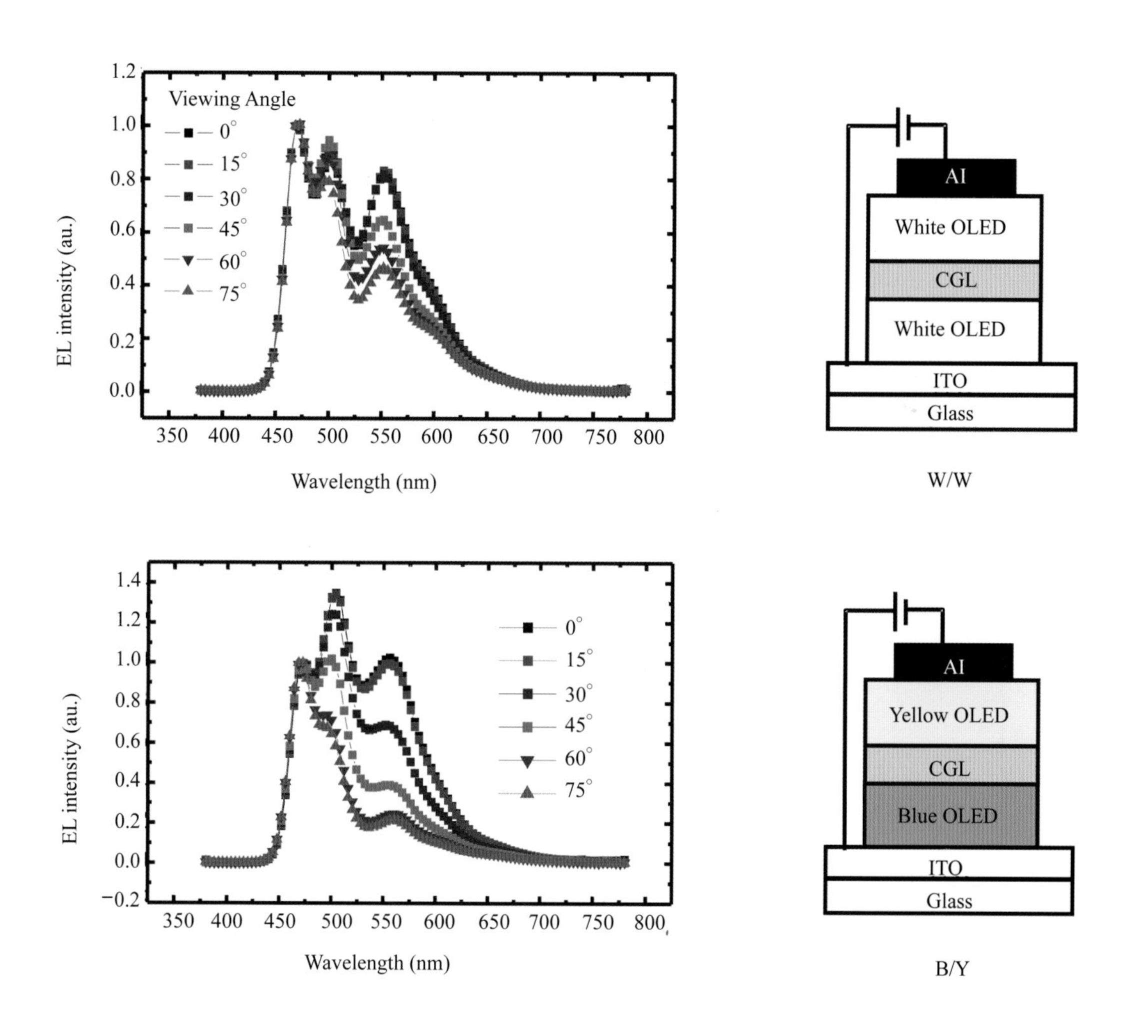

圖 6.4　黃光與藍光 OLED 串聯的白光元件；白光與白光 OLED 串聯的白光元件在各種不同視角下的光譜特性。

於元件中有許多不同折射率的介質層，而且層數是傳統元件的好幾倍，因此會有程度不一的共振腔效應，顏色會因而隨著視角而不同[6]。看起來至今還沒有一個完美的串聯式結構，各種串聯式結構白光都有其優缺點。將會為各位讀者敘述。

6.3 各種串聯式 WOLED

6.3.1 單純原色串聯式白光

這一類元件利用不同顏色的元件串聯可以混合出白光。依照需求可以使用螢光或磷光；雙波段、三波段或四波段。而這些製作的方法即是在效率、光色、演色性（color rendering index, CRI）與製程困難度和成本考量的拉距戰。這類元件的優點在於因為各種波段光色僅靠連接層串聯，所以光學上的考量設計較容易。另外在各層間以最簡單的單色光組成，所以元件的膜厚對效率上的影響能降到最低。但這種單純串聯的元件不能調整或是補償因為個別元件老化所造成的光色變化問題，以及受到各種光色散色角度不同、在元件內部發光層

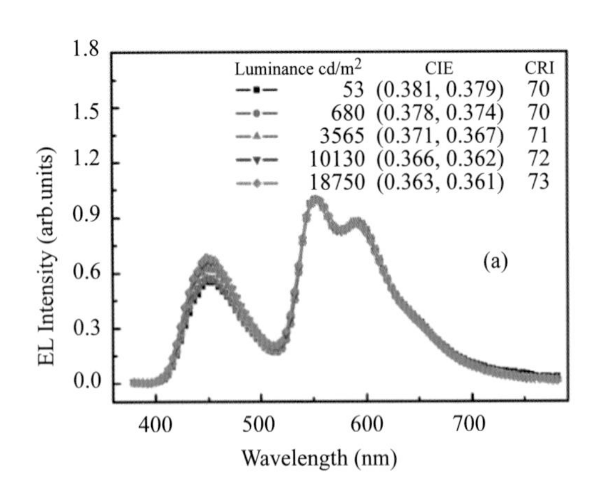

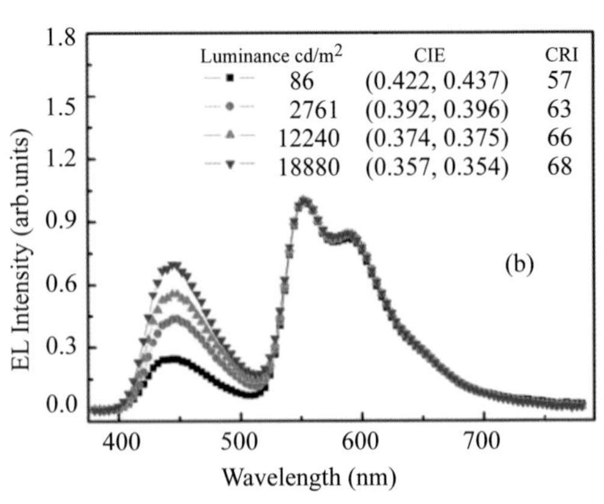

圖 6.5 (a)為不同電流密度下藍光和黃光元件串聯的白光元件光色變化。(b)為白光和白光元件串聯元件隨驅動電流改變的光色變化。

的距離，以及所有有機層及連接層對於各光色的折射率以及吸收度不同，所以在視角改變後的光色會有很大的差異。Ping Chen 等人在 2008 年提出了藍光和黃光元件串聯的白光因為介面及結合區的問題導致在不同電流密度下光色會有所變化。[7]

在同一年，Tae-Woo Lee 等人也是提出這樣的一個觀點，原因在於各別的單色發光層可以發揮各別顏色最大的效率，但是在一個白光元件中就需要考慮兩個發光層間的載子平衡與焠熄效應[8]。目前在螢光方面以 2008 年 SID 會議 Kido 教授提出的以兩層藍光串聯兩層橘光的四層串聯白光 OLED，如圖 6.6 所示在亮度 5000 cd/m^2 時效率為 20 lm/W 為最好[9]。

6.3.2　白光與白光串聯系統

這種結構恰好與第一種設計相反，可以說單色光串聯式白光的優點恰是串聯式白光較難達成的地方，相對地，單色光串聯式白光的缺點也是串聯式白光可以解決的問題。2004 年 IDW 會議中，交大 OLED 研究團隊發表以天藍色串聯黃色元件時，即發現隨著視角不同，發光顏色會有很大的改變，但如果以兩個白光元件互相串聯時，情況可以大大改善，可是 CIE 色座標隨視角的飄移還是比單一層 OLED 元件稍大[6]。在 2006 年的 IMID 會議中，柯達公司發表了以

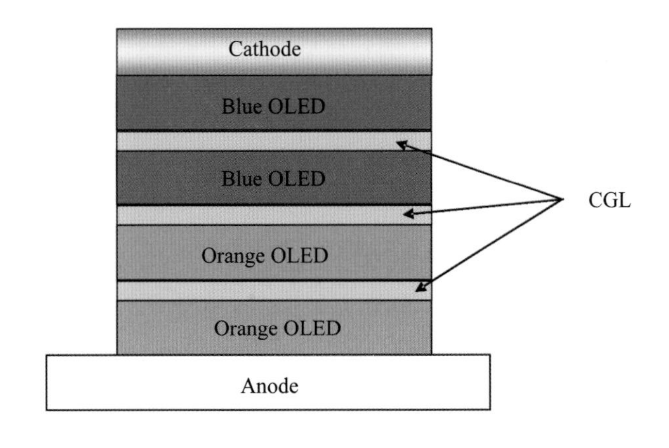

圖 6.6　Kido 教授所提出的 4 層串聯式白光

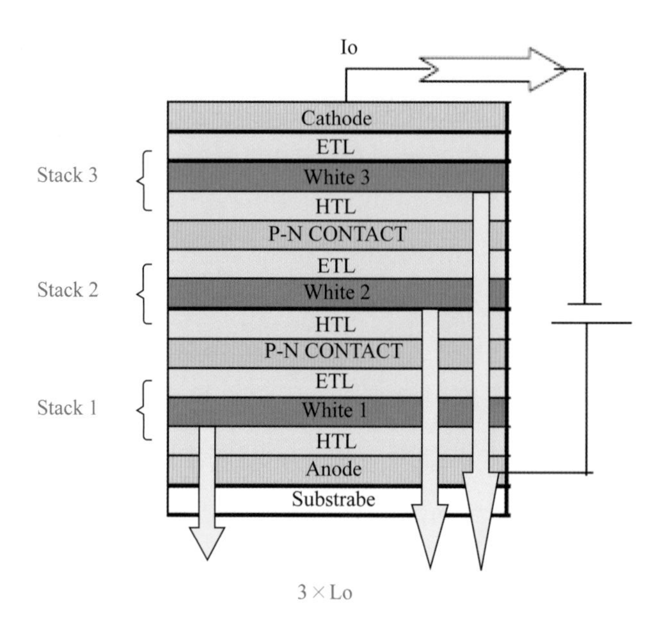

圖 6.7　多個白光元件串聯結構圖

兩個白光與三個白光串聯的白光元件[10]，如圖 6.7 所示。同一年，Forrest 教授的團隊與三洋電機各別發表了串聯多個磷光雙波段白光的元件[11]，如圖 6.8 所示。

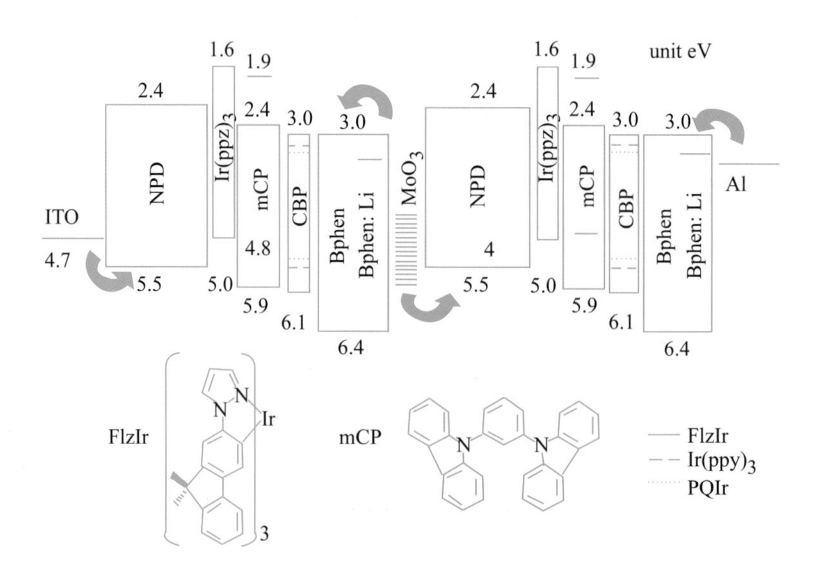

圖 6.8　Forrest 教授發表了串聯多個磷光雙波段白光的結構與使用材料。

6.3.3 螢光元件與磷光元件串聯系統

此元件結構和 Hybrid 系統式白光類似。著眼於充份運用綠、紅光磷光元件的高效率以及藍光螢光元件比磷光藍光元件有較佳的壽命。不同的是運用連接層串聯兩個元件的設計較為容易也不需要考慮複雜的單態與三重態激發子相互間能量轉換的問題，並且讓磷光與螢光各別最佳化以達到最高的效率。就前章所述，若將藍光螢光放至串聯式第二節點處則會因光學效應而增進藍光的效率。在光色上會較 Hybrid 系統更接近 CIE 座標 (0.33, 0.33)。2007 年 SID 會議上日本 HITACHI 公司就提出了這樣的結構如圖 6.9[12]。而這個元件在亮度為 1000 cd/m^2 時有 20.7 cd/A 的電流效率、4.6 lm/W 的能量效率、CIE 值為 (0.26, 0.34) 與 11000 小時的半衰期壽命。

著眼於此一結構，柯達公司在 2008 年的 SID 會議與 Panasonic 公司在 2008 年的 IDW 會議上皆發表了以此一架構組成的白光元件[13,14]；其發表的元件效率如下表 6.1 所示。

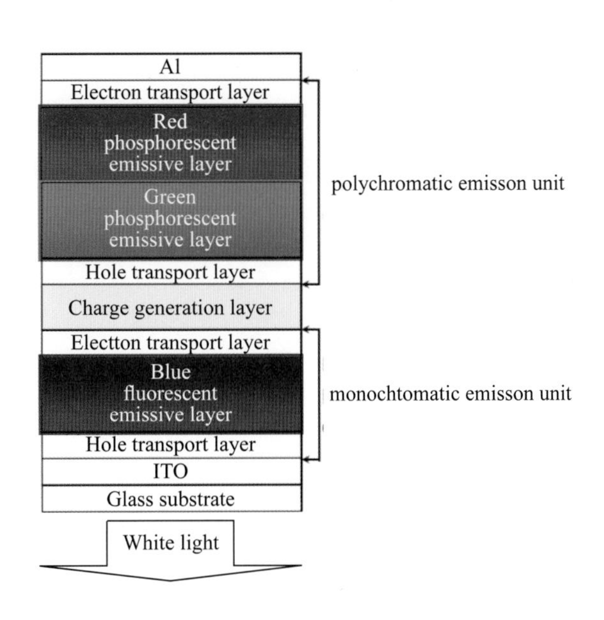

圖 6.9　Hitachi 在 2007 SID 會議上螢光元件與磷光元件串聯白光結構圖

表 6.1　(a)為柯達公司在 2008 年 SID 發表的元件效率、(b)為 Panasonic 公司在 2008 年 SID 發表的元件效率。

Device ID	CIE x,y	Volts	cd/A	lm/W	EQE (%)	LIfetime (T_{50})(h)
		@～1000 nits				
C-1	0.33 0.35	6.2	50	25	22	～10,000
C-2	0.34 0.40	5.9	57	32	23	～30,000

color rendering index	88
CIE chromaticity coordinates	(0.38, 0.40)
Luminous efficiency	28lm/W (at 1,000 cd/m^2)
	37lm/W (at 100 cd/m^2)
driving voltge at 1,000 cd/m^2	6.2V
lifetime at 1,000 cd/m^2	20,000 hours (estimated)
CIE change with viewing angle (10°～70°)	0.02

而在 SID 2009 最新發展上，LG 公司利用了綠光與紅光共摻雜磷光層組成黃光元件與螢光藍光元件串聯組合的白光[15]，如圖 6.10 所示，這個元件在亮度為 1000 cd/m^2 時有 56.5 cd/A 的電流效率、30 lm/W 的能量效率、CIE 值為 (0.37, 0.39) 與 31,000 小時的半衰期壽命。而日本出光興業公司也在會議上發表了新穎紅光與綠光的磷光主發光體，並應用在此一白光結構的磷光發光層，元件在亮度為 1000 cd/m^2 時有 35.2 lm/W 的能量效率、CIE 值為 (0.32, 0.42) 與 94,000 小時的半衰期壽命[16]。由這幾年進步趨勢來看，此一結構白光在未來很可能形成主流結構。

6.3.4　Hybrid 系統式白光串聯

其實這一個元件重要的地方來自於前一章所描述的 Hybrid 系統。在同一年（2006 年）Forrest 教授的研究團隊即發表了兩個 Hybrid 白光所串聯起來的白光，如圖 6.11 所示。但是過於複雜的製程與結構以及在光學的設計上和磷光螢光發光層的內連接層皆是需要謹慎的設計，使得在 2006 年過後就沒有團隊去研究與改善之[17]。

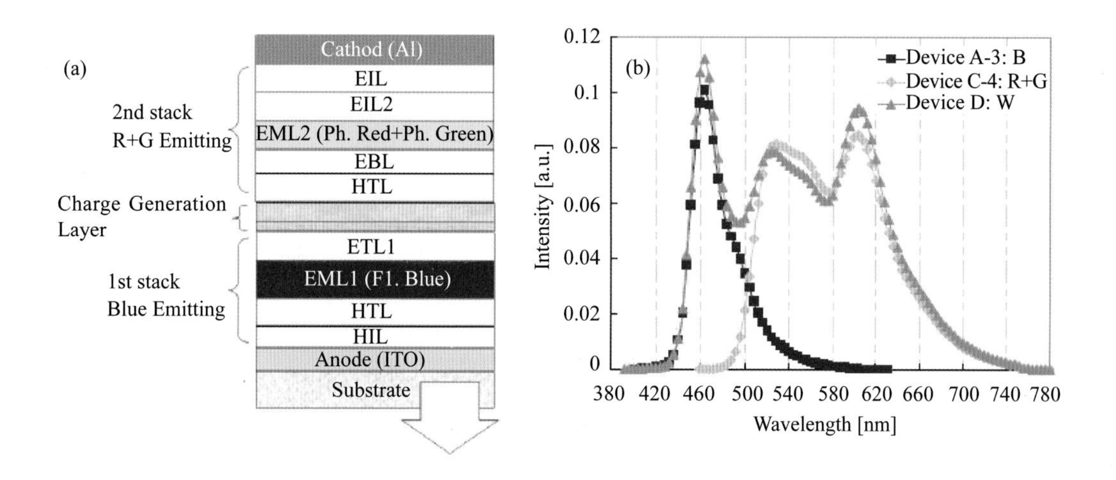

圖 6.10　LG 公司在 2009 年提出的螢光元件與磷光元件串聯結構與光譜。

6.3.5　兩種不同組合的白光串聯

最先提出這個構想的來自於柯達公司。他們即在 2007 年的 SID 會議上發表了兩種不同結構的白光發光層去做串聯。一直到 2008 年的 SID 會議更衍生

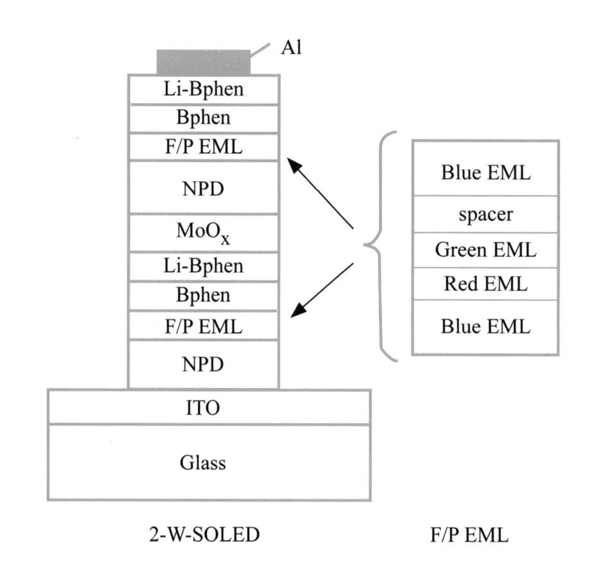

圖 6.11　Forrest 教授發表了串聯多個 Hybrid 系統式白光結構。

出利用光色填補達到接進 CIE 值 (0.33, 0.33) 的 D65 色溫高效率白光，如圖 6.12 所示。這個構想來自於目前的單一層白光往往在白光光色純度上以及效率上的平衡難以兼顧，利用光譜中所欠缺或較弱的光色，再利用一層元件串聯，結果證明在效率上以及白光光色純度上有大幅提升。另外在一些元件設計上也可以利用兩個 OLED 串聯，產生四波段白光且製程與元件設計都較將光色做在

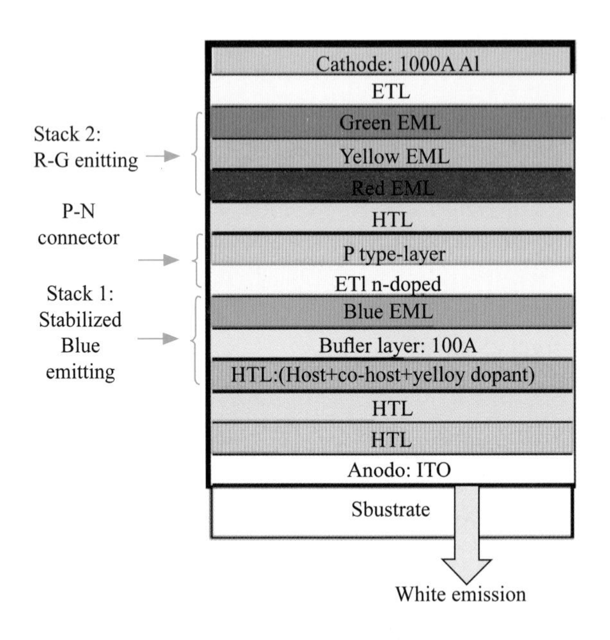

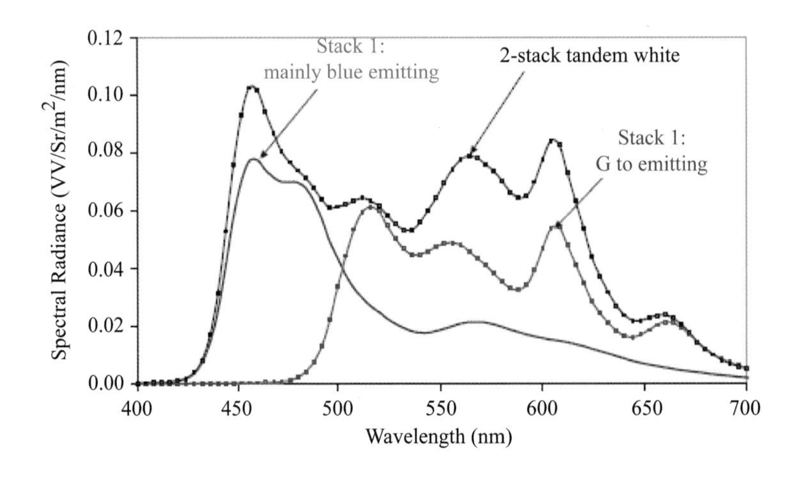

圖 6.12　柯達公司在 2008 年 SID 發表兩種不同組合的白光串聯結構與光譜圖

一個元件上來的簡單，此白光系統可用來作為全彩顯示搭配 RGBW 彩色濾光片的背光源。在表 6.2 中將列出 2007 至 2008 在此一元件上的效率演進。

6.4　結論

目前在串聯式結構上是白光照明的一大熱門主題，其原因來自於不同的需求可以以不同的設計方法解決之，並且這些方法在 OLED 的設計或製程上都比較容易。此外串聯式白光可以透過光學設計去提升元件的出光效率，並在相同的電流密度下的老化特性，尤其在高亮度白光照明的需求下，會比單一 OLED 元件具有更長的壽命。能夠商品化的特徵使串聯式白光結構成為未來 WOLED 照明不可忽略的發展驅勢。

表 6.2　兩種不同組合的白光串聯的元件效率

年度	結構	效率	光色	壽命	出處
2007	Y/B+R/G/B	23.6 cd/A @ 20 mA/cm^2	(0.32, 0.35)	1000 h @ 18800 cd/m^2	2007 SID 會議[18]
2008	B/R+B/G	9.9 lm/W @ 1000 cd/m^2	(0.33, 0.33)	未列出	2008 SID 會議[19]
2008	Y/B+R/Y/G	23.6 cd/A @ 20 mA/cm^2	(0.33, 0.35)	1000 h @ 80 mA/cm^2	2008 SID 會議[20]

參考文獻

1. T. Matsumoto, T. Nakada, J. Endo, K. Mori, N. Kawamura, A. Yokoi, J. Kido, *Proceedings of IDMC'03*, p.413, Feb. 18-21, 2003, Taipei, Taiwan.
2. L. S. Liao, K. P. Klubek, C. W. Tang, *Appl. Phys. Lett.*, **84**, 167 (2004).
3. L. S. Liao, K. P. Klubek, D. L. Comfort, C. W. Tang, US 6717358 (2004).
4. T.-Y. Cho, C.-L. Lin, C.-H. Chang, and C.-C. Wu, *Proceedings of SID'06*, p.1284, June 4-9, 2006, San Francisco, CA, USA.
5. J. Brinstock, G.. He, S. Murano, A. Werner and O. Zeika, *Proceedings of SID'08*, p.822, May. 20-23, 2008, Los Angeles, CA, USA.
6. C.-C. Chang, S.-W. Hwang, H.-H. Chen, Chin H. Chen, J.-F. Chen, *Proceedings of IDW' 04*, p.1285, Dec. 8-10, 2004, Niigata, Japan.

7. P. Chen, Q. Xue, W. Xie, Y. Duan, G. Xie, Y. Zhao, J. Hou, S. Liu, L. Zhang and B.Li, *Appl. Phys. Lett.*, **93**, 153508 (2008).

8. T. W. Lee, T. Noh, B. K. Choi, M. S. Kim and D. W. Shin, *Appl. Phys. Lett.*, **92**, 043301 (2008).

9. J. Kido, *Proceedings of SID*'08, p.931, May. 20-23, 2008, Los Angeles, CA, USA.

10. T. K. Hatwar, J. P. Spindler and S. A. Van Slyke, Proc. IMID / IDMC'06, p. 1577, 2006, Korea.

11. (a)H.Kanno, R. J. Holmes, Y. Sun, S. Kena-Cohen and S. R. Forrest, *Adv. Mater.*, **18**, 339 (2006). (b)H. Kanno, Y. Hamada, K. Nishimura, K. Okumoto, N. Saito, H. Ishida, H. Takahashi, K. Shibata and K. Mameno, *Jpn. J. Appl. Phys.*, **45**, 9219 (2006).

12. S. Ishihara, K. Masuda, Y. Sakaki, H. Kotaki, and S. Aratani, *Proceedings of SID'07*, p.1501, May. 22-25, 2007, Long Beach, California, USA.

13. L. S. Liao, X. Ren, W. J. Begley, Y. S. Tyan and C. A. Pellow, *Proceedings of SID'08*, p.818, May. 20-23, 2008, Los Angeles, USA.

14. H. Tsuji, N. Ito, N. Ide and T. Komoda, *Proceedings of IDW'04*, p.165, Dec. 3-5, 2008, Niigata, Japan.

15. S. H. Pieh, M. S. Kim, C. J. Sung, J.-D. Seo, H. S. Choi, C. W. Han and Y. H. Tak, *Proceedings of SID'09*, p.903, May. 31-Jun. 4, 2009, San Antonio, TX, USA.

16. K. Nishimura, Y. Kawamura, T. Kato, M. Numata, M. Kawamura, T. Ogiwara, H. Yamamoto, T. Iwakuma, Y. Jinde and C. Hosokawa, *Proceedings of SID'09*, p.420, May. 31-Jun. 4, 2009, San Antonio, TX, USA.

17. H. Kanno, N. C. Giebink, Y. Sun and S. R. Forrest, *Appl. Phys. Lett.*, **89**, 023503 (2006).

18. J. P. Spindler and T. K. Hatwar, *Proceedings of SID'07*, p.92, May. 22-25, 2007, Long Beach, California, USA.

19. M. E. Kondakova, D. J. Giesen, J. C. Deaton, L. S. Liao, T. D. Pawlik, D.Y. Kondakov, M. E. Miller, T. L. Royster, and D. L. Comfort, *Proceedings of SID'08*, p.222, May. 20-23, 2008, Los Angeles, CA, USA.

20. T. K. Hatwar and J. P. Spindler, *Proceedings of SID'08*, p.814, May. 20-23, 2008, Los Angeles, CA, USA.

第七章

穿透式（Transparent）白光 OLED 元件

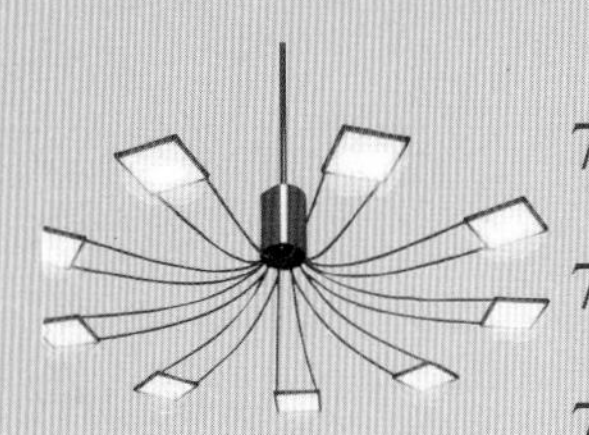

一般 OLED 元件的光都是經由基板射出，也就是下發光，如圖 7.1(a)。而所謂的上發光（top emission）就是光不經過底下基板而是從另一邊射出，如圖 7.1(b)，如果基板之上為高反射的陽極，而陰極是透光的，則光會經由元件上方的陰極放光。陽極材料若還是使用傳統的透明 ITO 陽極，搭配透明陰極則元件的兩面都會發光，也就是所謂的穿透式或透明式元件（transparent devices），見圖 7.1(c)。

而穿透式元件的優勢在於面版未通電開啟時，面板是半透明的，而開啟時兩面都可發光照明或是接受資訊，因此利用此特性，其應用與設計可以更靈活。穿透式與上發光元件的發展必須先將陰極的穿透度提高，因為光是穿過陰極發出，因此陰極的穿透度決定了元件出光的多少。而陰極通常都是由金屬組成，穿透度要好勢必要把金屬厚度變薄，但太薄無法導電，且會影響元件的操作穩定性，因此透光度受到一定的限制。而且金屬本身也會吸光，所以想要同時具備好的穿透度和導電度的陰極似乎不容易。若是要使用傳統的透明電極 ITO，就會牽涉到製程技術上的問題。因為通常 ITO 製程都是使用濺鍍的方式，而陰極是在整個元件的最上面，要如何掌握濺鍍 ITO 的條件又不損傷底下的有機層是整個發展的重點，因此 OLED 各界也發展出各種不同的保護層材料

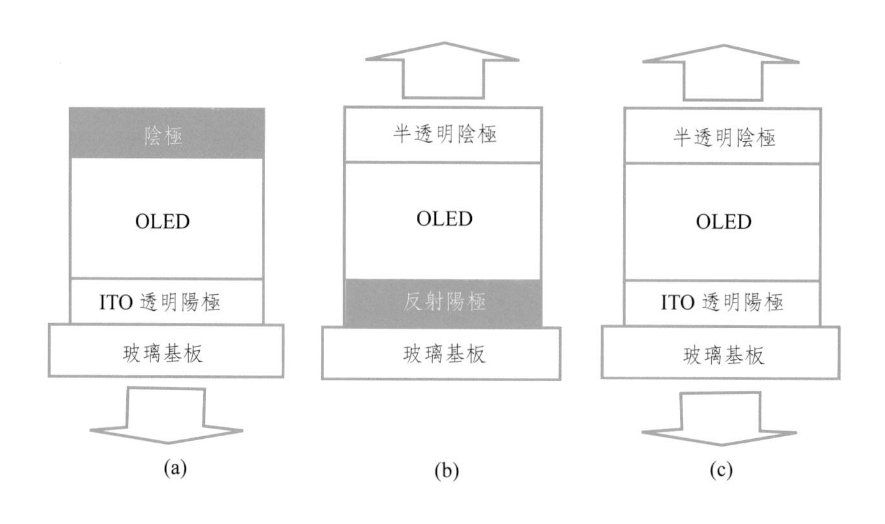

圖 7.1　(a)下發光元件、(b)上發光元件和　(c)穿透式元件

來減低濺鍍或輻射對元件的損傷。

7.1　透明陰極

在穿透式元件中，與傳統元件最大的不同就是必須要有透明的陰極，同時它也是影響元件效率的重要關鍵。要讓光從陰極發出，最直接的做法就是將發光元件的陰極變薄，這樣就不用考慮功函數的問題，但是陰極層很薄時，常常會有斷路或是金屬容易氧化的問題，所以通常會再加上透明導電的 ITO 作輔助電極並同時增加陰極導電度，然而在有機層上濺鍍 ITO 又不破壞元件不是容易的事，在這方面還需要許多的技術來克服。透明電極的發展歷史與所應用的元件結構列於表 7.1。

1996 年 Forrest 等人率先使用 10 nm 的 Mg:Ag (30:1) 加上 40 nm 的 ITO 當作半透明陰極，其穿透度在可見光區大約為 70%。所製成的 Alq_3 元件上下都會發光，外部量子效率加起來約 0.1%，如圖 7.2。另外值得注意的是，為了避免濺鍍 ITO 造成有機層的損壞和電極的短路，他們所使用 RF（radio-

表 7.1　透明陰極的發展

陰極結構	T_{max}	元件結構	文獻
Mg:Ag (10 nm)/ITO (40 nm)	70%	穿透式	1996 年[1]
CuPc/ITO	85%	穿透式	1998 年[2]
CuPc/Li (1 nm)/ITO	--	穿透式	1999 年[3]
BCP/Li (0.5～1 nm)/ITO	90%	穿透式	2000 年[4]
Ca (10 nm)/ITO (50 nm)	80%	穿透式	2000 年[5]
LiF (0.3 nm)/Al (0.6 nm)/Ag (20 nm)/Alq_3*	--	上發光	2001 年[6]
LiF (0.5 nm)/Al (3 nm)/Al:SiO (30 nm)	--	上發光	2003 年[7]
Ca (12 nm)/Mg (12 nm)/ZnSe*	78%	上發光	2003 年[8]
Ca (20 nm)/Ag (15 nm) Ca (10 nm)/Ag (10 nm)	-- 80%	上發光 上發光	2003 年[9] 2004 年[10]
n-摻雜層／ITO	> 90%	上發光	2004 年[11]
Yb (2 nm)/Ag (20 nm)	--	上發光	2006 年[12]
T_{max}：最大穿透度。*：覆蓋層（capping layer）			

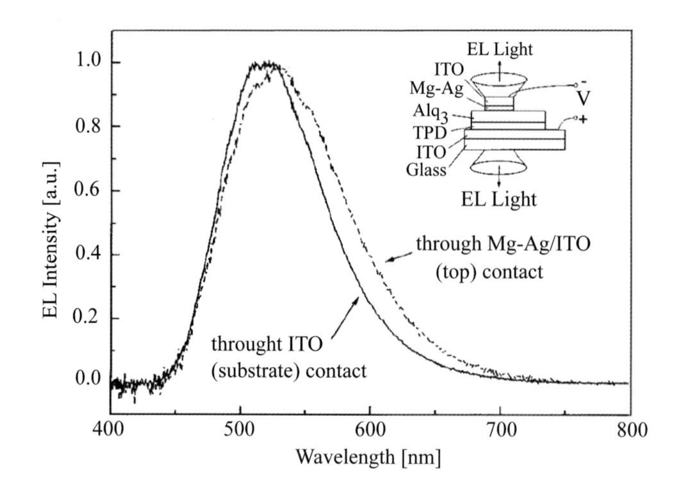

圖 7.2　第一個具透明陰極的穿透式元件結構和 EL 光譜[1]

frequency）濺鍍的功率減低到只有 5 W，沉積速率也只有 0.3 nm/min，所以可以想像要濺鍍 40 nm 就需要超過兩個小時的時間。Liao 等人用 XPS、UPS 量測濺鍍對有機分子 Alq_3 的影響[13]，發現 N-Al 和 C-O-Al 鍵結在濺鍍過程中會被打斷，並造成 HOMO、LUMO 能階顯著的改變，因此直接 ITO 的濺鍍確實會造成有機分子的破壞。

相較於之前以 Mg:Ag/ITO 做為電極，1998 年 Forrest group 使用了非金屬的材料來取代金屬。他們在 Alq_3 發光層上蒸鍍 CuPc 後再濺鍍 ITO，使得陰極的反射率、吸收度都降低，穿透度在可見光區可提高到 85%。CuPc 也用來當做濺鍍 ITO 的保護層，但可以想像 Alq_3/CuPc/ITO 界面的能階並不是十分匹配。根據這個想法，1999 年柯達 Hung 和 Tang 為了降低 CuPc/Alq_3 和 CuPc/ITO 之間的能障，進一步增加電子的注入，在兩層中間加入了厚度小於 1 nm 的鋰金屬[14]。在濺鍍 ITO 方面，RF 功率也提升到 50-100 W，沉積速率是 3.6-10 nm/min。使用 Li/CuPc/ITO 為電極的元件，元件效率接近以 Mg:Ag 為陰極的下發光元件，但是操作電壓比較高，這是由於 CuPc 和 ITO 之間能障較大。所以也嘗試 CuPc/Li/ITO 為電極的元件，發現上下發光輸出的總合與 Mg:Ag 為陰極的下發光元件相同，比 Li/CuPc/ITO 為電極的元件更好。接著 2000 年 Forrest 等人再利用 BCP 取代 CuPc [15]。在濺鍍 ITO 方面，採用 RF 功率 50 W，沉積速率是 18 nm/min。BCP 本身的電子注入和電子傳輸能力都比 Alq_3 和 CuPc 好。以 BCP/Li/ITO 為電極，其穿透度在可見光區接近 90%。元件的結果顯示不論是 BCP/Li/ITO 或是 Li/BCP/ITO 為電極都可以增進電子的注入，因為這 0.5～1 nm 的 Li 會擴散到 70Å 的 BCP 裡面。元件的操作電壓和外部量子效率都和以一般以金屬為電極的下發光元件相同。同時也發現，加入 Li 之後比沒有加入的元件之外部量子效率增加了 3.5 倍。

相較於以上種種需要濺鍍 ITO 的製程，往往費時又要考量濺鍍時 OLED 元件可能受到的損壞，雖然已有許多例子被報導，但此問題並沒有完全被解決。熱蒸鍍金屬電極雖然穿透度較低，但是在製程上還是比較能接受的方式。在 2001 年 Hung 和 Tang 等人利用熱蒸鍍金屬完全取代 ITO 的濺鍍製程[16]。元件結構如下：Ag/ITO/NPB (75 nm)/Alq_3 (75 nm)/LiF (0.3 nm)/Al (0.6 nm)/Ag (20 nm)/Alq_3 (52 nm)，在電流密度 100 mA/cm^2（操作電壓 7.5 V）下，元件最高效率只有 2.75 cd/A。2003 年 Han 等人利用半透明的電荷注入層 LiF (0.5 nm)/Al (3 nm)/Al:SiO (30 nm) 作為上發光元件的陰極[17]，Al:SiO 不但具有好的穿透度，更可以當作防止濺鍍 ITO 造成元件損壞的緩衝層。以 Alq_3 為發光層的元件可得到最大亮度 1900 cd/m^2 和效率 4 cd/A 的上發光元件。

在 2004 年 SID 會議上，Canon 發表新的電子傳輸材料 c-ETM（結構沒有公布），搭配碳酸銫（Cs_2CO_3）摻雜物做為 *n*-摻雜的電子注入層（10-100 nm）。以 Cumarin-6 的綠光元件為例，元件結構如圖 7.3。使用 *n*-摻雜的電子注入層，ITO 為電極，與另外使用傳統的電子注入材料 LiF 搭配 ITO 電極做為比較。使用碳酸銫 *n*-摻雜的元件在亮度 1000 cd/m^2 下，操作電壓為 4.2 V。相對於電子注入比較差的 LiF 元件，在亮度 1000 cd/m^2 下，操作電壓高達 19.6 V。這也證明了碳酸銫摻雜層與 ITO 搭配作為透明陰極有很好的電子注入能力。

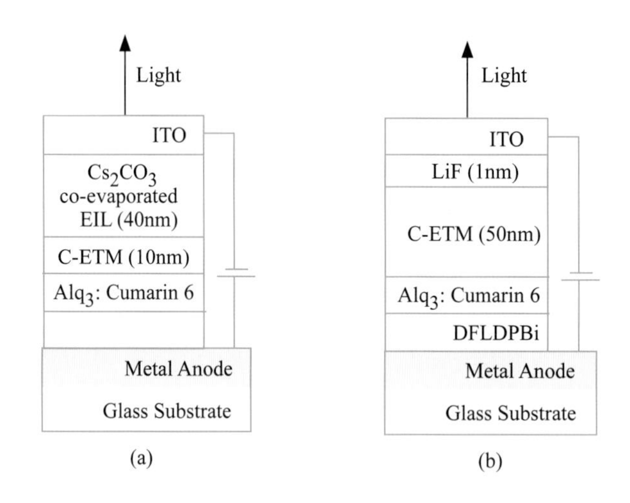

圖 7.3　元件結構　(a)碳酸銫共蒸鍍和　(b)LiF 當作電子注入搭配 ITO 電極

綜合上述的介紹，透明陰極的透明度與導電度是一個重要的考量因素，如果使用熱蒸鍍的薄金屬陰極，太薄則導電度不好，太厚則穿透度不佳。而非金屬陰極（如 ITO）的濺鍍需要非常小心地控制，避免 OLED 元件受到損壞。

7.2 穿透式白光元件

在 2007 年 Han 等人就以 ITO 陽極，搭配 Ca/Ag 陰極製作了穿透式白光元件[18]。由圖 7.4 可看出 ITO 陽極有非常好的透明度，穿透率接近 90%，而 10 nm 的銀薄膜相對差了許多，而且在波長 480 nm 時會有強烈的吸收，但 Ca (10 nm)/Ag (10 nm) 電極卻能將穿透率提升到超過 70%。他們將 Ca/Ag 薄膜蒸鍍在矽基板上，經過 X 射線光電子能譜儀（X-ray Photoelectron Spectroscopy）的分析之後發現由於鹼土族金屬鈣的不穩定性，使得部份的鈣成為了氫氧化鈣，如圖 7.5 所示。Han 等人認為 Ca/Ag 陰極的穿透度提升與在可見光區非常透明的氫氧化鈣之生成可能是有關聯的。

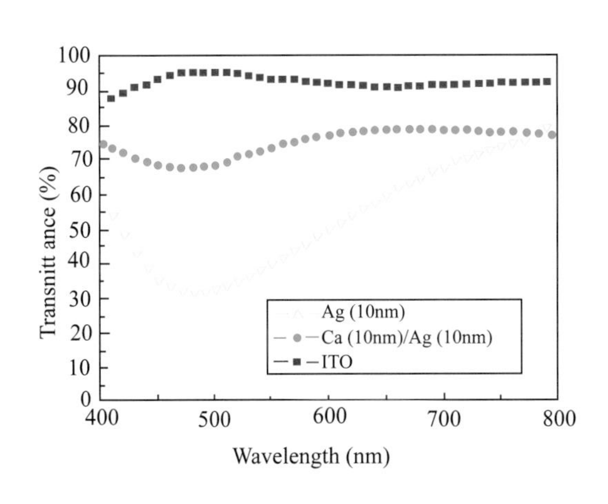

圖 7.4　透明電極在可見光區的穿透率

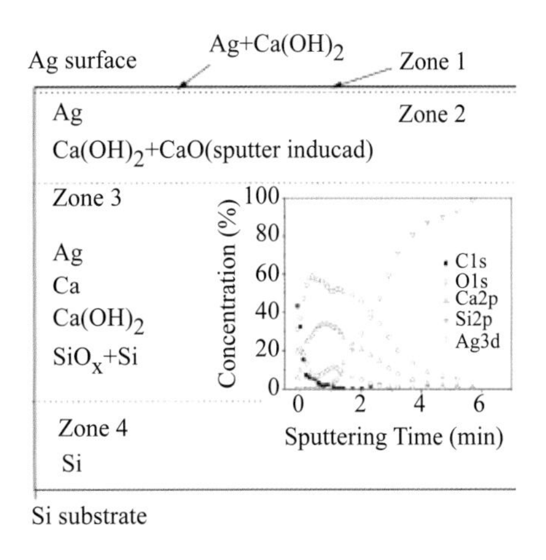

圖 7.5　XPS 分析 Si (substrate)/Ca/Ag 電極

Han 等人利用此種高穿透的電極製作的雙波段白光元件結構為：ITO/4, 4', 4''-tris [2-naphthyl (phenyl) amino] triphenylamine (2-TNATA)(15 nm)/4, 4-bis[N-(1-naphtyl)-N-phenyl-amino] biphenyl (α-NPD)(35 nm)/4, 4-bis (2, 2-diphenylvinyl)-1, 1-biphenyl (DPVBi): 4-(dicyano-methylene)-2-tert-butyl-6 (1, 1, 7, 7-tetramethyljulolidyl-9-enyl)-4H-pyran (DCJTB)(15 nm, 0.1%)/DPVBi (20 nm)/tris-(8-hydroxyquinoline) aluminum (Alq3)(10 nm)/2, 9-dimethyl-4, 7 diphenyl-1, 10-phenanthroline (BCP)(5 nm)/Ca (10 nm)/Ag (10 nm)，圖 7.6 為能階示意圖，他們以 DCJTB 作為紅光發光染料，以 DPVBi 同時作為藍光發光材料以及紅光的主發光體。元件電激發光光譜如圖 7.7，其中以紅光波峰 575 nm 做歸一化之後可發覺，光從 ITO 陽極以及 Ca/Ag 陰極射出的光色略有不同。因為這兩個電極的穿透度並不可能達到 100%，在陰極部分穿透度約略平均為 70%，故還是產生了微弱的微共振腔效應（microcavity effect），可看出這個共振腔允許了較多 440 nm 波長模態的光射出，而造成了光從 454 nm 藍位移到了 440 nm，同時也相對降低了紅光 575 nm 的出光。在圖 7.8 中秀出了 $CIE_{x,y}$ = (0.33, 0.33) 的標準白光、色溫為 6500 K 最接近太陽光的 CIE 標準照明體 D65 以及該元件兩側出光的 CIE 座標值，可看出由陰極量測到的光源由於受到輕微的微共振腔效應造成

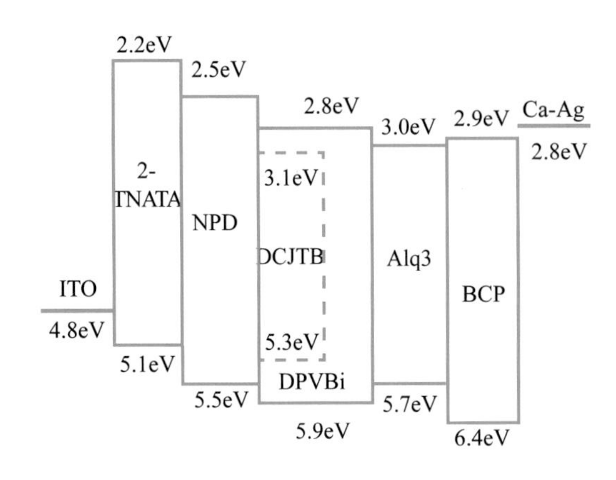

圖 7.6 元件結構及能階圖

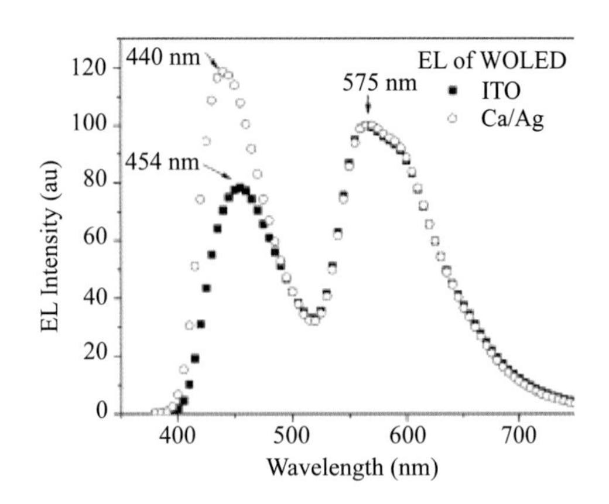

圖 7.7 電激發光光譜圖

藍位移，故有較低的 CIE_y 值。在效率方面，可參考圖 7.9，驅動電壓為 10 伏特時，由 ITO 側的出光為 3813 nits，Ca/Ag 側為 1216 nits。

2009 年中國吉林大學的 Wenfa Xie 等人則利用 LiF/Yb:Ag 為半透明電極發表了一個上下發光強度差不多的透明白光 OLED[19]。其元件結構為：ITO/4, 4', 4''-tris (3-methylphenyl-phenylamino)-tripheny-lamine (m-MTDATA: 40 nm)/N, N'-bis-(1-naphthyl)-N, N'-diphenyl-1, 1'-biph-enyl-4, 4'-diamine (NPB: 7 nm)/rubrene (0.1 nm)/NPB (3 nm)/2, 2', 2''-(1, 3, 5-phenylene) tris (1-phenyl-1*H*-benzimidazole) TPBi:30 nm/Alq3 (20 nm)/LiF (0.5 nm)/Yb:Ag (15 nm 1:1)，從不同電極出光量測

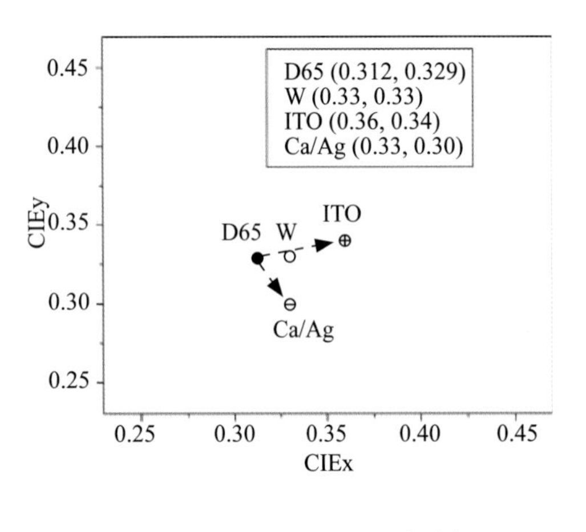

圖 7.8 $CIE_{x,y}$ 色度座標

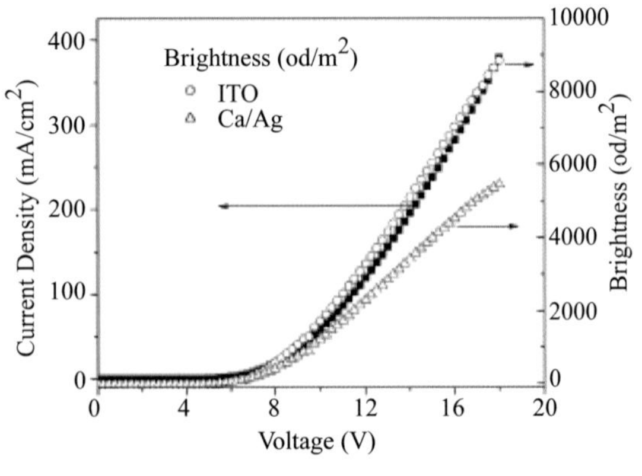

圖 7.9 J-V-L 關係

到此元件電流-電壓-亮度的關係表示在圖 7.10，可看出上下電極在相同的電壓下亮度的差距是很小的，當電壓為 10 伏特時，由上電極量測到的亮度為 1173 nits 下電極則是 1488 nits。圖 7.11 為元件電激發光光譜，由元件的上電極 Yb:Ag 射出的光強度略低於下電極 ITO，再將光譜以 Rubrene 所貢獻的波長 560 nm 歸一化後，可發現由 NPB 所貢獻的藍光在上電極的出光相對較少，而且當光由下電極射出時藍光波峰為 440 nm，上電極出光時峰值卻為 448 nm。該篇文章作者認為，ITO 陽極的穿透率約為 80%，Yb:Ag 陰極的穿透率是 60% 故陰極整體接收到的光強度較弱，如圖 7.12，對於 560 nm 之光波 Yb:Ag 的穿透率為 63%，而對於 440 nm 的光是 58% 所以藍光出光相對較弱。而由上電極觀察到 NPB 波峰之紅位移是因為 Yb:Ag 薄膜在低於 450 nm 時的穿透率極速下降所造成。圖 7.13 是元件電流效率與電壓之關係，由上電極出光效率最高可達 1.96 cd/A，下電極達 2.64 cd/A，總電流效率為 4.6 cd/A。另外作者比較了傳統的 Mg:Ag (15 nm, 1:1) 穿透式陰極，發現在操作電壓 10 伏特時，ITO 陽極出光亮度為 2714 nits、$CIE_{x,y}$ = (0.371, 0.368) 而 Mg:Ag 電極出光亮度卻只有 375 nits、$CIE_{x,y}$ = (0.318, 0.319)，而 Yb:Ag 元件 ITO 側 $CIE_{x,y}$ = (0.351, 0.335)、Yb:Ag 側 CIEx,y = (0.348, 0.360)。使用傳統 Mg:Ag 電極的元件，兩側出光亮度相差六倍之多而 Yb:Ag 電極元件只差了 27%，色度座標也比 Yb:Ag 陰極元件有較大的

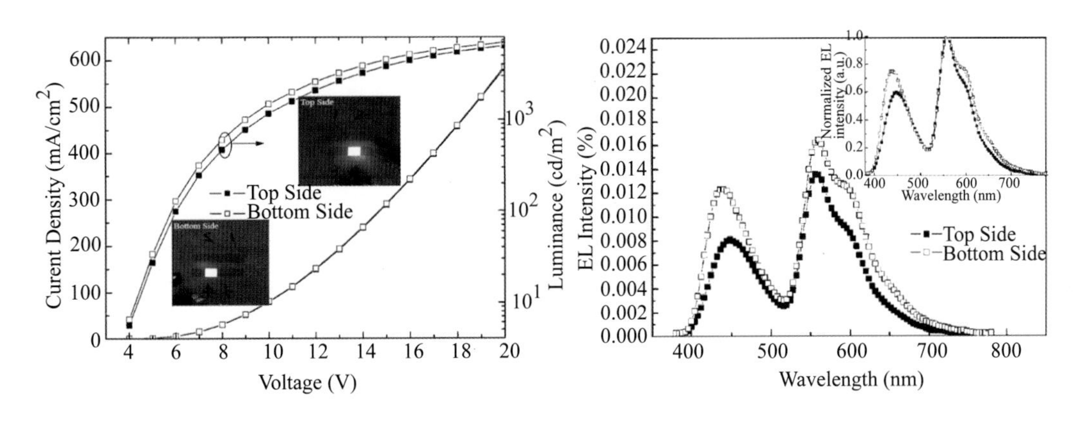

圖 7.10　元件 J-V-L 關係

圖 7.11　電激發光光譜

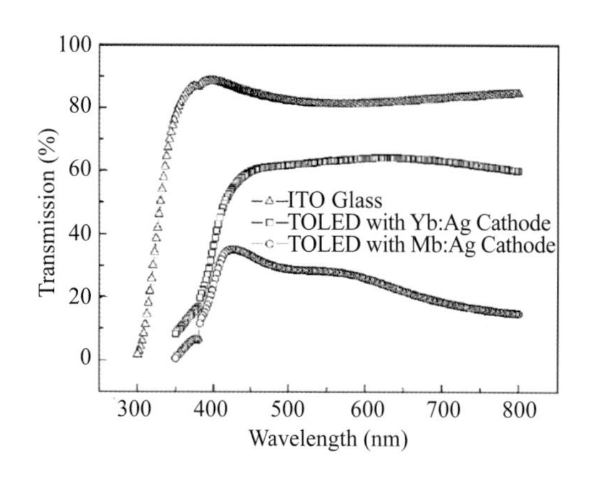

圖 7.12　透明電極穿透率

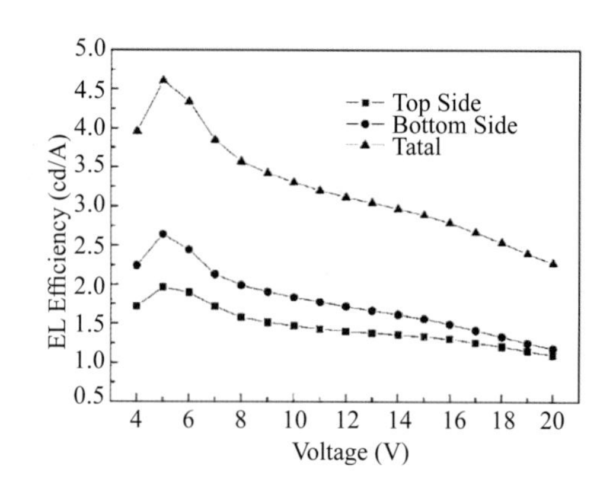

圖 7.13　電激發光效率

改變。

相對於上發光的單色光元件所使用的半透明電極，穿透式元件需要有更好的穿透度，因為上發光元件可利用微共振腔效應增強某些特定波長的出光，而穿透式白光元件則須盡量在所有可見光區都能保有極高的穿透度，如此一來才能使得元件兩側的出光強度及光色能夠保持一致，這也是穿透式白光元件與其它傳統元件最大的不同之處。

7.3　穿透式白光照明應用

OLED 具有製成大面積的潛力以及其他照明設備無法達成的高透明度，在這樣的特性下相較傳統燈源便具有了更廣泛的應用。歐斯朗（Osram）利用這個特性做了應用情境的呈現，如圖 7.14，以穿透式 OLED 照明面板取代傳統窗戶或是天窗，在白天未開啟時可接受戶外自然光，欣賞窗外美景如同一般透明玻璃窗戶，到了夜晚依然可以欣賞星空，當需要隱私或是照明時再將它開啟，即可讓玻璃窗發出均勻柔和的光，也可隨時依外界光線強弱來調整 OLED 玻璃窗的亮度，如此一來也能更有效率的利用能源。歐斯朗在 2007 年底 OPAL 專案中就已經開發出 90 平方公分的大面積穿透式白光 OLED 照明面板原型（圖

圖 7.14　穿透式白光 OLED 照明的居家應用情境呈現

7.15），該元件發光功率效率為 20 lm/W (@ 1000 nits)，面板穿透率為 55%，並期待未來商品化後可達到 75%[20]。而在 2009 年在東京舉辦的第九屆國際照明展「Lighting Fair」由山形大學教授城戶淳二所領導的 Research Institute for Organic Electronics （RIOE）也展出了一款以穿透式 OLED 所構成的窗戶，如圖 7.16。同樣地，照明大廠飛利浦（Philips）也是看準 OLED 透明面光源特性，致力於研究穿透式 OLED 照明面板（圖 7.17），他們預估在 2012～2015 年，市面上就會出現穿透式 OLED 照明的商品。

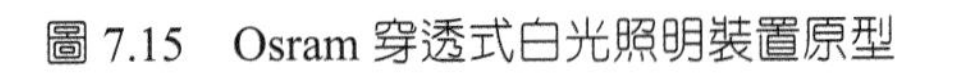

圖 7.15　Osram 穿透式白光照明裝置原型

圖 7.16　RIOE 所展出應用穿透式 OLED 照明的窗戶

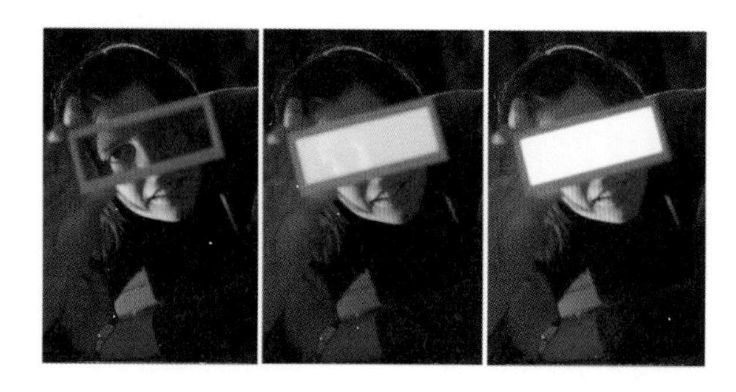

圖 7.17　飛利浦穿透式 OLED 照明元件

參考文獻

1. G. Gu, V. Bulovic, P. E. Burrows, S. R. Forrest, and M. E. Thompson, *Appl. Phys. Lett.*, **68**, 2606 (1996).
2. G. Parthasarathy, P. E. Burrows, V. Khalfin, V. G. Kozlov, and S. R.Forrest, *Appl. Phys. Lett.*, **72**, 2138 (1998).
3. L. S. Hung and C. W. Tang, *Appl. Phys. Lett.*, **74**, 3209 (1999).
4. G. Parthasarathy, C. Adachi, P. E. Burrows, and S. R. Forrest, *Appl. Phys. Lett.*, **76**, 2128 (2000).
5. P. E. Burrows, G. Gu, S. R. Forrest, E. P. Vicenzi and T. X. Zhou, *J. Appl. Phys.*, **87**, 3080 (2000).
6. L. S. Hung, C. W. Tang, M. G. Mason, P. Raychaudhuri, and J. Madathil, *Appl. Phys. Lett.*, **78**, 544 (2001).
7. S. Han, X. Feng, Z. H. Lu, D. Johnson and R. Wood, *Appl. Phys. Lett.*, **82**, 2715, (2003).
8. (a) H. Riel, S. Karg, T. Beierlein, B. Ruhstaller, and W. Rieß *Appl. Phys. Lett.*, **82**, 466 (2003). (b) H. Riel, S. Karg, T. Beierlein, W. Rieß and K. Neyts, *J. Appl. Phys.*, **94**, 5290 (2003).

9. S. F. Hsu, C. C. Lee and C. H. Chen, *Proceedings of The 4th International Conference on Electroluminescence of Molecular Materials and Related Phenomena(ICEL-4)*, p.76, Aug. 27-30, 2003, Jeju, Korea.
10. R. B. Pode, C. J. Lee, D. G. Moon, J. I. Han, *Appl. Phys. Lett.*, **84**, 4614 (2004).
11. (a)T. Hasegawa, S. Miura, T. Moriyama, T. Kimura, I. Takaya, Y. Osato, and H. Mizutani, *Proceedings of SID'04*, p.154, May 23-28, 2004, Seattle, Washington, USA. (b)J. Birnstock, J. Blochwitz-Nimoth, M. Hofmann, M. Vehse, G. He, P. Wellmann, M. Pfeiffer, and K. Leo, *Proceedings of IDW'04*, p.1265, Dec. 8-10, 2004, Niigata, Japan.
12. X. L. Zhu, J. X. Sun, X. M. Yu, M. Wong and H. S. Kwok, *Proceedings of SID'06*, p.1292, June 4-9, 2006, San Francisco, California, USA.
13. L. S. Liao, L. S. Hung, W. C. Chan, X. M. Ding, T. K. Sham, I. Bello, C. S. Lee, and S. T. Lee, *Appl. Phys. Lett.*, **75**, 1619 (1999)
14. L. S. Hung and C. W. Tang, *Appl. Phys. Lett.*, **74**, 3209 (1999).
15. G. Parthasarathy, C. Adachi, P. E. Burrows, and S. R. Forrest, *Appl. Phys. Lett.*, **76**, 2128 (2000).
16. L. S. Hung, C. W. Tang, M. G. Mason, P. Raychaudhuri, and J. Madathil, *Appl. Phys. Lett.*, **78**, 544 (2001).
17. S. Han, X. Feng, Z. H. Lu, D. Johnson and R. Wood, *Appl. Phys. Lett.*, **82**, 2715, (2003).
18. J. Lee, R.B. Pode , J.I. Han and D.G. Moon, *Appl. Surf. Sci.*, **253**, 4249 (2007).
19. T. Zhang, L. Zhang, W. Ji and W. Xie, *Opt. Lett.*, **34**, 8 (2009).
20. Retrieved from http://www.gizmag.com/osram-transparent-white-oled/

第八章 可撓曲式（Flexible）白光 OLED 元件

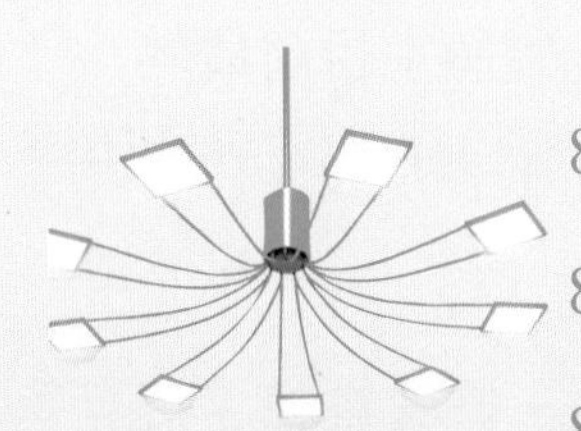

8.1 前言

最初的有機電激發光元件是以玻璃當做基板，與現有的平面發光或顯示技術比較，在外觀上似乎感覺不到差異，所以並無業界所期望 OLED 能創造的產品差異性（Product differentiation），這也導致 OLED 的顯示產品似乎一直都找不到所謂的「Killer application」，讓別的顯示技術都無法做到的。西元 1992 年時，Gustafsson 等人首次發表利用 poly（ethylene terephthalate）（簡稱 PET）當做可撓曲式的基板，再搭配可導電高分子，製作出第一個以高分子（PEDOT）為主體的可撓曲式有機電激發光元件[1]，此元件的量子效率約 1%。此後讓人們開始瞭解到有機電激發光技術的特別之處，可撓曲式顯示器一直是人們夢想中會出現的產品，有機電激發光技術似乎可以完成這個夢想。在 1997 年，Gu 等人將小分子材料應用在元件中，取代原本高分子所扮演的角色，成功地製作出可撓曲式的小分子有機電激發光元件[2]。「可撓曲式白光有機發光二極體」（FW-OLED）是歐、美、日、韓等國先進的實驗室目前最熱門的研究課題之一。利用有機材料本身具有良好的可撓曲性，較容易製作在質量輕、體積小的塑膠基板上，具有未來攜帶型平面顯示器所需「輕、薄、小、彩、省（電）、美、多（功能）」的特性，且符合未來 4G、無線寬頻、藍芽、照明等高度資訊化及知識經濟時代的需求，一直是眾所期待的尖端技術。

製作一個耐撞擊、不易破碎、輕薄、便於攜帶的可撓曲式 OLED 元件，讓人們可以隨時捲起來放入口袋，或是可以穿戴在身上，是一個美好的理想。而要完成這個目標則需要從整體考量，如果從可撓曲式元件的製作方面來看，必須考慮如基板材質的選擇、水氧阻絕層的水氧阻絕能力、導電陽極的平整度與導電度、陽極的圖案化製程、元件製作後的效率與顏色、還有元件完成之後的封裝效果好壞、最終是元件壽命的長短及可以承受的機械應力如撓曲程度及次數等。

8.2 基板端陽極金屬

可撓曲式基板中最基礎的研究，就是基板端陽極的改善。而可撓曲式有機電激發光元件與傳統的玻璃有機電激發光元件的主要差別就在使用的基板不同，所以在可撓曲式基板鍍上導電陽極，結果也會不同。導電陽極的平整度與電阻率會影響元件的穩定度及元件效率，所以表面粗糙度要小（< 1 nm）且電阻率要低（$< 5 \times 10^{-4}\ \Omega cm$），傳統在玻璃上濺鍍氧化銦錫時，大多採高溫的製程，而此製程並不適合應用在以塑膠材質為基板的可撓曲式元件。因為塑膠的玻璃轉移溫度皆不高，所以如何在低溫的條件下，根據不同的基板，製作出導電性及平整度皆不錯的導電陽極，是一個重要的課題。近來由於銦（Indium）的資源缺乏，以有機導電膜材料（如 Baytron® PH500）取代 ITO，也越來越受到重視。2008 年 P. A. Levermore 等人在 SID 上發表了應用 Vapour phase polymerization poly (3, 4-ethylenedioxythiophene)(VPP-PEDOT)旋轉塗佈在塑膠基板當作陽極[3]，但不論是電壓或元件效率與 ITO 或 VPP-PEDOT 塗佈在玻璃基板相比都來的差，歸因於電極的接觸及使用電子注入層較差的 LiF，其白光(0.30, 0.26)在 100 nits 下電壓為 8.4 V，發光效率 0.9 cd/A。而在 2009 年，由 AGFA 材料、飛利浦研究群和 Holst Centre 公司也研發出使用透明導電聚合物 Orgacon™ EL-350（poly (3, 4-ethylenedioxythiophene)-poly (styrenesulfonate), PEDOT/PSS）噴墨在金屬或塑膠基板上替代成本較高的 ITO 當作陽極，製作出第一個完全沒有 ITO 的 $12 \times 12\ cm^2$ 可撓式白光（圖 8.1），不但符合未來可撓顯示器的概念，也可使得製作成本降低，並預計 OLED 照明將會在 2011 年衝擊整個消費市場。[4]

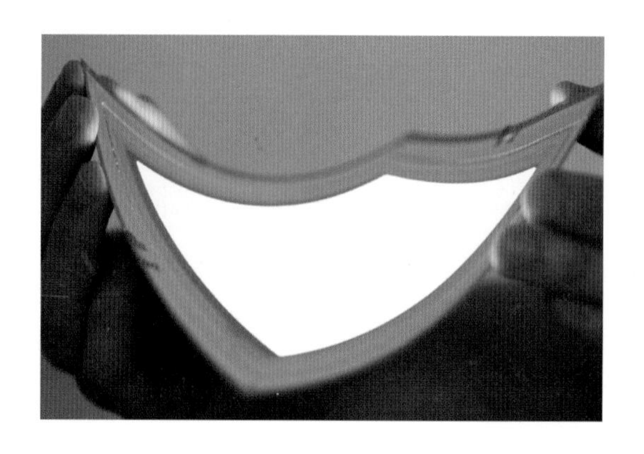

圖 8.1　利用 Orgacon™ 製作的大面積 OLED 照明

8.3　可撓曲式基板研究

如果從光學性質來比較玻璃與塑膠基板，因玻璃基板的折射係數（n = 1.52）和發光層折射係數相比較小，故光容易被侷限在元件裡頭，若將玻璃替換成塑膠基板（n = 1.65），則能減少 46% 光學損失，而元件的效率則能提高 10～20%。A. Mikami 等人在塑膠基板上混合紅光（Nile Red）及藍光（TPB）發光層得到白光，但使用單一主發光體（PVK）所得到白光效率 EQE 在 100 nits 下只有 2%，其原因是在於紅光的效率太低，解決方法是使用 Rubrene 當作發光輔助摻雜物（emitter assist dopant），將紅光效率提高（圖 8.2）。而重新得到白光的 EQE 提高到 4%，$CIE_{x,y}$ 色座標為 (0.33, 0.33)。[5]

以塑膠為基板的 OLED 元件有下列優點，重量輕、耐久、可適應不同使用情況、可以使用低成本的 roll-to-roll 製造技術。ITO/PET 基板使用在 LCD 已有很長的一段時間，由於取得容易，最常被當做可撓曲式有機電激發光元件的基板。在 1992 年時，Gustafsson 等人首次發表可撓曲式高分子電激發光元件時，即使用此基板。1997 年時，Gu 等人製作的可撓曲式小分子有機電激發光元件同樣使用 PET 基板。Noda 等人在 2003 年發表了以捲軸式（roll-to-roll）製程製作 ITO/PET[6]，其設備如圖 8.3，這種製作方式可以大量生產 ITO/PET 基板，降低成本。

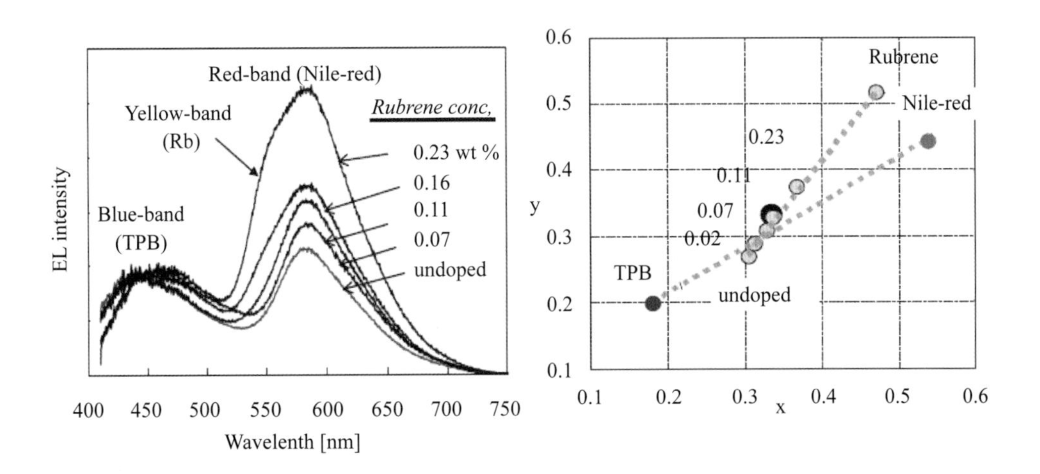

圖 8.2　摻入不同濃度的輔助摻雜物 Rubrene 來提升白光效率

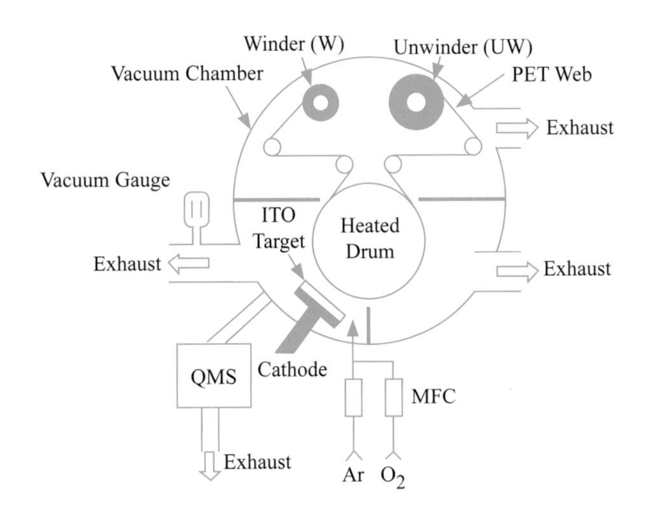

圖 8.3　捲軸式濺鍍設備

另一種 PES 基板的 Tg > 200℃，比 PET 基板的 150℃ 還高，可以承受較高的製程溫度，在基板上濺鍍 ITO 或其他水氧阻絕層時，基板較不易受熱變形而產生不良的影響，因此適合拿來當做可撓曲式有機電激發光元件的基板。Park 等人在 2001 年發表以射頻磁控濺鍍的方式在 180 μm 的 PES 基板上濺鍍 100 nm 的 ITO 薄膜[7]，藉由減少基板在製作時的張力及熱膨脹，可以在 PES 基板上得到沒有裂痕的 ITO 薄膜。

DuPont Display 的 Innocenzo 等人在 SID 2003 發表了可應用在可撓曲式顯示器的 PEN 塑膠基板相關研究[8]。此篇文獻中的 PEN 在加入具有平整作用的塗佈層之後，最大的突出缺陷不會高於 0.02 μm，基板在可見光區的穿透度大於 80%，熱穩定性比 PET 好，非常適合當作可撓曲式顯示器的基板。其他如 PC 基板則透光度較差且撓曲度有限，並不適合拿來當做下發光元件的基板。基於塑膠基板防止水氧穿透的能力不佳，Auch 等人在 2002 年發表超薄玻璃基板（50 μm～200 μm）[9]，在基板上旋轉塗佈一層 2～5 μm 的環己酮（cyclohexanone），接著在 225℃ 烘烤一小時聚合，增加超薄玻璃的撓曲性。表 8.1 是這三種可撓曲式基板的比較，可發現以高分子塗佈的超薄玻璃，兼具了撓曲性和抗水氧穿透的優點。在 2004 年美國西雅圖所舉辦的 SID 研討會中，Lee 等人更發表了以紙為基板的 FOLED，他們在紙基板上塗佈一層 Parylene，再鍍上鎳為陽極。但是元件在 100 mA/cm^2 的電流密度下，操作電壓為 19.5 V，而亮度才 342 cd/m^2，效率並不是很好，但也顯示出 OLED 幾乎可以製作在任何基板上[10]。

另一個可以使用的基板種類就是金屬基板[11]，不但具有撓曲性且防止水氧穿透的能力比塑膠佳，最重要的是可以承受較高的製程溫度，典型製作多晶矽 TFT 的溫度約在 300℃ 以上，無法製作在塑膠基板上，但金屬基板如不銹鋼的熔點在 1400℃ 左右，可以容忍的製程溫度高達 900℃。只是由於金屬不透光的特性，只能用來製作上發光元件。2006 年 SID 研討會中，Samsung SDI 和 UDC

表 8.1　可撓曲式基板比較圖

	Polymer foils	Thin glass	Ultra thin glass- polymer system	Metal foils
Water & Oxygen permeation	×	○	○	○
Thermal & Chemical stability	×	○	○	○
Mechanical stability	○	×	○	○
Flexibility	○	×	○	○
Weight	○	×	○	×
High temperature display manufacturing process	×	○	×	○

即發表了在不銹鋼基板上製作 LTPS-TFT 的主動面板[12]，Samsung SDI 開發出一種表面平整技術可使得不銹鋼基板 RMS 粗糙度從 81.4 nm 降低到 3.3 nm。而 UDC 的特點在於他們使用了 Vitex Systems 的薄膜封裝技術，但由圖 8.4 可以發現，與被動面板相比，所製出的主動面板還是有許多缺陷。可撓曲基板主要的問題除了製程溫度外，尺寸安定度與各層間的應力才是關鍵的地方，上述的文獻中鮮少對於此問題進行研究，尤其是主動面板各層不同材料眾多，如果各層間的應力無法消除，基板會產生翹曲，而且在彎折測試後是否會產生薄膜剝離、龜裂等問題都尚待釐清，因此主動可撓曲顯示技術還有許多進步的空間。

然而在可撓曲基板製作白光研究，有台灣虎尾科技大學的 M. Y. Lin 等人在 ITO/PET 基板藉由藍光主發光體 ADS082 中摻雜紅色 DCJT 得到發白光的 PET 塑膠基板 OLED 元件。[13]藉著調整摻雜位置，在距離 NPB/ADS082 介面 15 nm 的區域中，可以得到光子的有效擴散區。進一步加入綠光 C6 材料到藍光發光

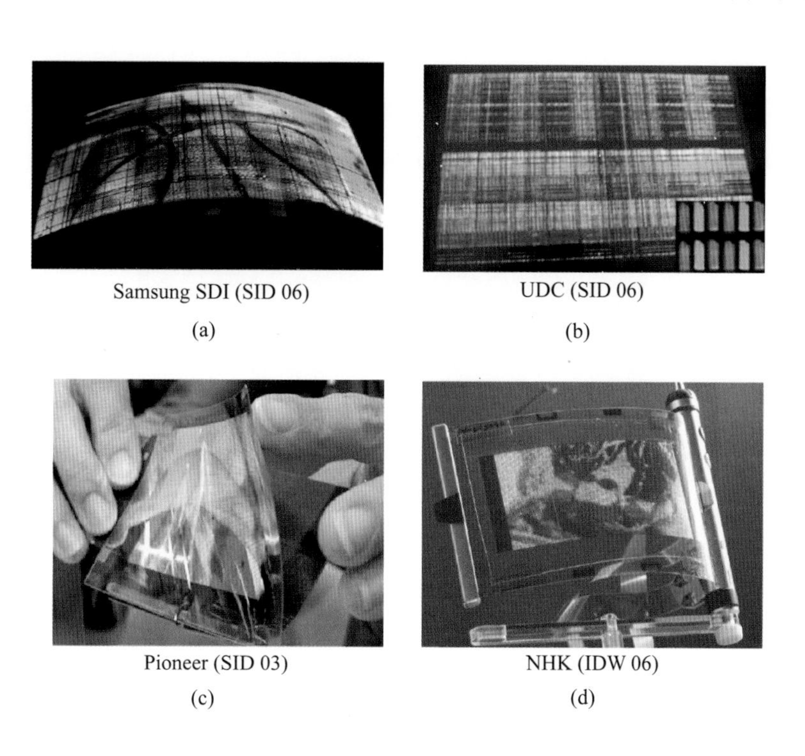

Samsung SDI (SID 06)
(a)

UDC (SID 06)
(b)

Pioneer (SID 03)
(c)

NHK (IDW 06)
(d)

圖 8.4　(a)66 dpi，5.6 英吋 AMOLED　(b)100 dpi，4 英吋 AMOLED　(c)160(RBG)×120，3 英吋 PMOLED　(d)128(RGB)×72，5 英吋 PMOLED

層中可得到白光 CIE (0.34, 0.34)。在 50 mA 下，最大亮度 2000 cd/m^2，發光效率 > 6 cd/A。

西鐵城電子在 FPD International 2006 上首度展出了曲率半徑 50mm 的曲面背照燈，背照燈的部件與普通背照燈一樣，只是導光板採用曲面形狀的模具成型（如圖 8.5）。雖然曲面形狀的導光板在光學設計方面做了改進，但光的出射效率比較低、面臨如何提高亮度的問題，此次試製的曲面背照燈的亮度方面，約相當於平面型的一半左右。而自發光的有機發光二極體背光源將不會有這些問題。

發展新的基板製程技術 Roll-to-Roll（R2R）是為了因應軟性產品時代來臨，其原理是以滾筒在可撓性基材上，以連續性滾壓複製的方式生產大面積的元件（圖 8.6），GE 在 2008 年 Global Research Center 發表第一個採用 R2R 的連續式量產 OLED 元件的設備所生產的長條形 OLED Lighting，此種量產方式類似列印報紙的製程，具有快速、連續式、大面積、低成本的生產優勢，並與 ECD 和 NIST 合作，共同開發出此一「卷對卷」量產 OLED Light 的設備，預計在 2010 年可以順利生產出低成本的 OLED Light 產品。（見第一章 圖1.7(a)）

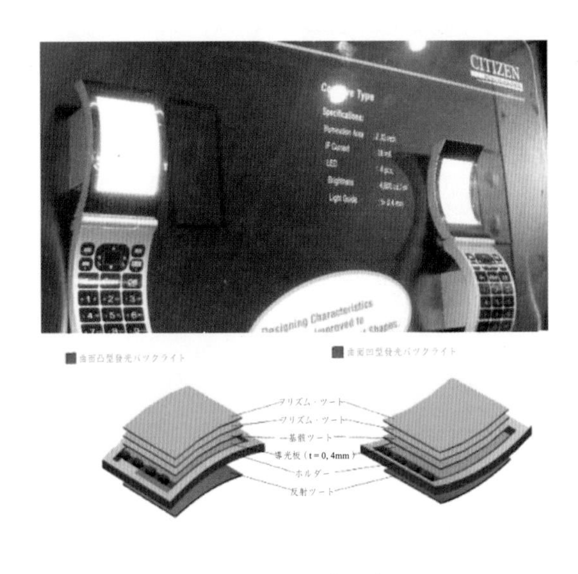

圖 8.5 曲面背照燈

圖 8.6　未來 R2R 技術可生產 OLED Lighting 如印報紙一般

8.4　結論

應用 FW-OLED 可撓曲的特性，而製作一個不易破碎、輕薄、便於攜帶的可撓曲式白光，配合未來多樣空間、藝術及人文等新型概念顯示光源，如作為可撓曲式顯示器的背光源、非平面式照明裝置、室內照明藝術燈、可裁剪壁紙或照明窗簾等，其「可撓曲」的高附加價值的設計必能有與其他顯示器或照明設備有一較長短的籌碼（圖 8.7）。

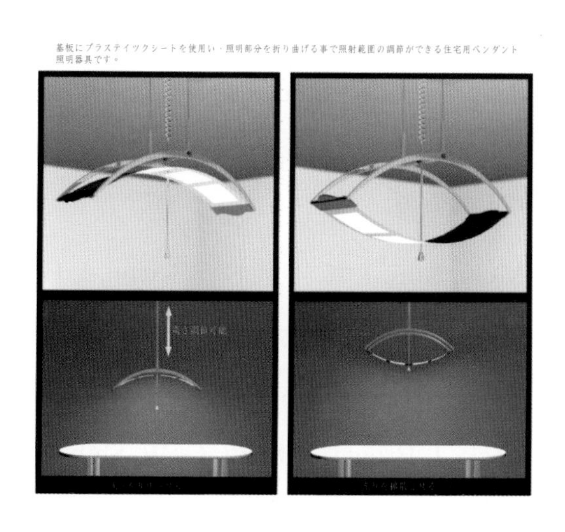

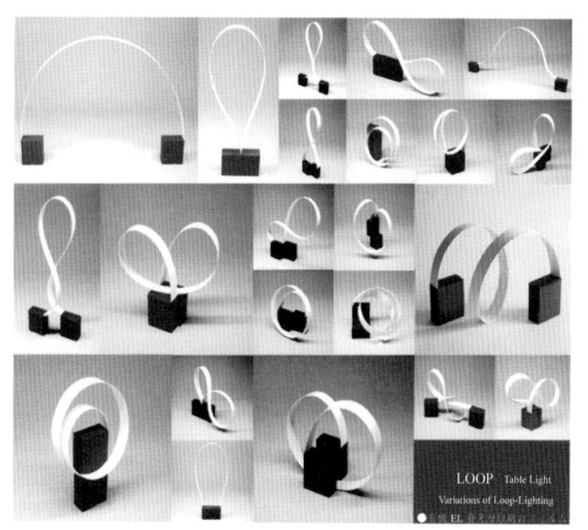

圖 8.7　未來照明概念設計[14]

參考文獻

1. G. Gustafsson, Y. Cao, G.. M. Treacy, F. Klavetter, N. Colaneri, A. J. Heeger, *Nature*, **357**, 477 (1992).
2. G. Gu, P. E. Burrows, S. Venkatesh, S. R. Forrest, *Opt. Lett.*, **22**, 172 (1997).
3. P. A. Levermore, X. Wang, L. Chen, D. D. C. Bradley, *Proceedings of SID'08*, p.1989, May. 20-23, 2008, Los Angeles, CA, USA.
4. http://www.agfa.com/en/sp/news_events/news/MAT_20090406_HOLST.jsp
5. A. Mikami, T. Koshiyama and T. Tsubokawa, *Jpn. J. Appl. Phys*. **44**, 608 (2005).
6. K. Noda, H. Sato. H. Itaya, M. Yamada, *Jpn. J. Appl. Phys. Part 1*, **42**, 217 (2003).
7. S. K. Park, J. I. Han, W. K. Kim, M. G. Kwak, *Thin Solid Films*, **397**, 49 (2001).
8. J. G. Innocenzo, R. A. Wessel, M. O'Regan, M. Sellars, *Proceedings of SID' 03*, p.1329, May 20-22, 2003, Baltimore, Maryland, USA.
9. M. D. Auch, O. K. Soo, G. Ewald, S. J. Chua, *Thin Solid Films*, **417**, 47 (2002).
10. C. J. Lee, D. G. Moon, J. I. Han, *Proceedings of SID'04*, p.1005, May 23-28, 2004, Seattle, Washington, USA.
11. (a) C. C. Wu, S. D. Theiss, G. Gu, M. H. Lu, J. C. Sturm, S. Wagner, S. R. Forrest, *IEEE Elec. Dev. Lett.*, **18**, 609 (1997). (b) Z. Xie, L. S. Hung, F. Zhu, *Chem. Phys. Lett.*, **381**, 691 (2003).
12. (a) D. U. Jin, J. K. Jeong, H. S. Shin, M. K. Kim, T. K. Ahn, S. Y. Kwon, J. H. Kwack, T. W. Kim, Y. G. Mo, H. K. Chung, *Proceedings of SID'06*, p.1855, June 4-9, 2006, San Francisco, CA, USA. (b) A. C. Hwang, R. Hewitt, K. Urbanik, J. Silvernail, K. Rajan, M. Hack, J. Brown, J. P. Lu, C. W. Shih, J. Ho, R. Street, T. Ramos, L. Moro, N. Rutherford, K. Tognoni, B. Anderson, D. Huffman, *Proceedings of SID'06*, p.1858, June 4-9, 2006, San Francisco, CA,

USA.

13. M. Y. Lin, T. H. Yang, F. S. Juang, Y. S. Tsai, *Proceedings of IDMC*, p. 781, Feb. 21-24, 2005, Taipei, Taiwan.
14. Research Institute for Organic Electronics, http://www.organic-electronics.jp

第九章

有機發光元件的光學與光萃取（Outcoupling）

9.1 前言

由於有機發光元件具有許多如高效率、廣視角、反應速度快、低成本潛力等優點，故從鄧清雲博士與 VanSlyke 博士於 1987 年發表第一篇探討有機發光元件的效率與實用性的報導後[1]，有機發光元件遂成為在顯示器和照明應用上非常重要的研究課題。此外，其可低溫製程的特性提高了基板的選擇性，從而使該技術適合一些新穎應用，如可撓式的顯示器和照明應用。在過去二十年裡，有機發光元件的技術取得了迅速的進展，各種類型的有機發光元件顯示器也已經開始商業化，而透過持續的效率改善，在照明應用上也逐漸成為現實。

有機發光元件的基本結構是在兩個電極間，堆疊多層材料薄膜而組成（圖 9.1），有機材料的總厚度約為幾百奈米以內，與發光波長的大小為同一數量級。在這層狀結構中，由於各材料光學特性的不匹配，導致結構內部所產生的光子在各材料層間會有反射、折射、光波導、吸收、再發射等種種光學效應，因此元件的發光特性不僅與材料本身特性相關，也受元件的光學結構調變所影響。以一個傳統典型的有機發光元件為例，元件通常含有一個反射金屬陰極和一個透明銦錫氧化物（ITO）薄膜的陽極（圖 9.1），故會形成一個微弱的共

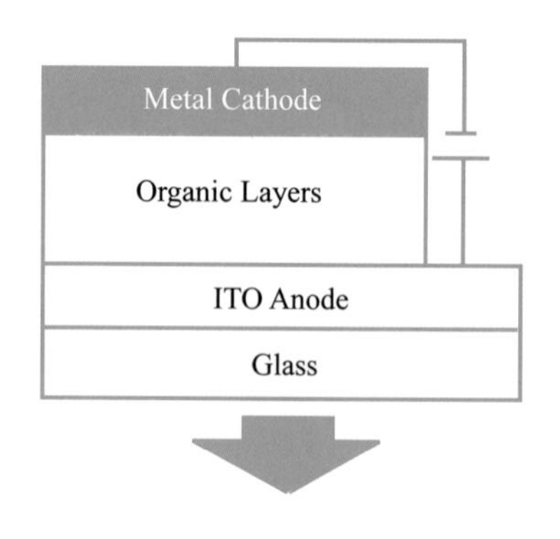

圖 9.1　傳統下發射型有機發光元件之架構

振腔，元件中直接外走的放光與反射電極的反射光間產生廣角干涉，如圖 9.2a 所示[2,3]。另一方面，在一些微共振腔有機發光元件和上發射型有機發光元件等先進的結構中，二個具有強反射特性的電極將產生較強的一維微共振腔效應[2,3]，這種強共振腔結構其光學特性會明顯受廣角干涉及多光束干涉所影響，如圖 9.2b 所示[2,3]。有機發光元件中的微共振腔效應能使空間及頻譜上的分佈重新分配，進而直接影響元件的各項表現（包括如效率、顏色及視角特性等）；此外有機發光元件發展日益精密及多樣化，例如不同光學結構之發光元件（上發射、下發射、透明、正置、倒置等），有機發光元件內之詳細光學機制對元件光電特性之提升與控制益形重要。故在每一種有機發光元件中，都需要對元件的光學效應仔細考量。

OLED 發光元件內部產生的光在 OLED 內部行進時，在各材料介面由於光學係數不匹配，會有反射以及折射，當角度太大時會造成全反射。由於有機薄膜的厚度大約在 100nm 左右，和放光的波長在同一個數量級，因此也會有干涉效應。另外光也會轉移能量給金屬或被吸收，在有機層中也可能被吸收。因此在 OLED 中的光學效應會影響 OLED 發光耦合到空氣中的效率。在典型透明基板上平面結構下發光形式之 OLED 元件中，元件內部產生的光會分佈到輻射模態（radiation mode，指可以出光到空氣中）、基板模態（substrate mode，指光

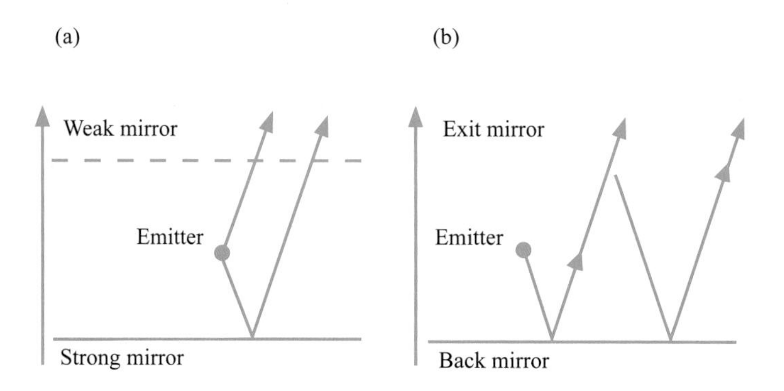

圖 9.2　有機發光元件內的光學現象示意圖：(a)在非共振腔型（弱共振腔）有機發光元件中的大角度干涉效應；(b)在微共振腔有機發光元件中之大角度干涉及多重光束干涉效應。

被侷限在基板的模態）、波導模態（waveguide mode，指光被侷限在高折射率之 ITO 或有機層中）以及表面電漿模態（surface plasmon mode，指光被侷限在金屬表面）。光輸出耦合效率或出光率雖可透過製作 OLED 元件時調整元件參數優化，但在一般透明基板上傳統下發光形式之 OLED 其優化後光輸出耦合效率亦僅有約 20%，這表示有元件內部產生的光約 80% 被侷限（trap）或損耗在元件的膜層內部，無法被取出應用。因此要達到高照明效率白光 OLED，元件出光效率必須大幅提昇，因此開發及使用符合成本且不致降低其他特性的元件出光效率增強技術便相當關鍵。

在本章各節中將會介紹並討論有機發光元件的光學理論，各種元件光學結構以及與元件光學特性間的關聯，以及各種元件出光效率增強技術。首先，將以 Fabry-Perot 共振腔的概念，對有機發光元件中微共振腔效應建立簡單及解析性公式，雖然能處理的微共振腔效應較為有限，但較能提供清楚的物理直觀概念。其次，將介紹能深入分析有機發光元件各種光學特性的嚴謹電磁模型。這兩種光學理論將用來分析討論各種常見的有機發光元件結構（如典型下發光型元件或微共振腔元件等）的光學特性。在本章的最後部份，將廣泛介紹微共振腔元件以外，各種有機發光元件出光效率增強技術。

9.2 有機發光元件的光學理論

9.2.1 Fabry-Perot 共振腔理論

以光學的觀點而言，有機發光元件可視為嵌入發光源之 Fabry-Perot 共振腔（無論是強共振腔或弱共振腔），如圖 9.3 所示。其中，E_0 為在自由空間中發光源的電場強度，E_2 為從出光鏡面 M_2 耦合出光的電場強度，$\sqrt{R_1}e^{j\phi_1}$ 為鏡面 M_1 的複數反射係數（R_1 為 M_1 的反射率），$\sqrt{R_2}e^{j\phi_2}$ 為鏡面 M_2 的複數反射係數（其中 M_2 的反射率、穿透率及吸收率以 R_2、T_2 及 A_2 表示之），L_1 是發光

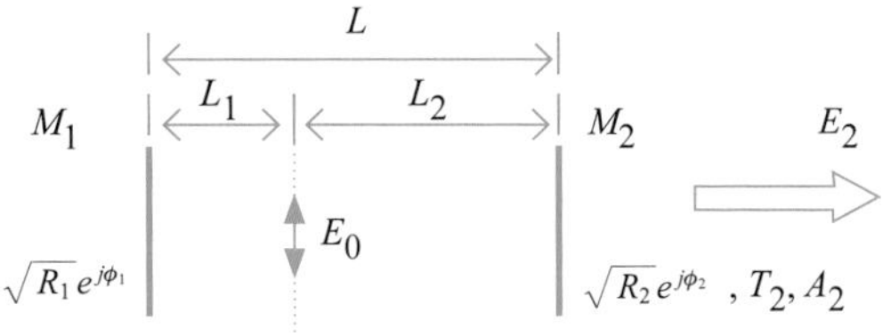

圖 9.3　有機發光元件內一般的光學結構及特性示意圖

源到鏡面 M_1 之距離，L_2 是發光源到鏡面 M_2 之距離，L 是總腔體長度（$L = L_1 + L_2$）。如此的結構配置中，M_1 和 M_2 可視為元件二側的等效鏡面，所代表的是呈現主要反射特性的界面以及其外材料層之等效反射光學特性，總腔體長度 L 所代表的是此二界面（鏡面）間之所有材料層等效光學長度。考慮腔體對場的分佈與對分子激發態躍遷速率的影響，可以得到在波長 λ 經鏡面 M_2 正向出光，相對於自由空間發光的增益因子 $G_{cav}(\lambda)$ 如下公式 1 [4-10]：

$$G_{cav}(\lambda) = \frac{|E_1|^2}{|E_0|^2} \times \frac{\tau_{cav}}{\tau_0} = \left[1 - \frac{4\sqrt{R_1}\sin^2\left(\frac{\phi_1 - 2kL_1}{2}\right)}{(1+\sqrt{R_1})^2}\right] \times \left[\frac{T_2(1+\sqrt{R_1})_2}{(1+\sqrt{R_1 R_2})^2 + 4\sqrt{R_1 R_2}\sin^2\left(\frac{\phi_1 + \phi_2 - 2kL}{2}\right)}\right]\frac{\tau_{cav}}{\tau_0} \quad \text{（公式 1）}$$

其中，k 為有機層的波向量（wavevector），τ_{cav} 和 τ_0 分別表示腔體中及自由空間中的分子激發態生命期。假若 M_1 具光學穿透特性（例如透明有機發光元件或雙面發光有機發光元件），我們也可以推導出由 M_1 出光的類似公式。

在此考慮一個有機發光體的本質放光頻譜為 $S(\lambda)$，為方便起見，以下的討論將假定頻譜為高斯分佈，波峰 λ_{em}，半高寬為 $\Delta\lambda_{em}$。根據方程式 1，要使腔體鏡面 M_2 有最大出光亮度，腔體的共振波長需設定在 λ_{em} 附近（$\phi_1 + \phi_2 - 2kL = 2m\pi$，其中整數 m 表示腔體的共振模態階數），這可靠調整腔體長度L以及將發光體放在 M_1 反節點的附近（$\phi_1 - 2kL_1 = 2l\pi$，l 代表整數）來達成。在方程式 1 中 $G_{cav}(\lambda)$ 係描述在正向方向之單波長發光相對於自由空間等向放光之發光增強情形。由於有機發光體在一般情況下具有相當寬的放光頻譜，一般在技術上較有意義的是訂義特定有機發光元件架構從某一出光鏡面之放光，相對於以 ITO 當作透明陽極和高反射金屬為陰極的典型非共振腔（弱共振腔）下發射型有機發光元件放光的全頻譜增益情形 G_{int}，如公式 2 所描述：

$$G_{\text{int}} = \frac{\int S(\lambda) G_{cav}(\lambda) d\lambda}{\int S(\lambda) G_{con}(\lambda) d\lambda} \quad \text{（公式 2）}$$

其中，$G_{con}(\lambda)$ 是表示根據方程式1所描述優化後的典型非共振腔下發射型元件之放光增益（意即符合反節點及共振條件，相對於自由空間中等向放光情形）。對於這種傳統下發射型有機發光元件，其中一面鏡面通常具有很強的反射率（～90%，高度反射性的鋁或銀電極），而另一面鏡面通常僅有很低的反射率（～3%，ITO／玻璃界面），以及接近～0% 的吸收率。

考慮一個有機材料的本質放光頻譜 $S(\lambda)$，其波峰位置及半高寬分別為 λ_{em} = 520 nm 和 $\Delta\lambda_{em}$ = 60 nm。圖 9.4a 顯示一個優化的傳統下發射型有機發光元件之 $G_{con}(\lambda)$，在 $S(\lambda)$ 頻譜範圍變化不大。所以由 $S(\lambda) \times G_{con}(\lambda)$ 計算

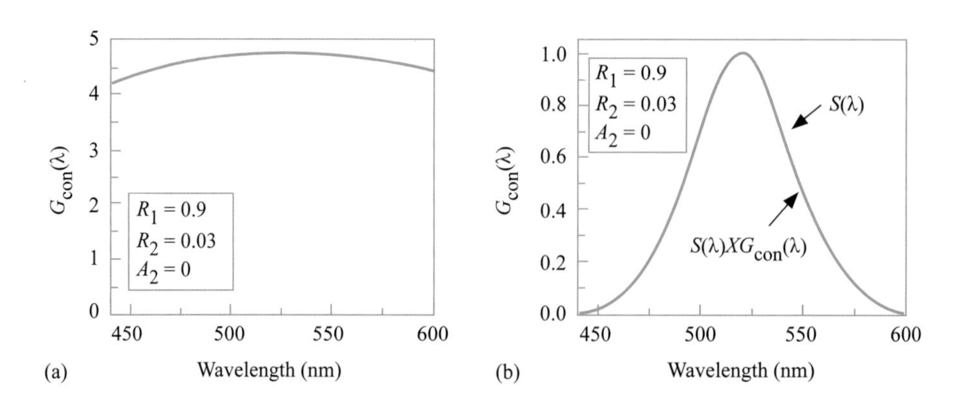

圖 9.4 (a)傳統非共振腔下發射型有機發光元件的正向增益因子；(b)其對元件發光頻譜之效應。

可得知，此元件的放光頻譜結果將與 S (λ) 大致相同，如圖 9.4b 所示。另一方面，圖 9.5a 顯示一個使用相同有機發光材料且經優化的強共振腔有機發光元件之 G_{cav} (λ)（從鏡面 M_2 放光），其 $R_1 = 0.9$，$R_2 = 0.6$，$A_2 = 0.1$，相較於 G_{con} (λ)，G_{cav} (λ) 明顯頻寬較窄、峰值較大。故相較於有機發光體本質的放光頻譜，強共振腔元件將顯現較窄的頻譜（較佳的色純度），如圖 9.5b 所示。

一般而言，當光穿透一個如 M_2 的鏡面，據公式 1 及 2，G_{int} 為R_1、R_2、A_2（$T_2 = 1 - R_2 - A_2$）及 $\Delta\lambda_{em}$ 的函數，若共振腔中分子激發態壽命 τ_{cav} 與在傳統非共振腔元件中的 τ_{con} 不同，G_{int} 亦與 τ_{cav}/τ_{con} 比例相關。然而，一般由實驗測得之 τ_{cav}/τ_{con} 比例常常趨近於 1（大部分是介於 0.8 至 1 之間）[6-10]，因此通常可假設 τ_{cav}/τ_{con} 比例近似 1 以突顯其它參數之效應。以 $\lambda_{em} = 520$ nm 的標準綠光元件為例，在 $\Delta\lambda_{em} = 60$ nm、$R_1 = 0.9 - 0.5$、$A_2 = 0 - 0.25$，以及在最低階微共振腔模態情況下（$m = 0$，$l = 1$），圖 9.6a 顯示 R_2 對 G_{int} 的效應，結果顯示若要從一個特定元件的一邊（如穿透鏡面 M_2）得到正向增益（意即 $G_{int} > 1$），則同時維持夠大的R_1、夠小的 A_2 以及適當的 M_2（R_2）設計，至為關鍵。最佳增益隨著 R_1 降低與 A_2 的增加而迅速下降；粗略來說，當 $R_1 < 0.5$ 或 $A_2 > 0.25$ 時，是無法觀察到微共振腔所造成的亮度增益現象的（意即 $G_{int} < 1$）；而在 $A_2 = 0$ 理想（無損耗）情況下，G_{int} 可能會高達～4。

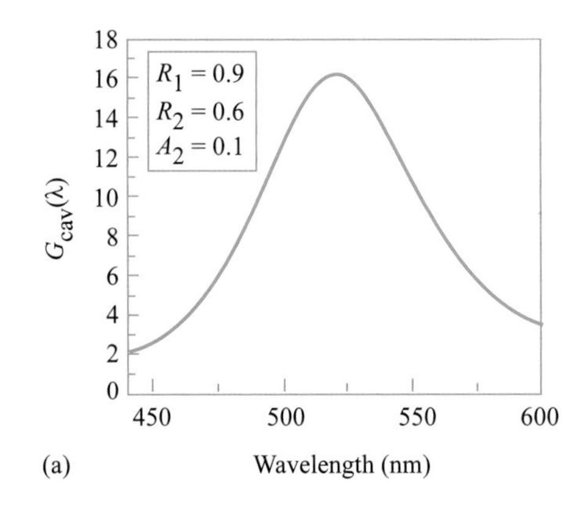

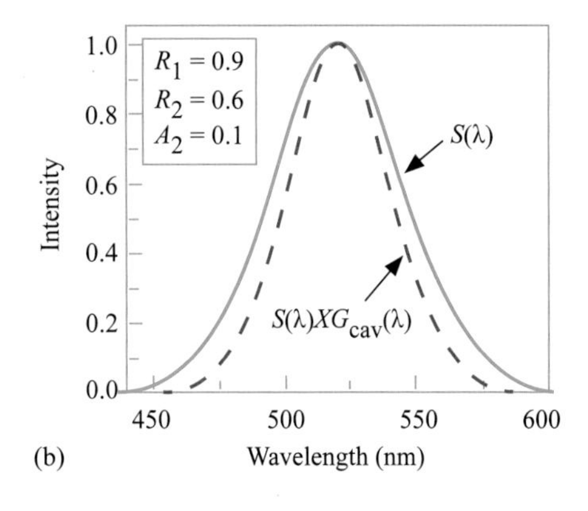

圖 9.5　(a)微共振腔有機發光元件之正向增益因子；(b)其對元件發光頻譜之效應。

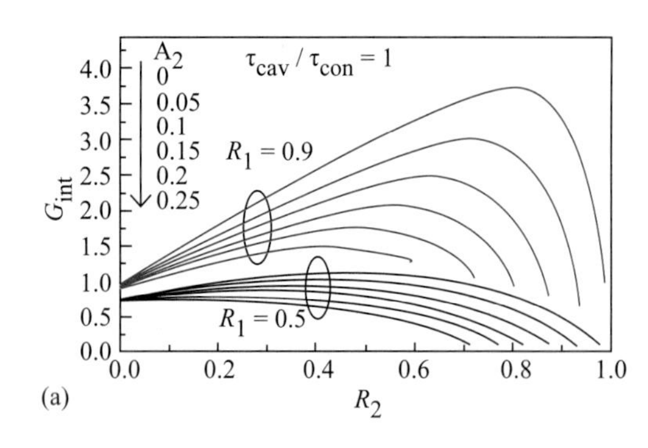

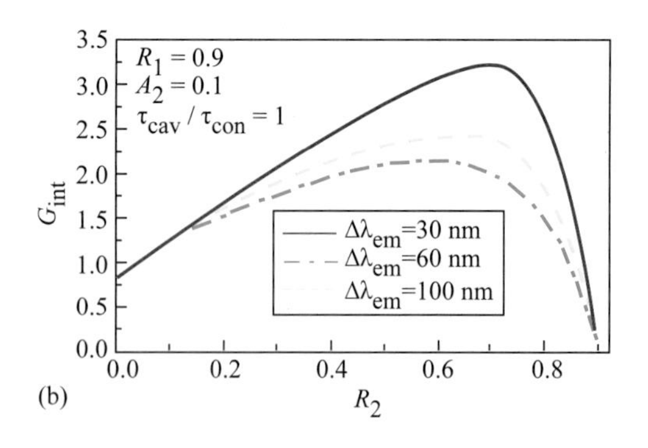

圖 9.6　模擬計算之 R_2 對 G_{int} 的影響（λ_{em} = 520nm）：(a)$\Delta\lambda_{em}$ = 60nm；(b)$\Delta\lambda_{em}$ 為變數。

在 $R_1 = 0.9$、$A_2 = 0.10$ 且 $\Delta\lambda_{em} = 30 - 100$ nm 情形時，圖 9.6b 顯示所計算出的 G_{int} 對 R_2 的函數，較窄的分子放光頻譜與腔體模態峰值頻果較為吻合（如圖 9.5a 所示），因此可在相同腔體架構下得到較佳的增益。在圖 9.6b 中，值得關注的是可獲致 G_{int} 峰值的 R_2 大小，通過求解微分值 $d\,[G_{cav}(\lambda_{em})/G_{con}(\lambda_{em})]/d\sqrt{R_2} \approx d\,[(1 - R_2 - A_2)/(1 - \sqrt{R_1}\sqrt{R_2})^2]/d\sqrt{R_2} = 0$，可用 $R_2 = R_1(1 - A_2)^2$ 快速估計 $G_{cav}(\lambda_{em})/G_{con}(\lambda_{em})$ 最大值。真正的最佳 R_2 值事實上是略低於此值，使 $G_{cav}(\lambda)$ 的半高寬可略為擴大以更加匹配 $\Delta\lambda_{em}$（與此同時，$G_{cav}(\lambda)$ 的峰值也會略為降低）。

9.2.2　嚴謹的電磁模型

如公式 1 的 Fabry-Perot 公式只能處理有機發光元件沿正向方向的光學特性，並沒有區別 s 及 p 的偏振狀態特性。然而，對於元件在不同角度下的放光特性，波長與偏振狀態的效應皆須加以考慮。此外，為更精確的處理有機發光元件的光學特性，共振腔體對分子激發態躍遷速率影響亦需列入考量。所有這些效應，只有使用有機發光元件的嚴謹全向量電磁模型才能完整納入。

OLED 的發光原理是利用電極將電子電洞注入有機發光層形成激子（exciton，即分子激發態）而發光。有機發光結構之光學模型描述激子在層狀的光學結構下受環境影響發光並耦合出元件的這段過程。處理有機分子發光特性受層狀結構的影響可分為古典及量子兩大類：以量子力學處理的好處是觀念清楚，但缺點是沒有簡單的方法可以處理光被材料層或電極吸收的情形；相較之下，古典電磁學理論數學推導計算雖較繁複，但是可以容易的利用材料的吸收頻譜將吸收效應整合到模型中，使模型更為完整精確，因此以下討論的 OLED 光學模型中是採用古典的電磁學理論（古典電動力學）[2,11-14]。由於一般在有機材料中激子的大小遠小於波長，因此根據 correspondent principle，量子力學中描述分子發光之躍遷電偶極距（transition dipole moment）與古典電磁學的振盪電偶極子中在巨觀行為上可視為相同，在適當調整下，可以用古典電磁學的電偶極來取代量子概念之激子作近似處理。在這個假設下，以古典電磁學來計算有機發光元件及結構受光學結構效應影響造成的特性變化，實際上是處理振盪電偶極在層狀光學結構下，以電磁波方式將能量釋放到各輻射波模態及近、遠場輻射的功率分佈的問題[2,11-14]。由於公式相當複雜，所以以下只簡要概述處理方法。

首先，考慮一個位於特定位置、方向和頻率之單一振盪電偶極，在一般層狀結構中所產生的輻射場，如圖 9.7 所示。使用平面波模態展開法，將振盪電偶極輻射電磁場拆解為各種模態平面波，計算元件任意層狀結構對各模態平面波之效應，據以計算振盪電偶極在任意層狀結構中所產生之全向量電磁場，並進而利用 Poynting Theory 計算震盪電耦極耦合至各模態平面波之功率分佈，並進而由計算中可得知不同平面波模態的輻射功率分佈，得出完整之輻射近場、遠場，並從遠場得到層狀有機發光結構及 OLED 外部之發光性質[2,11-14]。在平面波模態展開中，每個平面波模式可用一個橫向波向量 k_t 表示之，k_t 是平行於膜層表面的波向量分量。為了要描述及模擬真實有機發光元件的放光特性，進一步將發光層視為其中包含許多各種方向、位置和頻率分佈之非相干振盪電偶極輻射源（其中常利用發光體之光激發光頻譜作為振盪電偶極輻射源的本質頻譜分佈函數依據）[14]，加權疊加平均所有這些非相干振盪電偶極輻射源的貢獻即可得到有機發光元件的總發光強度 I，其為波長 λ 及視角 θ 的函數（意即

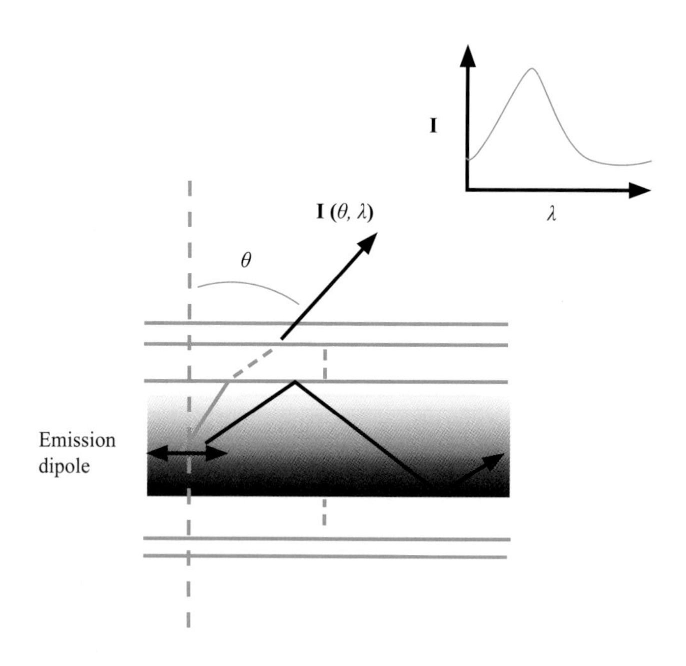

圖 9.7　一個具特定位置、方向、頻率之震盪電偶極，在一般層狀結構中之輻射示意圖。

$I(\theta, \lambda)$，其中 θ 定義為與表面法線方向之夾角，如圖 9.7 所示），不同視角角度的色座標可由 $I(\theta, \lambda)$ 進一步計算得知。

利用這樣的嚴謹電磁模型，輸入適當元件結構、材料光學特性（光學係數、本質發光特性及效率）、發光體在元件中之位置分佈及方向性等，最終可計算出光學結構對元件各項光學特性及效率等之影響，善加利用可作為各式有機發光電元件結構設計、分析及優化之重要工具。

9.3 非（弱）共振腔有機發光元件中的微共振腔／干涉效應

圖 9.1 為一個典型下發射型有機發光元件結構，由於金屬電極的強反射，使得直接放出的光束會與金屬電極反射的光束互相干涉[10,15]。大致上，如果要獲得建設性干涉並達到元件出光最佳化，發光體需置於與金屬電極距離與主要發光波長反節點相近位置（即發光體至金屬電極間往返光程之相變化等於 2π 整數倍）[10,15]。由於有機材料一般具較低的導電性及載子遷移率，為了降低膜

厚及驅動電壓，一般最佳化元件會設計將發光體置於第一（最低階）反節點；此外，若將發光體置於較遠的反節點常會明顯干擾及複雜化載子複合情況（例如，影響載子複合位置和激子分佈）。然而，近來在有機半導體中製作導電性摻雜或引入高載子遷移率材料等先進技術趨於成熟，或可消除這些限制因素[16-19]。以下的討論中，將在元件中利用導電性摻雜技術，探討當改變發光體與電極距離時，對有機發光元件放光特性在理論及實驗上的影響。

考慮一倒置型的有機發光元件結構：玻璃/ITO (120 nm)/BPhen: Cs (5 wt%, 20 nm)/Bphen (20 nm)/Alq_3: C545T (1wt%, 20 nm)/α-NPD (40 nm)/m-MTDATA: F4-TCNQ (1.5wt%, x nm)/Ag (100 nm)，為了使提高載子的導電性及載子注入，在倒置型架構的傳輸層採用導電性摻雜[20]。ITO 與銀分別為元件底部陰極及頂端的陽極，其他各層依次包括具有摻雜 5% 銫的 4, 7-diphenyl-1, 10-phenanthroline (Bphen) 之 n 型電子注入層[17]，未摻雜之 Bphen 作為電子傳輸層，tris-(8-hydroxyquinoline) aluminum (Alq_3) 摻雜螢光染料 C545T 作為發光層[1,10]，α-naphthylphenylbiphenyl diamine (α-NPD) 作為電洞傳輸層[21]，4, 4', 4''-tris (3-methylphenylphenylamino) triphenylamine (m-MTDATA) 摻雜 1.5% 的 tetrafl uorotetracyano-quinodimethane (F4-TCNQ) 作為 p 型電洞注入層[16]。其中，m-MTDATA: F4-TCNQ 層之厚度可用來調整發光體與金屬電極間的距離而不致顯著影響元件電特性。

在前節中所描述的嚴謹電磁模型，可納入金屬電極的損耗效應，適合用來分析此處之效應。為了要描述及模擬真實有機發光元件的放光特性，將發光層視為其中包含許多各種方向、位置和頻率分佈之非相干振盪電偶極輻射源（其中常利用發光體之光激發光頻譜作為振盪電偶極輻射源的本質頻譜分佈函數依據），加權疊加平均所有這些非相干振盪電偶極輻射源的貢獻即可得到有機發光元件的總發光強度 I，其為波長 λ 及視角 θ 的函數（意即 $I(\theta, \lambda)$，其中 θ 定義為與表面法線方向之夾角）。其中振盪電偶極的方向為隨機等向分佈，其位置為從 α-NPD/Alq_3 介面至 Alq_3 呈指數衰減分佈，激子的擴散長度設為

15 nm[22]，而頻率分佈則是利用 Alq_3: C545T 光激發頻譜當作偶極發射源的本質頻譜分佈。

一般來說，有機發光元件的輻射可耦合至四個模態[23]：耦合出元件外部有效放光的輻射模態（或外部模態）、被侷限與波導於基板中的基板模態、被侷限與波導於高折射率的有機層／ITO 層的波導模態、以及被侷限與沿著有機及金屬介面傳導的表面電漿波模態。元件輻射的模態分佈，與發光體相對金屬電極的位置極為相關[20]；圖 9.8a 顯示單頻（520 nm，與 C545T 發光峰值波長相應）、單一位置（α-NPD/Alq_3 介面）之電偶極放光耦合進入不同模態的分佈函數，透過改變 m-MTDATA 的厚度，可發現模態分佈情形為與銀電極距離的函數。當發光電偶極接近金屬（較小的總結構厚度），基板模態與波導模態比值較小，然而大部分的輻射被耦合至表面電漿模態，造成放光被嚴重的焠熄。當增加發光電偶極與反射金屬之距離，耦合至表面電漿模態的部分迅速下降，其他部分則開始增加，而後則會呈週期循環式的隨距離上升下降。最高和最低的耦合出光情況（即外部輻射模態部分），大致會出現在金屬電極的反節點和節點附近。有機發光元件常設定第一反節點為發光位置的最優化條件，但有趣的是，第二反節點才是在所有反節點中具有最高耦合出光效率的條件。在圖中可以觀察到表面電漿模態在第二反節點處已降低至幾乎可忽略的程度，且基板模態和波導模態也各自處於局部相對極小值的區域。

將振盪電偶極頻率與位置的完整分佈考慮進來，圖 9.8b 和 9.8c 分別顯示了耦合出光效率和正向亮度相對於銀電極距離的函數關係（利用變化 m-MTDATA 厚度）。圖 9.8c 是將正向亮度相對於傳統設定第一反節點最優化的元件做歸一化，第一反節點優化元件元件其架構為：glass/ITO (120 nm)/Bphen: Cs (5 wt%, 20 nm)/Bphen (20 nm)/Alq3: C545T (1 wt%, 20 nm)/α-NPD (40 nm)/m-MTDATA: F4-TCNQ (1.5 wt%, 20 nm)/ Ag (100 nm)（元件 A）。由圖 9.8b 和 9.8c 可以看出，設定發光體置於第一節點（m－MTDATA = 90 nm，元件 B）會造成最低的耦合放光，而發光體置於第二反節點時，會同時增強耦合放光和

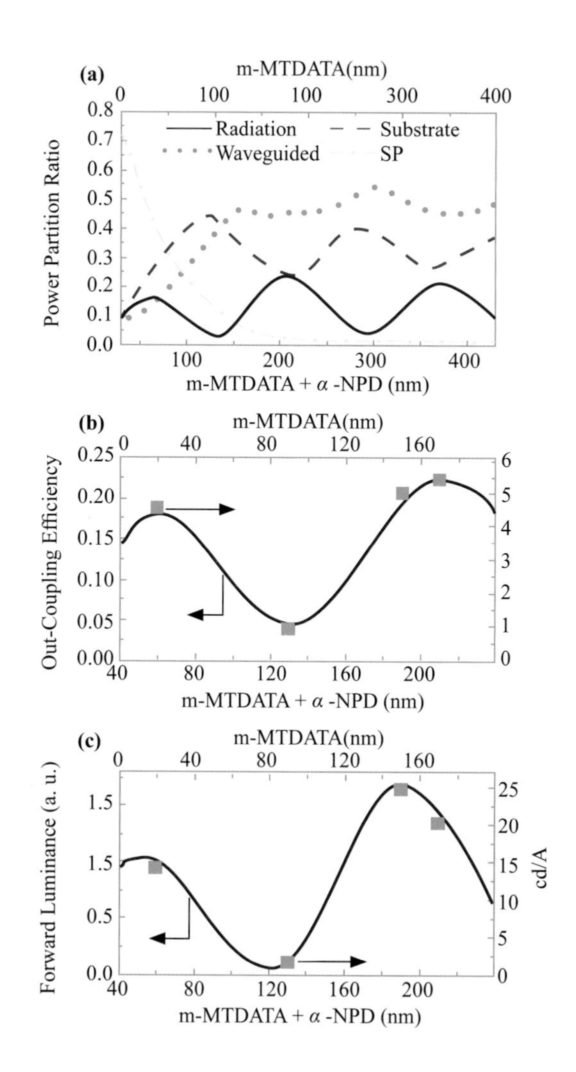

圖 9.8　玻璃/ITO (120 nm)/BPhen: Cs (5wt%, 20 nm)/Bphen (20 nm)/Alq_3:C545T (1wt%, 20 nm)/α-NPD (40 nm)/m-MTDATA: F4-TCNQ (1.5wt%, x nm)/Ag (100n m) 元件之效率特性：(a)耦合至不同模態之分佈計算；(b)外部耦合效率之計算（線）與實驗值（符號）；(c)相對於 x = 20 nm 時之強度作歸一化之正向亮度計算（線）與實驗值（符號），當變化 m-MTDATA 厚度，其為發射源與反射銀電極間距離之函數。(a)為使用單一頻率（520 nm）、單一位置（α-NPD/Alq_3 介面）電偶極計算結果；(b)和(c)為納入完整的偶極分佈計算結果。

正向亮度。最大耦合放光和最大正向亮度的增強情況略有不同，最大正向亮度（約為元件 A 的 1.6 倍）發生在 m－MTDATA = 150 nm 附近（元件 C），其反節點情形剛好與波長 = 520 nm 符合；最大耦合放光（約為元件 A 的 1.2 倍）發生在 m－MTDATA = 170 nm 附近（元件 D），其反節點情形大致符合波長 = 560 nm，大於 C545T 峰值的波長。

對元件 A 至 D 進行實驗以與計算結果作比較分析[20]，儘管在電洞注入層（m-MTDATA: F4-TCNQ）厚度上的變化很大，但這些元件的電性幾乎都相同，這表示在電洞注入材料中摻雜 p 型導電性材料，能有效提高導電度。圖 9.8b 和 9.8c 顯示元件 A 至 D 實驗與理論計算之效率比較，由圖可觀察到實驗與理論計算結果相當一致。

在應用上，尚須關注電致發光的視角特性。圖 9.9a-c 顯示元件 A、C、D 之電致發光頻譜在視角 0° 和 60° 之相對強度與頻譜，並與 Alq_3：C545T 的光激發頻譜相比較，符號及實線分別代表實驗量測值及模擬計算值，結果顯示實驗及模擬計算結果相當一致[20]。圖 9.9d 為電致發光強度量測值在不同視角分

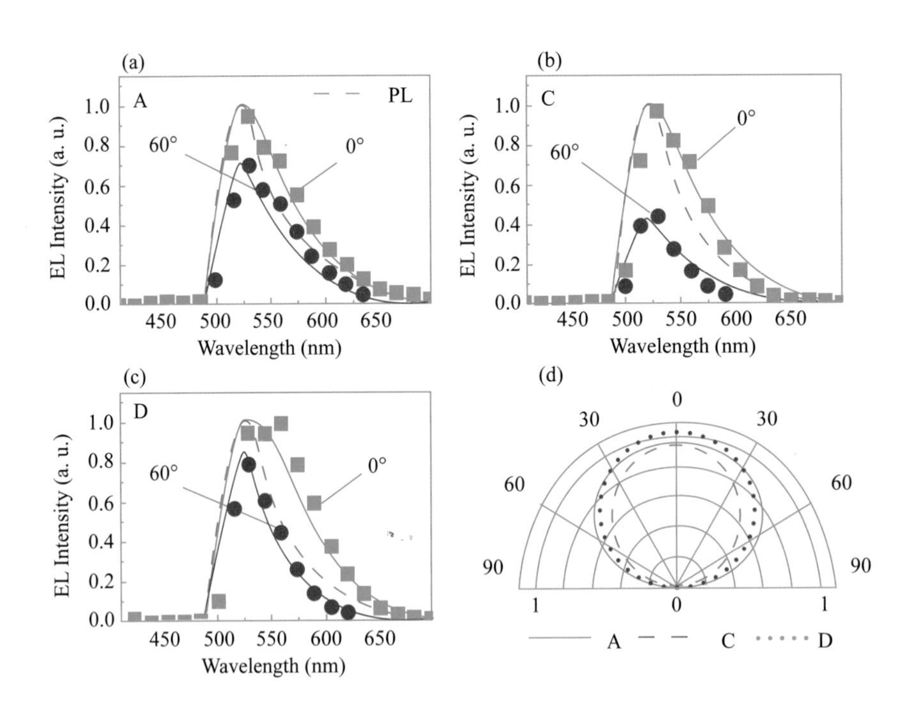

圖 9.9 (a)元件 A、(b)元件 C及(c)元件 D之在視角 0° 和 60° 之電致發光頻譜及相對強度（計算（線）與實驗值（符號））；(d)元件 A、C、D 電致發光強度之極化圖（對視角 0° 歸一化）。為方便比較，在(a)至(c)的圖中亦標註 Alq_3：C545T 的光激發頻譜。

佈之比較（相對視角 0° 強度作歸一化），其中元件 D 因為反節點設定在較長波長位置，其小角度時之電致發光頻譜比 C545T 的光激發頻譜要寬；除此之外，元件 C、D 在不同視角並無明顯色偏。具有最強正向發光強度之元件 C，由於亮度正向增益，如一般常見的強共振腔元件般具有較強發光指向性（圖 9.9d），這種特性可能有益於顯示器之應用，因為只需透過增加膜層厚度而不需增加複雜結構，即可達到類似微共振腔元件的特性，並且較不會隨視角變化而產生色偏。

以上這些元件特性與相關結果，對於堆疊串聯式有機發光元件（TandemOLED）技術也有希當重要之意義[24-26]。堆疊串聯式有機發光元件是指將多元件單元垂直堆疊串聯，以最簡單的角度來看，可以預期數個發光單元疊加會使亮度效率（即 cd/A）按比例線性增加。然而前述結果顯示，如果透過適當的元件結構設計，其亮度效率可超過比例增加的幅度（即在堆疊串聯式元件中可得到額外亮度效率增益），這是因為較遠離反射電極之發光單元對總耦合效率及亮度效率會有較大的貢獻所致。

9.4　串聯式（堆疊）有機發光元件的光學（Tandem OLED）

一般下發射型有機發光元件的基本架構，是在透明的 ITO 基板上依序沈積電洞傳導層（HTL）、發光層（EL）以及電子傳導層（ETL），接著鍍上高反射的金屬陰極形成元件。在（堆疊）串聯式有機發光元件（Tandem OLED）結構中[24-26]，則是先在 ITO 基板上依序沈積電洞傳導層（HTL）、發光層（EL）以及電子傳導層（ETL）形成一個發光單元（Emissive Unit），再重複同樣的或不同光色的發光單元接連堆疊於其上，在相鄰的發光單位間加入載子產生層結構（Charge Generation Layer, CGL）或是連接層結構（connecting structure），形成多單元的堆疊串聯式有機發光元件。

堆疊串聯式有機發光元件的電性操作原理等效上可視為將多個傳統有機

發光元件串連（series connection），因此連接層結構大致須具有類似連結導線之功能。對元件外側陽極與陰極加上正、負偏壓時，電洞由陽極注入電洞傳輸層，而電子由陰極注入電子傳輸層，同時元件內部的連接層結構須能提供電子與電洞，分別注入相鄰兩側之載子傳輸層，以供在各個發光單元的發光層中結合放光。若完全由電子之觀點，亦可視為電子流須可由上一單元電洞傳導層之電洞傳導能階順利流通至連接層結構，再由連接層結構流通至下一單元電子傳導層之電子傳導能階。堆疊串聯式有機發光元件好處是隨著堆疊發光單元數增加，整體元件的 cd/A 效率也將提升，不過整個元件的操作偏壓亦會隨著堆疊發光單元數增加，不過此點於照明應用較無衝擊。堆疊串聯式有機發光元件在材料及元件技術上各有一些考量，不過在本章節中我們主要將說明堆疊串聯式有機發光元件之光學。

此處我們假定以綠色磷光材料 tris (phenylpyridine) iridium (Ir $(ppy)_3$) 作為發光客體材料，對非共振腔型與微共振腔型之堆疊串聯式有機發光元件光學進行比較說明[27]。非共振腔型元件採一般傳統下發射型元件結構，以 ITO 玻璃基板及銀分別作為元件陽極與高反射陰極；而堆疊串聯式微共振腔型元件則使用上發射型元件結構，以厚銀當作下反射陽極，而使用薄銀（20 nm）當作上半穿透陰極，為增加微腔體型元件的耦合出光效率，於薄銀電極上再覆蓋一層約 60 nm 厚的高折射率有機材料 TCTA（4, 4', 4''-tris (N-carbazolyl)-triphenylamine），以便在 Ir $(ppy)_3$ 主要發光波長範圍內達到電極之高反射及低吸收特性。在電極間的全部有機材料厚度，則調整到每個堆疊串聯式元件的最低階共振模態（在 530 nm）。為簡化光學分析，理論計算中假設在有興趣的的波長範圍內，所用之有機層平均折射率為 1.77；而分析中所採用之模型是前面章節中所述之嚴謹電磁模型。

圖 9.10(a)-(c)所示為針對單一、二個、三個發光單元之非共振腔堆疊串聯式有機發光元件，變化其發光層與背（反射）電極間距離，對正向亮度及耦合至電漿模態及波導模態（在非共振腔元件情況下，此波導模態包含基板模態及

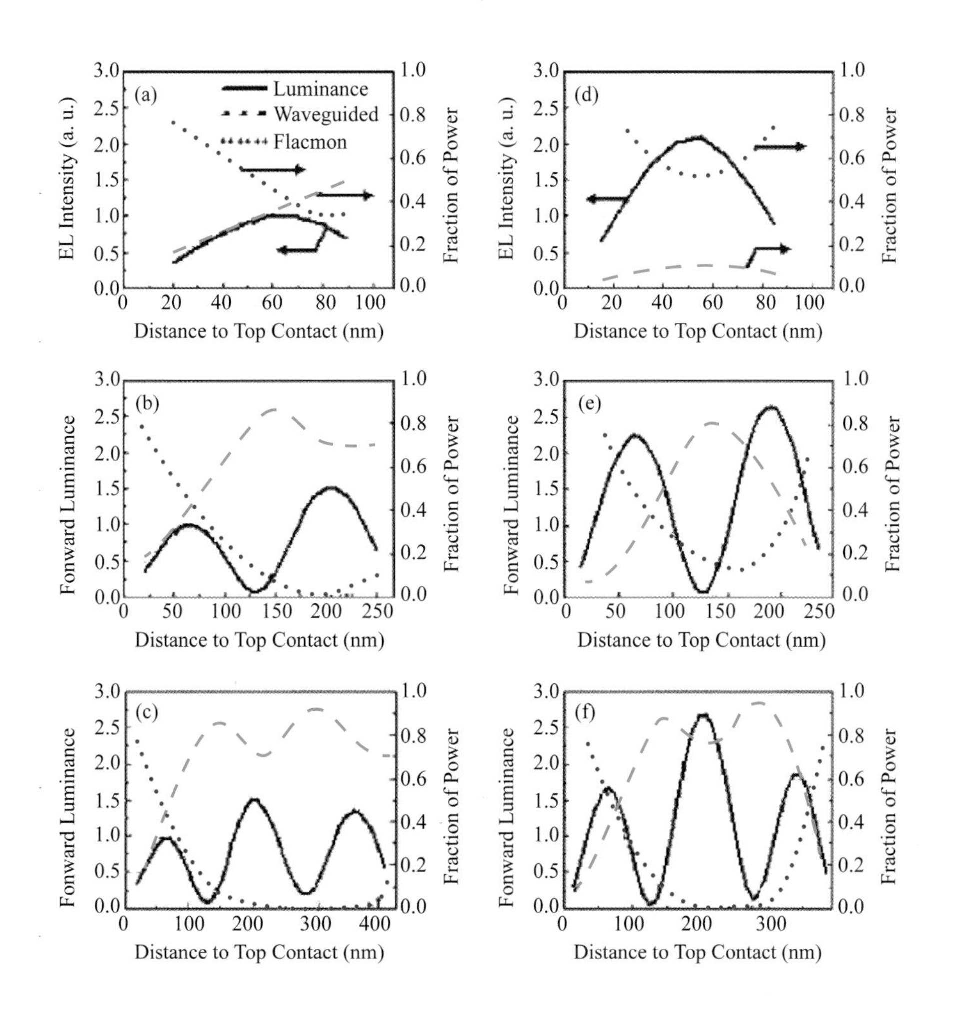

圖 9.10　在不同元件結構中，變化發光層與背（反射）電極間距離，模擬計算對正向亮度及耦合至電漿模態及波導模態（在非共振腔元件情況下，此波導模態包含基板模態及 ITO／有機波導模態）之輻射比例。(a)至(c)為非共振腔型堆疊串聯式有機發光元件結果：(a)單一發光單元元件；(b)二發光單元堆疊串聯式元件；(c)三發光單元堆疊串聯式元件，其中～2-3% 的 ITO 吸收損耗未標示出來。(d)至(f)為共振腔型堆疊串聯式有機發光元件結果：(d)單一發光單元元件；(e)二發光單元堆疊串聯式元件；(f)三發光單元堆疊串聯式元件，其中上電極～10% 的吸收損耗未標示出來。在所有圖示中，正向亮度均對非共振腔型單一發光單元元件（即標準參考元件）正向亮度作歸一化。在所有圖示中，橫軸之左右兩端點代表元件之兩電極界面。

ITO／有機波導模態）之輻射比例之模擬計算結果，同樣的，圖 9.10(d)-(f) 為針對單一、二個、三個發光單元之微共振腔堆疊串聯式有機發光元件，變化其發光層與背（反射）電極間距離，對正向亮度及耦合至電漿模態及波導模態之輻射比例之模擬計算結果。類似的，圖9.1 0(d)-(f)在所有圖示中，正向亮度均對非共振腔型單一發光單元元件（即標準參考元件）正向亮度作歸一化。結果顯示最大正向效率（亮度）大致會發生在金屬電極的反節點（意即發光源至金屬來回相位差等於 2π 整數倍），而最低正向效率（亮度）大致會發生在金屬電極的節點（意即發光源至金屬來回相位差等於 π 單數整數倍）。可注意的是，相對於最靠近反射電極之第一反節點，較遠離反射電極之反節點對正向發光亮度及效率會有較大的貢獻；例如在非共振腔元件之較遠反節點，其正向亮度增益最高可達標準參考元件的 1.5 倍，而在微共振腔元件之較遠反節點，其正向亮度增益最高更可達 2.6 倍。若將發光源設定在較接近金屬的反節點附近，會強烈的耦合至電漿模態，進而降低外部出光效率及正向亮度。相反的，若將發光源設定在遠離金屬的反節點附近，便能有效降低電漿模態至可忽略的程度；雖然在此情況下，耦合至波導模態的比例會增加，然而整體而言，在外部出光效率及正向亮度還是能得到較強的增益。此一結果顯示，透過適當的元件結構設計，堆疊串聯式有機發光元件其亮度效率可超過比例增加的幅度（即在堆疊串聯式元件中可得到單元數之外的額外亮度效率增益）。

圖 9.10 的結果顯示在最佳化之堆疊串聯型元件中，發光源需置於每個元件相應的反節點位置，將圖 9.10 中各元件之正向亮度峰值加總即可得每一堆疊串聯型元件正向亮度之堆佳增益值。圖 9.11a 為二種堆疊串聯型元件其最佳正向亮度增益與發光單元數目間之關係，一般來說，亮度隨元件個數增加而提高，但因為元件厚度增加將提高波導模態的損失，所以呈現非線性增加的情況；此偏離線性的現象在微共振腔元件中更為顯著，主要是因為於微共振腔元件中，模態寬度隨腔體長度增加而顯著縮減，造成出光效率減低。在堆疊串聯型元件技術中，操作電壓亦隨元件個數增加而提高，所以一個比較好的評比堆疊串聯型元件性能的方式是看每一個元件單位輸入驅動電力瓦數所能得到之正向亮度。假設操作電壓與堆疊串聯型元件發光單元數目呈線性增加，圖 9.11b 顯示

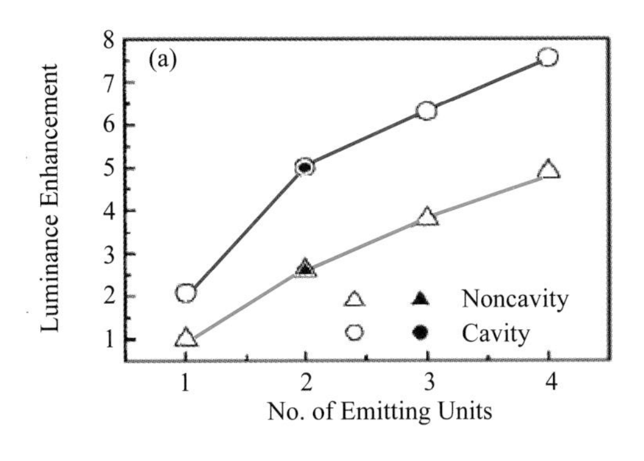

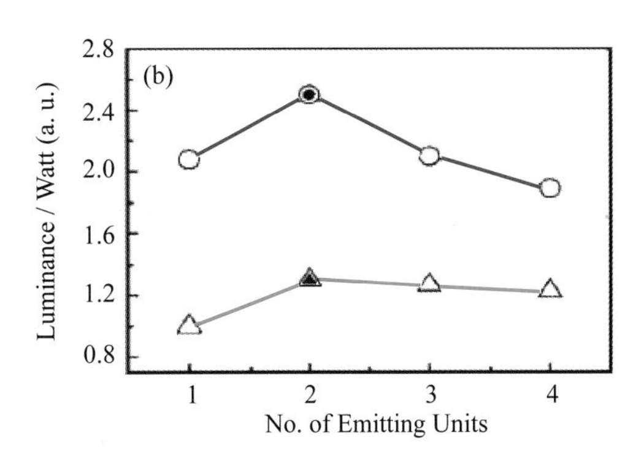

圖 9.11　非共振腔型及微共振腔型堆疊串聯式有機發光元件：(a)正向亮度增益與發光單元數目關係之模擬計算圖（空心符號）；(b)每單位輸入驅動電力瓦數所得之正向亮度與發光單元數目關係之模擬計算圖（空心符號；相對於標準參考元件之數值作歸一化）。實驗所測得之結果亦以實心符號標註於圖上。

每單位輸入驅動電力瓦數所得之正向亮度與發光單元數目關係之模擬計算圖（相對於標準參考元件之數值作歸一化）；非共振腔之堆疊串聯型元件呈現相對穩定的增益（約～1.2-1.3 倍），而單一發單元之微共振腔元件的增益約於 2.1 倍，最佳增益約～2.5 倍則出現在二個發光單元之微共振腔堆疊串聯元件。

為驗證堆疊串聯型有機發光元件之光學，分別製作測試了非共振腔下發射型元件（單一發光單元之元件，元件 A-標準參考元件）、非共振腔堆疊串聯型下發射型元件（二發光單元元件，元件 B）、及微共振腔堆疊串聯型上發射型元件（二發光單元元件，元件 C）等三組元件。非共振腔單一發光單元下發射型元件 A 結構為：glass/ ITO (120 nm)/ m-MTDATA: F4-TCNQ 2 wt % (20 nm)/ α-NPD: F4-TCNQ 2 wt % (8 nm)/ α-NPD (10 nm)/ TCTA (10 nm)/ TCTA: Ir(ppy)3 8 wt % (5 nm)/ TAZ: Ir(ppy)3 8 wt % (10 nm)/ TAZ (10 nm)/ BPhen (10 nm)/ BPhen: Cs 20 mol % (27 nm)/ Al (1 nm)/ Ag (150 nm)。ITO 與銀分別為元件下陽極及頂端的陰極，其他各有機層依次包括：4, 4', 4''-tris (3-methylphenylphenylamino) triphenylamine (m-MTDATA) 以及 N, N'-Di (naphthalen-1-yl)-N, N'-diphenyl-benzidine (α-NPD) 摻雜 2% 的 tetrafl uorotetracyano-quinodimethane (F4-TCNQ)

作為 p 型電洞注入層[16]，本質未摻雜之 α-naphthylphenylbiphenyl diamine (α-NPD) 及 TCTA (4, 4', 4''-tris (N-carbazolyl)-triphenylamine) 作為電洞傳輸層[21]， TCTA 及 3-(4-Biphenylyl)-4-phenyl-5-tert-butylphenyl-1, 2, 4-triazole (TAZ) 攙雜 Ir $(ppy)_3$ 作為雙發光層，未摻雜之 TAZ 及 4, 7-diphenyl-1, 10-phenanthroline (BPhen) 作為電子傳輸層，具有摻雜 20% 銫的 4, 7-diphenyl-1, 10-phenanthroline (Bphen) 作為 n 型電子注入層[17]，其中穿插於導電傳導層與發光層之間的本質未攙雜層係用於減輕因導電攙雜所致之發光猝熄。

以元件 A 之結構為基礎，設計製作堆疊串接元件 B 與 C 結構，二元件結構為：陽極/m-MTDATA: F4-TCNQ (20 nm)/α-NPD: F4-TCNQ (10 nm)/α-NPD (10 nm)/TCTA (10nm)/TCTA: Ir $(ppy)_3$ (5 nm)/TAZ: Ir$(ppy)_3$ (10 nm)/TAZ (10nm)/BPhen (10 nm)/BPhen: Cs (40 nm)/α-NPD: F4-TCNQ (40 nm)/α-NPD (10 nm)/TCTA (10 nm)/TCTA: Ir$(ppy)_3$ (5nm)/TAZ: Ir$(ppy)_3$ (10 nm)/TAZ (10 nm)/BPhen (10 nm)/BPhen:Cs (40 nm)/陰極，兩元件主要差別在於電極的選用，非共振腔二發光單元下發射型元件 B 使用 ITO 與 Al (1 nm)/Ag (150 nm) 作為下陽極及上陰極；微共振腔二發光單元上發射型元件 C 則使用 Ag (100 nm) 與 Al (1 nm)/Ag (20 nm)/TCTA (60 nm) 作為下反射陽極及上半透明陰極。其中，元件 B 與 C 使用導電性摻雜來製作 p-n 接面（意即 BPhen: Cs (40 nm)/α-NPD: F4-TCNQ (40 nm)），作為二個單元之連接層，並透過調整 p 型導電層及 n 型導電層之厚度使發光層之位置以及元件總厚度符合反節點位置及腔體共振條件。

圖 9.12 比較元件 A、B 與 C 之電致發光特性。由於有效地導電性摻雜及 pin 元件結構，元件 A 呈現陡峭之亮度與電壓關係以及低操作電壓；堆疊串接元件 B 與 C 的操作電壓約為元件 A 的二倍，顯示以導電性摻雜來製作 p-n 接面（意即 BPhen: Cs/ α-NPD: F4-TCNQ）作為二個單元之連接層之有效性。適當的設計膜層厚度，使元件符合反節點位置及共振條件，非共振腔型堆疊串聯式有機發光元件B其效率可達 105 cd/A 和 29 %，約為元件 A 的 2.4-2.6 倍（元件 A 為 40 cd/A 和 12 %）。當同時使用堆疊串聯與微共振腔的技術（元件 C），

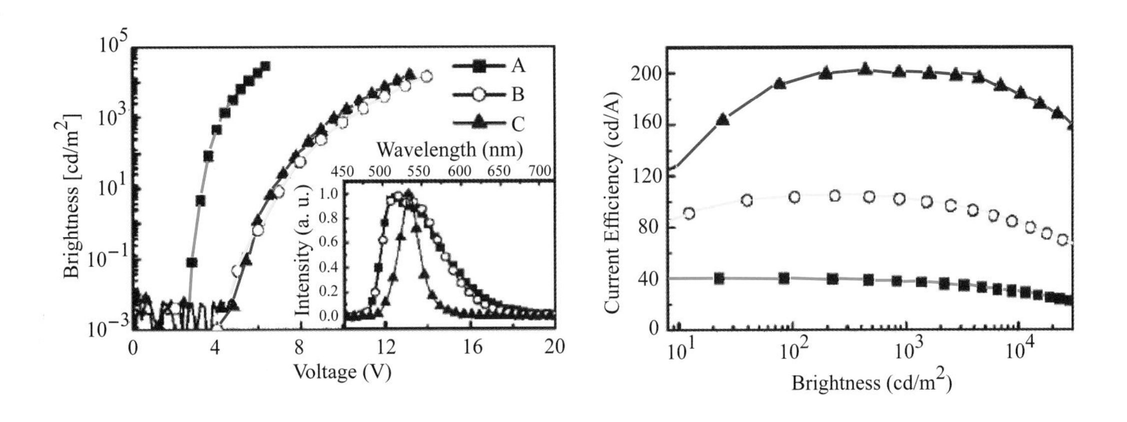

圖 9.12　元件 A、B 與 C 之電致發光特性：(a)亮度與電壓關係圖；(b)亮度效率與亮度關係圖。(a)內圖為各元件之電致發光頻譜。

其效率可高達 200 cd/A（約為元件 B 效率的 2 倍或元件 A 效率的 5 倍），其量子效率與元件 B 相近為 28%。這歇實驗結果與模擬計算的預估值相當吻合（圖 9.11）。圖 9.12(a) 內圖為元件之電致發光頻譜，元件 C 因具有強的微共振腔效應，其電致發光頻譜明顯較非共振腔型元件之頻譜窄化。故透過適當的微共振腔及元件結構設計，可使亮度效率超過發光單元數目比例增加的幅度，在二個發光單元串聯的微共振腔上發射型元件，其亮度效率增益可高達 5 倍。

9.5　微共振腔有機發光元件

9.5.1　具二金屬反射鏡面之微共振腔有機發光元件

如前所述，微共振腔效應對各種有機發光元件皆會產生影響，具強微共振腔結構之有機發光元件可窄化其電致發光頻譜，進而提高色純度有利於顯示應用，藉適當的微共振腔結構的設計，亦可能正向亮度及亮度效率得到增益，因此具強微共振腔結構之有機發光元件為受重視的高效能有機發光元件技術。

微共振腔元件之反射鏡面可使用介質反射鏡（由高／低折射率膜層交替組

合而成之布拉格反射鏡（DBR））或反射金屬，圖 9.13 顯示各種使用不同反射鏡面組合之微共振腔有機發光元件結構[3,6,7,10,14,28-34]。在發展微共振腔有機發光元件早期，Nakayama 等人及 Dodabalapur 等人在下發射型有機發光元件中，使用上反射金屬電極以及在 ITO 陽極下方製作 TiO_2/SiO_2 或 $SixNy/SiO_2$ 介質鏡面（如圖 9.13 所示）[6,7,31-32]，形成微共振腔元件，相較於發光材料本質的光激發頻譜，其電致發光頻譜大幅窄化。Tsutsui 等人使用如圖 9.13a 的元件觀察到高指向性的微共振腔放光[33]。1996 年，Jordan 等人使用一邊為金屬鏡面和一邊為無損耗介質鏡面的微共振腔有機發光元件結構（即圖 9.13a 結構），首度證實相較於非（弱）共振腔有機發光元件，強微共振腔有機發光元件可以大幅增強發光亮度[7]。

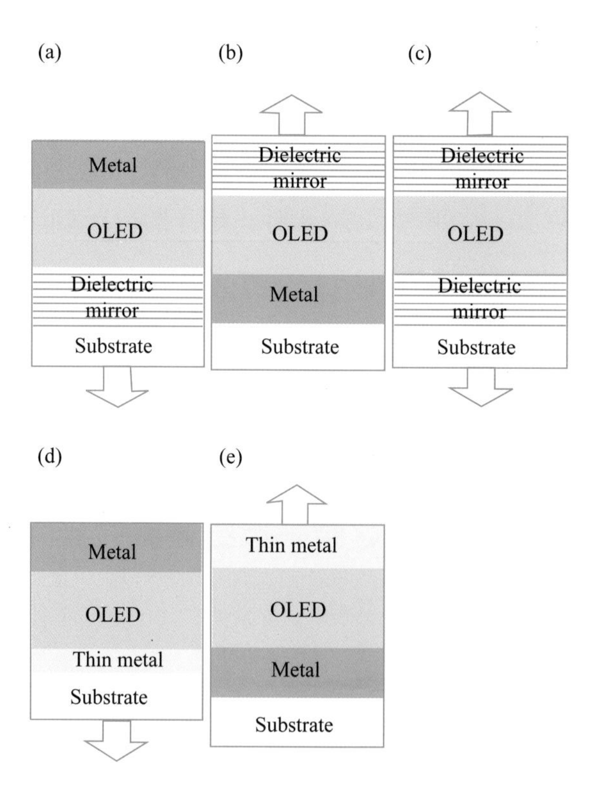

圖 9.13　(a)使用不同反射鏡面組合之微共振腔有機發光元件結構：(a)及(b)使用一金屬鏡面及一介質鏡面；(c)使用二介質鏡面；(d)及(e)使用二金屬鏡面。

一般來說，因介質布拉格反射鏡其反射特性與波長具很高的相依性，以及其製作與設計之複雜度，使得該技術很難應用在實際的有機發光元件應用中。有鑑於此，為了實現在實際的應用上，使用兩金屬反射鏡（一高反射和一個半透明/反射電極，如圖 9.13d 和 e 所示）的微共振腔有機發光元件[3,10,28-30,34]，在實務上是較為可行的。然而，由於金屬會有吸收損耗，有必要了解在何種條件下，是否仍能如使用無損耗介質布拉格反射鏡之微共振腔元件般得到亮度增益，以及在何種條件下可以得到何種程度、或是最大亮度增益。

正如先前章節所討論到的，相對於傳統的非共振微腔元件，欲在微共振微有機發光元件得到最大正向亮度增益，其必要的條件為：背面反射鏡面應具盡可能之高反射率，而出光鏡面應具有能與背反射電極匹配之高反射及盡可能低的損耗。然而，若出光鏡面使用半透明薄金屬電極，在達到足夠反射的厚度時，將會造成過高吸收損耗以致降低亮度增益。使用結合薄金屬層和透明高折射率介質層的出光鏡面，也許可克服此困境[3,10,29,30]。舉例來說，圖 9.14a 顯示模擬計算從元件內部的有機材料層向薄銀電極（24 nm）與不同厚度的 TeO_2 堆疊結構[10] 看出去的光學特性（在波長 520 nm 時之反射率 [R]、穿透率 [T]、吸收率 [A]）。相較於其他金屬材質，銀具有相對較大的反射、較高的導電率及較低的吸收。圖 9.14a 顯示 Ag/TeO_2 反射率可利用 TeO_2 厚度來做大範圍的調變，在適當厚度的區域內，可同時達成反射率增強且吸收率降低至～9%（無 TeO_2 層的吸收率為～15%）。在這種情況下，尋找適當的 Ag/TeO_2 的厚度組合，使能提供微共振腔元件最佳的亮度增益，最佳的 Ag/TeO_2 厚度組合可利用建構 G_{int} 相對於 Ag 及 TeO_2 厚度之等高線圖來搜尋（圖 9.14b），對於在一定範圍內的 Ag/TeO_2 厚度組合，可獲得約介於 2.4 與 2.6 之間的最大 G_{int}，藉由詳細比較圖 9.14b 至 9.14d 可發現，這些最大 G_{int} 條件大致吻合 Ag/TeO_2 高反射和低吸收的情形。

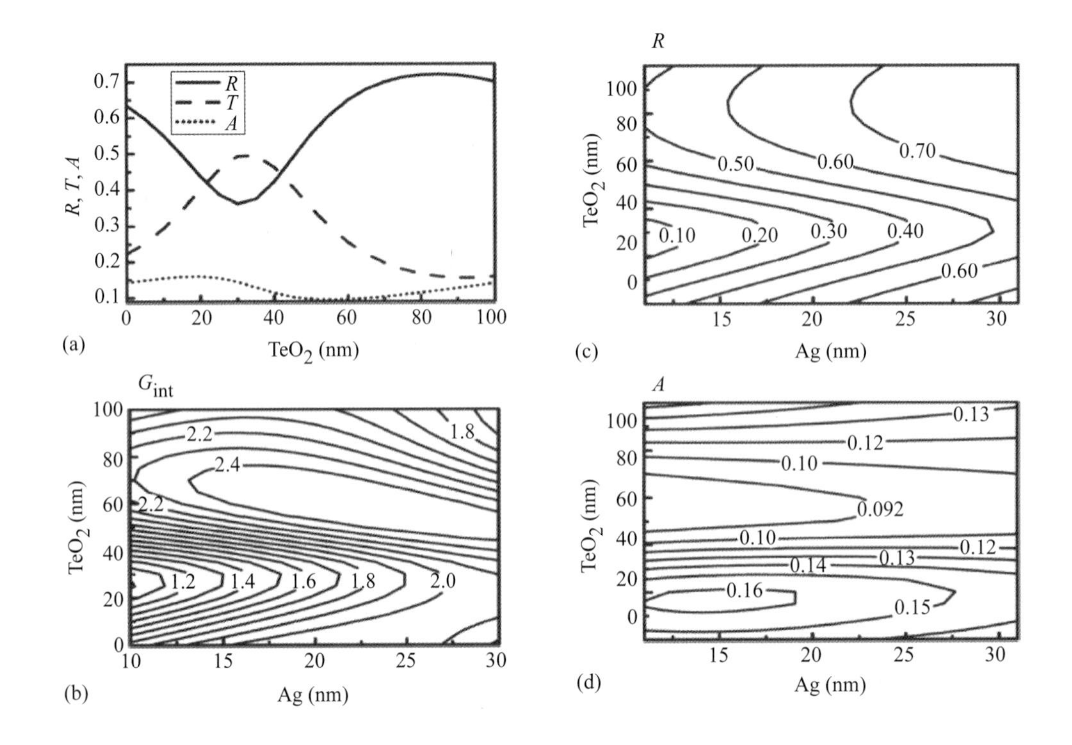

圖 9.14　(a) 計算 Ag (24 nm) 與 TeO_2 複合鏡面在 520 nm 之 R、T、A；(b) 計算在接近優化之微共振腔有機發光元件條件下（背反射鏡面的反射率為 0.9，發射源發光波長 λ_{em} = 520 nm，$\Delta\lambda_{em}$ = 60 nm，τ_{cav}/τ_{con} = 1），其 G_{int}相對 Ag 與 TeO_2 變化厚度的等高線圖；(c)Ag (24 nm)與 TeO_2 複合鏡面，在波長 520 nm 時，R 相對 Ag 與TeO_2變化厚度的等高線圖；(d)Ag (24 nm) 與 TeO_2 複合鏡面，在波長 520 nm 時，A 相對 Ag 與 TeO_2 變化厚度的等高線圖。

根據上述分析結果，進行了接近優化條件的微共振腔上發射型有機發光元件之實驗比較[10]，採用元件結構：glass/Ag (80 nm)/m-MTDATA: F4-TCNQ (2 wt%, 20 nm)/α-NPD (25 nm)/Alq_3: C545T (1 wt%, 20 nm)/Alq_3 (35 nm)/LiF (0.5 nm)/Al (1 nm)/Ag (24 nm)/TeO_2 (55 nm)，其中銀和 Ag/TeO_2 分別為底部陽極和頂部陰極，Alq_3 為電子傳輸層，LiF 和鋁為電子注入層，其他材料層作用同前面章節之描述。為了方便比較，同時製作一個優化之非共振腔（弱共振腔）下發射型有機發光元件，其結構為：glass/ITO (120 nm)/m-MTDATA: F4-TCNQ (2 wt%, 20 nm)/α-NPD (20 nm)/Alq_3: C545T (1 wt%, 20 nm)/Alq_3 (40 nm)/LiF (0.5

nm)/Al (1 nm)/ g (150 nm)。此二元件之各層厚度設定是依據 C545T 的放光波長 λ_{em}（520 nm）之反節點與共振條件。圖 9.15a 顯示量測之電致發光頻譜，圖中比較非共振腔元件在視角為 0° 以及在微共振腔元件在視角 0°、30° 和 60° 的相對強度及頻譜，微共振腔元件在正向的 G_{int}～2.0（在 0° 共振波長時有～4.3 的增益）；對應地，微共振腔元件相對於非共振腔元件顯示約 2 倍的亮度效率（如圖 9.15b 所示，30 cd/A vs. 14.2 cd/A）。圖 9.15c 顯示微共振腔元件與非共振腔元件在 0°～80° 的 CIE1976 座標，微共振腔元件的電致發光頻譜光色較 NTSC 之綠色標準值更加飽和，且隨視角變化無明顯色偏，非常適合各種應用。圖 9.15d 比較二元件不同視角變化下的電致發光強度（相對非共振

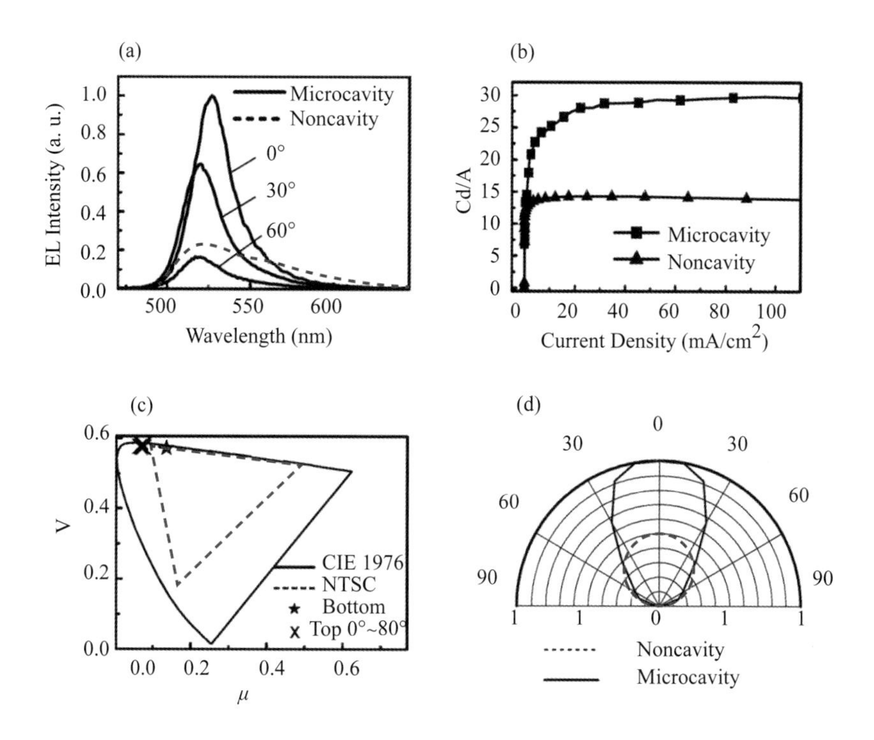

圖 9.15　(a)微共振腔元件與非共振腔元件光學特性之比較。(a)在視角 0°、30°、60° 之微共振腔元件與在視角 0° 之非共振腔元件，其電致發光頻譜與相對強度的比較；(b)亮度效率 cd/A 的比較；(c)微共振腔元件在視角 0°～80° 之與非共振腔元件在視角 0°，其電致發光頻譜的 CIE1976 的座標；(d)電致發光強度之極化圖（相對非共振腔元件正向 0° 之強度作歸一化）。

腔元件正向 0° 之強度作歸一化），微共振腔元件具較指向性的放光並在視角 0°～45° 間有亮度增益，因為小尺寸有機發光顯示器主要於正向使用，故此特性在小尺寸顯示器應用上具有優勢。此外，相較於非共振腔元件，微共振腔元件在外部量子效率上亦有些微增加（3.8 % vs. 4.1 %），這結果是因為正向增益為放光方向的重新分佈所致。

9.5.2 共振波長對微共振腔有機發光元件特性的影響

在設計一微共振腔元件時，需考慮最重要的三個因素為：鏡面特性、共振腔腔體長度（取決於所需的共振波長）及發光體於共振腔腔體中的位置[6,10,31]。在微共振腔結構中，一旦確定了鏡面結構與特性，剩下的共振腔幾何特性主要將視共振腔共振波長來決定。若元件內含一窄帶的發光體，直觀上要得到最佳出光效果，則需將共振腔共振波長設定於發光體本質放光的峰值波長，且需將發光體置於二鏡面電極的共同反節點附近（意即發光體到鏡面來回之相變等於 2π 的整數倍）[6,10,31]。然而，在大多數情況下，有機發光元件發光材料頻譜具有相當寬的波長範圍（通常大於 50 nm），故在優化元件出光特性時，要將共振波長設定在整個發光波段的什麼波長比較不是那麼明確。在本節中將討論共振波長對具有雙金屬鏡面之微共振腔有機發光元件特性的影響（如效率及視角特性等）。

首先，考慮元件架構為：glass/Ag (80 nm)/m-MTDATA: F4-TCNQ (2 wt%, x nm)/α-NPD (20 nm)/Alq_3: C545T (1 wt%, 20 nm)/Alq_3 (y nm)/LiF (0.5 nm)/Al (1 nm)/Ag (22 nm)/Alq_3 (70 nm)，此上發射型微共振腔元件架構，在底部陽極和頂端陰極分別採用了高反射的銀電極（80 nm）及半透明的銀電極（22 nm），根據之前的討論，為對微共振腔元件出光最大化，在頂部薄銀層上沉積一層 70 nm 的高折射率有機層（Alq_3，折射率約介於 1.7-1.8 之間），以在 C545T 主要的發光波長範圍能同時實現高反射（由元件內部觀之～55%）及低吸收

（～8 %）的情形。

在此元件架構，調變 m-MTDATA: F4-TCNQ 及 Alq_3 厚度，以改變共振波長（在最低階共振模態）及發光體位置（符合共振波長的反節點條件）。此實驗亦製作一接近優化之下發射型元件（元件 A）以做比較。在製作微共振腔元件時，使用 m-MTDATA: F4-TCNQ 及 Alq_3 厚度分別為（25, 29 nm）（元件 B）、（27, 31 nm）（元件 C）、（32, 35 nm）（元件 D）、（35, 37 nm）（元件 E）及（40, 41 nm）（元件 F）等五種不同條件，其正向共振波長 λ_R（0°）分別對應 500 nm、515 nm、545 nm、560 nm 及 590 nm。

使用嚴謹的電磁模型分析在此微共振腔元件架構特性，其中分子躍遷速率（激子壽命）受微共振腔之影響已納入考慮。有機發光元件的總放光強度I是波長 λ 與視角 θ 的函數（意即 $I(\lambda, \theta)$，θ 為相對於元件表面法線之角度），平均不同發光體分佈的貢獻可得到總放光強度，後續可由總放光強度 $I(\lambda, \theta)$ 計算不同角度的色座標（u' (θ), v' (θ)），為得到較佳的量化色差，此處使用 1976 u'v' 均勻色空間（UCS）[35]。

為能適當的量化共振波長對發光特性的影響，定義四個參數：出光耦合效率（相對於元件內部放光其耦合出光之比例）；正向增益之比例（微共振腔元件與非共振腔下發射型元件正向亮度之比例）；色偏（其定義為 u' (θ) 與 v' (θ) variance 之和，代表發光顏色隨視角之變化量）；Lambertian 偏移（其定義為 $\Sigma\,|\,I(\theta)/I(0°) - \cos(\theta)\,|$，即量測元件放光強度之視腳分佈與理想 Lambertian分佈的差異；其中，$I(\theta)$ 為 $I(\lambda, \theta)$ 之頻譜積分）。這些參數值可從模擬數據和量測數據中計算而得。

除了 Alq_3：C545T 的光激發頻譜外，圖 9.16(a)-(e) 顯示元件 B-F，在視角 0°、30° 和 60° 時，電致發光頻譜及相對強度的實驗（符號）及理論計算（實線）值，其理論計算與實驗測量值相當一致。在這些元件中，在 0° 的電致發光峰值的確隨所設定的 λ_R (0°)而偏移，對於每個單一元件，電致發光頻譜隨視角改變而藍移，大致符合以下視角與共振波長之關係式[36]：

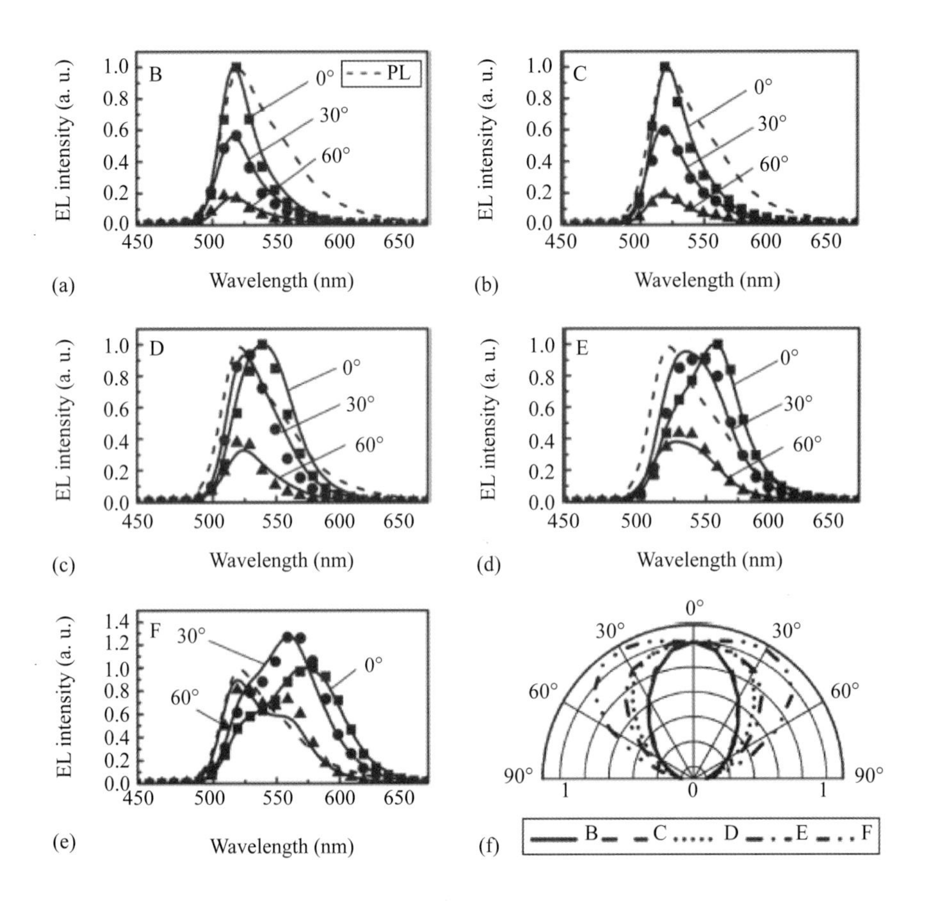

圖 9.16 (a)元件 B、(b)元件 C、(c)元件 D、(d)元件 E、(e)元件 F，在視角 0°、30° 和 60° 時，電致發光頻譜及相對強度的實驗（符號）及理論計算（實線）值；(f)元件 B-F 其電致發光強度之極化圖（對視角 0° 發光強度作歸一化）。為方便比較，在(a)至(e)的圖中亦標註 Alq_3：C545T 的光激發頻譜。

$$\lambda_R(\theta) = \frac{4n\pi L\cos\theta}{\phi(\theta) - 2\pi n} \quad \text{（公式 3）}$$

其中，L 是共振腔腔體長度，$\phi(\theta)$ 是因雙面反射鏡所造成的總相位偏移，n為有機材料的折射率，m 共振腔的模態階數（目前情況下 m = 0）。當元件的 λ_R (0°) 設定於較長波長時，顏色隨視角的偏移會相當顯著；然而當 λ_R (0°) 設定於接近或小於 C545T 的光激發頻譜時（如元件 B 和 C 的情形），其色偏則相當不明顯，這主要是因為發光隨視角變化而藍移的趨勢，被本質放光頻譜在短波長時之強度急遽降低所抑制。圖 9.17a 顯示測量的色偏值相對於 λ_R (0°) 的函數，此與模擬計算所預測的趨勢一致，當 λ_R (0°) 設定於接近或小於光激發頻譜波長時，其色偏變化與非共振腔元件 A 相近（～4 ×10^{-5}，水平虛線）。

圖 9.16f 比較元件 B-F 測定之發光強度在不同角度的分佈（相對 0° 的強度作歸一化），由圖可觀察到，放光的強度分佈圖形與 λ_R (0°) 具有很高的相依性；當 λ_R (0°) 設定於接近或小於光激發頻譜峰值時（如元件 B 和 C），會使得出光有強烈的正向指向性；當 λ_R (0°) 設定於較光激發頻譜峰值長 20-40 nm 時（如元件 D 和 E），其放光的強度分佈圖形相當接近 Lambertian 分佈；

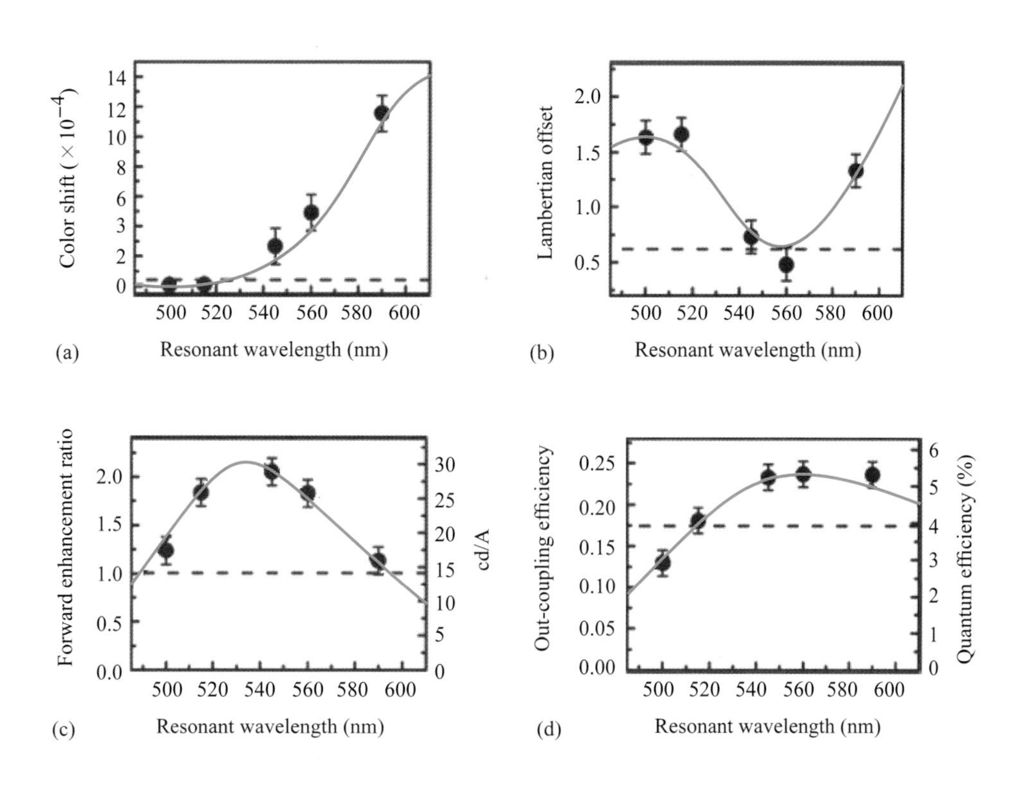

圖 9.17　(a)色偏；(b)Lambertian 偏移；(c)正向增益比例（亮度效率）；(d)出光耦合效率（外部量子效率），對正向共振波長的函數圖（計算值（線）與實驗值（符號））。圖(a)至(d)中的水平虛線為傳統非共振腔下發射型元件之實驗值。

當 λ_R (0°) 設定於遠長於光激發頻譜峰值時（如元件 F），放光的強度分佈圖形則嚴重偏離 Lambertian 分佈，且會在離軸角度具有最大發光強度。由於 $\lambda_R(\theta)$ 會隨視角變化而產生一般的藍移，放光強度分佈圖形不僅會被微共振腔所調變，亦會受光激發頻譜本質形狀所影響。因此，當設定 λ_R (0°) 在光激發頻譜較短波長的邊緣時，微共振腔放光指向性會增強；若設定 λ_R (0°) 在光激發頻譜較長波長邊緣時，則會在離軸的情況下產生最強的放光；又若將 λ_R(0°) 設定在二者之間適當處，有可能使放光強度分佈圖形接近 Lambertian 分佈。圖 9.17b 顯示所測量之Lambertian偏移量（符號）是 λ_R (0°) 之函數，此與模擬計算（線）所推估的結果一致。當元件之 λ_R (0°) 設定於較光激發頻譜長 20-40 nm 時（如元件 D 和 E），Lambertian 偏移量可趨於最小值，與傳統元件（元件 A）非常相近（0.6，橫向虛線）。

不同元件間其亮度效率 cd/A 和量子效率的變化差異很大，如圖 9.17c 和 9.17d 所示，測量的亮度效率 cd/A 和量子效率（符號）是 λ_R (0°)之函數，與模擬計算之正向增益比例（圖 9.17c）及耦合出光效率（圖 9.17d）接近。一如預期，當 λ_R (0°) 設定於接近光激發頻譜峰值時（意即在元件 C 是 515 nm，在元件 D 是 545 nm），則最大正向增益比例可接近 2（相對傳統元件 A 為 14.6 cd/A，元件 C 與 D 分別可達到 26.3 cd/A 及 29.6 cd/A）。另一方面，將 λ_R (0°) 設定於較光激發頻譜峰值長 20-40 nm 時（意即在元件 D 是 545 nm，在元件 E 是 560 nm），最大的外部耦合出光及量子效率可接近傳統元件 A 的 1.4 倍（相對傳統元件 A 為 4 %，元件 D 與 E 分別可達到 5.4 % 及 5.6 %）。

綜合而言，微共振腔有機發光元件之發光特性（顏色，效率及放光的強度分佈圖形）與共振波長具強烈的相依性；此外，圖 9.17 明確顯示，當考量不同特性而選擇共振波長時，會需要做一些取捨。例如，當 λ_R (0°) 設定於接近光激發頻譜峰值波長時，可以得到最佳亮度效率及亮度，隨視角變化顏色維持穩定，但伴隨而來的是較指向性的放光、較大的 Lambertian 偏移量及較低的量子效率。另一方面，將 λ_R (0°) 設定於較光激發頻譜峰值波長長 20-40 nm 時，可以得到最佳外部量子效率及近 Lambertian 分佈，但卻無法避免較顯著的色偏和較低的亮度效率 cd/A。因此，微共振腔元件的設計端賴應用面而定；於顯示應用上，所需求的為隨視角變化較小的色偏及在正視方向上具有較佳的亮度，則 λ_R (0°) 可設定於接近光激發頻譜峰值波長；而在照明上的應用，需求則為較佳的量子效率及更均勻的強度分佈，相較之下，色偏是較能容忍的，故 λ_R (0°) 可設定於較光激發頻譜峰值波長長 20-40 nm。

9.5.3　微共振腔有機發光元件搭配微透鏡/散射層

微共振腔有機發光元件已證明可窄化發光頻譜（從而提升色彩飽和度有利於顯示應用）、提高亮度、並且在某些情況下可提高量子效率；然而，所有這些良好特性通常不會在同一種設計之微共振腔元件中同時達到。如同前節的討論，這些不一致的結果主要是與共振波長的設定有關，透過將正向共振波長設定在元件發光體的本質放光峰值波長，可以得到最佳的增益及隨視可忽略的角變化色偏，但伴隨較低的量子效率。另一方面，為達到較佳的量子效率，可透過設定正向共振波長於較光激發頻譜峰值波長長 20-40 nm，但會產生視角變化色穩定度問題。透過選擇共振波長對不同發光特性作取捨，會使得微共振腔元件的設計相當複雜。然而，透過整合微透鏡或散射膜與上發射型共振腔有機發光元件，所有外部量子效率、亮度效率和色彩表現（彩色飽和度及隨視角改變顏色穩定）之增益是可以同步實現的[37,38]。此外，通常在有機發光元件與微透鏡陣列或散射膜整合時會產生圖像模糊的情況，但微透鏡陣列或散射膜與上發射型有機發光元件整合後，卻可有效降低圖像模糊情況[37,38]，這些特徵可使其符合不同元件結構的各種應用。以下以微透鏡陣列與微共振腔上發光元件之整合應用為例進行說明，散射膜與微共振腔上發光元件之整合應用（效率增進效果更佳）可以參見參考資料 38。

圖 9.18a 為一無微透鏡之上發射型有機發光元件架構[37]：glass/Ag (100 nm)/m-MTDATA: F4-TCNQ (2 wt%, 30 nm)/α-NPD (20 nm)/Alq_3: C545T (1 wt%,

20 nm)/Alq_3 (40 nm)/LiF (0.5 nm)/Al (1 nm)/Ag (20 nm)/ZnSe (45 nm)/parylene (1 μm)。為了使微共振腔有機發光元件的出光最大化，在薄銀陰極上利用熱蒸鍍來覆蓋一層 45 nm 高折射率的 ZnSe（折射率 n～2.4-2.5），以對 C545T 的主要發射波長形成低吸收高反射複合鏡面，而後，利用室溫氣相沉積在元件頂部鍍上微米尺度厚的 parylene 作為保護層[39]，有機層及 ZnSe 層厚度調整至使正向共振波長在 540 nm 附近，並將發光層設定在共振腔體中反節點位置。根據之前所討論的結果，設定共振波長較 C545T 頻譜峰值波長長 20 nm，以達到最佳的外部出光耦合及量子效率。對於整合微透鏡陣列之上發射型有機發光元件（圖 9.18b），除了最外層加上薄 PDMS 微透鏡陣列層（～50 μm）之差異外，其他結構皆與原上發射型有機發光元件相同。此外，亦製作一組接近優化之下發射型元件以利比較（圖 9.18c）。在微透鏡陣列製作上，是利用矽基材之微模具進行微模鑄技術，在 PDMS 上製作[40]，並利用掃描式電子顯微鏡（SEM）對具微透鏡陣列之 PDMS 薄片（～50 μm）進行檢查（如圖 9.19a 所示），圖 9.19b 是 SEM 之上視圖，微透鏡陣列為六角形最密排列，而圖 9.19c 顯示 SEM 之斜視圖，微透鏡陣列為半球形狀（直徑約為 10 μm）[37]。

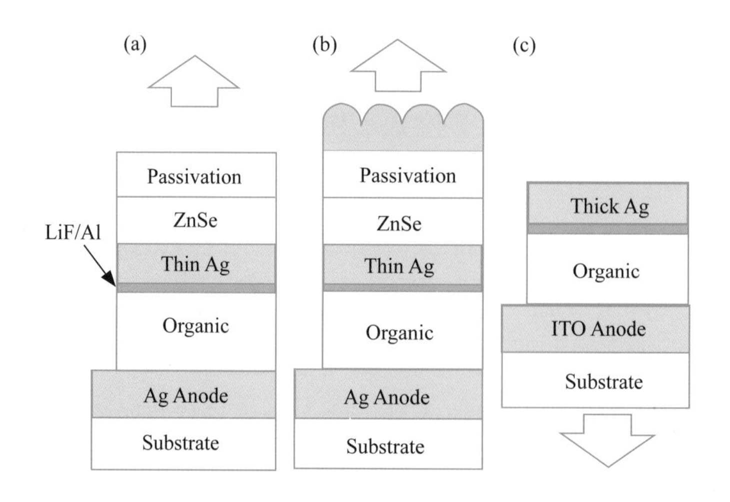

圖 9.18　(a)無整合微透鏡陣列之上發射型微共振腔有機發光元件結構；(b)整合微透鏡陣列之上發射型微共振腔有機發光元件結構；(c)傳統下發射型有機發光元件結構。

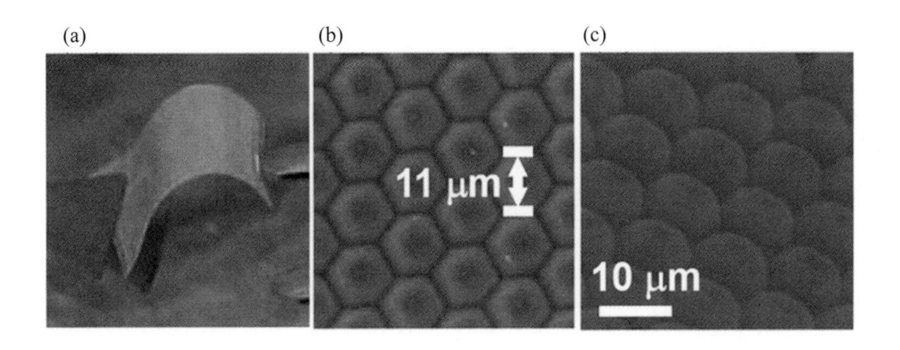

圖 9.19　(a)具微透鏡陣列 PDMS 薄片之照片；(b)微透鏡陣列之掃描式電子顯微鏡上視圖；(c)微透鏡陣列之掃描式電子顯微鏡斜視圖。

圖 9.20a 和 b 比較整合與未整合微透鏡陣列之上發射型元件，其在視角 0°、30°、60° 的相對強度及電致發光光譜，且以下發射型元件在 0° 之強度，對每組數據歸一化以進行比較[37]。與傳統下發射型元件相比，此二個上發射型元件顯示較窄化的頻譜與正向的放光增益；在視角 0° 時，未整合與整合微透鏡陣列之上發射型元件發光強度分別具有 2.5 倍及 3 倍的增益。在未整合微透鏡陣列之上發射型元件（圖 9.20a），於視角 0° 時，電致發光頻譜如預期般在 538 nm顯示尖銳的放光峰值；而由於強微共振腔效應，隨視角增加，放光峰值會嚴重的向短波長偏移。有趣的是，當元件上加上微透鏡陣列（圖 9.20b），於視角 0° 之放光峰值會約略藍移至 527 nm，然而隨視角增加，放光峰值偏移現象可以被消除，此外頻譜形狀會因加上微透鏡陣列而有些略改變。由圖 9.20 的結果可知，微透鏡陣列可以混合／平均各個不同角度的放光，並將光導向元件出光方向，可在大範圍角度得到穩定／飽和的色彩，與未整合微透鏡陣列之上發射型元件相比，在正向呈現較強的指向性放光。

圖 9.21a 和 b 為三個元件之亮度效率與外部量子效率圖[37]。傳統下發射型元件、未整合微透鏡陣列及整合微透鏡陣列之上發射型元件，在效率上分別可達到（14.5 cd/A, 4 %）、（36.3 cd/A, 5.7 %）及（43.8 cd/A, 6.4 %）。將共振波長設定在 538 nm（較 C545T 頻譜峰值波長長約 20 nm），相較於傳統下發射

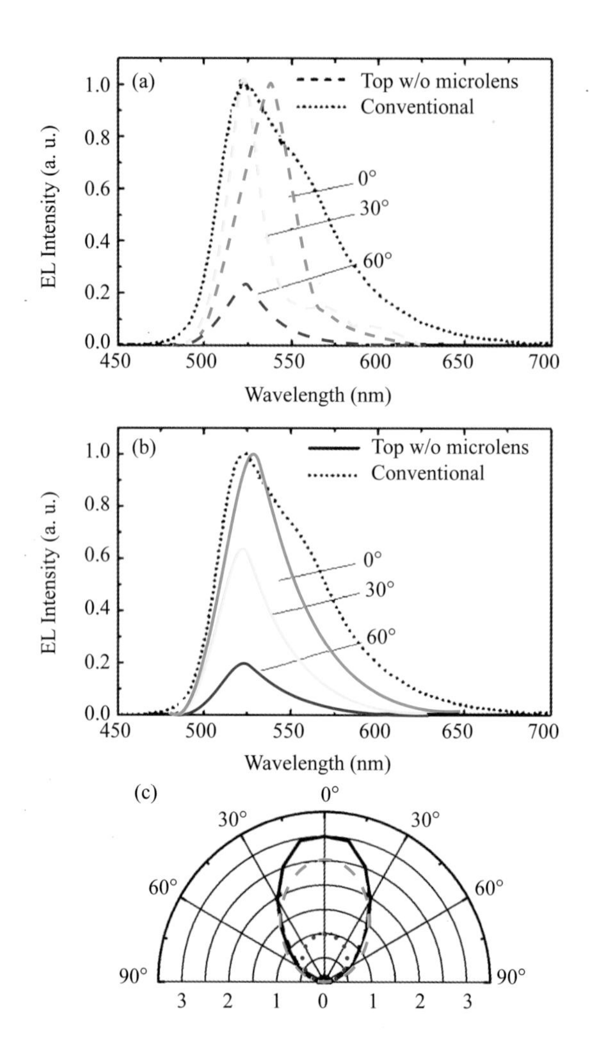

圖 9.20　上發射型有機發光元件在視角 0°、30°、60°之電致發光頻譜及相對強度：(a)無整合微透鏡陣列；(b)整合微透鏡陣列。在(a)及(b)中光激發頻譜亦標註於圖上以方便比較。(c)三個元件發光強度之極化圖（對傳統下發射型元件視角 0° 發光強度作歸一化）。

型元件，上發射型元件不僅在亮度效率上有 2.5 倍的增加，在量子效率上亦有 1.42 倍的增加，而在整合微透鏡陣列後，在亮度效率與量子效率上，更分別有 3 倍及 1.6 倍的增益。

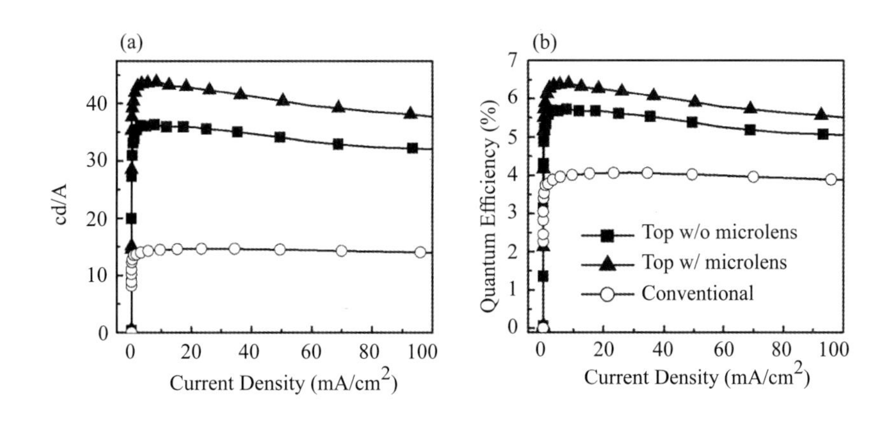

圖 9.21　三個元件效率比較圖：(a)亮度效率；(b)量子效率。

在先前一些文獻上微透鏡陣列已證明可用來提高傳統下發射型有機發光元件的出光耦合效率[41]，然而如圖 9.22a 所示，當傳統下發射型元件與微透鏡陣列整合後，會產生影像模糊化的情況，使像素變得難以分辨。相反的，當微透鏡陣列整合上發射型元件時，影像模糊的情形明顯改善，正如圖 9.22b 所示，在整合微透鏡陣列之上發射型元件，仍然可以分辨像素邊緣，可清楚地定義像素，此特點對於顯示應用非常重要[37]。

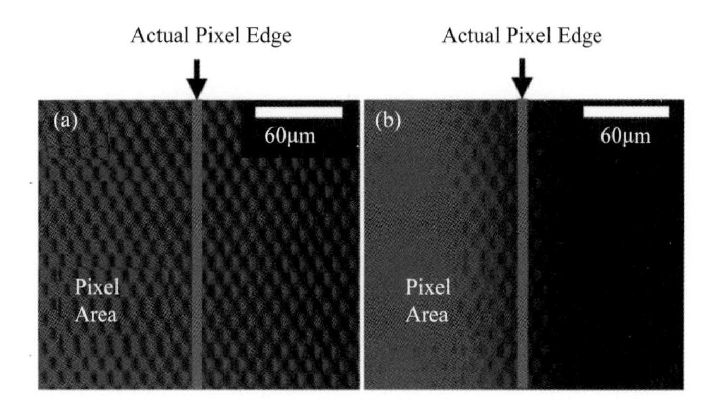

圖 9.22　(a)傳統下發射型元件與微透鏡陣列貼合之照片；(b)上發射型元件與微透鏡陣列貼合之照片（於元件點亮情形下，在像素邊緣所拍攝的照片）。

微共振腔有機發光元件雖能有效地提高亮度和色彩飽和度，然而對於如何設計在單一個元件結構中，能同時提高亮度效率、量子效率、色彩飽和度並穩定視角變化，是一個長期存在的問題。在本節中說明整合微透鏡陣列或散射模之上發射型有機發光元件，其能夠提供一個同時實現所有期望特性的共通辦法。此外，傳統下發射型元件與微透鏡陣列或散射模整合常發生的像素模糊情況，亦能透過此技術加以改善。而微透鏡陣列或散射模可以分開製作，再整合至有機發光元件上，不影響元件內部特性，具有簡單、有效以及高度相容性的優點，非常適合各式有機發光元件應用。

9.6 增強有機發光元件出光效率的技術

利用磷光材料，目前 OLED 的內部發光效率雖然已可接近 100%，然而傳統元件結構下〔基板（塑膠，玻璃）／透明電極（如 ITO）／有機層／反射電極（如 Al）〕，能夠成功耦合出 OLED 外部比例卻不高，使得外部發光效率不彰。OLED 發光元件內部產生的光在 OLED 內部行進時，在各材料介面由於光學係數不匹配，會有反射以及折射，當角度太大時會造成全反射。由於有機薄膜的厚度大約在 100 nm 左右，和放光的波長在同一個數量級，因此也會有干涉效應。另外光也會轉移能量給金屬或被吸收，在有機層中也可能被吸收。在典型透明基板上平面結構下發光形式之 OLED 元件中，元件內部產生的光會分佈到不同的電磁波模態（如圖 9.23 所示）：(1)輻射模態或外部模態（radiation mode 或 external mode）：指可以出光到空氣中的部份；(2)波導模態（waveguide mode）：若光在 ITO／基板介面就產生全反射而被侷限在高折射率的區域 ITO 和有機層內的，一般被稱為波導模態（waveguide mode），也有人稱之為 ITO／有機界面模態（ITO/organic mode）；(3)表面電漿模態（surface plasmon mode, SP mode）：在金屬與介電質介面附近，表面的電荷密度的振盪存在於交界面的物理現象，使電磁波被限制在交界面的傳播，由於金屬在光波頻段的吸收特性，通常會伴隨著強烈的衰減（damping），造成發光偶極

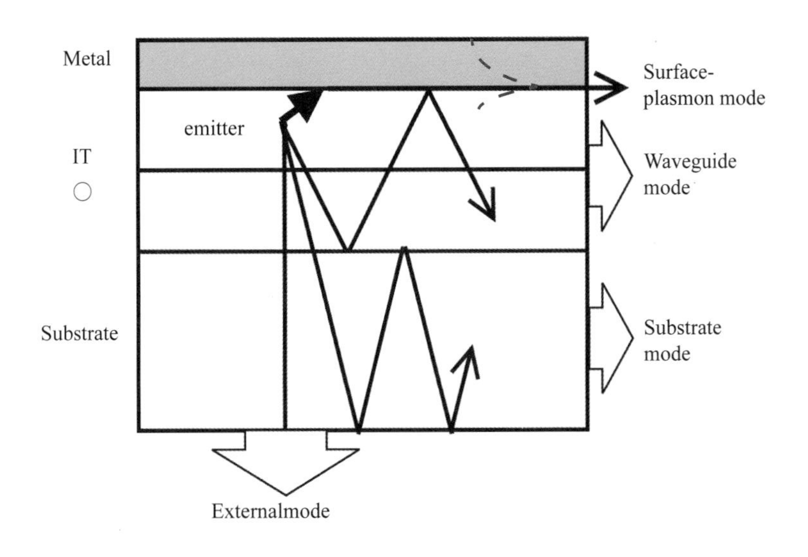

圖 9.23　OLED 元件發光造成的各種電磁波模態

（emitting dipole）被金屬層淬熄的能量損耗（OLED 元件的陰極通常是金屬），也有人就稱之為不發光模態。(4)基板模態（substrate mode）：光可以行進到基板內，但電磁波由基板介質（如玻璃）欲進入空氣時，當入射角大於臨界角而在基板 / 空氣介面產生全內反射（total internal reflection, TIR），使光被侷限在基板的，稱為基板模態（substrate mode）。

而發光元件出光率 η_{opt} 指的就是外部模態在這四者中所佔的比例。元件出光率雖可透過製作 OLED 元件時調整元件參數優化，但在一般透明基板上傳統下發光形式之 OLED 其優化後之各模態能量分布大致如圖 9.24 所示（使用嚴謹電磁光學模型計算），光輸出耦合效率亦僅有約 20%，這表示元件內部產生的光約 80% 被侷限（trap）或損耗在元件的膜層內部，無法被取出應用。因此要達成高照明效率的 OLED，元件出光效率 η_{opt} 必須大幅提昇，因此開發符合成本且不致降低其他特性的元件出光效率增強技術便相當關鍵。要提昇光輸出耦合效率,必須設法將被侷限的光（基板模態、波導模態和表面電漿模態）耦合出來，也就是想辦法減少基板模態、波導模態和表面電漿波模態，或增加輻射模態的比例。在本章其它章節中多處，已介紹可利用適當設計之微共振腔結構增加有機發光元件之出光率，在本節中主要將介紹其他增進有機發光元件之

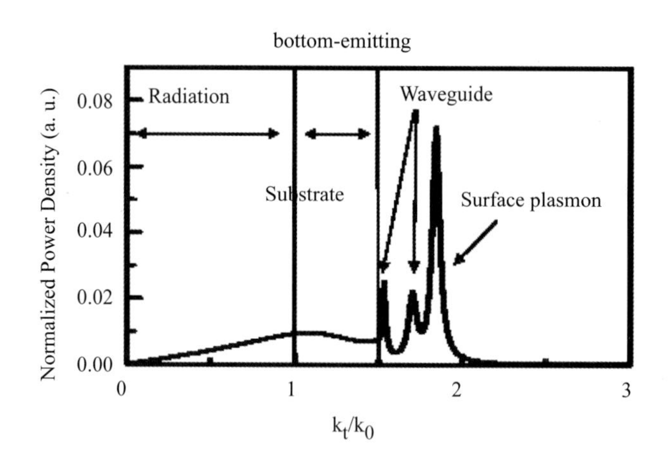

圖 9.24　一般有機發光元件內各模態能量分布圖

出光率之方法與結構。

9.6.1　減少表面電漿波模態（不發光模態）

此處表面電漿波模態（不發光模態）主要是指發光偶極被金屬層淬熄的能量損耗。Bulovic 及 CC Wu 等人曾指出元件內部發光耦合至此模態所佔之比例與發光層-金屬層的相對距離（Z）有強烈的關係[42,20,27]，金屬層淬熄造成的能量損失大約與距離的負三次方成正比（$E_{loss} \propto Z^{-3}$），當 Z >> 60 nm 可以將此能量損失減到很低。所以如同在前面章節中所討論，在有機發光元件中欲減少金屬表面電漿波模態造成之發光淬熄及損耗，應將發光體盡量遠離金屬層。

9.6.2　減少基板模態

減少基板／空氣介面間的全反射，就可以減少基板模態，增加光的導出，如圖 9.25 所示，此方法可以經由增加玻璃基板（OLED 元件的基板通常是玻璃）的粗糙度、塗佈微球粒（microspheres）、或覆蓋／製作散射層（scattering/diffusing layer）來達成。增加玻璃基板的粗糙度和塗佈微球粒是利

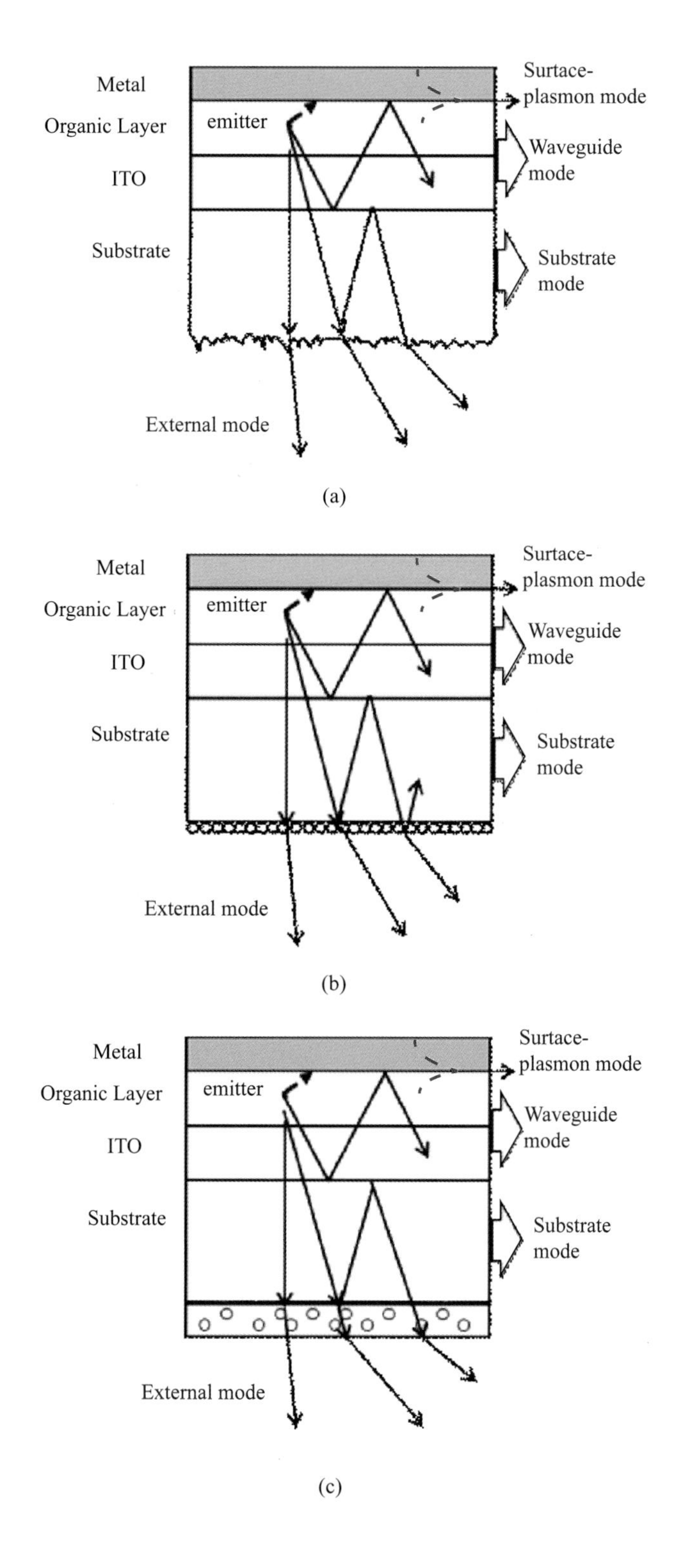

圖 9.25　(a)增加玻璃基板的粗糙度；(b)塗佈微球粒；(c)塗佈散射層

用散射原理，藉由光多次散射而出光。較完整的散射層（scattering medium）設計理論則是由 Shiang 和 Duggal 於 2004 年所提出[43]，他們將高折射率的 ZrO_2 小球（d = 0.6 mm）或正白色（CW, cool white, CCT 6500K）的磷光粉（d = 6 um），以不同濃度比混入矽樹脂 poly dimethyl silicone resin（PDMS，n = 1.42）中，此薄膜後度約為數百個微米到數個毫米左右。經過適當的參數控制，實驗上最大可增加約 40% 的出光率。

2005 年美國柯達公司的 Tyan 等人[44] 曾嘗試將微共振腔（Microcavity）概念與散射層做結合，利用微共振腔結構能提升出光率但會有視角問題，可用能改善視角特性的散射膜（Teflon foil）作補償。他們製作了下發光型的白光（藍光＋橘光）微共振腔 OLED 元件，其中以金屬作為下陽極的微共振腔，其出光率比以 ITO 作為陽極的 OLED 元件提升了約 27%，但光譜隨視角變化的情形相當嚴重，如圖 9.26 所示；他們在玻璃基板外側貼附了散射膜（Teflon foil），發現元件出光率的確比僅有微共振腔的元件來得好，比以 ITO 作為陽極的 OLED 元件提升了約 34%，而且視角也明顯被改善。但需要注意的是，一般的微共振腔 OLED 元件，由於通常陰極與陽極都是金屬，且發光層與金屬層的距離都不遠，因此表面電漿波模式會比傳統以 ITO 作為陽極的 OLED 元件多上很多，如圖 9.27(b) 所示；2007 年麻省理工學院的 Mulder 和 Baldo 等人[45] 在聚碳酸酯（polycarbonate）表面利用雷射進行表面處理，製作出約 10 微米厚的散射層（圖 9.27(c)），與微共振腔下發光型藍色磷光 OLED 元件搭配（圖 9.27(a)），發現可以得到更加深藍色的光譜及好的視角特性，但相對於未貼附散射層的微共振腔元件，出光率並沒有得到明顯的提升，Mulder 和 Baldo 等人對此結構進行計算後發現，大部分的光都被消耗在金屬層內（如圖 9.27(b)），使得此類型元件搭配散射層對出光率的增加無明顯幫助。

Device-A		Device-B		Device-C	
Ag(E)	100	Ag(E)	100	Ag(E)	100
Alq	20	Alq	20	Alq	20
Blue-Emitting Layer	25	Blue-Emitting Layer	25	Blue-Emitting Layer	25
Orange-Emitting Layer	25	Orange-Emitting Layer	25	Orange-Emitting Layer	25
Alq	2	Alq	2	Alq	2
NPB	51	NPB	17	NPB	17
MoO3	2	MoO3	2	MoO3	2
LTO	42	LTO	20	LTO	20
		Ag	25	Ag	25
Glass Substrate		Glass Substrate		Glass Substrate	
				Teflon®	125

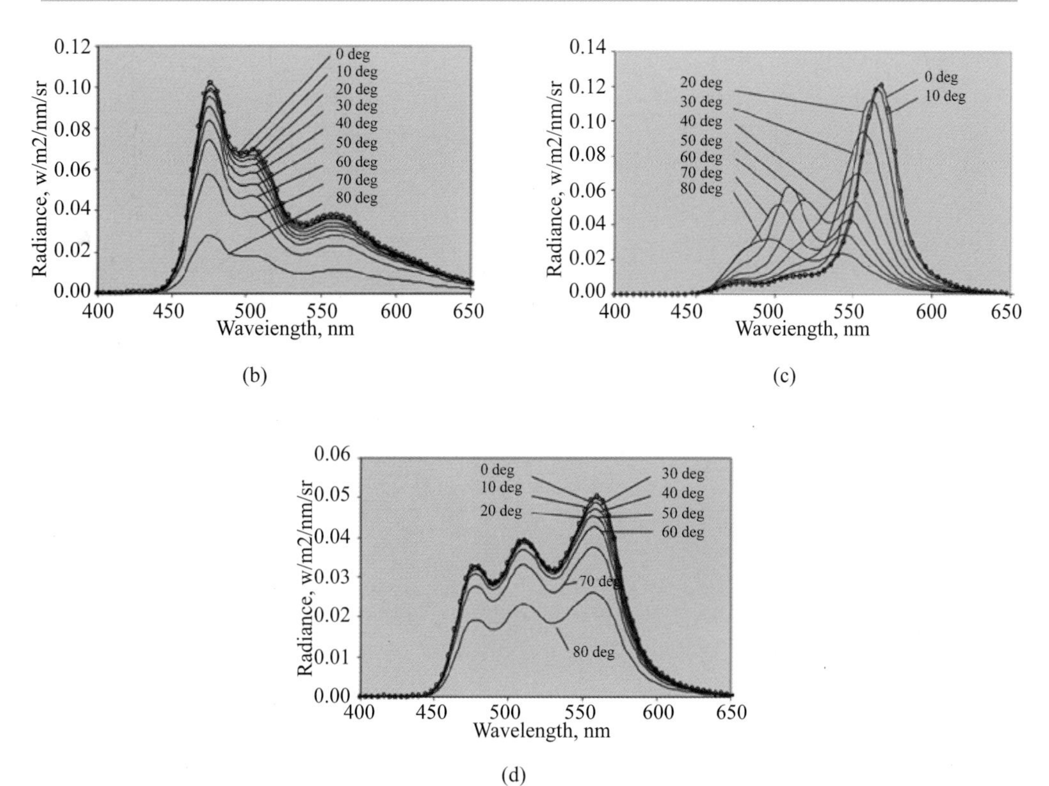

圖 9.26　(a)Tyan 等人元件結構表；(b)元件 A 在不同視角的光譜；(c)元件 B 在不同視角的光譜；(d)元件 C 在不同視角的光譜[44]

(a)

Strong microcavity	Weak microcavity
Aluminium 1000 Å	Aluminium 1000 Å
LiF 8 Å	LiF 8 Å
BCP 200 Å	BCP 400 Å
6% Flrpic:mCP 100 Å	6% Flrpic:mCP 200 Å
TPD 420 Å	TPD 500 Å
3% F_4-TCNQ:TPD 60 Å	PEDOT-PSS 300 Å
Silver 250 Å	ITO 1600 Å
Glass: Normal/Frosted/Opal	Normal Glass
Holographic diffuser	

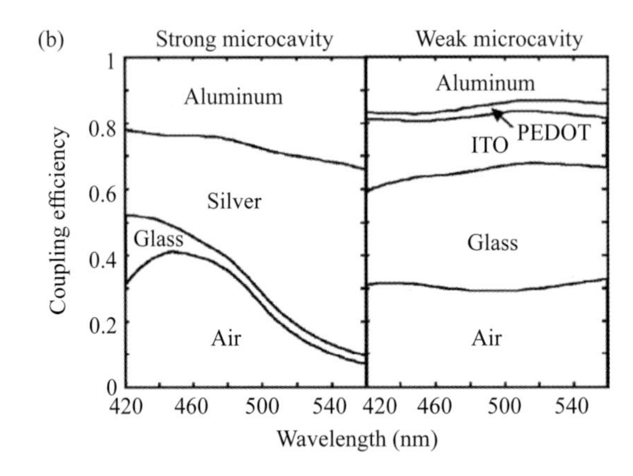

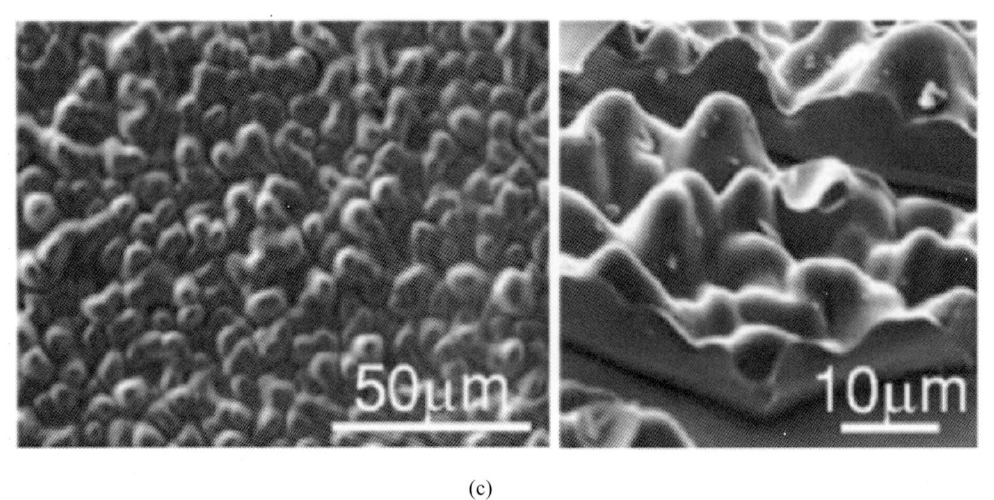

(c)

圖 9.27　(a)Mulder 和 Baldo 等人強共振腔與弱共振腔元件結構圖；(b)光存在於元件內部的模態分佈；(c)散射層的電子顯微鏡圖[45]

2004 年日本京都工藝纖維大學的 Nakamura 等人[46]將高折射率的 TiO_2 顆粒（d = 0.5um），以 5 wt% 摻入 PMMA 中（PMMA：TiO_2 = 100：5，溶劑為 toluene），以刮刀塗佈（Doctor Blade）方法製作出約 55 um 厚的散射膜，搭配傳統的下發光型 OLED 元件（圖 9.28(a)）。他們調變了發光層到反射陰極的距離，探討有無貼附散射膜時的情形；發現在貼附散射膜前，原本元件出光率隨著發光層到反射陰極的距離增加（從小於一個 1/4 光波長到大於 3/4 光波長）而有週期性明顯變化的情形；在貼附散射膜後，元件出光率隨著發光層到反射陰極的距離變化變得較不明顯，但普遍比貼附散射膜前得到顯著的提升，視角特性也明顯改善。值得注意的是，貼附散射膜前後，最佳出光率的元件條件並不相同，如圖 9.28(b) 所示。2008 年美國柯達公司的 Tyan 等人[47]，針對下發光型白色螢光發光 OLED 元件，於基板外側貼附了經過優化的散射膜，同時變化了發光層到反射陰極的距離，發現最大可增加約 92% 的出光率（外部量子效率 11.0% vs 5.7%），但 Tyan 等人並未揭露關於此散射膜的詳細資訊。

而另一種常用來減少基板模態的方法為利用微透鏡陣列或形狀化的基板來降低基板到空氣之全反射比例，主要方式是讓入射基板-空氣界面角度縮小，讓小於全反射臨界角的入射比例增加，進而提高出光率。2000 年普林斯頓大學 Madigan、Lu 和 Sturm[48] 提出在基板背面製作半球形的透鏡結構（如圖 9.29），配合高折射率的基板，可以將外部發光效率提高為原本的三倍，但缺點為需要對發光中心作精確的對位；2002 年時同樣普林斯頓大學的 Moller 和 Forrest[49]，則利用微透鏡陣列，成功地把出光效率提升 1.5 倍，並有效地避免了繁瑣的對位以及發光強度的視角問題，圖 9.30 即為微透鏡陣列的 SEM 照片。香港科技大學的 Peng 及 Kwok 等人[50]則以理論計算出最佳化的微透鏡陣列排列可增進達 1.85 倍的出光效率，並佐以 1.70 倍的實證結果。如同前面一些例子所述，微透鏡陣列也可以搭配其他的出光率提升機制來達成更高的改善效果，但若要應用在顯示相關的應用的話，透鏡本身的厚度會是一個需要注意的參數，為了避免像素重疊／模糊化等問題的出現，透鏡的製作必須小於一定厚度或大小。

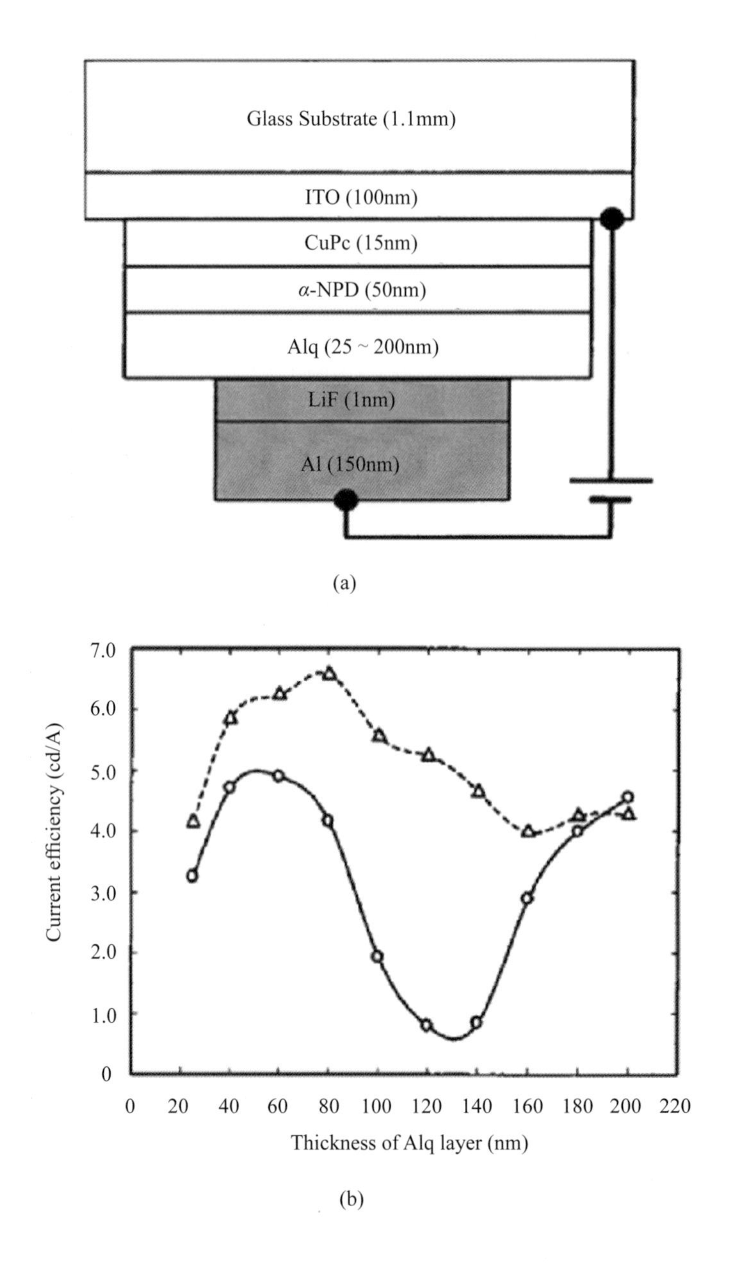

圖9.28 Nakamura 等人之(a)元件結構圖；(b)元件電流效率對 Alq 層厚度變化的效應[46]

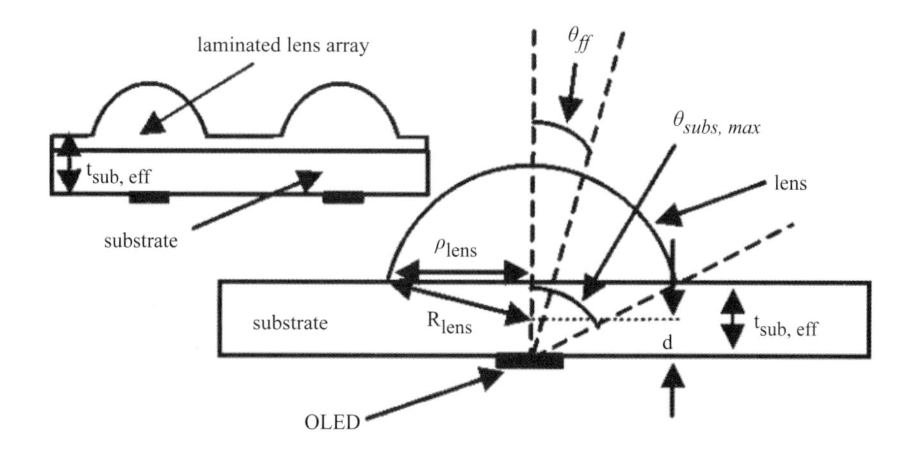

圖 9.29　Madigan、Lu 和 Sturm 等人製作於基板背面之半圓透鏡結構[48]

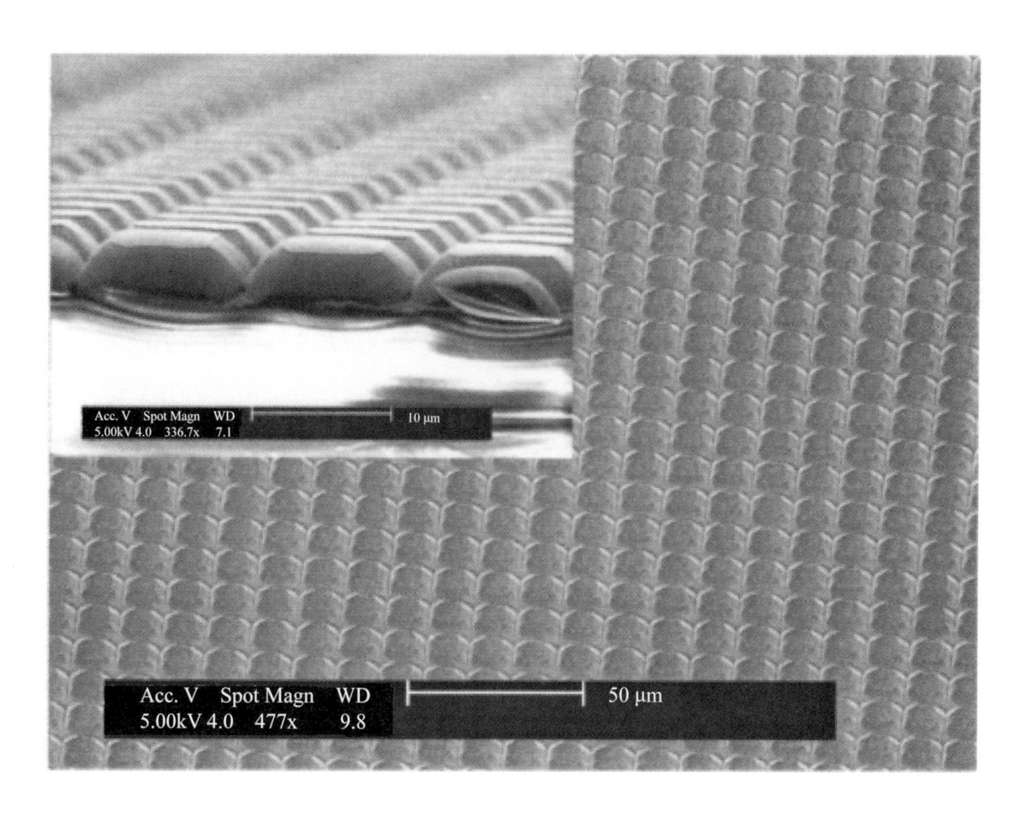

圖 9.30　Moller 和 Forrest 等人以 PDMS 製成的微透鏡陣列 SEM 照片[49]

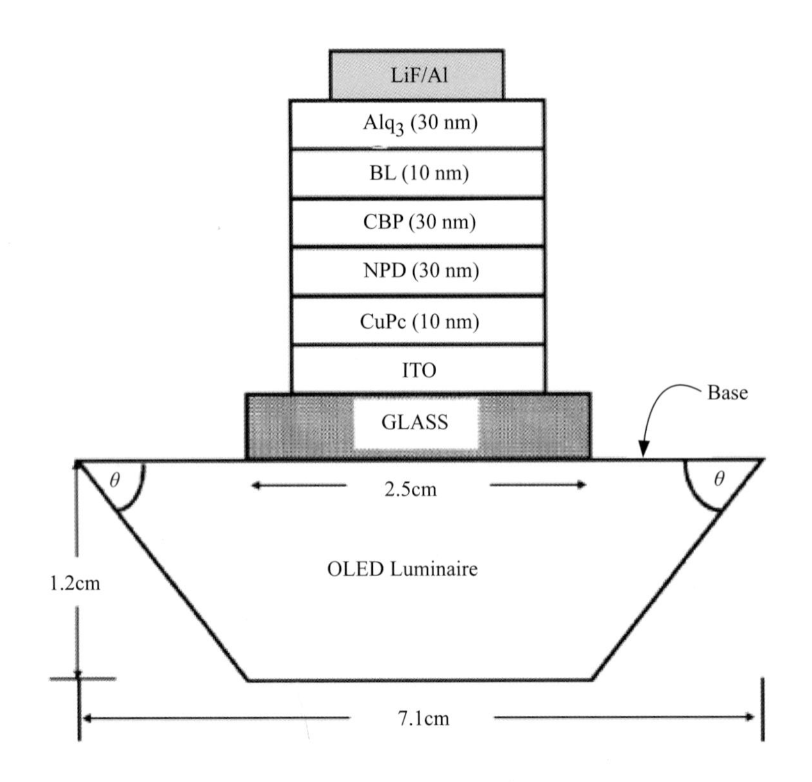

圖 9.31 D'Andrade 和 Brown 等人使用外加於基板之導光器來增加出光效率[52]

而直接改變基板的形狀也是一種增進出光率的方法，早在 1997 年，普林斯頓大學的 Gu、Forrest 等人，和南加大的 Thompson 合作[51]，利用形狀化的基板，把原先往側向發射的光導向基板的出光面，可以提升 1.9 倍的出光效率；而美國 UDC 的 D'Andrade 和 Brown[52] 則在 2006 年利用外加於基板的特殊形狀導光器（圖 9.31），同樣可達到 1.8-2.1 倍的效率提升。但形狀化的基板一般仍然有量產不易成本較高等的問題，也因此應用比例不如前面幾種提升機制來得廣泛。

9.6.3. 減少波導模態（ITO／有機界面模態）

減少 ITO／基板介面間的全反射，就可以減少波導模態，增加光的導出，但是一般導出波導模態的結構並不如導出基板模態的結構容易製作，在 OLED 製程與結構的相容性上通常也較困難。2004 年香港科技大學的 Peng 等人[53]利用陽極氧化技術在玻璃基板上長出週期性管狀的氧化鋁（anoidic aluminum oxide, AAO），如圖 9.32 所示。藉由氧化鋁和空氣混合的多孔性膜，具備散射特性，在其上製作傳統的下發光型 OLED 元件，總出光率增加約 50%；除此之外，因為 AAO 具備散射特性，視角也明顯被改善。2006 年金澤工業大學的 Mikami 等人[54]利用側向耦合色轉換層的方法，應用在綠色磷光 OLED 元件上，使原本未導出的波導模式被色轉換層吸收而重新放出橘光，有機會導出，如圖 9.33 所示，外部量子效率可從 19.4% 增加至 24.2%，大約增加約 25%。

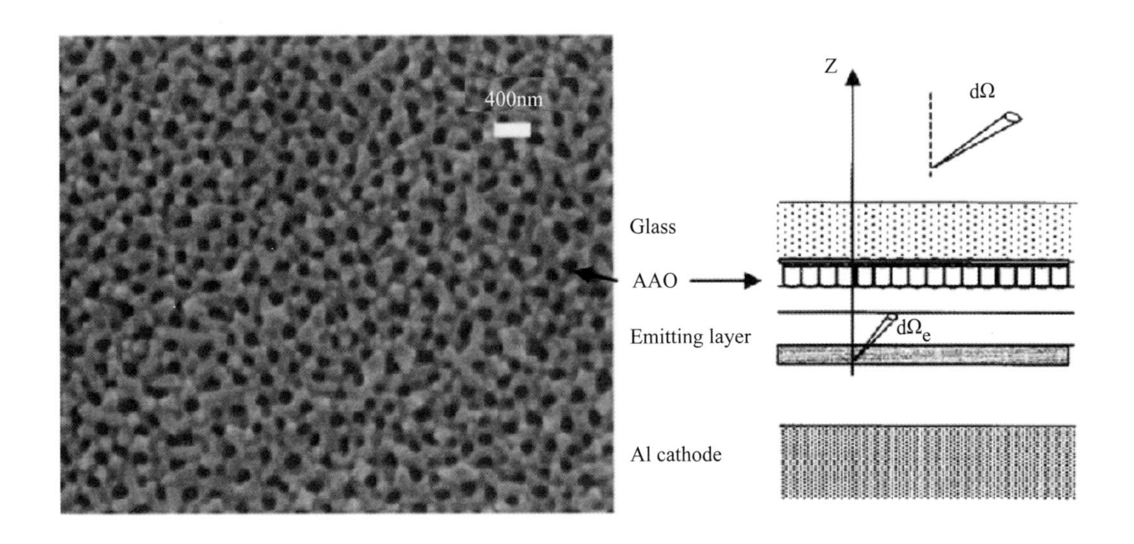

圖 9.32　Peng 等人 AAO 膜電子顯微鏡之上視圖與其元件結構[53]

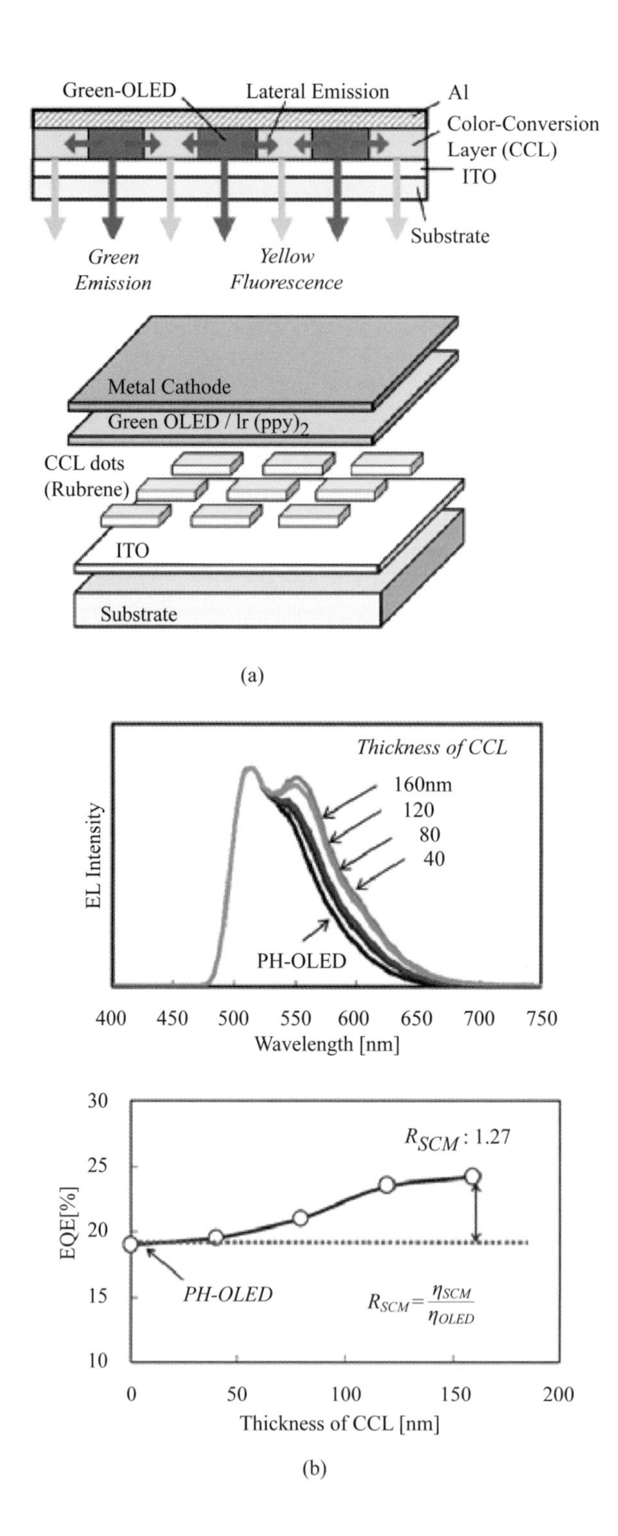

圖 9.33 Mikami 等人之(a)側向耦合色轉換層示意圖；(b)元件光譜與外部量子效率增益圖[54]

2008 年普林斯頓大學的 Sun 和 Forrest[55]，利用 PECVD 在 ITO 上先長出 100 奈米厚的 SiO_2，然後再利用光學微影術製作出低折射率 SiO_2 網格結構（週期為 7 um，網格寬為 1 um），用以導出波導模態，如圖 9.34(a)(b) 所示，應用在下發光型白光 OLED 元件上，可使外部量子效率比原本增加約 32%（19.0% vs 14.7%），若在基板外側再貼附上優化過的微透鏡陣列（週期為 10 um），如圖 9.34(c) 所示，則可比原本增加約 130%（34.0% vs 14.7%）。而根據 Sun 等人的計算指出，若能使用更低折射率的材料，如 silica aerogel（折射率為 1.03），低折射率網格結構搭配微透鏡陣列，外部量子效率理論上最大可能比原本增加 240% (50% vs 14.7%)。

而前面提過 2008 年美國柯達公司的 Tyan 等人[47]，針對下發光型白色螢光發光 OLED 元件，除了在基板外側貼附經過優化的散射膜外，他們也在基板內側與 ITO 之間製作了經過優化的散射層結構，同樣也並未揭露關於此散射層結構的資訊；同時變化了發光層到反射陰極的距離，如圖 9.35 所示，發現最大可增加約 128% 的出光率（外部量子效率 13.0% vs 5.7%）。隔年 Tyan 等人[56]又將此散射層結構應用於藍色螢光與黃色紅色磷光材料組合而成的白光 OLED 元件上，同時變化發光層到反射陰極的距離，發現最大可增加約 129% 的出光率（外部量子效率 49.2% vs 21.5%），而且出光率隨發光層到反射陰極的距離的變化並不大，如圖 9.36 所示，穩定的高出光率對實際應用上會很有幫助。值得注意的是，由於在基板內側製作散射層結構很容易遇到表面平坦度的問題，需要額外的高折射率平坦層（圖 9.36），一方面要可以平坦表面，以利後續的 OLED 元件製程，一方面則是要高折射率，才能有效地將波導模式導入散射層中經過散射使其能出光到元件外面，也因此，製作可靠的高折射率平坦層會是此項技術的關鍵。

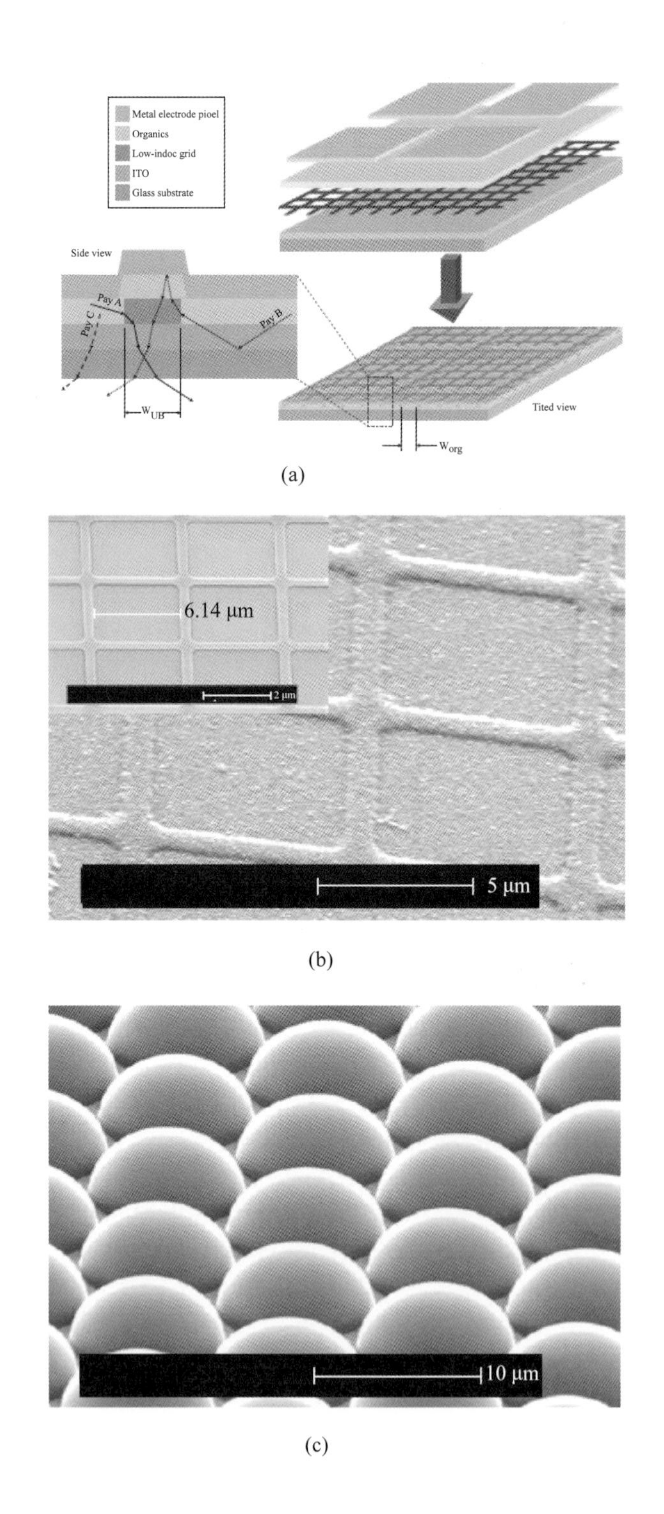

圖 9.34 Sun 和 Forrest 等人之(a)低折射率網格元件結構示意圖；(b)低折射率網格電子顯微鏡圖；(c)微透鏡陣列電子顯微鏡圖[55]

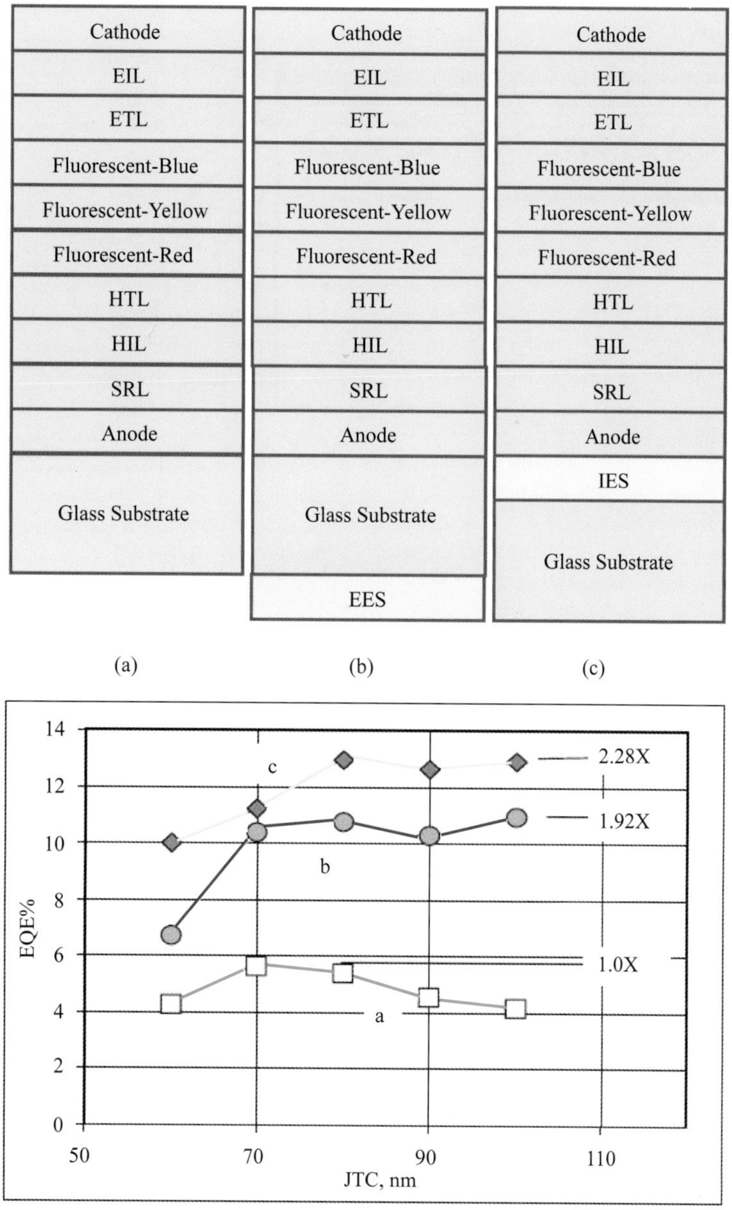

圖 9.35　2008 年 Tyan 等人利用內部散射層結構元件示意圖與外部量子效率圖（vs. 發光層到反射陰極的距離）[47]

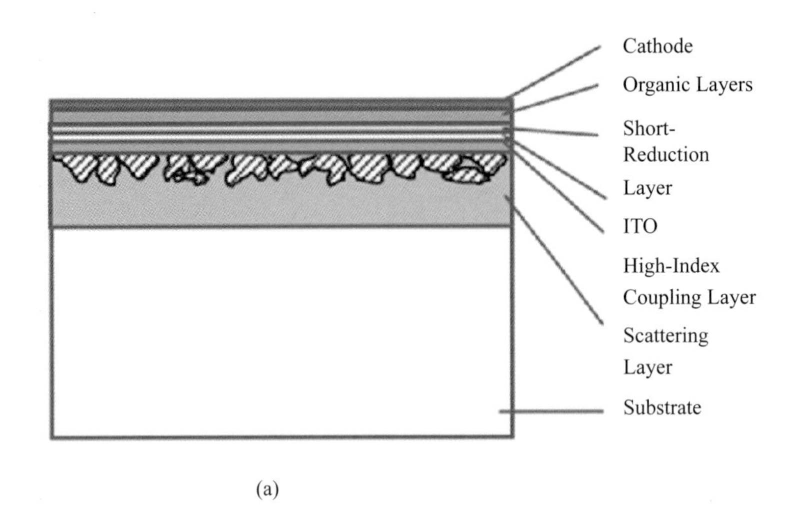

(a)

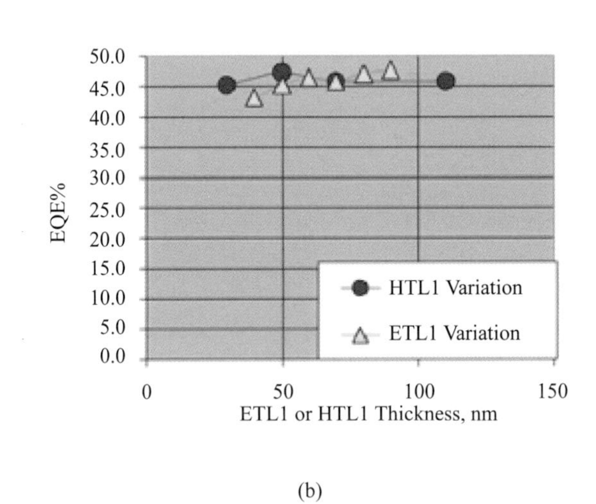

(b)

圖 9.36　2009 年 Tyan 等人之(a)基板內側製作散射層結構元件示意圖；(b)外部量子效率圖（vs. 發光層到反射陰極的距離）[56]

另外，也有人嘗試直接在高折射率平坦層摻入低射率的散射顆粒或氣泡，如 2006 年日本京都工藝纖維大學的 Nakamura 等人[57]將低折射率的矽膠顆粒（silicone particle, n = 1.43, d = 0.5um）摻入高折射率的樹脂（樹脂：顆粒 = 80：20, n = 1.72）中，以刮刀塗佈（Doctor Blade）方法製作出約 25 um 厚的散射膜，同時提出了使用高折射率基板也可以減少波導效應的概念，將原本波導模態的光導入高折射率基板，再利用低折射率顆粒散射減少全反射以增加出光率，如圖 9.37 所示，總出光率最大可增加約 50%。2009 年日本旭硝子公司（Asahi Glass）的 Nakamura 等人[58]研發出一種高折射率的玻璃材料（nd = 2.01, 578.6nm），而且可以在製程中摻入不同濃度及大小的氣泡，形成一個有效的散射層，如圖 9.38 所示。他們在傳統的玻璃基板上製作一層約 15um 厚的高折射率散射層，接著在其上製作下發光型的綠光 OLED 元件，如此可將原本波導模態的光導入高折射率散射層然後加以萃取出來，實驗發現總出光率增加約 80%。

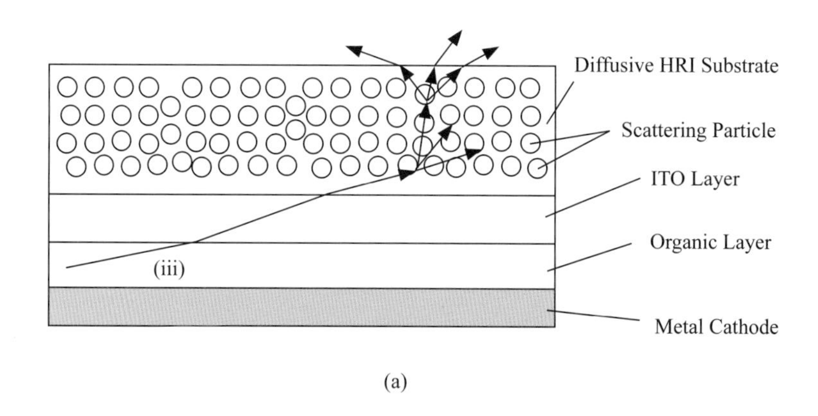

(a)

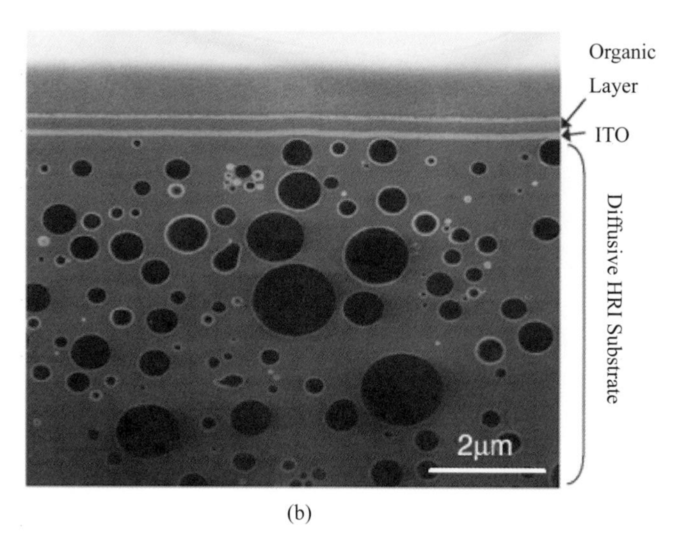

(b)

圖 9.37　Nakamura 等人之(a)高折射率散射基板元件示意圖；(b)高折射率散射基板電子顯微鏡圖[57]

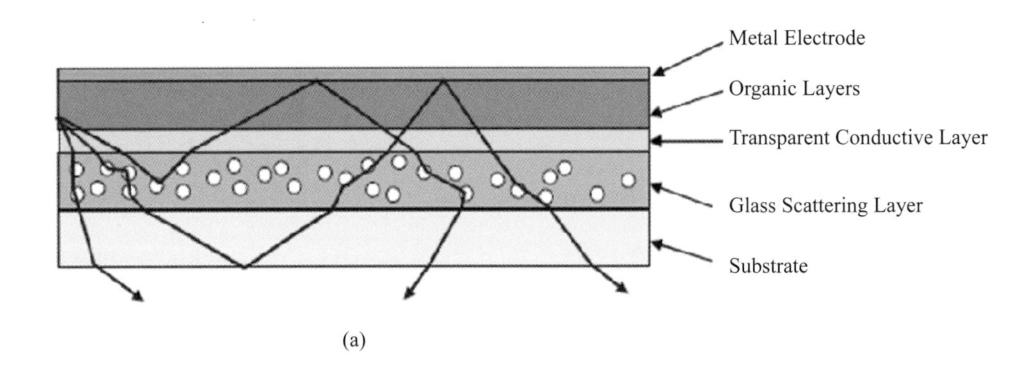

(a)

(b)

(c)

圖 9.38　Nakamura 等人之(a)高折射率散射層元件示意圖；(b)高折射率散射層目視圖；(c)高折射率散射層原子力顯微鏡圖[58]

由於全反射只會出現在由光密介質（高 n 值）往光疏介質（低 n 值）的傳輸當中，因此，理論上只要讓基板的折射率高於有機層和 ITO，便可把波導模態完全消除，也正因為如此，高折射率基板的研發和應用一直都是出光率提升的一個重點。京都工業纖維大學的 Nakamura 和 Tsutsumi，以及日東電工的 Juni 和 Fujii 於 2005 年時[59]，用三種不同折射率的基板，以 ray-tracing（光跡追蹤法）進行理論計算，在同樣的有機元件結構下，當使用一般的玻璃基板（n = 1.52）時，外部模態／基板模態／波導模態的比重為 18.8%/35.3%/45.9%，但若改用折射率為 1.65 的 PET（Polyethylene terephthalate 聚對苯二甲酸乙二酯）基板時，三種模式的比重則為 18.8%/54.8%/26.4%，當把基板的折射率提高至 1.73 時，比重則變成 18.8%/81.2%/0%，理論上可成功地把波導模式完全消除。

2009 年的國際資訊顯示學會（SID 2009）上，金沢工業大學的 Mikami 及 Koyanagi[60] 運用了高折射率基板製成 200 lm/W 之綠光磷光 OLED，高折射率基板搭配減少基板模態的出光技術後，總計得到了 2.3 倍的出光效率提升（圖 9.39），雖仍低於理論計算的 3 倍，但也證實了高折射率基板對出光效率改善的能力，所量測的外部量子效率則高達 56.9%。

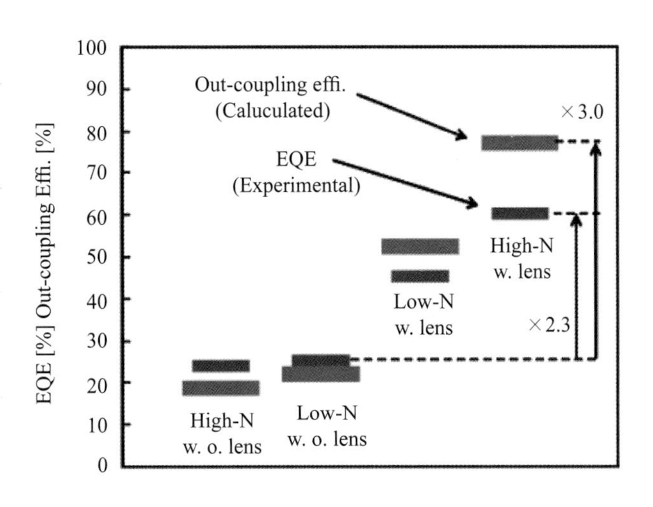

圖 9.39　Mikami 及 Koyanagi 等人使用折射率不同之基板，搭配微透鏡後，實驗及計算之外部量子效率提升結果比較[60]

而成功減少波導模態之後，提升效率的關鍵便在於如何減少表面電漿波模態，並讓基板模態的出光比率提升。2009 年根特大學的 Mladenovski 及 Rothe 等人[61]便結合了高折射率基板，並引用台灣大學林俊良及吳忠幟教授等人[62]所提出的將發光層置於第二反節點以降低表面電漿波模態比重的技術，以及基板模態出光提升結構（使用大透鏡），最後成功得到外部量子效率 42%，發光效率達 183 lm/W 的綠光 OLED。而德勒斯登大學的 Reineke 及 Leo[63] 團隊，在 2009 年於重要科學期刊「Nature」上發表了一篇標題為「可媲美日光燈發光效率之白光 OLED」報導，其中結合了高折射率基板、CC Wu 等人提出之第二反節點元件技術、高折射率基板表面製作可提升出光率之角錐陣列結構等技術、以及提升傳輸特性之導電摻雜技術，成功地得到在 1000 燭光的高亮度之下仍能維持 90 lm/W 高效率的白光 OLED，顯示白光 OLED 在照明應用上的極大潛力。該團隊並預測在更有效的出光提升機制下，有機會再進一步把發光效率提升至 124 lm/W 之水準。

此外，也有一些報導利用光子晶體幫助導出被侷限在 ITO／有機層波導效應中的光子，例如韓國高等科學技術研究院的 Lee[64] 及 Samsung SDI 的 Do[65] 等人在 2003 年利用 SiO_2（n = 1.48）跟 SiN_x（n = 1.95）在基板和 ITO 之間製作出二維的光子晶體，其結構如圖 9.40，利用 FDTD 法模擬不同的光子晶體晶格常數Λ等參數對出光率的影響，其結果如圖 9.41，在晶格常數Λ為 600nm，深度為 200nm 時具光子晶體結構的元件出光率可以提昇近 80%，實驗得到的出光率則提昇 50%[64]，元件亮度效率從 11.5 cd/A 提昇到 14.2 cd/A[65]（增加 38%，元件結構為 ITO/NPB/Alq_3:C6/Alq_3/LiF/Al），而且驅動電壓也降低，作者解釋為 SiO_2/SiN_x 造成表面較粗糙，因此接觸面積較大，故電荷較易注入造成電性的改善。

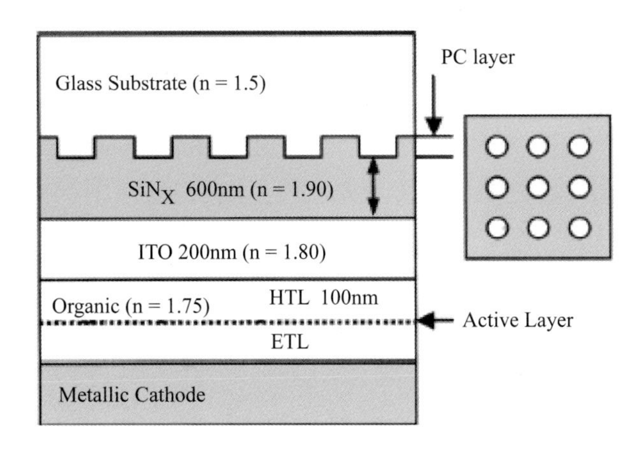

圖 9.40　Lee 及 Do 等人含有 SiNx 及 SiO_2/SiNx 的光子晶體 OLED 結構圖[64]

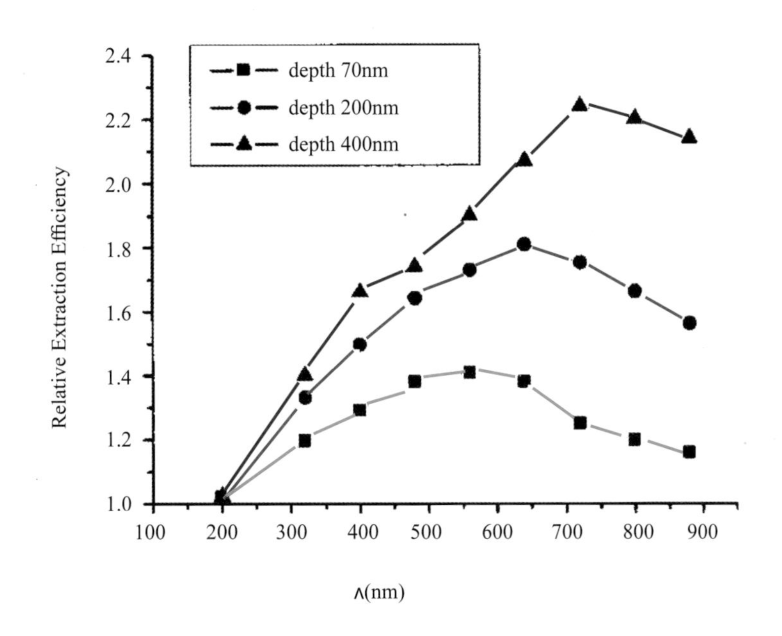

圖 9.41　Lee 等人研究不同的晶格常數與光子晶體深度對於傳統有機發光元件出光效率提昇之效應[64]

Do 等人在 2004 年比較了傳統元件及晶格常數Λ分別為 500nm、300nm 的光學特性及電性表現[66]，電激發光頻譜如圖 9.42，元件正向的效率從 10.9 cd/A 分別提昇至 16.4 cd/A（增加 52%）及 14.6 cd/A （增加 35%），在積分球中量得的效率則分別提昇 41% 及 55%，顯示晶格常數Λ分別為 500nm 和 300nm 的元件，其效率在正向與全視角出光的增益呈現相反的趨勢，這點也可以由二維的遠場強度分佈圖形獲得印證，如圖 9.43 所示。值得注意的是，二維的遠場強度分佈圖形具有四重對稱性，作者解釋是因為二維光子晶體也具有四重對稱性。

Lee 在 2005 年進一步利用三維 FDTD 法模擬 OLED 的近場電磁場，經 Fourier-transform 後獲得每單位立體角的遠場輻射功率[67]，如圖 9.44 所示，其中(a)～(c)是晶格常數Λ分別為 350 nm、500 nm 與 600 nm 的元件測量結果，(d)～(f)則是模擬結果，從圖中可以看出實驗數據與模擬結果雖略有差異，但整體來說相當接近；圖 9.45 是晶格常數Λ分別為 350 nm、500 nm 的元件遠場強度剖面圖，(a)(b) 是測量值，(c)(d) 則是模擬值，在正向± 30° 的視角內，兩個元件的出光率都增加 60% 以上，而且實驗和理論的偏差小於 7%。

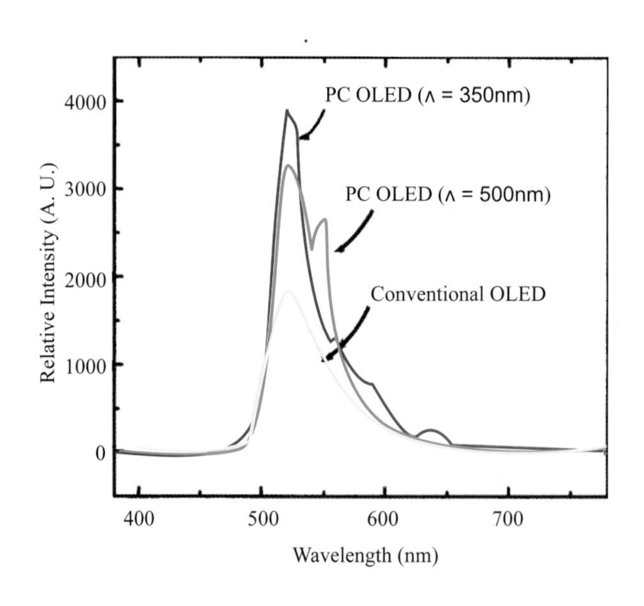

圖 9.42　Do 等人光子晶體 OLED 與傳統元件的發光頻譜[66]

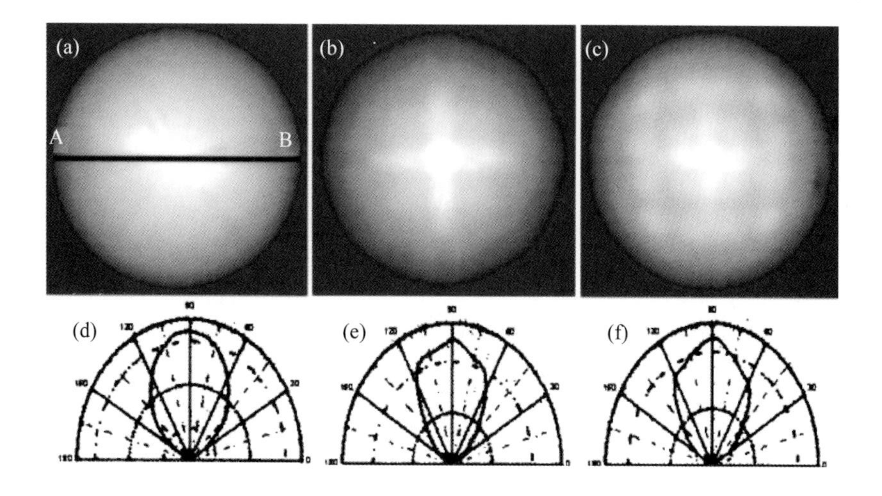

圖 9.43　Do 等人(a)傳統元件，(b)Λ = 350 nm，(c)Λ = 500 nm 的元件二維遠場強度剖面圖，(d)傳統元件，(e)Λ = 350 nm，(f)Λ = 500 nm 的元件沿水平線（A-B）的強度剖面圖[66]

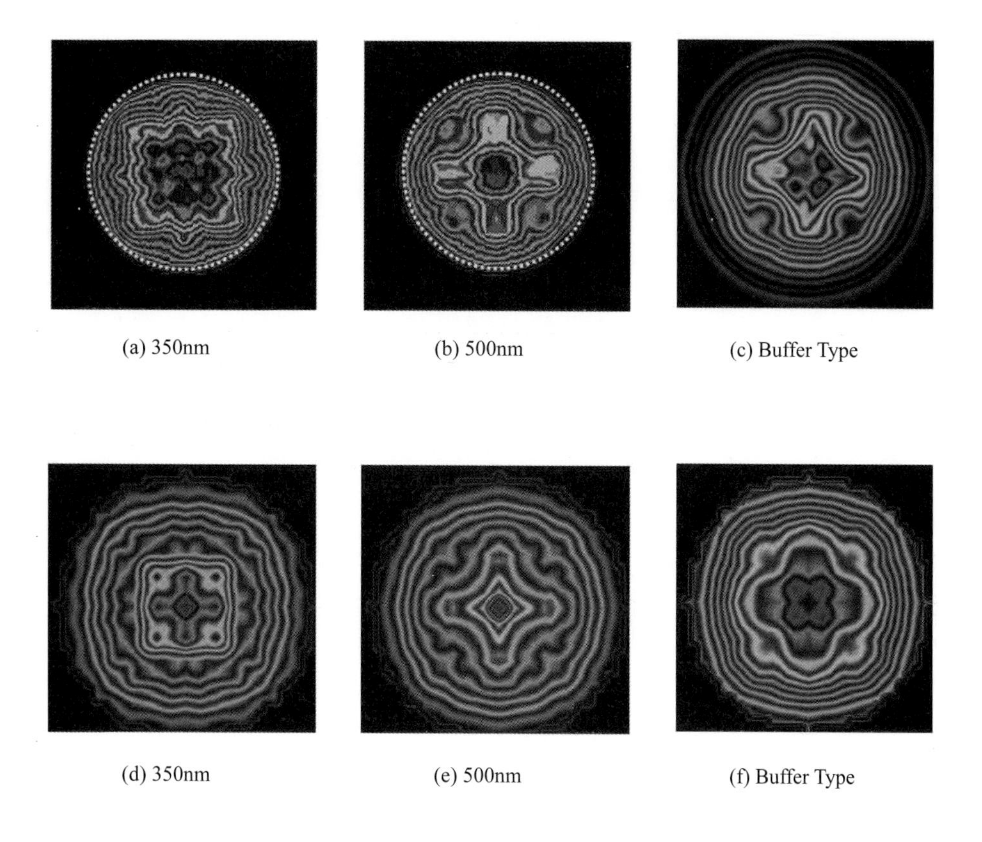

圖 9.44　Lee 等人光子晶體 OLED：(a-c)遠場剖面圖的測量圖形，(d-f)FDTD 模擬圖形[67]

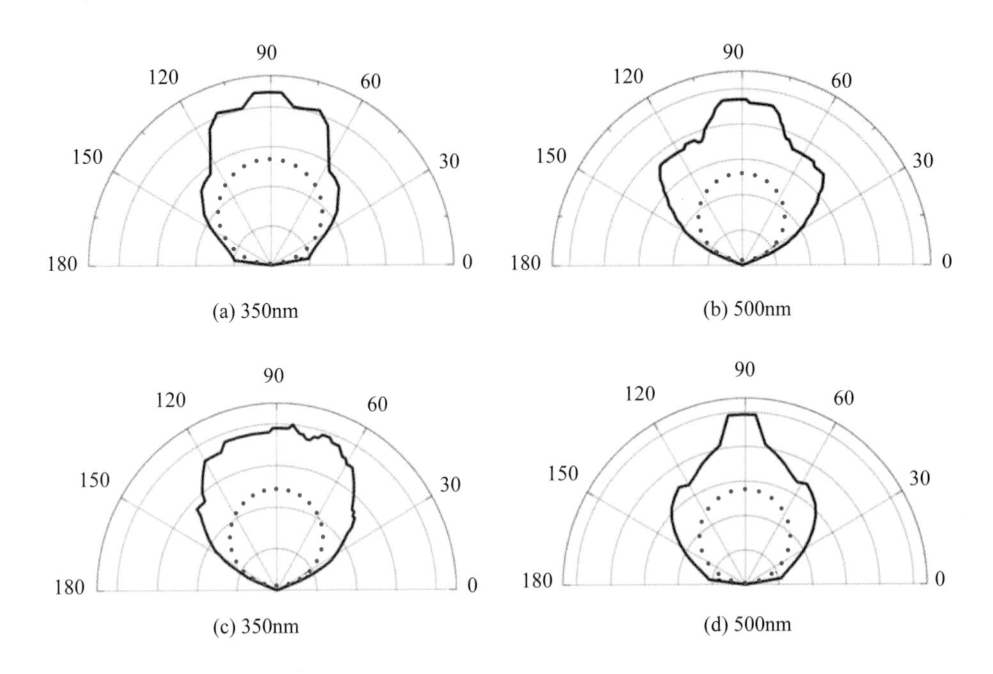

圖 9.45　Lee 等人光子晶體 OLED：(a)(b) 沿水平線的遠場剖面圖的測量圖形，(c)(d) 沿水平線的遠場剖面圖 FDTD 模擬圖形[67]

Samsung SDI 的 Kim 等人在 2006 年將前述的二維光子晶體元件歸類為 type I，其使用 spin-on-glass（n = 1.28）取代前述元件中 PECVD 成長的 SiO_2[68]，以改善光子晶體的表面平坦度，並將其歸類為 type II二維光子晶體元件，如圖 9.46(a)(d) 所示；另外 Kim 也研究在光子晶體與 ITO 之間插入一層 SiNx 的元件，並將其歸類為 type III二維光子晶體元件，如圖 9.46(b)(e) 所示，並比較這些元件的效率，如圖 9.47 所示。在固定電流密度為 20 mA/cm^2 的條件下，type II 及 III 的元件效率分別較傳統（非光子晶體）元件增加 63% 及 85%，也比 type I 的元件高。Kim 解釋部份原因來自較佳的表面平坦度，而微共振腔效應造成 type III 的元件效率高於 type II。

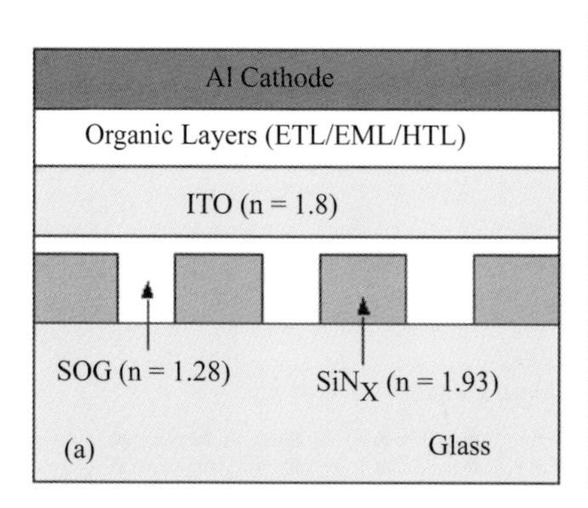

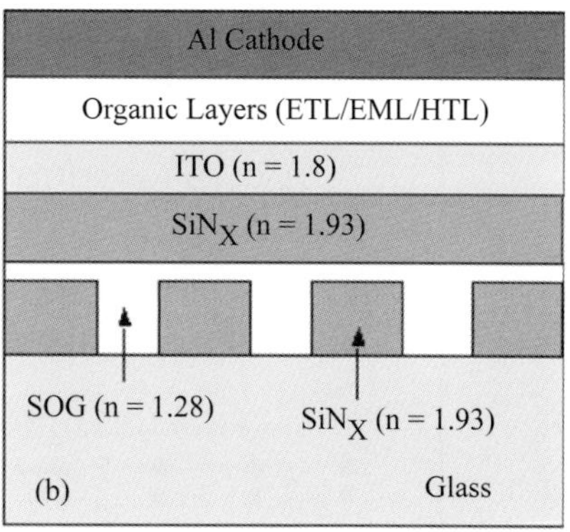

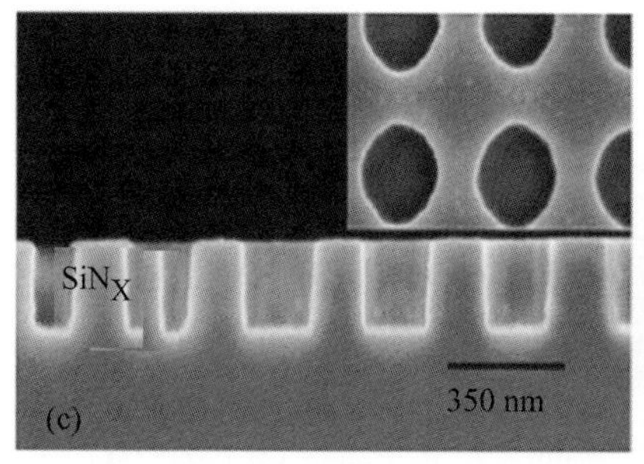

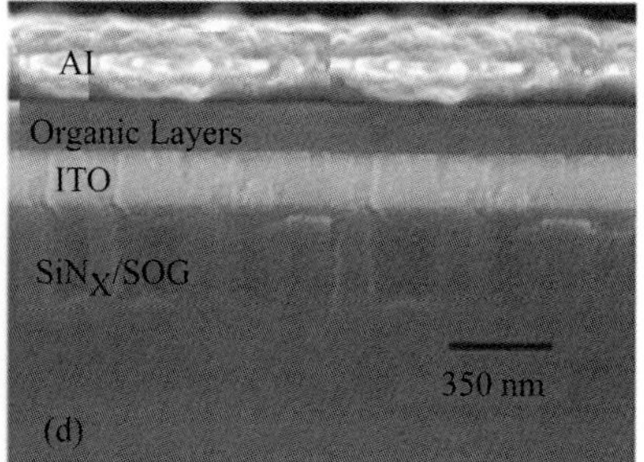

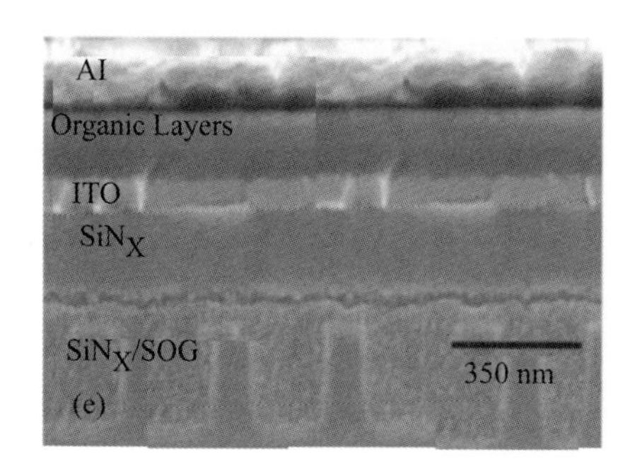

圖 9.46　Kim 等人之 (a) type II，(b) type III 的二維光子晶體元件結構圖；(c)結構之場發射型 SEM 圖；(d)type II，(e)type III 的二維光子晶體結構聚焦離子束 SEM 圖[68]

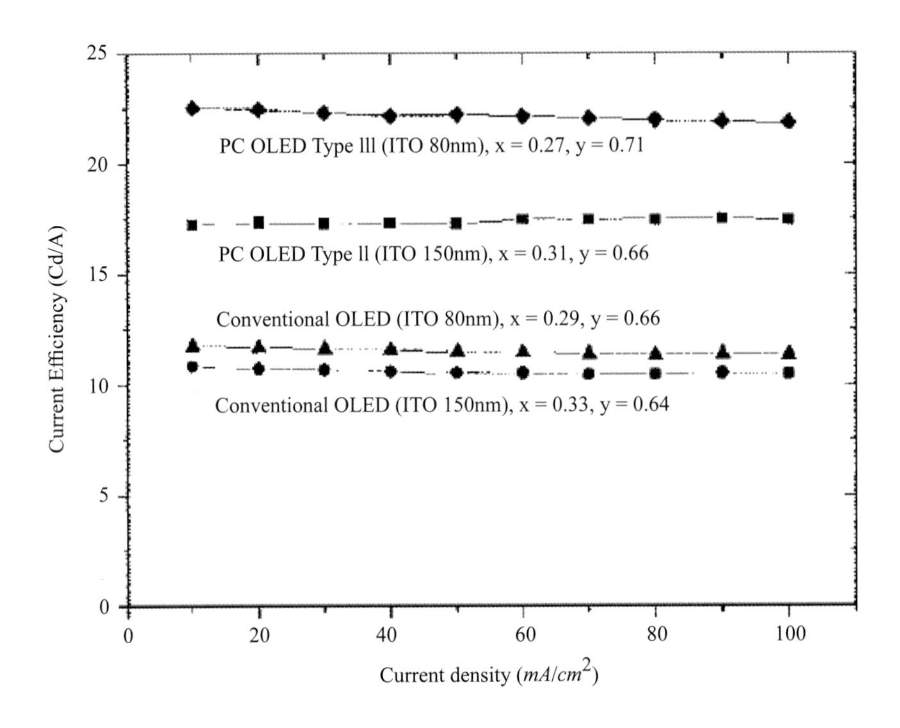

圖 9.47　Kim 等人之傳統元件（ITO 厚度為 80/150 nm）及光子晶體 OLED（ITO 厚度為 80/150 nm）的電流效率比較[68]

前述的二維光子晶體皆是介於 ITO 與玻璃基板間，京都大學的 Fujita 等人在 2003 年則在 ITO 與有機層間形成二維光子晶體[69]，如圖 9.48 所示，晶格常數為 300nm，深度為 60nm，發光效率增加 50%，而頻譜的峰值強度增加 140%，並且沒有觀察到因為電極與有機層不平坦而影響電激發光的特性（元件結構為 ITO/CuPc/NPB/Alq_3/LiF/Al）。

Fujita 等人在 2004 年進一步變化晶格常數為 300nm～1000nm[70]，發現操作電壓隨著晶格常數的減少而下降，如圖 9.49 所示，在固定電流密度為 50 mA/cm^2 的條件下，晶格常數為 300nm 的元件操作電壓較傳統元件降低 30%，而效率可增加 50%，作者解釋操作電壓的下降是因為當晶格常數變小時，有機層的厚度會跟著部份降低，因此電場強度增強導致電性的改善。

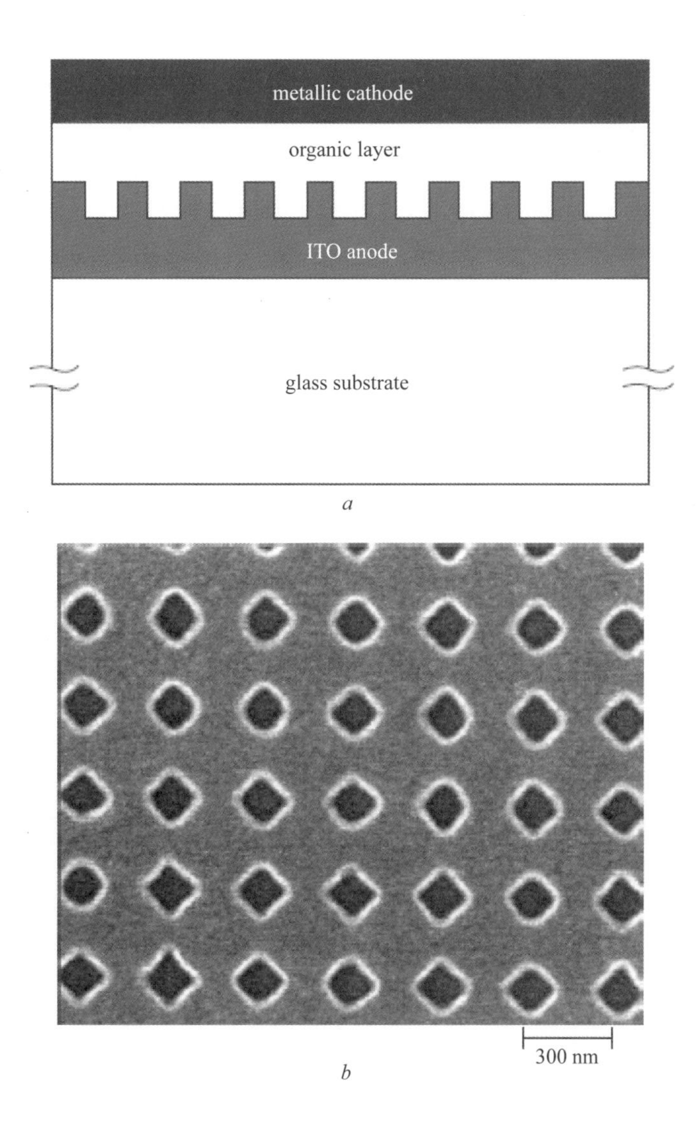

圖 9.48　Fujita 等人之(a)ITO 光子晶體 OLED 結構圖，(b)光子晶體 SEM 圖[69]

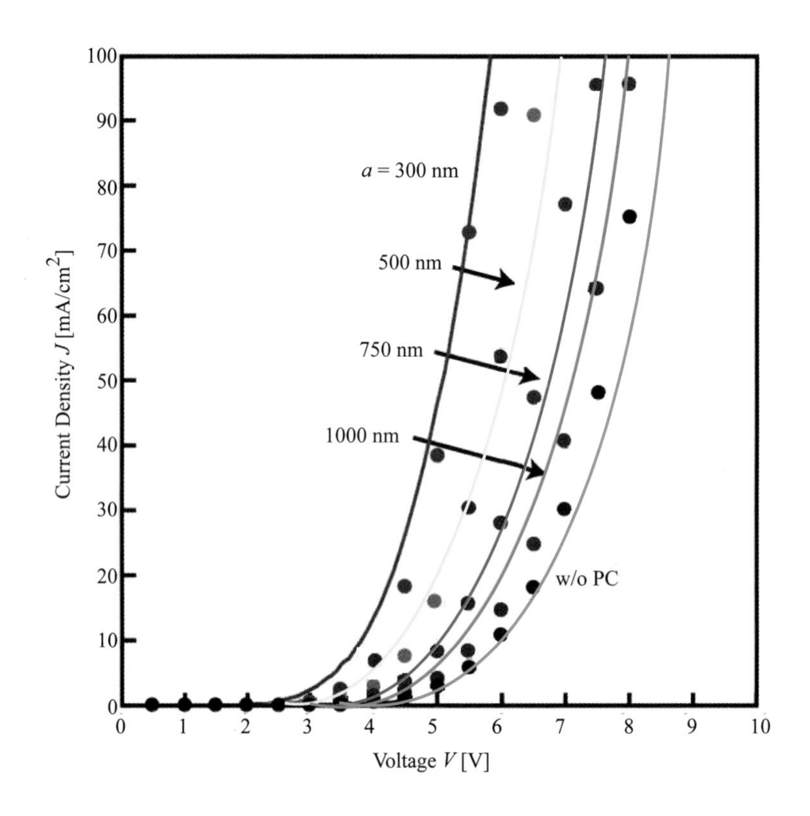

圖 9.49 Fujita 等人之不同晶格常數的光子晶體 OLED 的電流密度-電壓曲線：點為測量值，線為模擬值[70]

參考文獻

1. C. W. Tang and S. A. Vanslyke, Appl. Phys. Lett., 51, 913-915, 1987.
2. K. A. Neyts, J. Opt. Soc. Am. A, 15, 962-971, 1998.
3. H. Riel, S. Karg, T. Beierlein, W. Ries, and K. Neyts, J. Appl. Phys., 94, 5290-5296, 2003.
4. Z. Huang, C. Lei, D. G. Deppe, C. C. Lin, C. J. Pinzone, and R. D. Dupuis, Appl. Phys. Lett., 61, 2961-2963, 1992.
5. E. F. Schubert, N. E. J. Hunt, M. Micovic, R. J. Malik, D. L. Sivco, A. Y. Cho,

and G. J. Zydzik, Science, 265, 943-945, 1994.

6. A. Dodabalapur, L. J. Rothberg, R. H. Jordan, T. M. Miller, R. E. Slusher, and J. M. Phillips, J. Appl. Phys., 80, 6954-6964, 1996.
7. R. H. Jordan, L. J. Rothberg, A. Dodabalapur, and R. E. Slusher, Appl. Phys. Lett., 69, 1997-1999, 1996.
8. G. R. Hayes, F. Cacialli, and T. R. Phillips, Phys. Rev. B, 56, 4798, 1997.
9. U. Lemmer, R. Hennig, W. Guss, A. Ochse, J. Pommerehne, R. Sander, A. Greiner, R. F. Mahrt, H. Bassler, J. Feldmann, and E. O. Gobel, Appl. Phys. Lett., 66, 1301, 1995.
10. C.-L. Lin, H.-W. Lin, and C.-C. Wu, Appl. Phys. Lett., 87, 021101, 2005.
11. W. Lukosz and R. E. Kunz, J. Opt. Soc. Am., 67, 1607-1615, 1977.
12. J. E. Sipe, Surf. Sci., 105, 489-504, 1981.
13. J. A. E. Wasey and W. L. Barnes, J. Mod. Opt., 47, 725-741, 2000.
14. C.-C. Wu, C.-L. Lin, P.-Y. Hsieh, and H.-H. Chiang, Appl. Phys. Lett., 84, 3966-3968, 2004.
15. S. K. So, W. K. Choi, L. M. Leung, and K. Neyts, Appl. Phys. Lett., 74, 1939-1941, 1999.
16. X. Zhou, M. Pfeiffer, J. Blochwitz, A. Werner, A. Nollau, T. Fritz, and K. Leo, Appl. Phys. Lett., 78, 410-412, 2001.
17. G. He, O. Schneider, D. Qin, X. Zhou, M. Pfeiffer, and K. Leo, Appl. Phys. Lett., 95, 5773-5775, 2004.
18. C.-C. Wu, T.-L. Liu, W.-Y. Hung, Y.-T. Lin, K.-T. Wong, R.-T. Chen, Y.-M. Chen, and Y.-Y. Chien, J. Am. Chem. Soc., 125, 3710, 2003.
19. L.-Y. Chen, W.-Y. Hung, Y.-T. Lin, C.-C. Wu, T.-C. Chao, T.-H. Hung, and K.-T. Wong, Appl. Phys. Lett., 87, 112103, 2005.
20. C.-L. Lin, T.-Y. Cho, C.-H. Chang, and C.-C. Wu, Appl. Phys. Lett., 88,

081114, 2006.

21. L. S. Hung, C. W. Tang, M. G. Mason, P. Raychaudhuri, and J. Madathil, Appl. Phys. Lett., 78, 544, 2001.
22. C. W. Tang, S. A. Vanslyke, and C. H. Chen, J. Appl. Phys., 65, 3610-3616, 1989.
23. M. H. Lu and J. C. Sturm, J. Appl. Phys., 91, 595, 2002.
24. T. Matsumoto, T. Nakada, J. Endo, K. Mori, N. Kavamura, A. Yokoi, and J. Kido, 2003 Society for Information Display (SID) International Symposium, Digest of Technical Papers (Baltimore, MD, 2003), p. 979.
25. L. S. Liao, K. P. Klubek, and C. W. Tang, Appl. Phys. Lett., 84, 167 (2004).
26. C. C. Chang, S. W. Hwang, C. H. Chen, and J. F. Chen, Jpn. J. Appl. Phys., 43, 6418, 2004.
27. T.-Y. Cho, C.-L. Lin, and C.-C. Wu, Appl. Phys. Lett., 88, 111106 (2006).
28. M.-H. Lu, M. S. Weaver, T. X. Zhou, M. Rothman, R. C. Kwong, M. Hack, and J. J. Brown, Appl. Phys. Lett., 81, 3921-3923, 2002.
29. H. Riel, S. Karg, T. Beierlein, B. Ruhstaller, and W. Ries, Appl. Phys. Lett., 82, 466-468, 2003.
30. C.-W. Chen, P.-Y. Hsieh, H.-H. Chiang, C.-L. Lin, H.-M. Wu, and C.-C. Wu, Appl. Phys. Lett., 83, 5127-5129, 2003.
31. T. Nakayama, Y. Itoh, and A. Kakuta, Appl. Phys. Lett., 63, 594-595, 1993.
32. A. Dodabalapur, L. J. Rothberg, and T. M. Miller, Appl. Phys. Lett., 65, 2308-2310, 1994.
33. T. Tsutsui, N. Takada, S. Saito, and E. Ogino, Appl. Phys. Lett., 65, 1868-1870, 1994.
34. N. Takada, T. Tsutsui, and S. Saito, Appl. Phys. Lett., 63, 2032-2034, 1993.
35. H. Widdel and D. L. Post (Eds.), Color in Electronic Displays, 39, Plenum

Press, New York, 1992.
36. M. Born and E. Wolf, Principles of Optics, 7th ed., Cambridge University Press, Cambridge, 1999.
37. C.-J. Yang, S.-H. Liu, H.-H. Hsieh, C.-C. Liu, T.-Y. Cho, and C.-C. Wu, Appl. Phys. Lett., 91, 253508, 2007.
38. C.-C. Liu, S.-H. Liu, K.-C. Tien, M.-H. Hsu, H.-W. Chang, C.-K. Chang, C.-J. Yang, and C.-C. Wu, Appl. Phys. Lett., 94, 103302, 2009.
39. K. Yamashita, T. Mori, and T. Mizutani, J. Phys. D: Appl. Phys., 34, 740, 2001.
40. Y. Xia and G. M. Whitesides, Angew. Chem. Int. Ed., 37, 550, 1998.
41. S. Moller and S. R. Forrest, J. Appl. Phys., 91, 3324, 2002.
42. V. Bulovic, V. B. Khalfin, G. Gu et al., Phys. Rev. B, 58, 3730, 1998.
43. J. J. Shiang, A. R. Duggal, J. Appl. Phys., 95, 2880, 2004.
44. Y.-S. Tyan, J. D. Shore, G. Farruggia, and T. R. Cushman, Proceedings of SID 2005, p. 142, 2005.
45. C. L. Mulder, K. Celebi, K. M. Milaninia et al., Appl. Phys. Lett., 90, 211109, 2007.
46. T. Nakamura, N. Tsutsumi, N. Juni et al., J. Appl. Phys., 96, 6016, 2004.
47. Y.-S. Tyan, Y.-Q. Rao, J.-S. Wang, R. Kesel, T. R. Cushman, and W. J. Begley, Proceedings of SID 2008, p. 933, 2008.
48. C. F. Madigan, M.-H. Lu, and J. C. Sturm, Appl. Phys. Lett., 76, 1650, 2000.
49. S. Moller, S. R. Forrest, J. Appl. Phys., 91, 3324, 2002.
50. H.-J. Peng, Y.-L. Ho, X.-J. Yu, M. Wong, and H.-S. Kwok, IEEE-OSA J. Display Tech., 1, 278, 2005.
51. G. Gu, D. Z. Garbuzov, P. E. Burrows et al., Optics Lett., 22, 396, 1997.
52. D'Andrade, and J. J. Brown, Appl. Phys. Lett., 88, 192908, 2006.

53. H.-J. Peng, Y.-L Ho, X.-J. Yu et al., J. Appl. Phys., 96, 1649, 2004.
54. A. Mikami, Y. Nishita, and Y. Lida, Proceedings of SID 2006, p. 1376, 2006.
55. Y. Sun, S. R. Forrest, Nature Photonics, 2, 483, 2008.
56. Y.-S. Tyan, Y.-Q. Rao, X.-F. Ren, R. Kesel, T.-R. Cushman, W. J. Begley, and N. Bhandari, Proceedings of SID 2009, p. 895, 2009.
57. T. Nakamura, H. Fujii, N. Juni et al., Opt. Rev., 13, 104, 2006.
58. N. Nakamura, N. Fukumoto, F. Sinapi, N. Wada, Y. Aoki, K. Maeda, Proceedings of SID 2009, p. 603, 2009.
59. T. Nakamura, N. Tsutsumi, N. Juni et al., J. Appl. Phys., 97, 054505, 2005.
60. A. Mikami, and T. Koyanagi, Proceedings of SID 2009, p. 907, 2009.
61. S. S. Mladenoyski, K. Neyts, D. Pavicic et al., Optics Express, 17, 7562, 2009.
62. C.-L. Lin, T.-Y. Cho, C.-Ch. Chang, C.-C. Wu et al., Appl. Phys. Lett., 88, 081114, 2006.
63. S. Reineke, F. Lindner, G. Schwartz et al., Nature, 459, 234, 2009.
64. Y. J. Lee, S. H. Kim, J. Huh et al., Appl. Phys. Lett., 82, 3779, 2003.
65. Y. R. Do, Y. C. Kim, Y. W. Song et al., Adv. Mater., 15, 1214, 2003.
66. Y. R. Do, Y. C. Kim, Y. W. Song et al., J. Appl. Phys., 12, 7629, 2004.
67. Y. J. Lee, S. H. Kim, G. H. Kim et al., Optics Express, 13, 5864, 2005.
68. Y. C. Kim, S. H. Cho, Y. W. Song et al., Appl. Phys. Lett., 89, 173502, 2006.
69. M. Fujita, T. Ueno, T. Asana et al., Electronics Letters, 39, 1750, 2003.
70. M. Fujita, T. Ueno, K. Ishihara et al., Appl. Phys. Lett., 85, 5769, 2004.

第十章

OLED 元件封裝

10.1 傳統 OLED 封裝技術

研發 OLED 極甚重要的課題之一就是其本身的操作壽命，OLED 是一種對水和氧極度敏感的元件，特別是對水氣，只要元件沒有封裝，就容易在發光區域造成黑點，且黑點會隨著時間而擴大[1,2]。一般封裝製程包括封裝蓋前處理、吸濕劑添加、塗佈框膠、對位貼合、照光固化，然後裂片等步驟。封裝蓋主要分為金屬蓋與玻璃蓋兩大類，金屬加工容易且具有最優良的水分子阻絕能力、熱傳導特性與電遮蔽性（Electrical Shielding），但不易平整。而玻璃具有優良的化學穩定性、抗氧化性、電絕緣性與平整緻密性，但最主要的缺點為其低機械強度及易脆的性質，玻璃封裝蓋的主要考量在是否容易產生微裂縫（Micro-crack）的問題，因為微裂縫不易察覺，濕氣容易進入，且在受到外力撞擊後，微裂縫容易擴大使得封裝蓋破裂。

表 10.1 列出三種玻璃封裝蓋製作方法，濕式蝕刻法和熱壓法雖然發展較久，也適用於金屬蓋的製作，但在製程上彈性較少，微噴砂法可以製作精確度高的大面積及不對稱的圖案設計，但由於其蝕刻方法是利用微小顆粒撞擊玻璃，因此也最容易產生微裂縫，韓國 KoMiCo Ltd. 公司發展在微噴砂後的鍍膜補強技術[3]，可以製作出耐衝擊性高的玻璃封裝蓋，而又保留微噴砂製程的好處。

表 10.1　玻璃封裝蓋製作方法

製造方法	優點	缺點
微噴砂法（micro blasting）	‧精確度高 ‧製程變更容易 ‧適合大面積及不對稱的圖案設計	‧成本高 ‧容易有微裂縫 ‧較不耐衝擊
濕式蝕刻法（wet etching）	‧較耐衝擊 ‧微裂縫較少	‧需要精準的光罩 ‧精確度較低
熱壓法（hot pressing）	‧成本低 ‧微裂縫較少	‧平坦度較差 ‧不適合大面積及不對稱的圖案設計

封裝蓋前處理主要在去除吸附在表面的水氣和污染物，以增加封裝蓋與基板的黏著力和避免日後脫附而影響元件壽命，而為進一步避免因為封裝蓋表面或框膠內的水氣脫附，必須添加吸濕劑，常用的吸濕劑如 CaO（生石灰），其吸濕力強，吸收速度快，但使用期限較短、吸濕率較弱，吸收平均飽和狀態在於 40% 左右。其他如 BaO，為 Pioneer 最早使用，雖然效果很好但有毒性污染且不易操作。在 SID 2003 的會議上，日本 Futaba Corp. 的 Tsuruoka 等人提出了可塗佈的薄膜吸濕劑[4]。此溶液物（OleDry™）內含鋁錯合物及烴類的溶劑，當塗佈形成薄膜並烤乾時，其透光度 > 90%，且由於是有機薄膜，所以可以做得更薄，其吸濕反應機構如圖 10.1 所示。

受限於可撓曲式元件的特性，以往並沒有辦法在進行可撓曲式元件封裝的同時加入防止水氣的乾燥劑，而在 Tsuruoka 等人提出了溶液態薄膜乾燥劑封裝之後，這種限制將被打破。直接將此種乾燥劑加入可撓曲式元件的封裝層中（圖 10.2），將有效延長元件的操作壽命。又由於其高透光性，因此可應用在上發光及穿透式 OLED 元件上。

圖 10.3　是 OLED 封裝的演進圖，(a)是一般傳統的玻璃元件，使用玻璃或金屬封裝蓋，並且加入吸濕劑；(b)使用塗有阻絕層的高分子封裝蓋，使用 UV 膠黏合，可以進一步降低厚度與重量，也可以保持可撓曲性；(c)則是所謂的薄膜封裝，它不需封裝蓋及框膠，明顯看出可以減少元件的厚度及重量，且能節省成本。近來後段封裝的趨勢必往薄膜封裝發展[5]。OTB Display 公司 2007 年

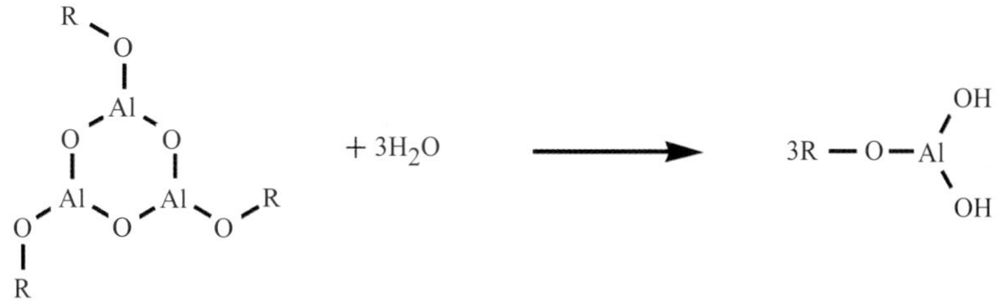

圖 10.1　OleDry 薄膜吸濕機構示意圖

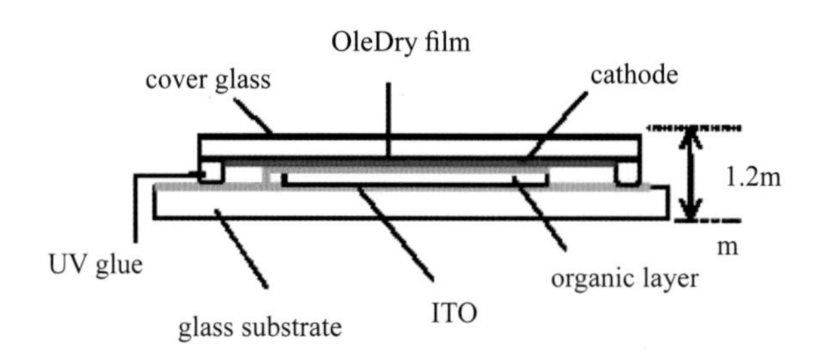

圖 10.2　OleDry 溶液態薄膜乾燥劑示意圖

也宣佈將薄膜封裝的 OLED 面板放置在溫度 60℃ / 濕度 90% 的環境測試下，耐儲時間（Shelf life）已達到 504 小時。

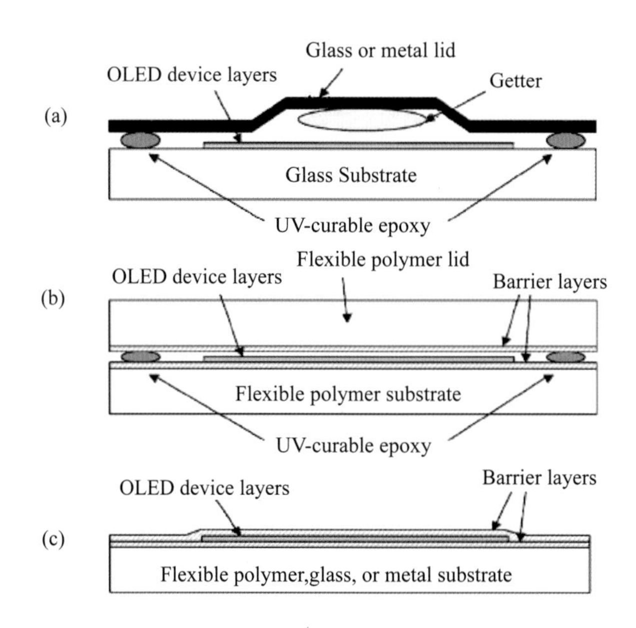

圖 10.3　(a)傳統 OLED 元件封裝　(b)使用高分子封裝蓋　(c)薄膜封裝

10.2　薄膜封裝技術

目前薄膜封裝發展最好的廠商之一應屬 Vitex Systems 公司開發出的 Barix 薄膜封裝層[6]，它對濕氣和氧氣的滲透性相當於一張玻璃的效果。是由聚合物膜和陶瓷膜在真空中疊加而成，總厚度僅為 3 微米，該封裝層能直接加在 OLED 顯示器的上面，實現對 OLED 的濕氣和氧氣隔離保護。Vitex 技術的獨特之處在於聚合物層的形成方法，先將一種液態單體（Liquid precursor）快速蒸發，然後氣體流入一個真空室，在真空室中以液體形式凝聚在基板上。這種在真空中的液體應用正是 Vitex 技術的獨特之處，基板上形成的液態單體實際上是氣體至液體的凝聚而不是沈積，如此可以填平基板的孔洞，因而使整個結構完全密封和平整化。然後，將基板移動到一個紫外光源處，使單體產生聚合反應，產生固態聚合物膜，它的表面仍保持原子級的平滑度。下一步驟是將一層厚度為 30 nm～100 nm 的陶瓷膜（如 AlO_x）以直流反應濺鍍（DC reactive sputtering）沈積在聚合物層的上面。由於聚合物層表面很平滑，陶瓷膜只有非常少的缺陷，經過三至五次的重複鍍膜，能形成一個幾乎完美的濕氣隔離層，Vitex 宣稱所形成的濕氣隔離層的水氣穿透率大約為 10^{-6} $g/m^2/day$，已可以滿足 OLED 顯示器對水氣滲透率的技術要求，據報導 Vitex 已與韓國廠商 Advanced Neotech Systems（ANS）合作發展薄膜封裝直接連結到 OLED 的量產設備[7]。圖 10.4 為 Vitex 的封裝設備與封裝層示意圖。

此種聚合物和陶瓷的複合膜好處在於，陶瓷膜具有良好的水氧阻隔性，而

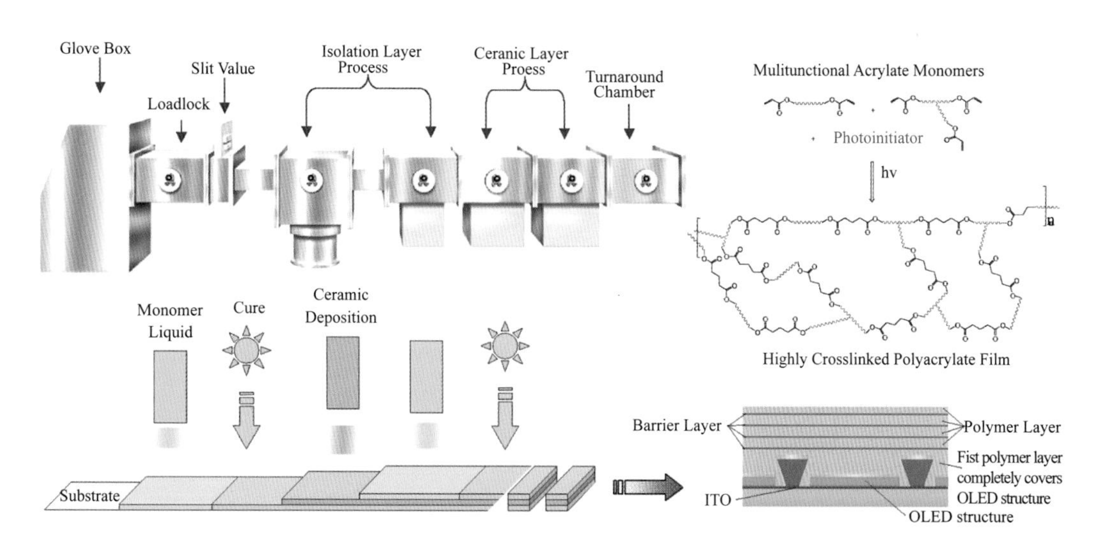

圖 10.4　Vitex 的封裝設備與封裝聚合物膜反應機制

表 10.2 基板與陶瓷膜之性質

Material/properties	PET	Glass	TiO_2	SiO_2	Al_2O_3
Thermal expansion coefficient [$*10^{-6}$ K^{-1}]	20.0	8.3	8.6	0.5	4.45
Young's modulus [GPa]	4.5	82.0	–	86.9	58.9

聚合物膜則可以吸收與分散層與層間的應力，避免緻密的陶瓷膜產生裂痕而降低阻隔性，尤其對於 FOLED 的應用，應力的問題特別重要，如表 10.2 所示，PET 為一常用的塑膠基板，其熱膨脹係數是 SiO_2 的四十倍和 Al_2O_3 的五倍，如此大的差異性在基板受到熱應力時，容易造成基板有裂痕或表面粗糙度變大，尤其當想要在塑膠基板進行 TFT 製程時，這會使得製程良率下降，因此如何克服此一問題是未來 FOLED 的關鍵。

多層膜的另一個好處在於如果某一層薄膜有孔洞產生，因為多層膜的覆蓋，使得孔洞直接與大氣相連通的機率大減，水氧滲透的路徑因此曲折而減慢並且被阻斷。常用的陶瓷膜如 SiO_x、Si_3N_4[8,9]、SiN_xO_y[10,11]、Al_2O_3、AlN[12]、MgO[13]，聚合物膜如 fluorinated polymers[14,15,16]、parylenes[17]、cyclotene[18]、polyacrylates[19]。

另外，所沈積的薄膜是否具有良好的階梯覆蓋（Step coverage）能力，則是選取薄膜沈積製程的重要考量因素。在圖 10.5(a)中，薄膜均勻的沈積稱為同形覆蓋（Conformal coverage），這是一個理想的覆蓋型式。然而實際的薄膜覆蓋也有可能形成如圖 10.5(b)中所顯示的非同形覆蓋（nonconformal coverage）型式，在非同形覆蓋中，薄膜在較薄處會有很大的應力，可能會造成薄膜的龜

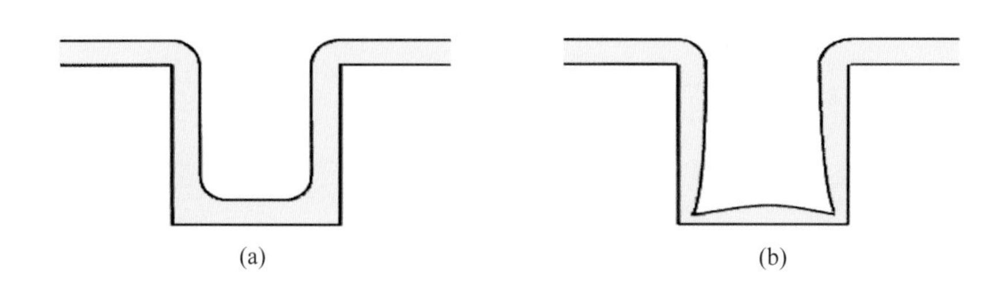

圖 10.5 (a)同形覆蓋 (b)非同形覆蓋

裂，而成為水、氧進入的通道。在物理氣相沈積（PVD）過程中，通常使用點狀的蒸發源，蒸發的分子是以輻射型式直線運動而到達基板，因此往往是一種非同形的覆蓋。

為了克服這個問題，基板與蒸發源通常保持相當距離，但有時還是無法避免。因此薄膜覆蓋性良好的化學氣相沈積法（chemical vapor deposition, CVD）變成較適合的封裝膜沈積方法，但由於有機材料不耐高溫，因此製程溫度不能太高，傳統的 CVD 製程溫度常常超過 300℃，並不適合 OLED 元件。在 SID 2004，Philips 利用電漿輔助化學氣相沈積（Plasma Enhance Chemical Vapor Deposition, PECVD）來成長各種 SiO_xN_y 封裝膜，簡稱為 NONON 封裝[20]，其中當製程溫度為 300℃ 時，薄膜性質較佳，幾乎沒有孔洞，但將製程溫度降為 85℃ 後，孔洞增加，必須以 SiN/SiO/SiN 複合膜的方式才可改善，且水氣穿透率可以達到 1×10^{-6} $g/m^2/day$ 的水準。SiO_x 在可見光區穿透度大於 85%，但阻水性較差，SiN_x 阻水性較高，但本身的穿透度和 SiO_x 相比較低，內應力極大易碎，因此若能整合 SiO_x 和 SiN_x 的優點性質，將能夠有效地使用在 OLED 封裝上，美國 General Electric 公司即利用 SiO_xN_y/SiO_xC_y 複合膜所發展出的 Graded Ultra High Barrier，其特點為兩層間的成分是漸次變化的（如圖 10.6），

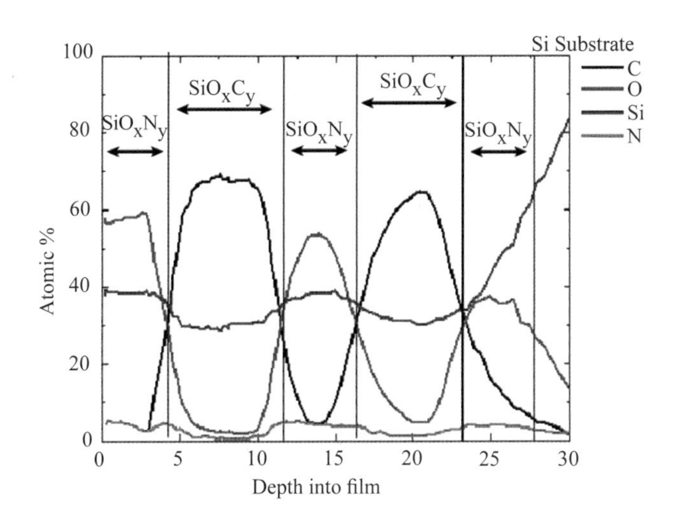

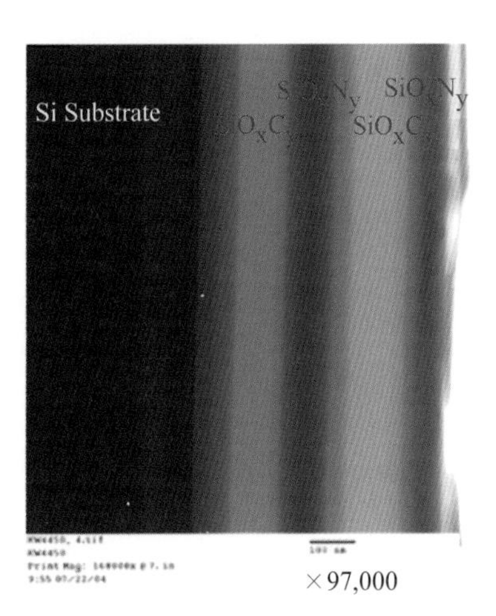

圖 10.6　Graded Ultra High Barrier 成份分析[21]

因此應力可更有效排除，也不容易有剝離現象發生，水氣滲透率在 5×10^{-6}～5×10^{-5} g/m^2/day，穿透度為 82%，屬於非常透明的封裝材料。他們也宣布 2007 年將與日本 TOKKI 合作生產此 PECVD 封裝設備。

但使用 Plasma 的封裝方法會損害到 OLED 元件的部份，這對元件的效率會產生極大的影響，為了解決此問題，2008 年 F. L. Wong 在 OLED 和封裝層間加入了保護元件的 CuPc 內層，再將 $(CF_x/Si_3N_4) \times 5$ units 封裝層封上去（圖 10.7），在 OLED 結構為 ITO/NPB(70 nm)/Alq(60 nm)/LiF(1 nm)/Al(100 nm) 及亮度為 100 cd/m^2 下，生命週期達到 8000 h。[22]

其它 CVD 設備如高密度電感耦合式電漿源化學氣相沈積（High-Density Inductively Coupled Plasma CVD, HD-ICP-CVD），則宣稱在 85℃ 的製程溫度可以得到與 400℃ PECVD 相近性質的 Si_3N_4 薄膜[23]。日本石川縣工業試驗場也開發出低溫（< 100℃）觸媒式化學氣相沈積（Catalytic Chemical Vapor Deposition, Cat-CVD）設備，並與北陸先端科學技術大學合作，希望利用 Cat-CVD 來製作有機高分子膜。

其它如高分子的沈積系統，由於高分子聚合物的分子量大，在真空下也很難昇華，除了傳統的旋轉塗佈機台外，很少有真空下的沈積系統，一般是將單體沈積同時或之後再進行聚合。以 Parylene 聚合物為例[24]，如下圖 10.8 所示，利用二聚體於 110～150℃ 汽化後，在 690℃ 壓力為 0.5 torr 下，二聚體會裂解

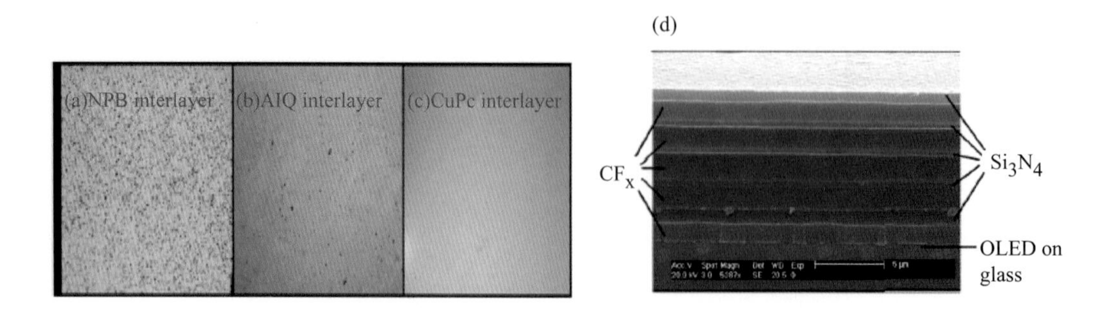

圖 10.7　(a)(b)(c)不同內層封裝 OLED 的初始黑點　(d) OLED + $(CF_x/Si_3N_4) \times 5$ 封裝的 SEM 圖

表 10.3　以 PECVD 法成膜的孔洞測試

PECVD 層	製程溫度（℃）	孔洞
SiO	300	幾乎沒有
SiON	300	沒有
SiN	300	沒有
SiO	85	一些
SiON	85	許多
SiN	85	幾乎沒有
SiN/SiO/SiN (NON)	85	沒有

為活性單體，最後在小於 60℃ 下，即可在基板表面聚合成膜，此高分子透明、化學穩定性高、具有極佳的均勻性及覆蓋率。International Display System（IDS）的 Chen 等人在 SID07 研討會上也發表了低溫 CVD（Low-Temperature Thermal CVD, LT-TCVD）系統及高分子薄膜封裝技術（Polymer Thin Film Technology），先將液態預聚物蒸發然後通過觸媒產生自由基，最後在低溫（0～-50℃）的基板上冷凝並聚合成高分子 FAR2.2™。此高分子由 C, H, F 組成，因此不親水，大約有 30% 的結晶、無孔洞、穿透率達 95%（@ 500 nm），熱膨脹係數小（14 ppm/℃），鍍膜速率可從 80 A/min 到 2000 A/min[25]。

如圖 10.9，J. M. Han 也在 2008 年提出利用 poly (dimethylsiloxane) (PDMS) 在 polycarbonate（PC）塑膠基板的 OLED 新穎封裝技術[26]，將原本的水氣穿透率 0.57 $g/m^2/day$ 降低至 1×10^{-7} $g/m^2/day$。此方法無須使用溶劑來製作保護層，因此相當適用於生產商業化的可撓曲 OLED 元件。

Cracking of Dinner ~650℃
Polymerization/Deposition < 60℃
Parylene C (R=Cl)
Parylene N (R=N)

圖 10.8　Parylene 水氧阻絕層製作過程

(a)

(b)

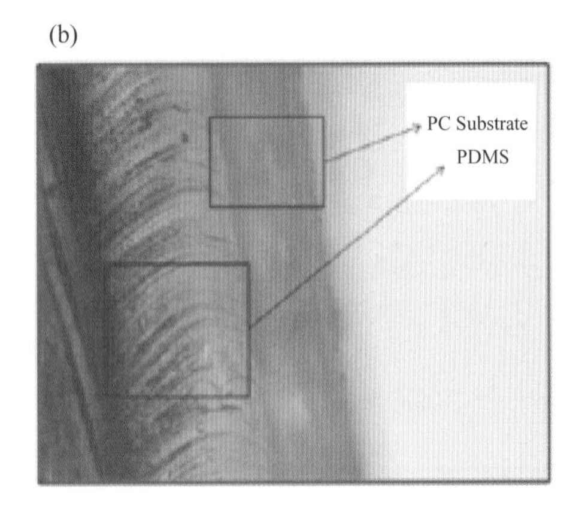

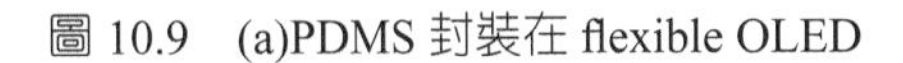

圖 10.9 (a)PDMS 封裝在 flexible OLED (b)顯微鏡下封裝過後的 FOLED 側邊剖面圖

而目前已知最好的薄膜沉積技術之一就是利用原子層沉積（Atomic layer deposition, ALD），此技術乃利用製程氣體與材料表面進行化學吸附反應，因為其成膜機制反應具有「自我侷限」（Self-limited）特性，使得每一次進氣循環的過程，僅形成厚度為一層原子的薄膜，薄膜可達到趨近於零的缺陷密度，使薄膜具高階梯覆蓋率（Step coverage）及極佳的厚度均勻性。Park 等人在 2005 年發表了有關利用 ALD 方法沉積 Al_2O_3 於 plolyethersulfone（PES）塑膠基板上，並發現當薄膜厚度為 30 nm 時，PES 的水氣滲透率（Water vapor transmission rates, WVTR）值即由原來的 92.8 $g/m^2/day$ 降至 0.0615 $g/m^2/day$。圖 10.10(a)是未鍍薄膜當保護層，(b)則是用雙層 SiN_x/AlO_x 薄膜阻絕水氧，發現在 312 hr 時還與(c)玻璃封裝蓋發光面積並無明顯的差異，但到了 384 hr 後，其周圍已開始產生黑點，因此 Park 等人便將雙層 SiN_x/AlO_x 薄膜重複兩次覆蓋在 OLED 元件上，如圖 10.11，擁有兩對雙層結構的薄膜封裝元件，其元件亮度到達初始亮度（1200 cd/m^2）的比率為 65.4%，生命週期約 600 hr。[27]

但因 WVTR 只有 0.0615 $g/m^2/day$，還不足以達到有機元件的要求必須小於 1×10^{-6} $g/m^2/day$，DuPont 在 2006 年利用 25 nm 的 ALD-Al_2O_3 沈積在 polyethylene naphthalate (PEN) 基板上，其 WVTR 38℃、85% RH 達到 1.7×10^{-5}

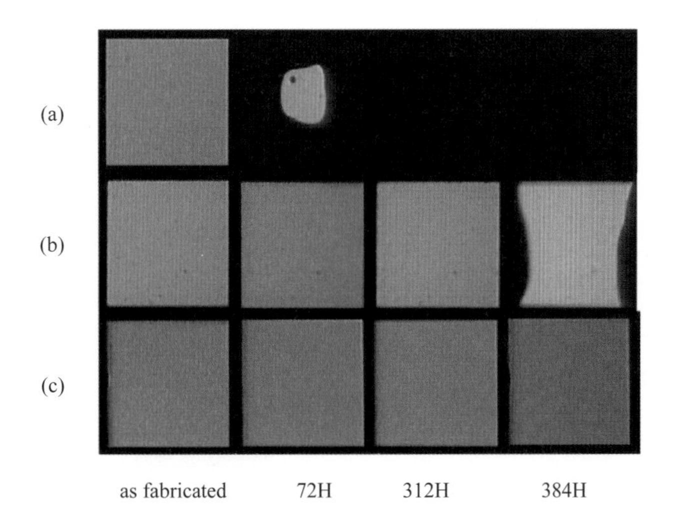

圖 10.10　元件發光區域(a)uncoated　(b)SiN_x/AlO_x　(c)玻璃封裝蓋

$g/m^2/day$ 和60℃、85 RH 達到 6×10^{-6} $g/m^2/day$，已達到封裝材料水氣滲透率的標準。[28]

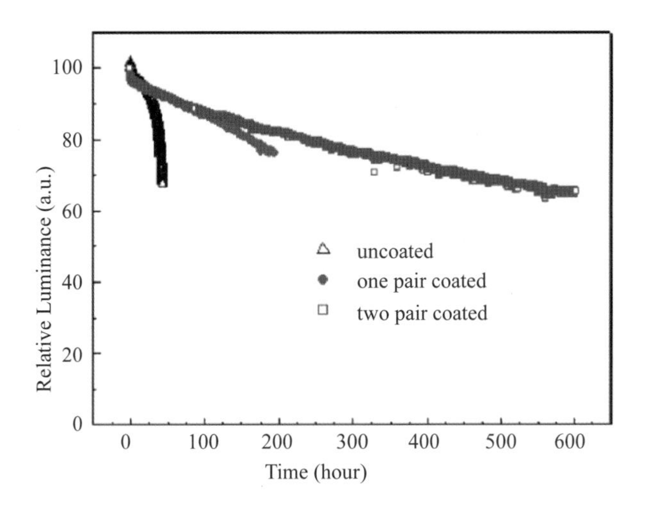

圖 10.11　在電流 1 mA 和初始亮度 1200 cd/m^2 下元件壽命

10.3 結論

其他特殊的封裝方法如雷射封裝（Laser sealing），封裝過程如圖 10.12，因其本身精準的密封技術、且不用加入吸濕劑因而影響到 TOLED 出光，且覆蓋的玻璃片內部不用再蝕刻，達到降低成本，故適合應用在 AMOLED，但其作業時間太長，製程容許度（Process window）狹隘。

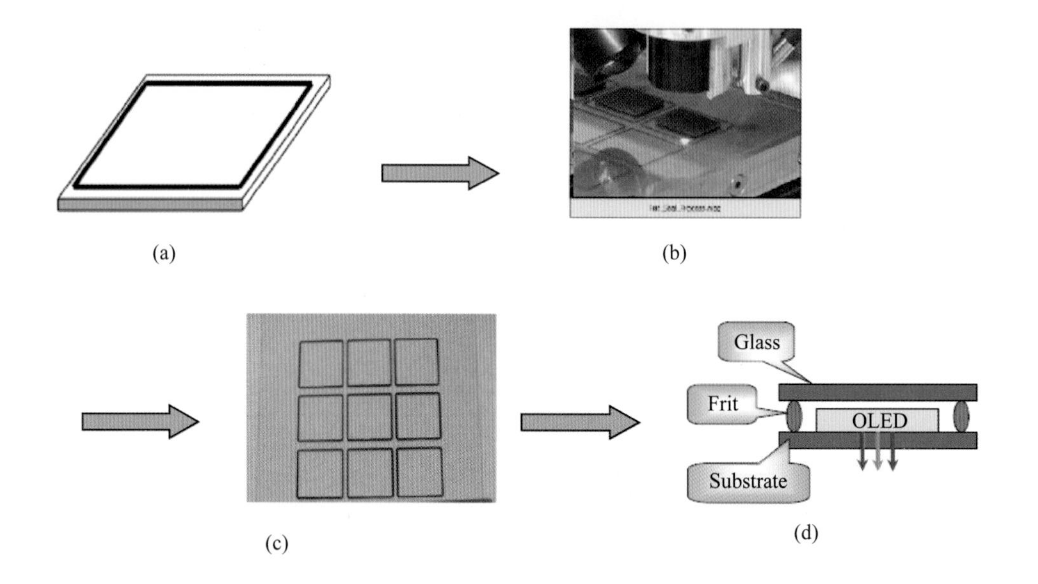

圖 10.12　雷射封裝流程圖(a)將熔塊沉積在封裝蓋上　(b)雷射燒結　(c)做好的封裝蓋　(d)封裝示意圖

經由上述的介紹，可以將封裝的發展趨勢與要求歸納如下：

- 與元件製程一體，不再破真空。
- 薄膜封裝取代玻璃蓋或金屬蓋。
- 封裝材料水氣滲透率小於 10^{-6} g/m^2/day。
- 封裝材料氧氣滲透率小於 10^{-3} g/m^2/day。
- 封裝薄膜沒有孔洞（Pinhole），邊緣沒有缺陷。
- 具有良好的階梯覆蓋能力。
- 大面積化，成膜速率快。

・透明性。

・低溫製程。

・黏著力強、抗應力（Stress）。

其中透明封裝薄膜的開發對於上發光元件來說格外重要，可撓曲式元件則強調低溫製程和抗應力特性，良好的封裝是得到穩定的 OLED 元件最基本的要求，而如何與面板製程整合、降低成本，是決定使用哪一種封裝材料和設備的重要考慮因素。

參考文獻

1. P. Mandlik, L. Han, S. Wagner, J. A. Silvernail, R.-Q. Ma, M. Hack and J. J. Brown, *Appl. Phys. Lett.*, **93**, 203306 (2008).
2. A. Kidokoro, K. Kitamura, N. Koide and Y. Kato, *Proceedings of IDW'07*, p.245, Dec. 5-7, 2007, Sapporo, Japan.
3. http://www.komico.com/business/business3.asp
4. Y. Tsuruoka, S. Hieda, S. Tanaka, H. Takahashi, *Proceedings of SID'03*, p.860, May 20-22, 2003, Baltimore, Maryland, USA.
5. J. S. Lewis, M. S. Weaver, *IEEE J. Sel. Top. Quant. Electr.*, **10**, 45 (2004).
6. Xi. Chu, S. Lin, M. Rosenblum and R. J. Visser, *Proceedings of IMID*, p.1634, oct. 13-17, 2008, Seoul, Korea.
7. http://www.vitexsys.com/new/index.php?action=release-detail&PRID=32
8. T. N. Chen, D. S. Wun, C. C. Wu, C. C. Chiang, Y. P. Chen and R. H. Horng, *J. Electrochem. Soc*, **153**, F244 (2006).
9. C. C. Chiang, D. S. Wuu, H. B. Lin, Y. P. Chen, T. N. Chen, Y. C. Lin, C. C. Wu, W. C. Chen, T. H. Jaw, and R. H. Horng, *Surf. Coat. Technol*. **200**, 5843 (2006).
10. A. Yoshida, S. Fujimura, T. Miyake, T. Yoshizawa, H. Ochi, A. Sugimoto, H. Kubota, T. Miyadera, S. Ishizuka, M. Tsuchida, H. Nakada, *Proceedings of SID'03*, p.856, May 20-22, 2003, Baltimore, Maryland, USA.
11. A. Shih, P. Y. Siang, C.-S. Jou, Y. Cheng, US 0,030,369, A1 (2003).

12. S. H. Kim, Y. S. Yang, G. H. Kim, J. H. Youk, J. H. Lee, S. C. Lim, T. Zyung, *Proceedings of IDW'03*, p.1359, Dec. 3-5, 2003, Fukuoka, Japan.
13. K. H. Kim, Y. M. Kim, J. K. Kim, M. H. Oh, J. Jang, B. K. Ju, *Proceedings of IDW'03*, p.1355, Dec. 3-5, 2003, Fukuoka, Japan.
14. T. C. Nason, J. A. Moore, T.-M. Lu, *Appl. Phys. Lett.*, **60**, 1866 (1992).
15. K. Teshima, H. Sugimura, Y. Inoue, O. Takai, A. Takano, *Langmuir*, **19**, 10624 (2003).
16. J. Granstrom, J. S. Swensen, J. S. Moon, G. Rowell, J. Yuen and A. J. Heeger, *Appl. Phys. Lett.*, **93**, 193304 (2008).
17. C. Py, M. D'Iorio, Y. Tao, J. Stapledon, P. Marshall, *Synth. Met.*, **113**, 155 (2000).
18. J. A. Silvernail, M. S. Weaver, US 6,597,111, B2 (2003).
19. J. Affinito, *Proceedings of SVC-45th Annual Technical Conference*, p.429 April 13-18, 2002, Lake Buena Vista, Florida, USA.
20. H. Lifka, H. A. van Esch, J. J. W. M. Rosink, *Proceedings of SID'04*, p.1384, May 23-28, 2004, Seattle, Washington, USA.
21. M. Yan, T. W. Kim, A. G. Erlat, M. Pellow, D. F. Foust, J. Liu, M. Schaepkens, C. M. Heller, P. A. Mcconnelee, T. P. Feist, A. R. Duggal, *Proc. IEEE*, **93**, 1468 (2005).
22. F. L. Wong, M. K. Fung, S. L. Tao, S. L. Lai, W. M. Tsang, K. H. Kong, W. M. Choy, C. S. Lee and S. T. Lee, *J. Appl. Phys.*, **104**, 014509 (2008)
23. http://www.bmrtek.com
24. S. C. Nam, H. Y. Park, K. C. Lee, K. G. Choi, C. J. Lee, D. G. Moon, Y. S. Yoon, *Proceedings of IDW'04*, p.1383, Dec. 8-10, 2004, Niigata, Japan.
25. C. Chen, A. Kumar, and C. J. Lee, *Proceedings of SID'07*, paper No. 60.1, May 22-25, 2007, Long Beach, California, USA.
26. J. M. Han, J. W. Han, J. Y. Chun, C. H. Okand D. S. Seo, *Jpn J. Appl. Phys.*, **47**, 12 (2008).
27. S. H. K. Park, J. Oh, C. S. Hwang, J. I. Lee, Y. S. Yang and H. Y. Chu, *Electrochemical and solid-state letters*, **8** (2) H21-H23 (2005).
28. P. F. Carcia, R. S. McLean, M. H. Reilly, M. D. Groner, S. M. George, *Appl. Phys. Lett.*, **89**, 031915 (2006).

第十一章

白光 OLED 製程與設備

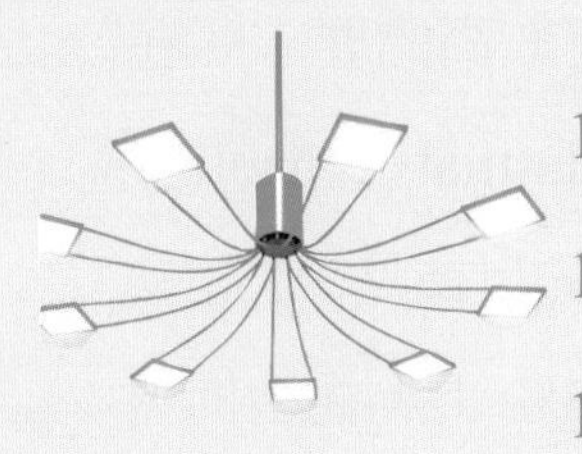

11.1 前言

近年來 OLED 在照明上的應用迅速崛起，這也讓許多過去專注於 OLED 顯示器研究的廠商提供了一個多角化經營的轉型機會。AMOLED 的製程所使用的金屬遮罩和對位精準度都必須要非常的注意，因為 R、G、B 畫素並置所要求的精準度非常高，每個畫素大小都在微米（μm）的尺度，若製程精準度不夠，會增加像素互相干擾和短路的機率，使得成品的良率下降。而在製程中潔淨度不足造成污染，即便是 100 nm 的顆粒，也都有可能造成短路現象。另外一方面，AMOLED 製程中還需要製作以及檢測並整合複雜的 TFT 電路，其所形成波紋（Mura）的困境一直都沒有得到完整的解決，這也是 OLED 顯示器製程良率以及成本一直無法有效改善的一大因素。而在照明的應用，因為不需要考慮 R、G、B 像素或 TFT 背板（backplane）的問題，所以對位精準度相對要求較低，未來的發展性也比較大。雖然照明應用的 OLED 生產流程較為簡單，但是在於大面積的均勻性以及較快速且低成本的製程，則有較高的要求。在 2009 年 FINETECH JAPAN 展上，NEDO（New Energy and Industrial Technology Development Organization）公布對於 OLED 照明製程技術上的目標是：1.開發高速均勻的塗佈成膜製程技術（30 nm 厚度下膜厚偏差在 ±3% 下，而塗佈速率為每秒 200 nm 以上）；2.高速蒸鍍製程技術下提高材料的使用率（材料使用率達 70%，鍍率為每秒 8 nm 以上）；3.開發高封裝性能和高散熱性的製程技術[1]。這幾點都是未來對於製程技術努力的方向，廠商在這方面的製造技術與設備上仍有頗大的發展空間。

11.2 真空熱蒸鍍

就目前來說，真空熱蒸鍍的技術較為成熟，也是目前業界 OLED 製程的主流技術。OLED 所使用的熱蒸鍍設備，對設備廠商來說是一項新的領域與挑戰，因為有機材料的特性與金屬、陶瓷等材料非常不同，不適合需要以高熱和高能量的方式鍍膜，在製作 OLED 元件時必須避免有機材料產生熱裂解或化學反應以免產生缺陷，傳統真空熱蒸鍍壓力在～10^{-6} torr，有機材料在真空下加熱，依材料特性不同，有些材料會先液化再汽化，有些則直接昇華，況且如何穩定的控制蒸鍍速率以及如何維持長時間的連續蒸鍍，也是量產設備上很重要的因素之一。而 OLED 的熱蒸鍍源的形式，主要可分為點蒸鍍源（point source），線蒸鍍源（linear source）和面蒸鍍源（plane source）。通常點蒸鍍源所汽化或昇華出的分子並無一定的方向性，有非常多的有機材料是附著在腔體上，因此真正蒸鍍於基板的材料比率（材料使用率）非常低，所以缺點就是材料使用率不佳和成膜的厚度不均勻導致元件效率下降，進而研發出線蒸鍍源和面蒸鍍源，讓材料使用率增加，且鍍膜均勻性得以提升，這對應用於照明的大面積白光 OLED 面版製程，有非常大的幫助。OLED 元件的材料易受水氣與氧氣的影響，使得元件劣化而影響使用壽命，因此鍍膜後的封裝過程中需隔除空氣中水分，封裝技術的成敗直接影響產品的成敗，封裝技術可說是在整個製程中相當重要的一環，因此現在的 OLED 設備廠商大都將基板前處理、有機材料蒸鍍、金屬陰極鍍膜和封裝腔體整合，如表 11.1 所示，OLED 鍍膜設備設計主要分為串聯式（in-line）和群集式（cluster），串聯式的好處在於可以依製程

表 11.1　OLED 鍍膜設備設計方式與特性

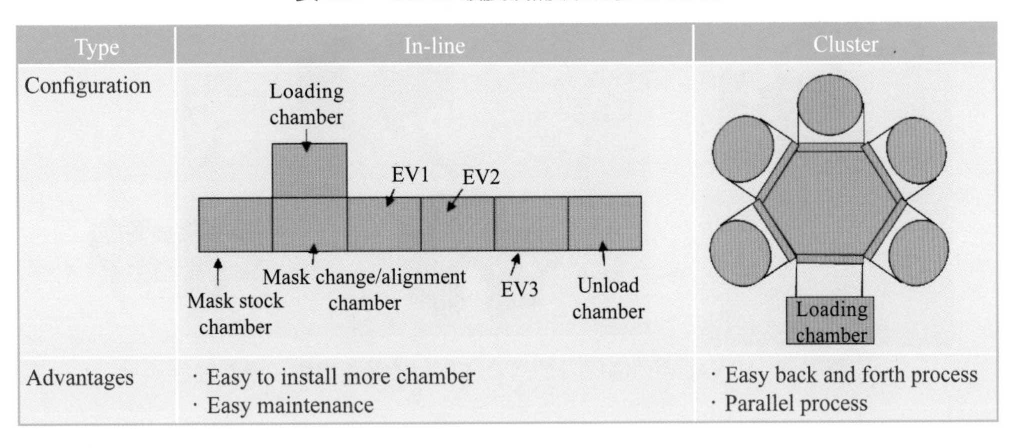

Type	In-line	Cluster
Configuration	Loading chamber; EV1; EV2; EV3; Mask stock chamber; Mask change/alignment chamber; Unload chamber	Loading chamber
Advantages	· Easy to install more chamber · Easy maintenance	· Easy back and forth process · Parallel process

需要增加或減少鍍膜腔體，另外維護比較容易。群集式的好處在於各個腔體間的傳輸較有彈性，可採並行處理程序。

以日本主要的設備和開發廠商 ULVAC 和 Tokki 兩個公司為例，圖 11.1 中列出兩家公司所發表的 OLED 有機蒸鍍實驗和量產機台。以 ULVAC 的 SOLCIET 而言，就是屬於點蒸鍍源的串聯式機台，主要鎖定對象是研究開發用途，其基板尺寸為 100 mm×100 mm，主要流程為前處理、鍍膜層、發光層、電極層及手動封裝。而 SATELLA 則是群集式配置的機台，以研究開發、產品試作客戶為對象，基板尺寸為 200 mm×200 mm，所需的產距時間（tact time）為 30～60 分鐘，處理流程與 SOLCIET 接近，不同之處在於可以蒸鍍 R、G、B 三色發光層來製作彩色面板。至於 ZELDA 蒸鍍設備，則是針對試作生產及量產客戶所設定，其大基板尺寸 400 mm×500 mm，加上完整製作流程，產距時間需 7～10 分鐘，CCD 對位系統精準度為 ±5 μm。而 Tokki 公司自 1993 年共發表了五款點蒸鍍源機型，例如 System-ELVESS 可處理的基板大小有 370 mm×470 mm、400 mm×500 mm 和 335 mm×550 mm，產距時間為

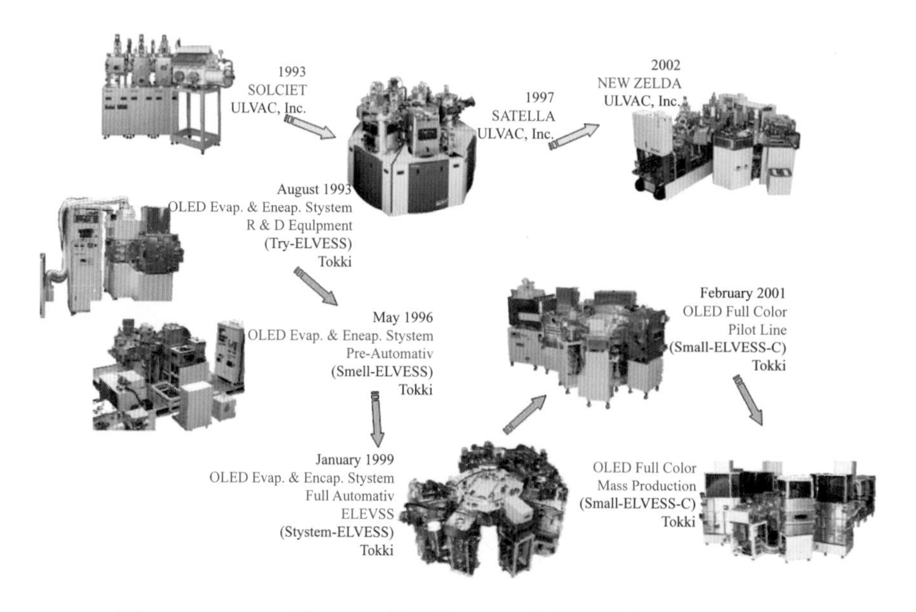

圖 11.1　ULVAC 和 Tokki 公司的 OLED 有機蒸鍍實驗和量產機台

4～5 分鐘，CCD 對位系統精準度一樣是 ±5 μm。Tokki 在 2008 年 FINETECH JAPAN 展上提出了 Gen. 4（基板大小為 730 mm×920 mm）OLED 量產製造的課題，照明應用的蒸鍍設備對位精準度要求較低，但產距時間的要求也比較短，他們目前所研發出來線性蒸鍍源的蒸鍍設備，材料可以連續蒸鍍的時間為 4 天，蒸鍍的速率為每秒 3 Å，膜厚的均勻性在 5% 以內，mask 對位精準在 ±5 μm，對位時間小於 30 秒。

目前 OLED 蒸鍍量產的設備還是以 Gen. 2（基板大小為 370 mm×470 mm）的大批量生產方式為主，由德國 Karl Leo 教授主導在 2008 年成立的 Center for Organic Materials and Electronics Devices Dresden（COMEDD）組織，成立宗旨在於開發有機半導體設備的可行性進展，也就是安裝 Gen. 2 生產線，如圖 11.2 所示。而 2008 年歐盟所提出的 OLED100.eu 專案，就是利用 COMEDD 的 Gen. 2 生產線，並且已經開始小量生產，如圖 11.3 所示。

但目前主要應用於量產的 Gen. 2 生產線，缺點在於過長的產距時間（tact time）4 分鐘、點蒸鍍源過低的材料使用率（大約只有 5%）、基板過熱及蒸鍍源的排列受限等等。所以，提高材料使用率、縮短產距時間的線蒸鍍源和串聯式（in-line）的生產方式已經成為 Gen. 4 以上 OLED 蒸鍍設備努力的方向。

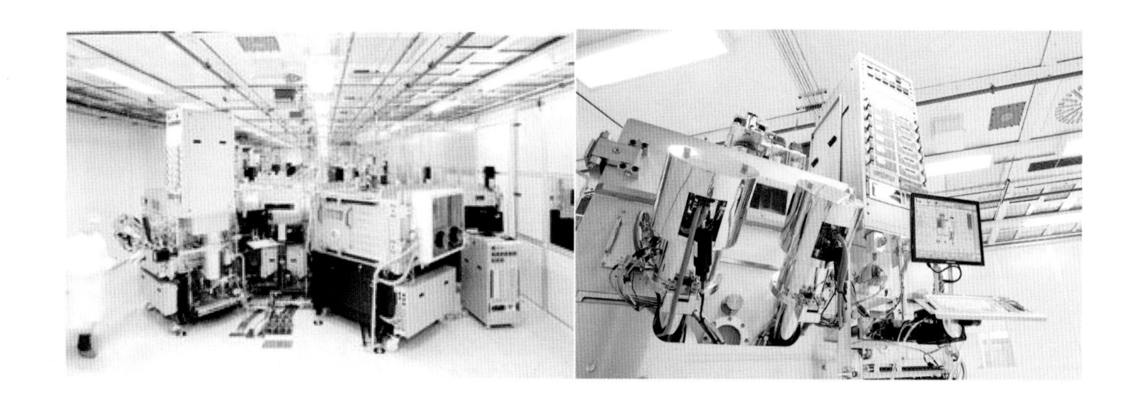

圖 11.2　COMEDD Gen 2 生產線（資料來源：http://www.ipms.fraunhofer.de）

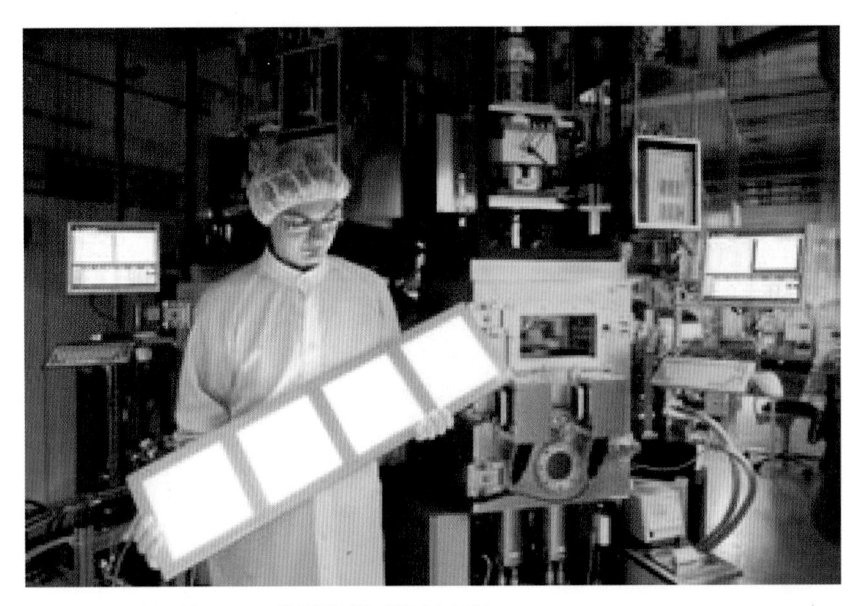

圖 11.3　大面積 OLED 照明面板（資料來源：http://www.ipms.fraunhofer.de）

然而，線蒸鍍源在進行摻雜動作時，需仔細調整兩個蒸鍍源的角度與相對位置，當摻雜成份增加至三種以上時，均勻性將遇到問題，如圖 11.4(a) 所示。

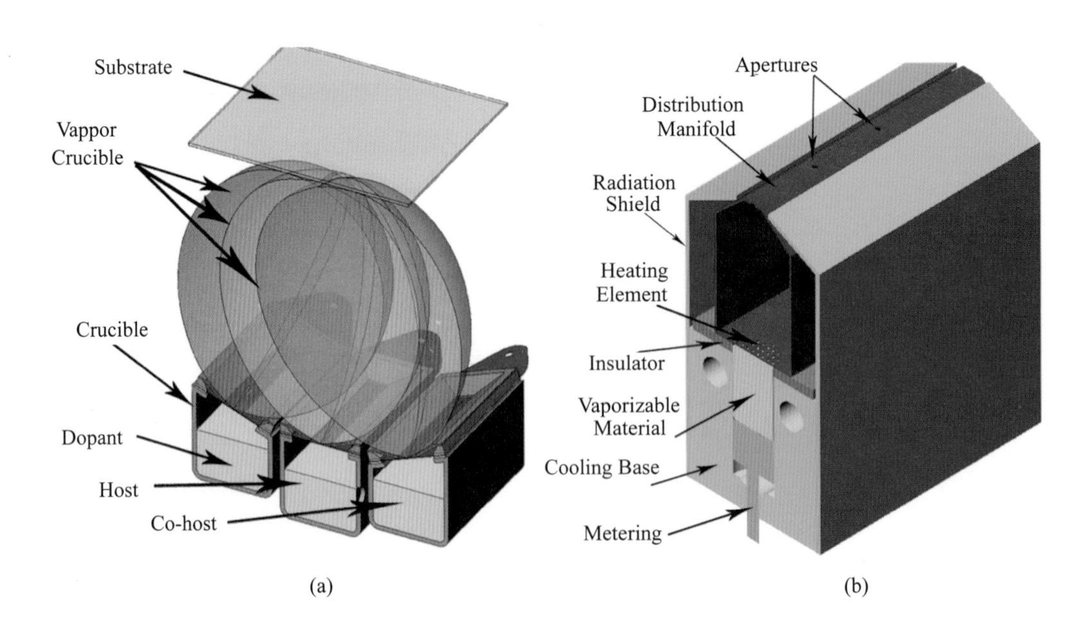

圖 11.4　(a)傳統線蒸鍍源摻雜系統　(b)Kodak 之新型蒸鍍源系統

為了解決這個問題，Kodak 發表了新型蒸鍍源系統，如圖 11.4(b) 所示，此系統可填充預先混合好的材料，材料在通過紅色的加熱區後，混合材料才快速蒸發，並利用進料速度來控制蒸鍍速率[2]。由於受熱的材料很少，其它大部分的材料因為冷卻設計而保持在室溫，因此預混合的組成不易改變，也不會如傳統蒸鍍源一般，以提高溫度來增加蒸鍍速率，讓材料長期處於高溫狀態而產生裂解，並在多成份摻雜時提供較好的均勻性與材料選擇性。

經過不斷的改良均勻性以及材料使用性，Kodak 在 2008 年 SID 研討會發表的更新型的 Gen. 5（基板大小為 1100 mm×1300 mm）線性蒸鍍源系統（Kodak's vapor injector source , KVIS），如圖 11.5 所示，跟之前的比較材料的使用率以及膜厚的均勻性都有很大的進步，他們宣稱可以有效的運用 90% 材

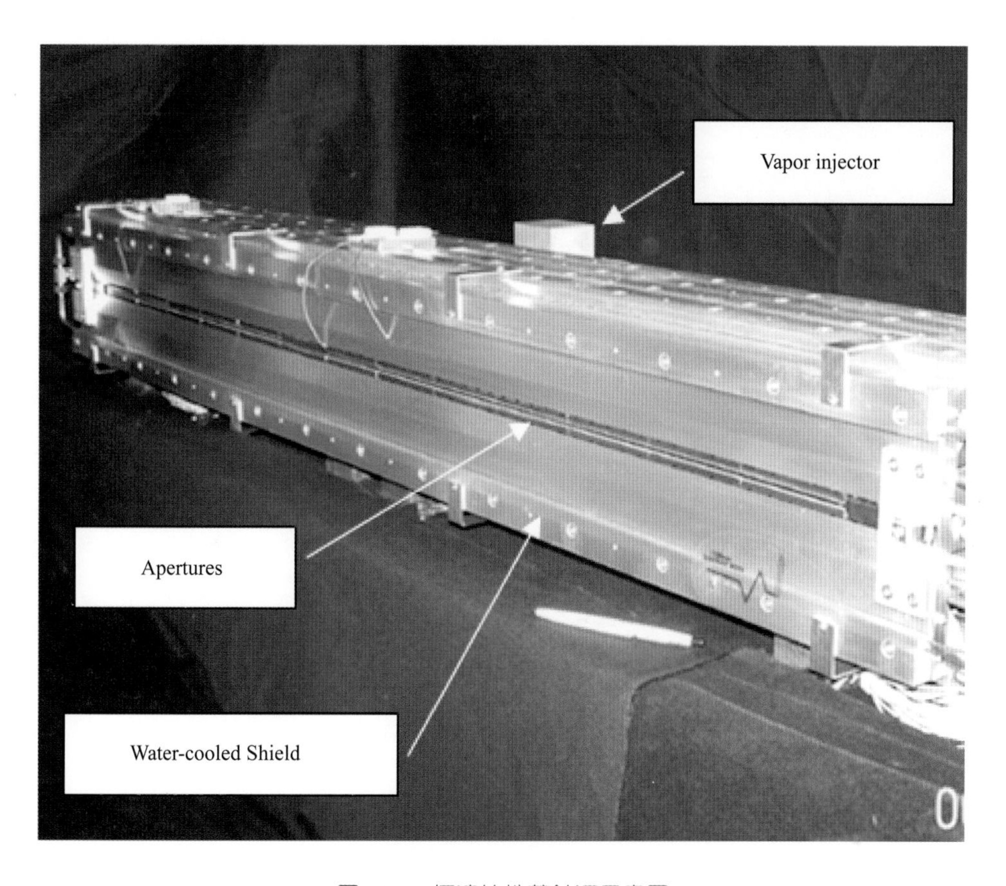

圖 11.5　柯達線性蒸鍍源示意圖

料，不但可以在 30 秒內，在 Gen 5 基板上蒸鍍 25 nm 的薄膜厚度時，且膜厚偏差在 ±1% 內，雖然此想法尚待設備商與面板製造商進一步的發展與驗證，不過跟傳統的真空沉積系統比較起來，已經可以減少 40% 的單位材料製造成本，如圖 11.6[3]。

圖 11.7 所顯示的是 Gen. 5 蒸鍍源系統在 1100 mm×1300 mm 基板上，距離蒸鍍源 9 公分時，鍍膜厚度縱向與橫向的數據資料。圖 11.7(a)可以看出來，縱向沉積膜厚均勻性在 1100 mm 的基板寬度下只有 ±1% 的誤差，超出基板 1100 mm 的寬度時，鍍率會快速的下降導致膜厚也迅速下降。經過嚴謹的設計，讓材料盡量都蒸鍍在基板上，增加材料的使用性，經過計算之後，縱向沉積的材料利用率高達 90% 。而考慮橫向膜厚的均勻性後，如圖 11.7(b) 所示，有效的橫向蒸鍍只有在距離中央蒸鍍源 ±7 cm 內，若考慮金屬遮罩的精密度，最後材料的有效使用率依然可以保持在 70%。

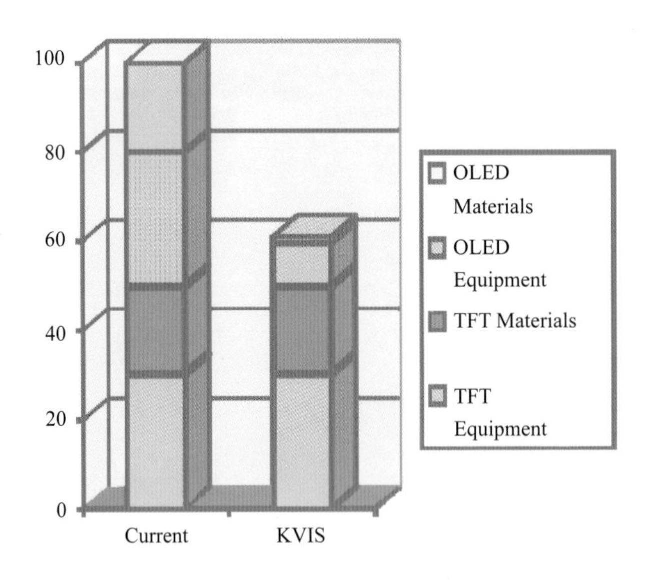

圖 11.6　傳統蒸鍍與 KVIST 線性蒸鍍成本的比較

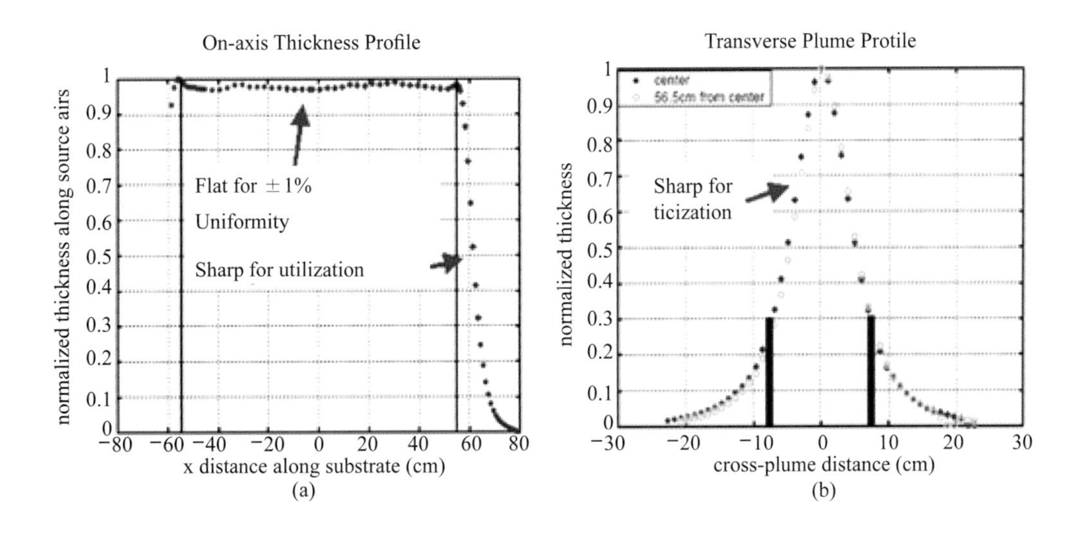

圖 11.7　(a)縱向沉積膜厚均勻性　(b)橫向沉積膜厚均勻性

Kodak 所研發材料的引入系統如圖 11.8(a)所示，可以看出在材料被引入蒸鍍源之前，所有的材料都是處於室溫下。這對 OLED 元件是很重要製程上的突破，因為許多有機材料沒有辦法長期承受高溫，而造成材料本質上的變化。只有在需要蒸鍍材料時，再將材料引入蒸鍍源，而且只需要花費短短的幾秒鐘而已，可以減少材料使用上的浪費[4]。材料引入系統的切面圖如圖 11.8(b)所示，其中 Powder metering 控制存放好的材料到蒸鍍源速率，而 flash heater 開口不能太大，我們才能穩定的控制鍍率。Cool Organic Power 可以讓未加入蒸鍍源的材料保持在室溫的情況下。然而我們也可以事先把有摻雜不同濃度的材料比例先準備好，再利用 VIST 的蒸鍍系統去蒸鍍，優點是不需要在控溫蒸鍍材料時，還需要準確的控制不同摻雜的鍍率，這樣的設計也可以縮短的製程時間。Powder metering 控制平均的沉積的速率，會因為材料量的多寡，瞬時傳送材料的功率也會不同。而 Flash Heater 具有在短短幾秒中內迅速上升或下降溫度，用來控制沉積速率、迅速中斷蒸鍍或重新蒸鍍。相較起來，傳統的蒸鍍源在蒸鍍完成之後，可能還需花費數個小時在降溫，而在這個過程就浪費的不少材料。

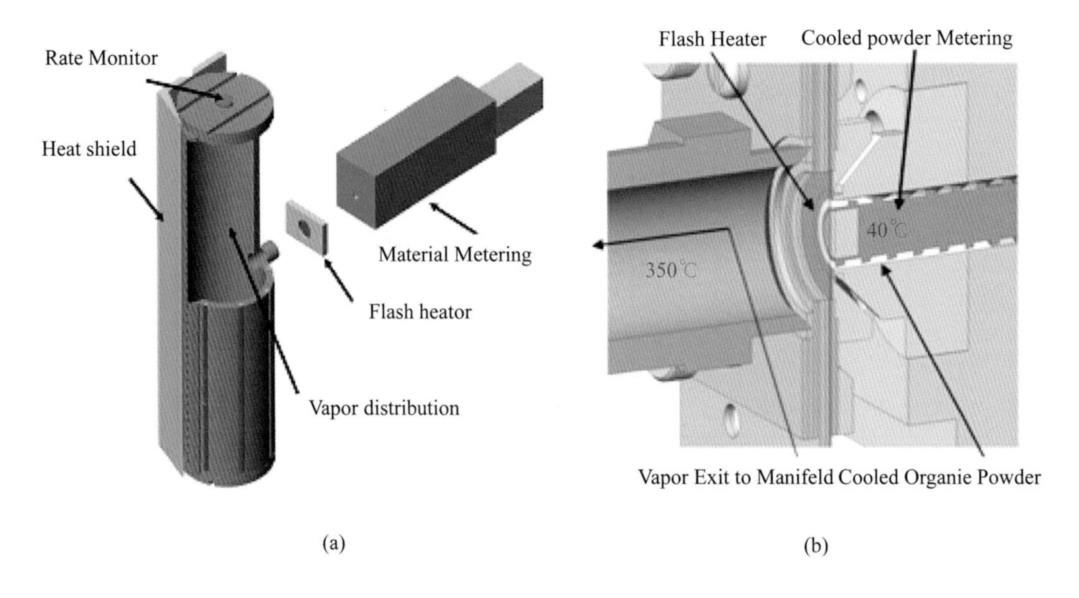

圖 11.8 (a)Kodak 材料引入系統 (b)引入系統的切面圖[5]

這樣的線性蒸鍍源技術可以製作成串聯式機台（in-line machine），如圖 11.9 所示，玻璃基板上 OLED 結構的每一層的有機物只需要一個蒸鍍源，依序看需要蒸鍍什麼結構來控制玻璃基板上的傳輸。Kodak 所發明的這項技術，除

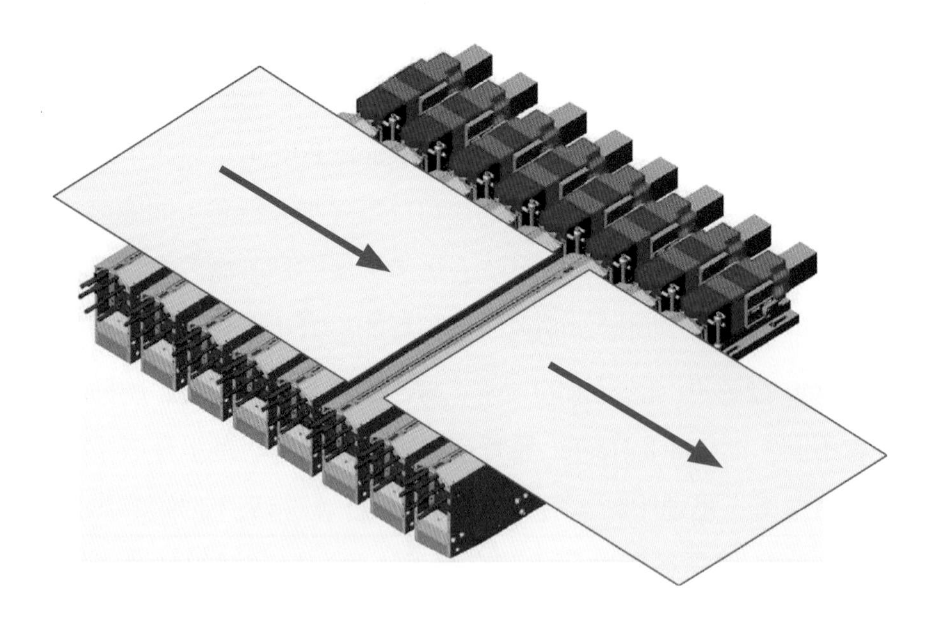

圖 11.9 柯達串聯式機台示意圖

了可以增加材料的使用率，產距時間（tact time）也只需要 2 分鐘或者更少。在 2009 年 Kodak 的田元生博士更盡一步透露他們現在的 Gen. 5 線性蒸鍍源系統 tact time 已只需要 20 秒，而從投料到生產一個循環的時間（cycle time）如果只需要 20 秒的時間，設備的可動作時間（up time）為 85%，也就是機台一年可運作 7446 小時，可生產出 1,340,280 片的 1100 mm×1300 mm 白光 OLED 面板，良率有 90%，經過計算過後，每平方公尺的白光照明面積成本只需要 82 美金，如表 11.2 所示。而且系統可以很容易升級到 Gen. 7（基板大小為 1870 mm×2200 mm）或是更大的基板，對於蒸鍍技術是一項很大的突破，也對於未來量產低成本的白光 OLED 照明產品，有非常大的幫助。

表 11.2　OLED 照明成本的估算

Kodak Estimate Based on Gen 5 In-Line Machine with VIST		
Cycle Time, sec	20	40
Plant Efficiency	0.85	0.85
Plant Operating Hours/year	7446	7446
# of Substrates Per Year	1,340,280,	670,140
Area/substrate (1.1m×1.3m)	1.43	1.43
Area/yr, un-yielded, m^2	1,916,600	958,300
Yield	0.9	0.9
Yielded Area/Yr	1,724,940	862,470
Plant Cost	$60,000,000	$100,000,000
Cost $/$m^2$		
Substrate 2.3 mm Sodalime glass	4	4
Anode/Cathode (sputtered ITO, AZO, or CVD ZnO)	10	20
Patterning	5	10
Organics (70% utilization)	25	25
Encapsulation (Al foil, including desiccant & adhesive)	5	10
Labor ($25/hr, 30FTE/Shift)	3	7
Equipment (25%, 5Yr Depreciation)	12	39
Outcoupling	10	15
Total Yielded Cost ($/m2)	**82**	**144**

另外在 2008 的 SID 研討會上，城戶淳二（Junji Kido）教授發表了利用多層發光層的結構（multi-photon emission, MPE）和螢光發光材料，在大小為 14 ×14 cm^2 的玻璃基板上製作的白光 OLED 面板。該元件在 5000 cd/m^2 時效率為 20 lm/W，而製程演進圖如圖 11.10 所示，從最傳統的點蒸鍍源到線性蒸鍍源，由於使用線性蒸發源，基板與蒸發源間的距離縮小，材料使用率增加，且鍍膜均勻性得以提升，這對大面積的製程非常有幫助，之後進步到串聯式（in-line）的線性蒸鍍源，最後再到為 MPE 結構所設計的製程蒸鍍源，而其所做出來的實品如圖 11.11 所示[6]。Kido 宣稱他所設計的串聯式設備還有一個好處，就是它可以製作無異質介面或是形成連續式介面（continuous interface）的 OLED 元件，徹底解決了過去由於電荷在介面附近囤積所導致元件壽命減短的問題。

而由城戶淳二與三菱重工業（Mitsubishi Heavy Industry）、ROHM、凸版印刷（Toppan printing）、三井物產（Mitsui）等所成立的專注在 OLED 照明公

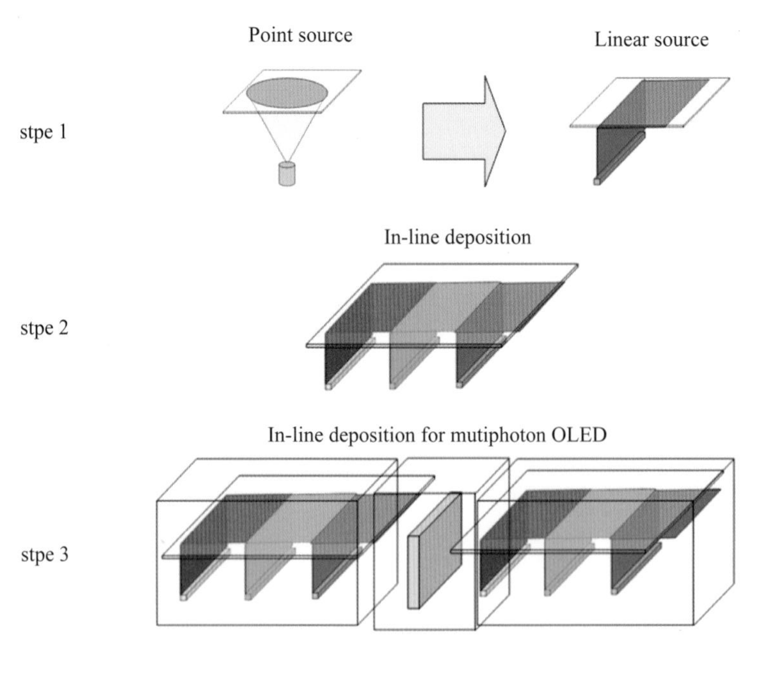

圖 11.10　製程演進示意圖

圖 11.11　Lumiotec 展示白光 OLED 照明燈具

司，Lumiotec。Mitsubishi Heavy Industries 負責白光 OLED 照明製程設備的開發，ROHM 負責白光 OLED 元件上的開發，Toppan Printing 負責後製程開發上的技術，Mitsui 負責白光 OLED 市場行銷，城戶淳二負責 OLED 相關技術上的支援。Lumiotec 開發的串聯式（in-line）的線性蒸鍍源系統，玻璃大小為 300 mm×400 mm，裡頭有 8 個線性蒸鍍源，而其蒸鍍的速率為 3 nm/s，材料使用率達到 59%，而且在機台裡將材料準備好之後，可以連續蒸鍍的時間長達一個禮拜。三菱重工業（Mitsubishi Heavy Industry）所研發的線性蒸鍍量產機台，基板大小為 550 mm×650 mm，前後處理時間（tact time）可以縮短到只有 2 分鐘，材料使用率有 60%。從由群集式（cluster）蒸鍍設備到改良過後的串聯式（in-line）的線性蒸鍍源設備，材料的使用率已有效的提升，並對於低成本的製程目標向前邁進的一步，未來在每平方公尺的白光 OLED 照明面積，成本在 10,000 日幣以下是非常有希望達成的目標。而城戶淳二很有自信的認為 OLED 照明的時代，很快的就會來臨了。Lumiotec 也規劃 2009 年第一季開始生產、銷售白光 OLED 樣品，預計在 2011 年正式大量的量產白光 OLED 照明產品。

11.3 其他塗佈技術

另外值得一提是利用可溶解型的小分子或高分子的噴墨列印（ink-jet printing, IJP）及印刷技術（printing）。IJP 適合製作大面積元件、較節省的溶液材料、適合塑膠與玻璃軟硬兩種基板、元件光色較旋轉塗佈法均勻以及無須去除基板邊緣膜層。而印刷法如 IJP 一樣是溶液製程的一種，包含凸版印刷（relief printing）、凹版印刷（gravure printing）、網版印刷（screen printing）等[7]。主要發展公司有 DuPont、Add-Vision、芬蘭的 VTT Electronics 和日本的 Toppan Printing 及 Dai Nippon Printing 公司。印刷法主要擁有低成本的優勢，不管是發光層或是電極的鍍膜與圖樣化理論上都可利用印刷製程完成。

Dai Nippon Screen 和 DuPont 公司合作，並在 2008 年日本橫濱所舉辦的 FPD International 展中公開發表了他們所研發出來比普遍使用的噴墨列印（ink-jet printing）更高產能的噴嘴列印（nozzle printing）的方法[8]。利用該技術，材料可以用更高的速度準確地印刷。DuPont 和 Screen 最近宣布合作發展 OLED coating/printing 設備，結合 DuPont 獨有的可溶解製作（solution processible）小分子 OLED 材料解決方案和獨有的加工製程和 Screen 的 nozzle printing。在 nozzle printing 裡，發光層經由小直徑噴管高速移動連續的擠壓填裝，如圖 11.12 所示。

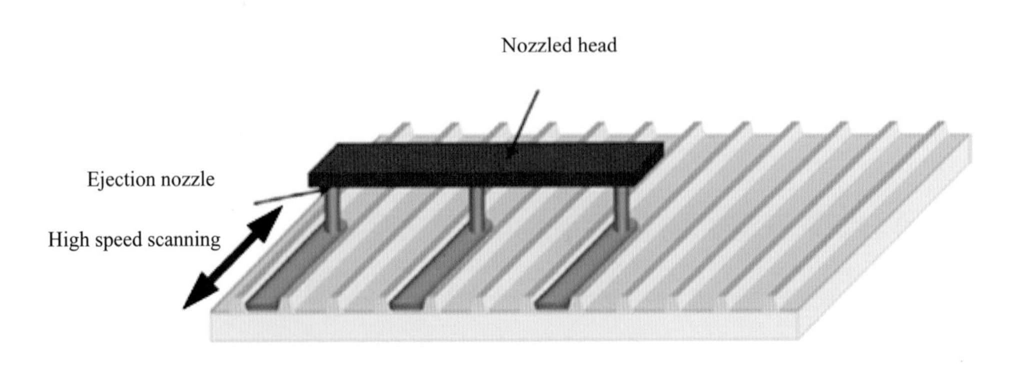

圖 11.12　DuPont 噴嘴列印示意圖

發光層厚度的均勻性跟 OLED 元件的效率有著重要的關係，一般印刷技術主要的其中一個問題就是直接噴印會有內薄外厚的現象發生（coffee ringing），發光層比較薄的地方就容易老化不發光或短路，經由他們合作技術可以做出很平坦的發光層。圖 11.13 是顯示 R、G、B 三原色元件壽命和效率。圖 11.14 顯示 print 可以有更的材料利用，同時又能擁有較高的產能。

2008 年美國 GE 公司成功的展示了世界上第一個利用 Roll-to-Roll（R2R）製程技術的可撓式 OLED 照明面板，這代表著低成本的 OLED 照明燈具不再是個夢而已。Roll to Roll 的技術原理是以特殊處理的滾筒在可撓曲的薄膜基板上（通常塑膠或金屬薄板），以連續性的滾壓或沉積的方式生產大面積的元件。且 Roll to Roll 真空鍍膜設備特色是具有可連續式、同時蒸鍍多層膜和高效率的生產，跟傳統的生產方式比較起來，成本上降低很多，具有量產的價值和競爭力。所以研究人員一直夢想著 OLED 製程可以像報紙印刷一樣的簡單，他們表示這的確是有可能完成的目標。GE 還會不斷的研發 Roll to Roll 的技術，讓 OLED 照明產品可以用這關鍵技術來製作，將成本壓低且儘早進入商品化的階段。目前 GE 已經與 ECD（Energy Conversion Devices）和 NIST（National

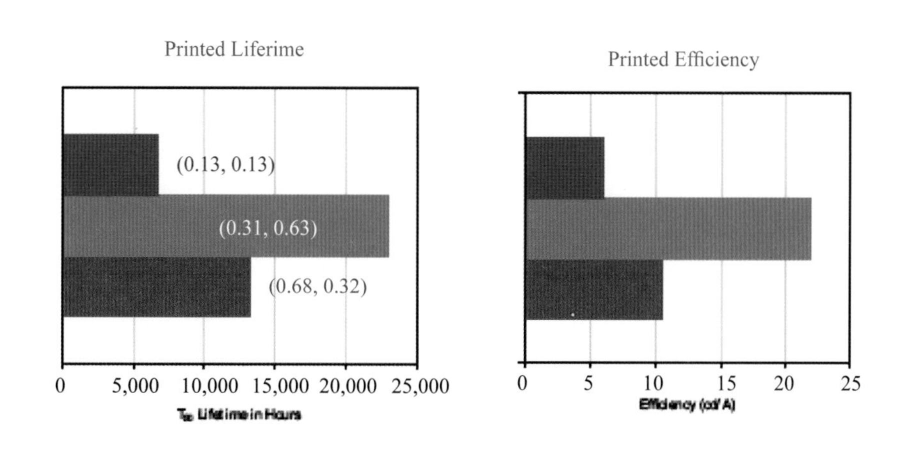

圖 11.13　DuPont 溶液製程小分子 OLED 元件效率圖

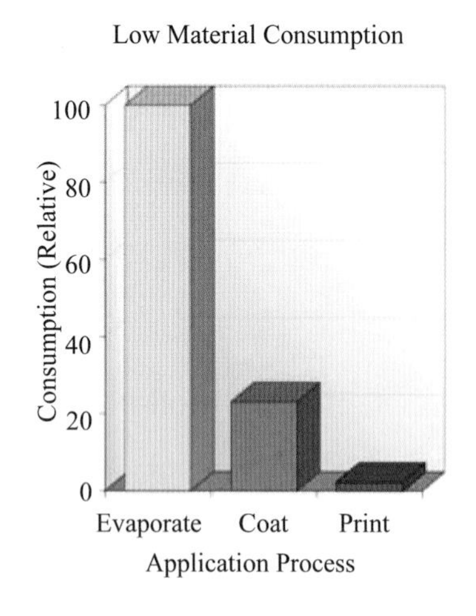

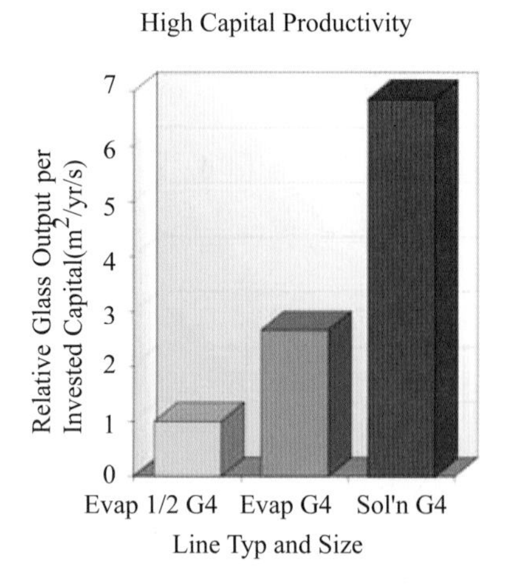

圖 11.14　DuPont 小分子材料的使用與產能比較圖

Institude of Standards and Technology）合作，宣稱在 2010 年就可以生產出 Roll to Roll 的低成本照明元件，率先將 OLED 照明推進到可撓區式的軟性世代。

一些製造商試著最佳化現有的 OLED 生產製程，以因應大尺寸 OLED 照明的生產。現今 OLED 照明在現在的商業舞台上，繼續使消費者因為它的溫暖面光源和無散熱問題而感到興奮。然而，蒸鍍製程的成本高的是讓 OLED 製造業望而卻步，不敢輕易的將手中的資金投入市場的主要原因之一。為了充分發揮的 OLED 照明的潛力，製造方法必須發展大型面積低成本的製程方式且元件的壽命也要相當的優良。我們也希望在未來可以運用印刷技術來製造低成本的白光 OLED 照明，壽命可以達到市場上的應用的要求，最重要的是希望成本可以比 LED 還要來的低。

參考文獻

1. 張志祥、洪乙文。2009FINETECH JAPAN、LIGHTING JAPAN 看 FPD 與次世代照明發展趨勢。材料世界網。民 98 年 6 月 5 日，取自：http://www.materialsnet.com.tw/DocView.aspx?id=7825

2. M. Long, J. M. Grace, D. R. Freeman, N. P. Redden, B. E. Koppe, R. C. Brost, Proceedings of SID'06, p.1474, June 4-9, 2006, San Francisco, CA., USA.
3. M. Long, M. L. Boroson, D. R. Freeman, B. E. Koppe, T. W. Palone, and N. P. Redden, *Proceedings of SID'08*, p.507, May 20-23, 2008, Los Angeles, California, USA
4. J. W. Hamer, A. D. Arnold, M L. Boroson, M. Itoh, T. K. Hatwar, M. J. Helber, K. Miwa, C. I. Levey, M. Long, J. E. Ludwicki, D. C. Scheirer, J. P. Spindler, S. A. Van Slyke, *Journal of SID'08*, **16**, 3 (2008)
5. M. Long, B. Koppe, N. Redden, M. Boroson, *Proceedings of SID'09*, p. 943, May 31-June 5, 2009, San Antonio, Texas, U.S.A.
6. J. Kido, *Proceedings of SID'08*, p. 931, May 20-23, 2008, Los Angeles, California, USA.
7. (a) E. Kitazume, K. Takeshita, K. Murata, Y. Qian, Y. Abe, M. Yokoo, K. Oota, T. Taguchi, *Proceedings of SID'06*, p.1467, June 4-9, 2006, San Francisco, CA., USA. (b) N. Itoh, T. Akai, H. Maeda, D. Aoki, *Proceedings of SID' 06*, p.1559, June 4-9, 2006, San Francisco, CA., USA. (c) D. A. Pardo, G. E. Jabbour , N. Peyghambarian, *Adv. Mater.*, **12**, 1249 (2000).
8. M. O'Regan, *Proceedings of International Display Manufacturing Conference (IDMC'09)*, Tue -S05- 01, April 27-30, Taipei, Taiwan

附錄　OLED 材料名稱與化學結構

英文簡稱（Abbreviation）	化學結構式（Material Structure）	化學全名（Chemical Nomenclature）
ADN	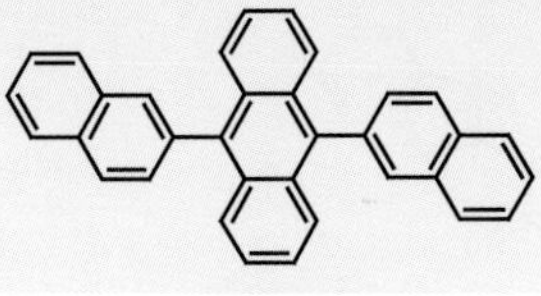	9, 10-*di* (2-naphthyl) anthracene
Alq$_3$	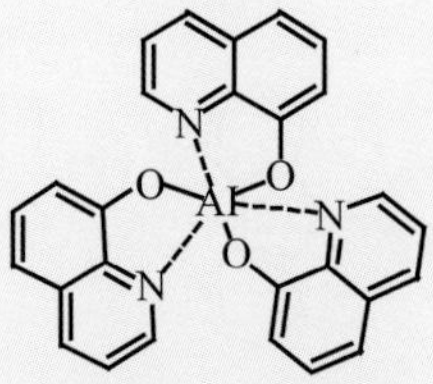	*tris*-(8-hydroxyquinoline) aluminum
BANE	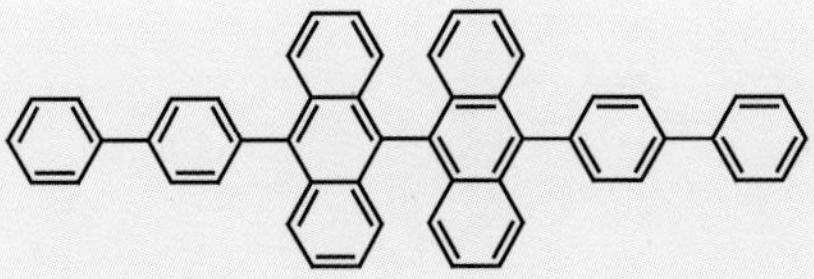	10, 10'-bis (biphenyl-4-yl)-9, 9'-bi-anthracenyl
BCzVBi	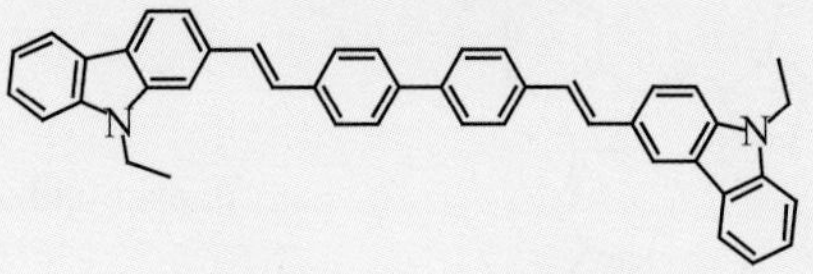	4, 4'-*bis* (9-ethyl-3-carbazovinylene)-1, 1'-biphenyl
BCP	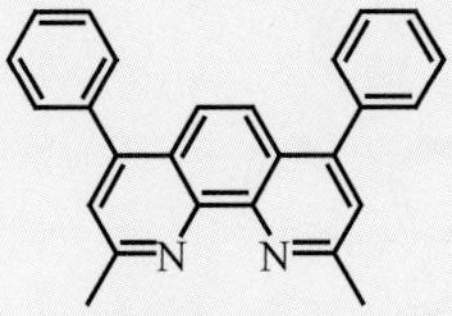	2, 9-dimethyl-4, 7-diphenyl-1, 10-phenanthroline
Btp$_2$Ir(acac)	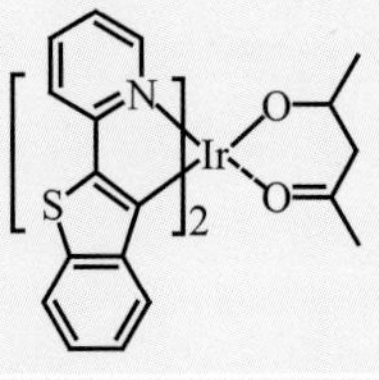	*bis*-2-(2'-benzo [4, 5-*α*] thienyl) pyridinato-*N*, C3') iridium (acetylacetonate)
BPhen	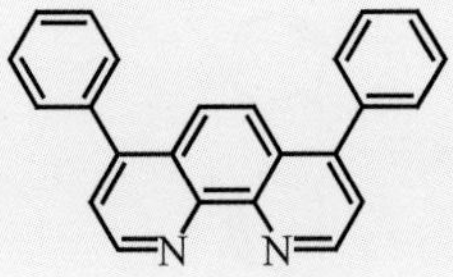	4, 7-diphenyl-1, 10-phenanthroline

英文簡稱（Abbreviation）	化學結構式（Material Structure）	化學全名（Chemical Nomenclature）
BUBD-1	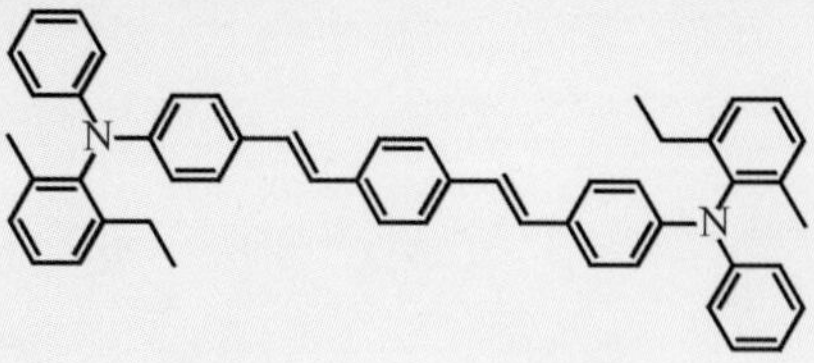	*p-bis* [4-*N*, *N*-(2-methyl-6-ethyl-phenyl)-(phenyl) aminostyryl] benzene
C545T	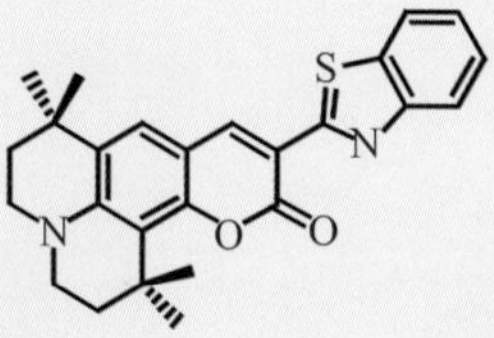	10-(2-benzothiazolyl)-1, 1, 7, 7-tetramethyl-2, 3, 6, 7-tetrahydro-1*H*, 5*H*, 11*H*-benzo[*l*]-pyrano [6, 7, 8-*ij*] quinolizin-11-one
CBP	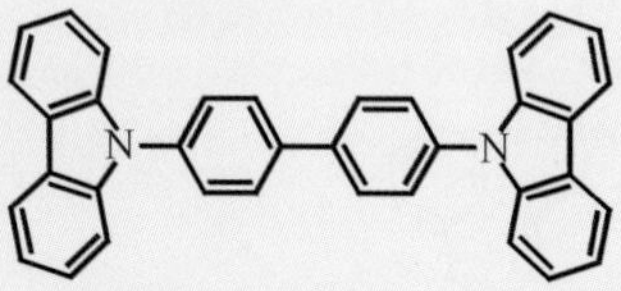	4, 4'-*bis*(9-carbazolyl)-biphenyl
CDBP	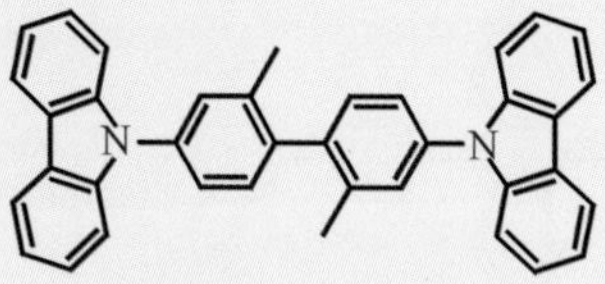	4, 4'-bis(9-carbazolyl)-2, 2-dimethyl-biphenyl
CuPc	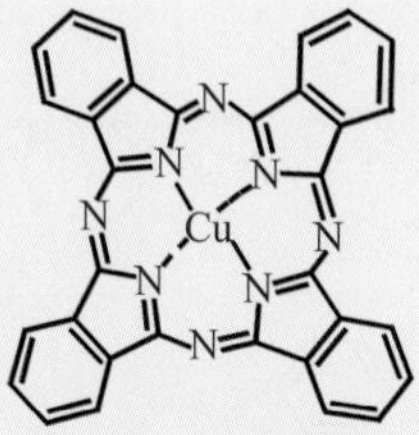	copper phthalocyanine
CzSi	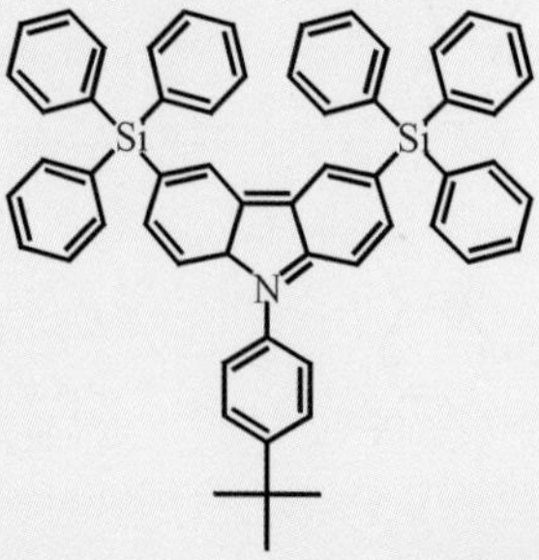	9-(4-*tert*-butylphenyl)-3, 6-bis (triphenylsilyl)-9*H*-carbazole
DCB	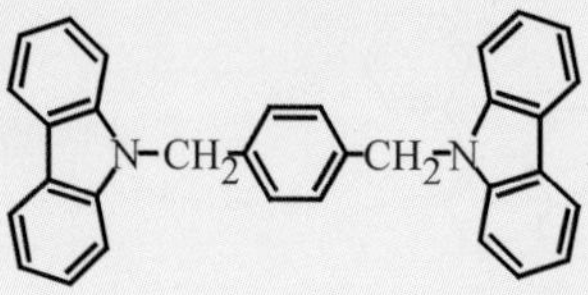	*N*, *N*'-dicarbazolyl-1, 4-dimethene-benzene

英文簡稱（Abbreviation）	化學結構式（Material Structure）	化學全名（Chemical Nomenclature）
DCJ (DCM2)	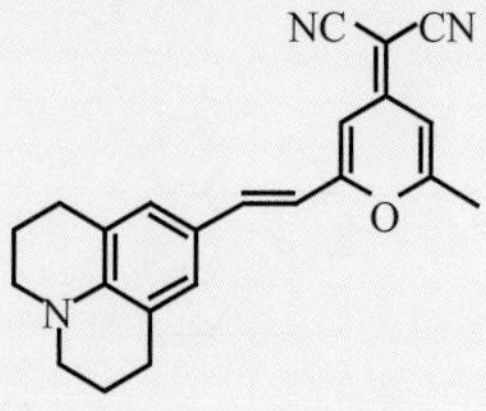	4-(dicyano-methylene)-2-methyl-6-(julolidin-4-yl-vinyl)-4H-pyran
DCJT	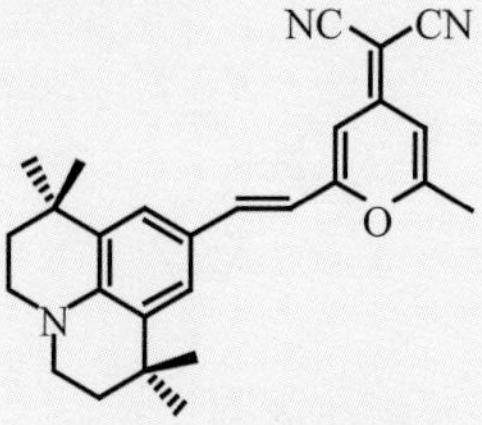	4-(dicyanomethylene)-2-methyl-6-(1, 1, 7, 7-tetramethyljulolidyl-9-enyl)-4H-pyran
DCJTB	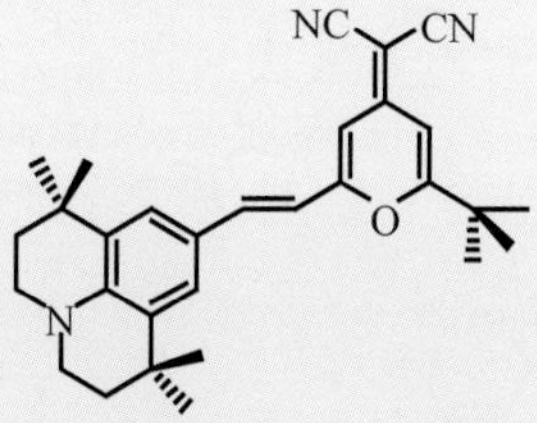	4-(dicyanomethylene)-2-*t-butyl*-6-(1, 1, 7, 7-tetramethyljulolidyl-9-enyl)-4H-pyran
$(dfbmb)_2Ir(fptz)$	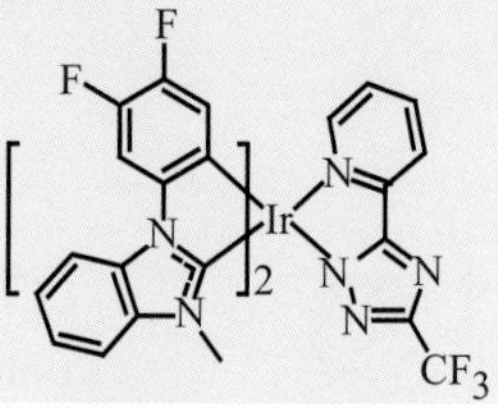	iridium (III) bis [1-(2, 4-difluorobenzyl)-3-methylbenzimidazolium] (3-(trifluoromethyl)-5-(pyridin-2-yl)-1, 2, 4-triazolate)
$(dfppy)Ir(fppz)_2$	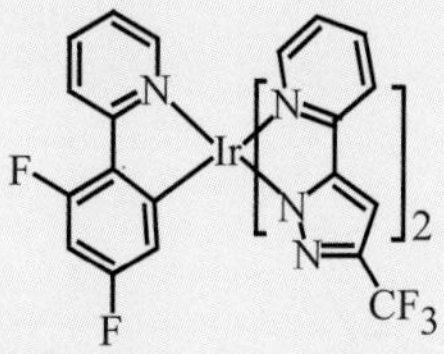	iridium (III) (4, 6-difluoropheny lpyridinato) *bis* (5-(2-pyridyl)-3-trifluoromethyl pyrazolate)
DPAA	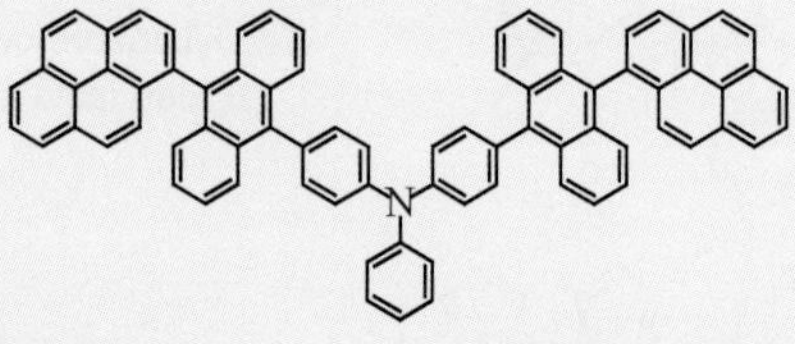	4, 4'-*di* (9-(10-pyrenylanthracene)) triphenylamine
DPVBi	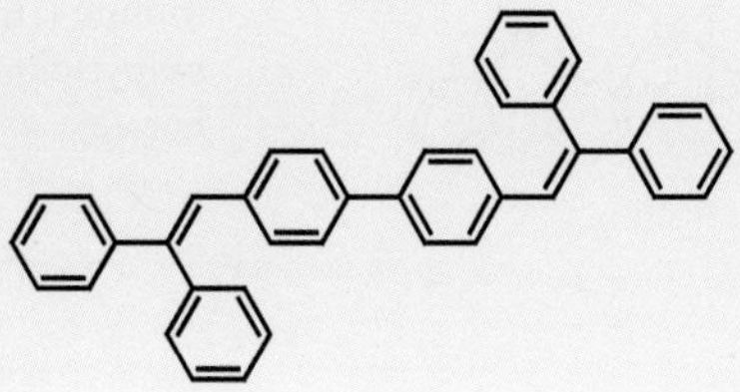	4, 4'-*bis* (2, 2'-diphenyl vinyl)-1, 1'-biphenyl

英文簡稱（Abbreviation）	化學結構式（Material Structure）	化學全名（Chemical Nomenclature）
DPVP	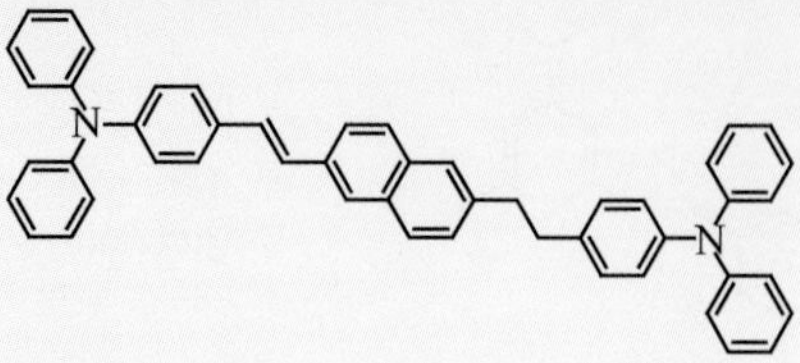	*di* (triphenyl-amine)-1, 4-divinyl-naphthalene
DSA-Ph	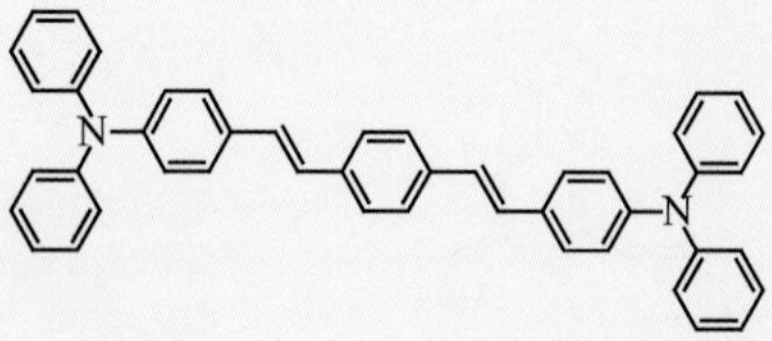	*p*-bis (p-*N*, *N*-diphenyl-amino-styryl) benzene
(E)-CPEY	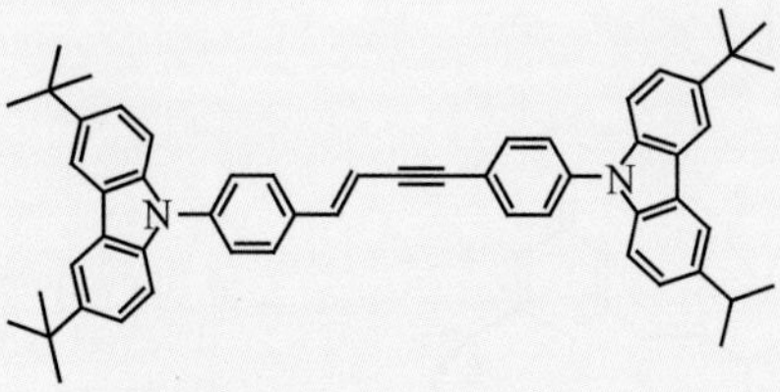	4-[4, 7-di (t-butyl) carbazol-1-yl styryl-4', 7'-di (t-butyl) carbazol-1'-yl] phenylethyne
F4-TCNQ	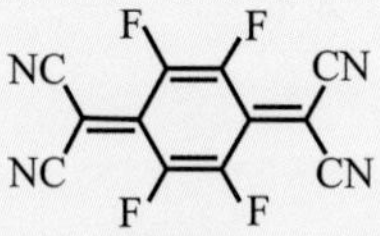	2, 3, 5, 6-tetrafluoro-7, 7, 8, 8 tetracyanoquinodimethane
$(fbi)_2Ir(acac)$	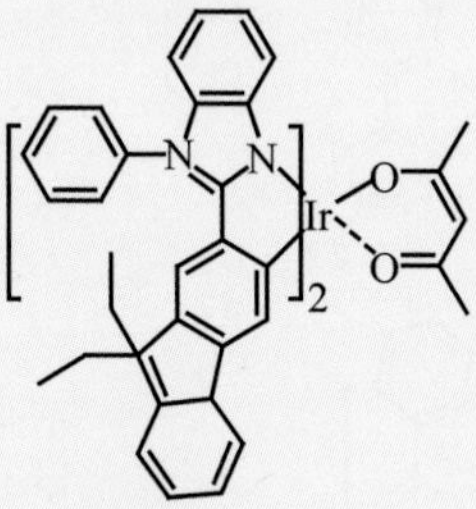	bis (2-(9, 9-diethyl-9H-fluoren-2-yl)-1-phenyl-1H-benzoimidazol-N, C3) iridium (acetylacetonate)
$(F\text{-}BT)_2Ir(acac)$	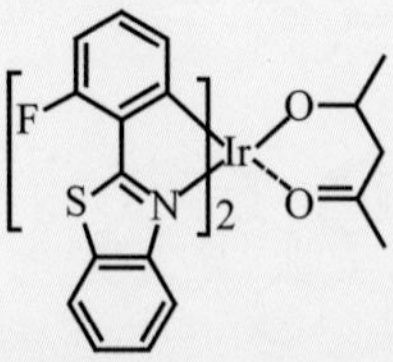	bis (2-(2-fluorphenyl)-1, 3-benzothiozolato-N, C2') iridium (acetylacetonate)
FIr6	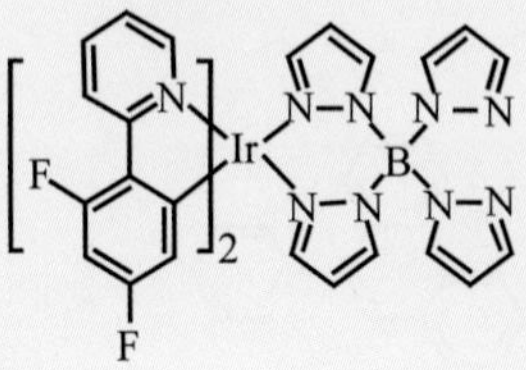	iridium (III) bis (4', 6'-difluorophe nylpyridinato) tetrakis (1-pyrazolyl) borate

英文簡稱（Abbreviation）	化學結構式（Material Structure）	化學全名（Chemical Nomenclature）
FIrpic	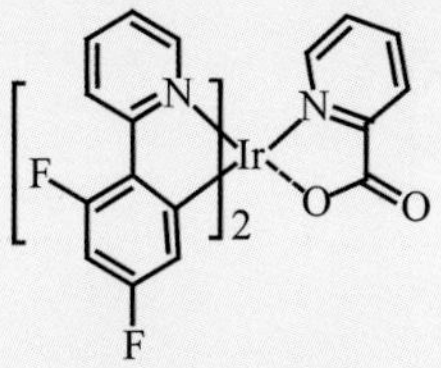 N Ir N O O F F 2	Iridium *bis* (4, 6-di-fluorophenyl)-pyridinato-*N*, *C*2') picolinate
FIrtaz	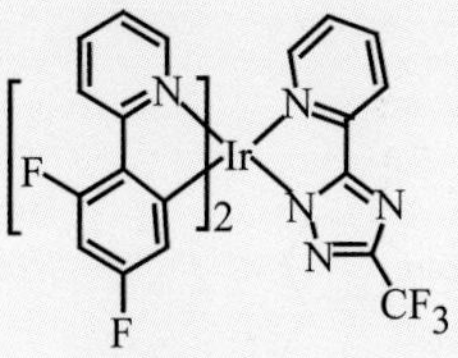 N Ir N N N N F F 2 CF_3	iridium (III) bis (4, 6-difluoropheny lpyridinato) (3-(trifluoromethyl)-5-(pyridin-2-yl)-1, 2, 4-triazolate)
FPt1	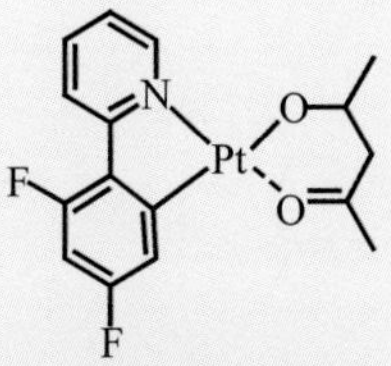 N Pt O O F F	platinum (II) (2-(4', 6'-difluoro-phenyl) pyridinato-N, C2') (2, 4-pentanedionate)
$Ir(4F5Mpiq)_3$	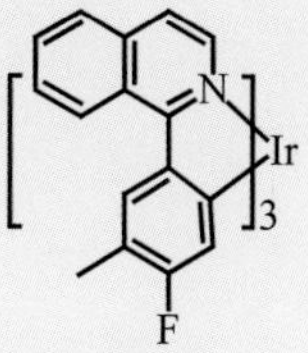 N Ir 3 F	tris [1-(4-fluoro-5-methylphenyl) isoquinolinato-*C*2, *N*] iridium (III)
$Ir(Cz-CF_3)$	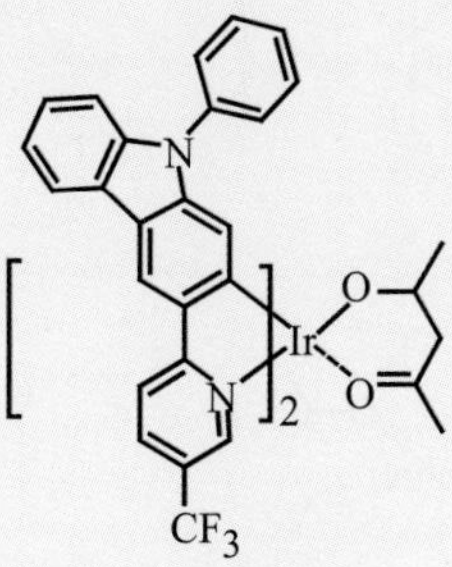 N N Ir O O 2 CF_3	Iridium (III) *bis* [2-(*N*-phenylcarbazol-4-yl)-5-trifluoromethylpyridinato] acetylacetonate
$Ir(Flpy)_3$	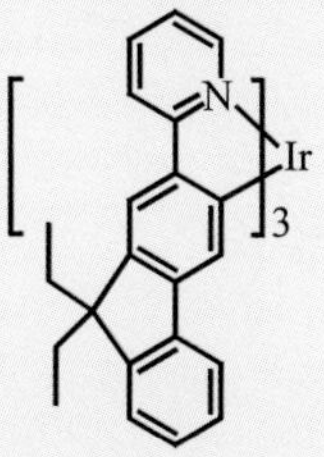 N Ir 3	tris (2-(9, 9-diethylfluoren-2-yl) pyridine) iridium

英文簡稱（Abbreviation）	化學結構式（Material Structure）	化學全名（Chemical Nomenclature）
$Ir(Flz)_3$	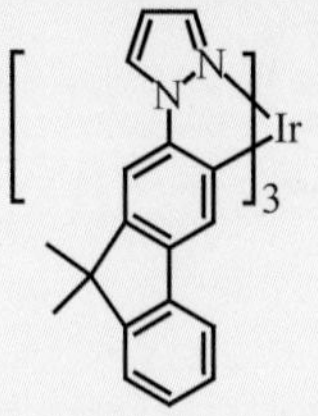 N N Ir 3	*fac*-tris (1-(9,9-dimethyl-2-fluorenyl) pyrazolyl-*N*, *C*2') iridium (III)
$Ir(MDQ)_2(acac)$	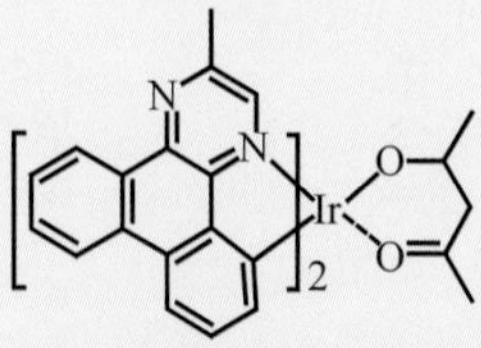 N N Ir 2 O O	Iridium (III) bis (2-methyldibenzo-[*f*, *h*] quinoxaline) (acetylacetonate)
$Ir(piq)_2(acac)$	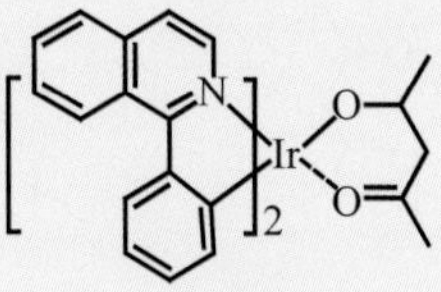 N Ir 2 O O	tris [1-phenylisoquinolinato-C2, N] iridium (III)
$Ir(piq)_3$	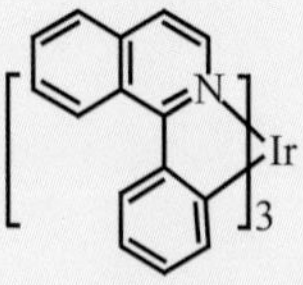 N Ir 3	tris (1-phenylisoquinolinato-C2, N) iridium (III)
$Ir(pmb)_3$	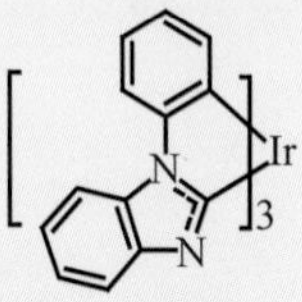 N N Ir 3	*Tris* (phenyl-methyl-benzimidazolyl) iridium (III)
$Ir(ppq)_2(acac)$	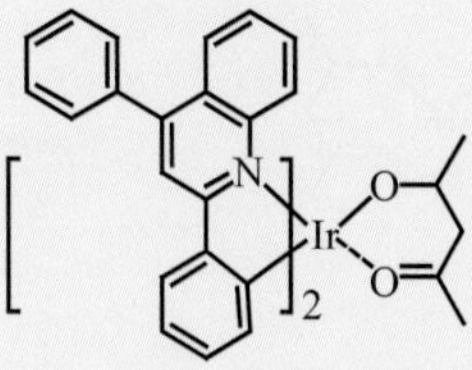 N Ir 2 O O	bis (2, 4-diphenyl-quinoline) iridium (III) acetylanetonate
$Ir(ppy)_2(acac)$	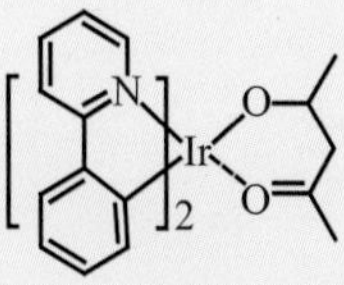 N Ir 2 O O	bis (2-phenylpyridine) iridium (III) acetylanetonate
$Ir(ppy)_3$	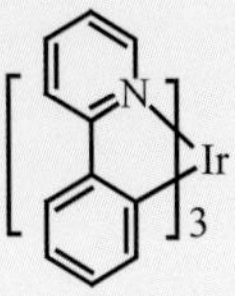 N Ir 3	*fac*-tris (2-phenylpyridine) iridium

英文簡稱（Abbreviation）	化學結構式（Material Structure）	化學全名（Chemical Nomenclature）
$Ir(ppz)_3$	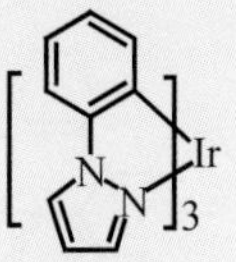 N N Ir 3	tris (1-phenylpyrazolyl) iridium (III)
MADN	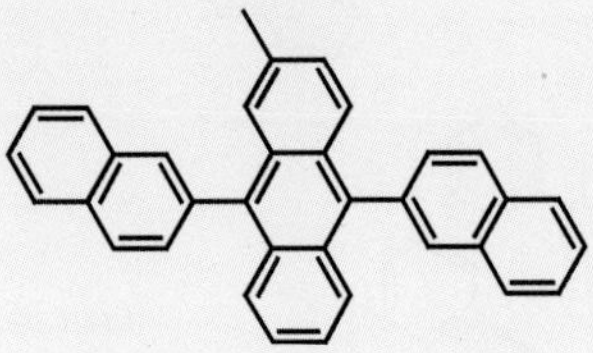	2-methyl-9, 10-*di* (2-naphthyl) anthracene
mCP	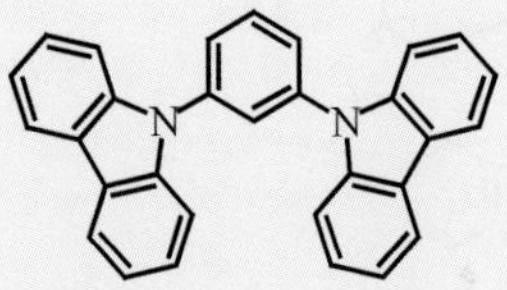 N N	*N*, *N*'-dicarbazolyl-3, 5-benzene
(mdppy)BF	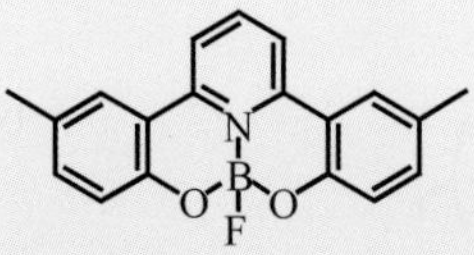 N B O O F	1, 6-*bis* (2-hydroxy-5-methylphenyl) pyridine
MeO-TPD	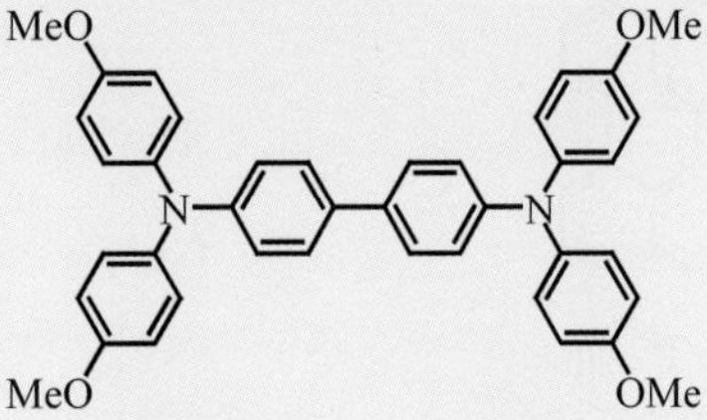 MeO OMe N N MeO OMe	*N*, *N*, *N*', *N*'-tetrakis (4-methoxyphenyl) benzidine
m-MTDATA	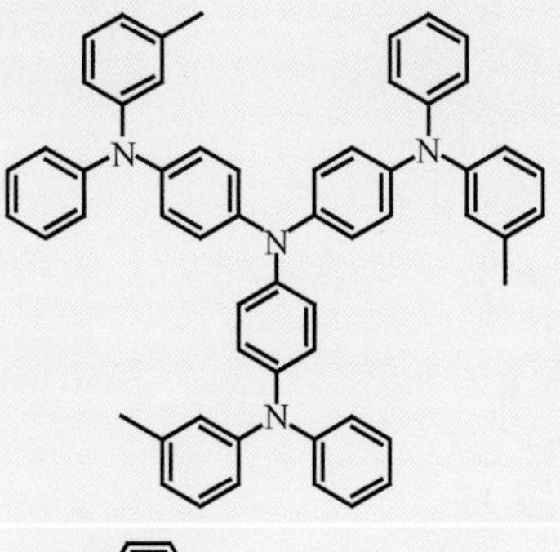 N N N N	4, 4', 4"-tris (3-methylphenyl-phenylamino)-triphenylamine
NPB (α -NPD)	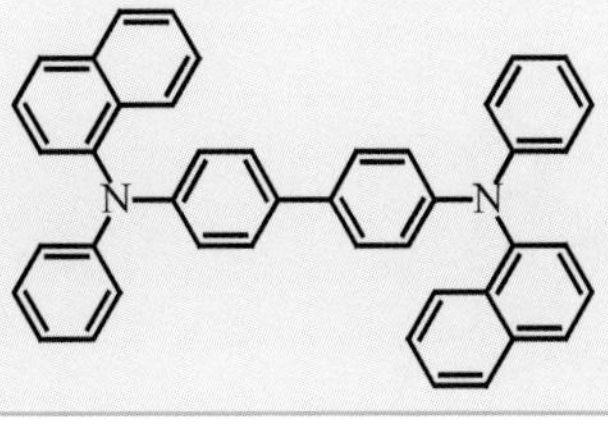 N N	*N*, *N*'-Bis (naphthalen-1-yl)-*N*, *N*'-bis (phenyl)-benzidine

英文簡稱（Abbreviation）	化學結構式（Material Structure）	化學全名（Chemical Nomenclature）
4P-NPD	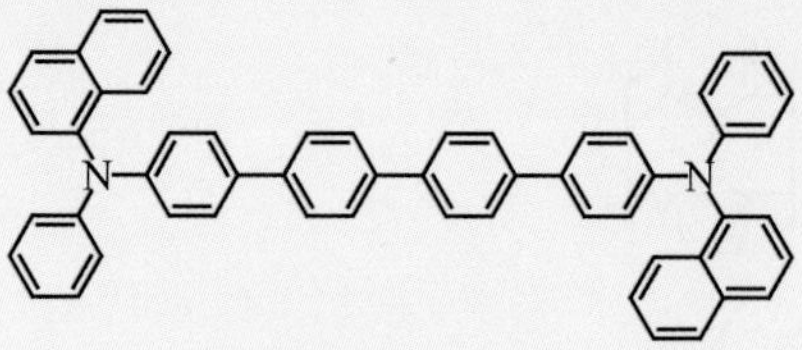	*N*, *N*'-di-1-naphthalenyl-*N*, *N*'-diphenyl-[1, 1', 4', 1'', 4'', 1''']-quaterphenyl]-4, 4''-diamine
$Os(bpftz)_2(PPh2Me)_2$	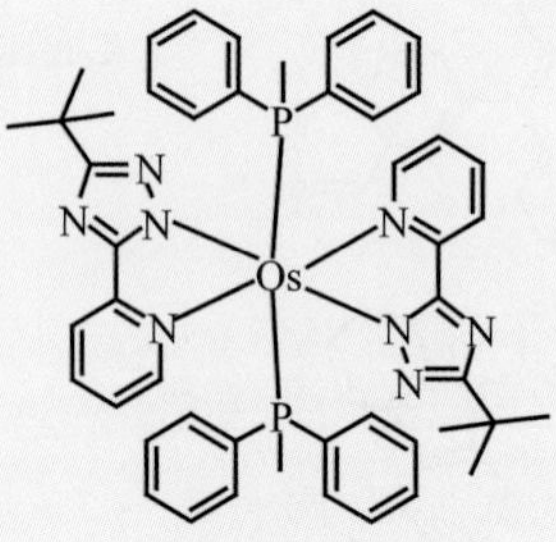	Osmium (II) bis (3-(trifluoromethyl)-5-(4-tert-butylpyridyl)-1, 2, 4-triazolate) dimethylphenylphosphine
PEDOT	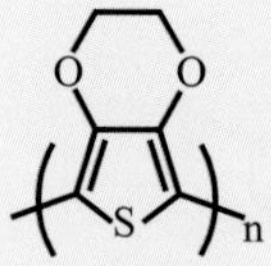	poly (3, 4-ethylenedioxythiophene)
Pe	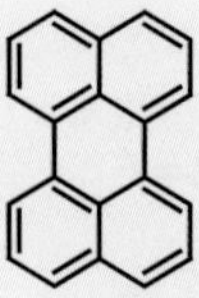	Perylene
PQIr	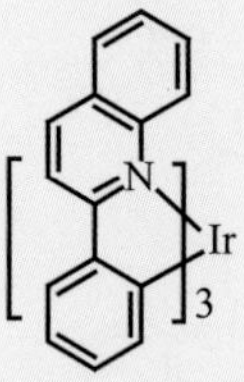	Iridium (III) bis (2-phenylquinolyl-*N*, *C*2) acetylacetonate
PSS	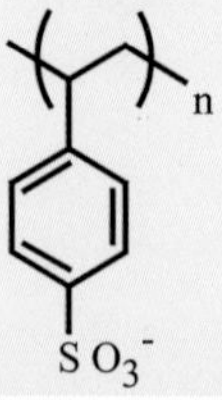	poly (styrenesulfonate)
PtOEP	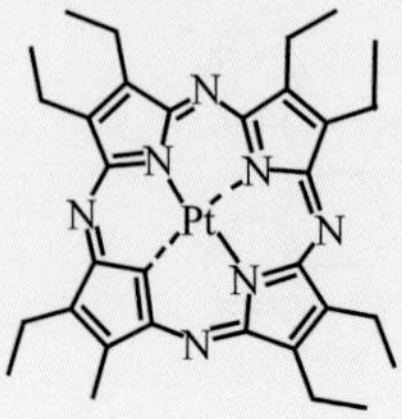	2, 3, 7, 8, 12, 13, 17, 18-*octa* (ethyl)-12*H*, 23*H*-porhine platinum (II)

英文簡稱（Abbreviation）	化學結構式（Material Structure）	化學全名（Chemical Nomenclature）
PVK	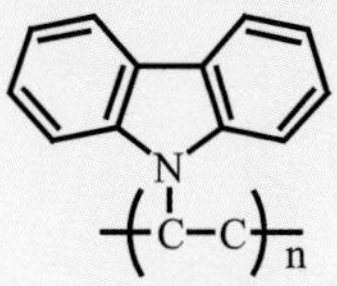	poly-vinylcarbazole
Rubrene (Rb or Ru)	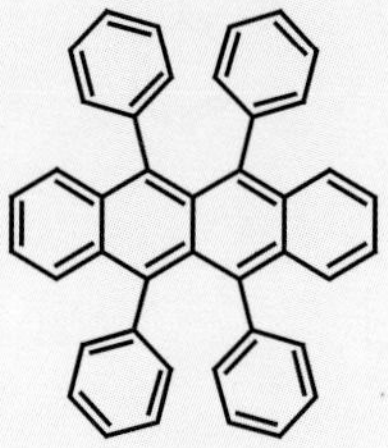	5, 6, 11, 12-tetra (phenyl) naphthacene
SimCP	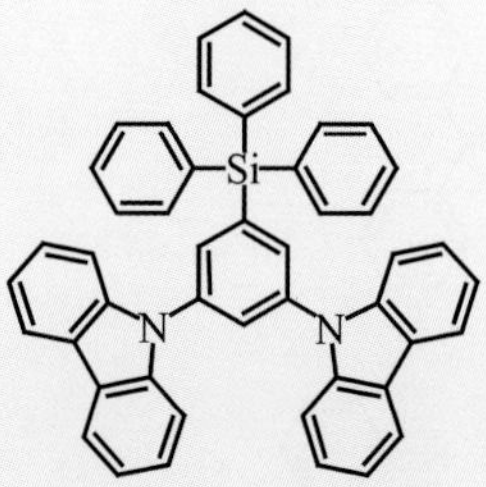	3, 5-*bis* (9-carbazolyl) tetraphenylsilane
TAZ	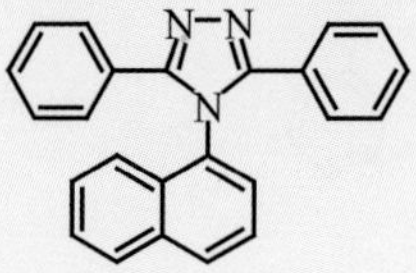	3, 5-diphenyl-4-napth-1-yl-1, 2, 4-triazol
TBRu	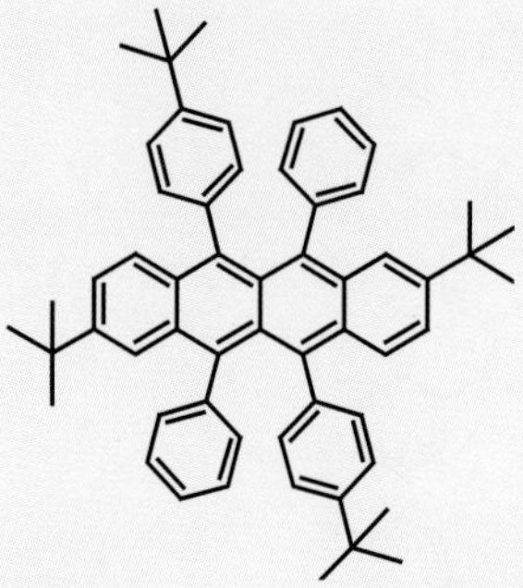	2, 8-*di* (*t*-butyl)-5, 11-*di* [4-(*t*-butyl) phenyl]-6, 12-diphenylnaphthacence
TCTA	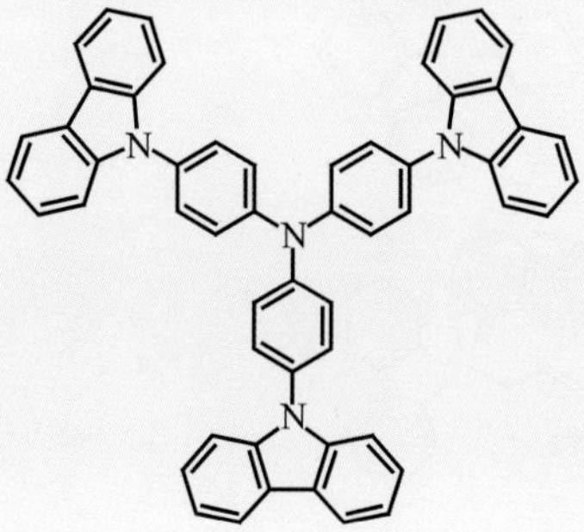	4, 4', 4"-*tris* (*N*-carbazolyl)-triphenylamine

英文簡稱（Abbreviation）	化學結構式（Material Structure）	化學全名（Chemical Nomenclature）
2-TNATA	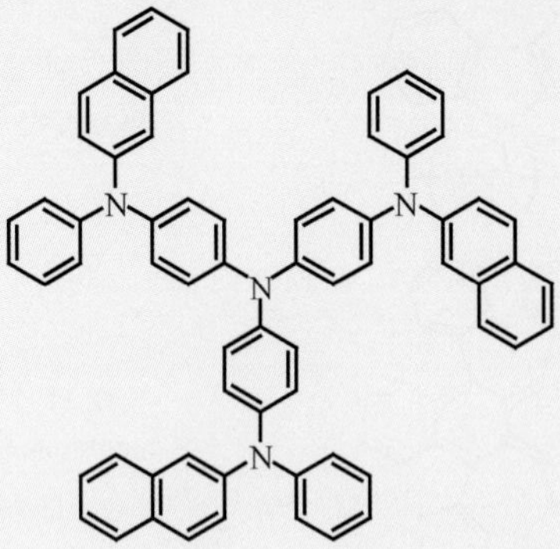	4, 4', 4"-*tris* [2-naphthyl (phenyl) amino] triphenylamine
TPB	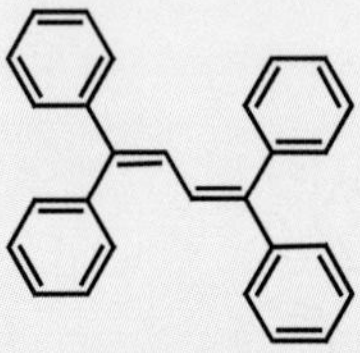	1, 1, 4, 4-tetraphenyl-1, 3-butadiene
TPBi	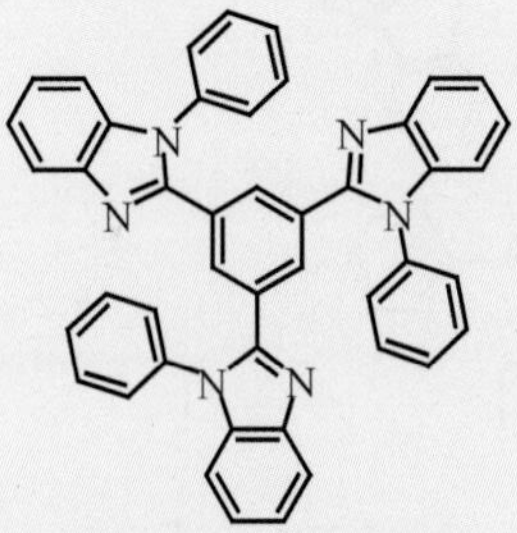	2, 2', 2" (1, 3, 5-benzenetriyl) *tris*-[1-phenyl-1H-1Hbenzimidazole]
TPP	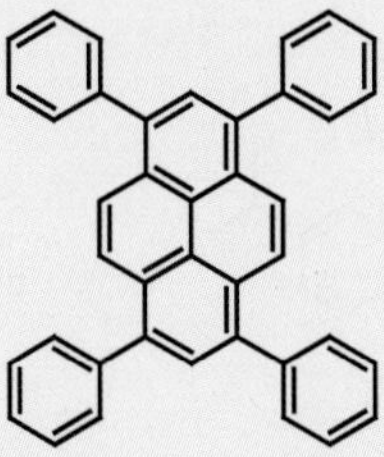	2, 5, 7, 10-tetra-phenylpyrene
UGH_2	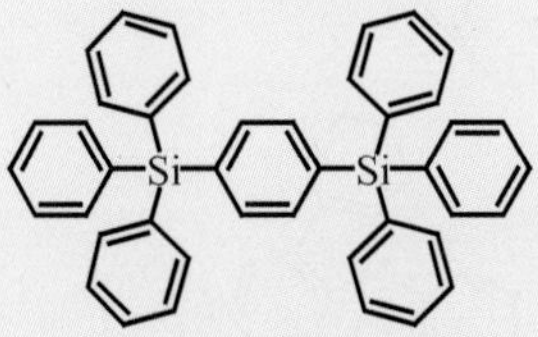	*p-bis*-(triphenylsilyly) benzene
UGH_3	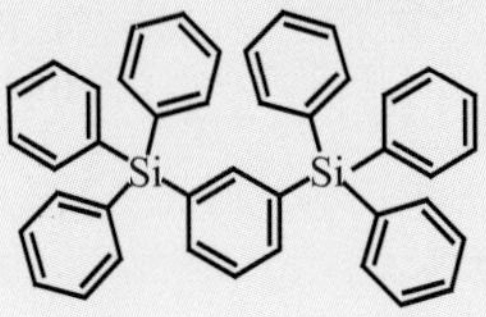	1, 3-*bis* (triphenylsilyl) benzene

英文簡稱（Abbreviation）	化學結構式（Material Structure）	化學全名（Chemical Nomenclature）
$Zn(BTZ)_2$	S N Zn O O N S	bis [2-(2-hydroxyphenyl) benzothiazolate] zinc

註：

1. 材料順序按照英文簡稱之字母排列。
2. 因頁數限制，另有許多磷光材料之化學結構介紹於第四章的圖片中。
3. 讀者可由各章列舉的參考文獻中，獲得更詳盡的材料性質介紹。
4. 本附錄僅收錄文獻中較常被使用的OLED材料。

中文索引

[六劃]

[七劃]

[八劃]

[九劃]

[十劃]

[十一劃]

[十二劃]

[十三劃]

[十四劃]

[十五劃]

[十六劃]

[十七劃]

[十八劃]

[十九劃]

[二十劃]

[二十一劃]

英文索引

[D]

[L]

[M]

[N]

[O]

[P]

[Q]

[R]

[S]

[T]

[U]

[V]

[W]

國家圖書館出版品預行編目資料

白光OLED照明=White OLED for Lighting／
陳金鑫,吳忠幟.陳錦地著.
--初版.--臺北市：五南, 2009.10
面； 公分
含參考書目及索引
ISBN 978-957-11-5792-4（平裝）
1.光電工業 2.照明工業
469.45 98017202

5DB8

白光OLED照明
White OLED for Lighting

作　　者 — 陳金鑫(55.2) 吳忠幟(67) 陳錦地(262.5)
發 行 人 — 楊榮川
總 編 輯 — 王翠華
主　　編 — 穆文娟
責任編輯 — 陳俐穎
封面設計 — 簡愷立
出 版 者 — 五南圖書出版股份有限公司
地　　址：106台北市大安區和平東路二段339號4樓
電　　話：(02)2705-5066　傳　　真：(02)2706-6100
網　　址：http://www.wunan.com.tw
電子郵件：wunan@wunan.com.tw
劃撥帳號：01068953
戶　　名：五南圖書出版股份有限公司

台中市駐區辦公室/台中市中區中山路6號
電　　話：(04)2223-0891　傳　　真：(04)2223-3549
高雄市駐區辦公室/高雄市新興區中山一路290號
電　　話：(07)2358-702　傳　　真：(07)2350-236

法律顧問　元貞聯合法律事務所　張澤平律師

出版日期　2009年10月初版一刷
　　　　　2012年 9 月初版二刷

定　　價　新臺幣780元

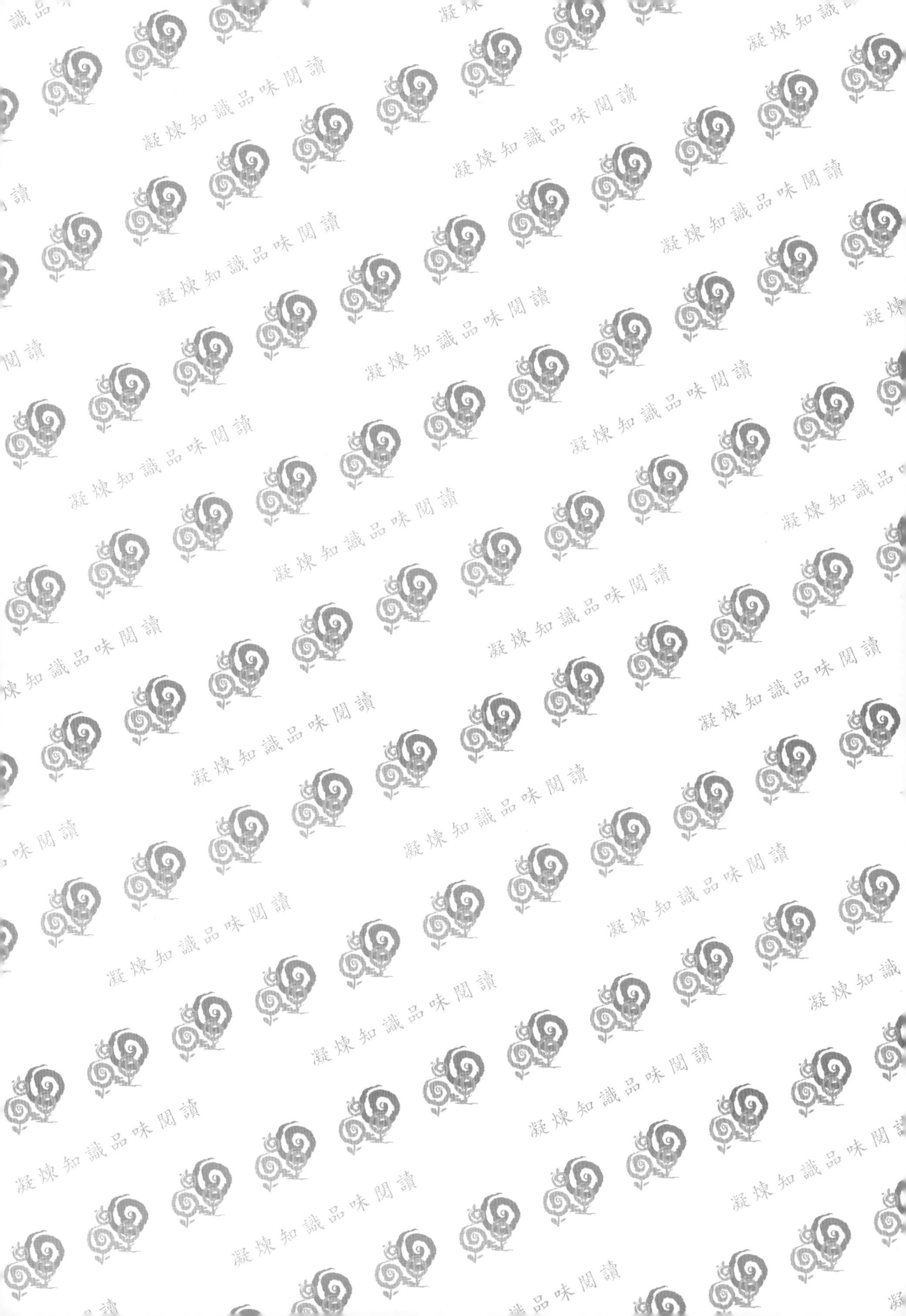